Inhaltsübersicht

Grundlagen

1. Einführung
2. Begriffliche, technische, ökonomische und organisatorische Grundlagen
3. Störquellen und Störgrößen
4. Beeinflussungsmechanismen und Gegenmaßnahmen
5. Stör- und Zerstörfestigkeit von Störsenken
6. Prüfen der Störfestigkeit von Automatisierungsgeräten
7. Biologische Verträglichkeit elektromagnetischer Felder

Maßnahmen

8. Maßnahmen gegen elektrostatische Beanspruchungen
9. Maßnahmen gegen induktive Abschaltüberspannungen
10. Maßnahmen zur Gewährleistung des Blitz- und Überspannungsschutzes
11. Maßnahmen gegen Stromrichter-Netzrückwirkungen
12. Maßnahmen gegen Funkstörungen

Systemgestaltung

13. EMV-gerechte Gestaltung von Automatisierungsgeräten
14. EMV-gerechte Gestaltung von Automatisierungsanlagen
15. Besonderheiten bei eigensicheren Geräten und Anlagen
16. Besonderheiten in Rechen- und Prozeßdatenverarbeitungsanlagen
17. Besonderheiten in schiffselektronischen Anlagen
18. Besonderheiten in Umspannwerken mit mikroelektronischer Sekundärtechnik

VEM-Handbuch Elektromagnetische Verträglichkeit

VEM-Handbuch
Elektromagnetische Verträglichkeit

Grundlagen · Maßnahmen · Systemgestaltung

Herausgeber:
Zentrum für Forschung und Technologie
des VEB Elektroprojekt und Anlagenbau Berlin

VEB VERLAG TECHNIK BERLIN

Redaktionelle Leitung
Prof. Dr.-Ing. habil. *Ernst Habiger*

Autoren

Dr.-Ing. *Hartmut Bauer*	Abschnitte 18.2, 18.3, 18.5
Dipl-Ing. *Hartmut Berndt*	Abschnitt 8
Dr. sc. techn. *Peter Büchner*	Abschnitt 11
Dr.-Ing. *Siegfried Eggert*	Abschnitte 7.1, 7.2, 7.4 bis 7.6
Dipl.-Ing. *Erwin Falk*	Abschnitt 12
Prof. Dr.-Ing. habil. *Ernst Habiger*	Abschnitte 1 bis 6, 9, 13
Dipl.-Phys. *Albrecht Hoffmann*	Abschnitt 15
Dr. sc. techn. *Jürgen Kupfer*	Abschnitt 7.3
Ing. *Heinz Leimert*	Abschnitt 16
Dipl.-Ing. *Walter Ließ*	Abschnitte 17.1, 17.2.3, 17.3.1
Dr. rer. nat. *Hartmut Mahnert*	Abschnitte 18.1, 18.4, 18.6
Dr.-Ing. *Werner Naumann*	Abschnitt 10
Dr.-Ing. *Ulrich Seidel*	Abschnitte 17.2.1, 17.2.2, 17.2.4, 17.3.2, 17.3.3
Dipl.-Ing. *Wolfgang Trommer*	Abschnitt 14

VEM-Handbuch Elektromagnetische Verträglichkeit :
/Grundlagen, Maßnahmen, Systemgestaltung/ Autoren:
Hartmut Bauer ..../Hrsg.: Zentrum für Forschung u. Technologie d. VEB Elektroprojekt u. Anlagenbau Berlin. –
1. Aufl. – Berlin : Verl. Technik, 1987. – 384 S. :
226 Bilder, 93 Taf.
NE: Elektromagnetische Verträglichkeit

ISBN 3-341-00237-5
1. Auflage
© VEB Verlag Technik, Berlin, 1987
Lizenz 201 · 370/13/87
Printed in the German Democratic Republic
Gesamtherstellung: Tribüne Druckerei Berlin
Lektor: Ing. Inge Epp, HS-Ing. Hans G. Schüler
Schutzumschlag: Kurt Beckert
LSV 3503 · VT 3/5835-1
Bestellnummer: 553 719 4
03900

Vorwort

Der niedrige Energiepegel moderner mikroelektronischer Schaltkreise sowie die immer engere Vernetzung informationselektronischer und leistungselektrischer Systeme haben, in Verbindung mit der ständig weiter fortschreitenden elektromagnetischen Aggressivierung der technischen Umwelt, dazu geführt, daß die Frage der elektromagnetischen Verträglichkeit (EMV) insbesondere bei den elektronischen Betriebsmitteln weltweit in den Blickpunkt des allgemeinen Interesses gerückt ist. Sowohl bei Automatisierungsgeräten wie bei Automatisierungsanlagen ist heute die elektromagnetische Verträglichkeit eine Qualitätseigenschaft von hochrangiger volkswirtschaftlicher Relevanz.

Mit dem vorliegenden Handbuch wird in erster Linie der Versuch unternommen, dem in den Bereichen des Automatisierungs- und Elektroenergieanlagenbaus für die Sicherung der EMV verantwortlichen Personenkreis ein effektives Arbeitsmittel in die Hand zu geben. Das schließt jedoch nicht aus, daß Interessenten aus anderen Fachbereichen sowie Studierende und Teilnehmer an einschlägigen Weiterbildungsveranstaltungen Nutzen daraus ziehen.

In bezug auf die inhaltliche Anlage des Buches wurde von der Überlegung ausgegangen, daß die EMV-gerechte Entwicklung und Gestaltung von Geräten und Anlagen ein gewisses Maß an EMV-spezifischen, technischen, ökonomischen und organisatorischen Grundkenntnissen erfordert, daß das damit befaßte Fachpersonal stets mit der Lösung einer Reihe objektunabhängig immer wiederkehrender spezieller EMV-Probleme konfrontiert wird und daß schließlich die EMV-Problematik, bei aller Gleichheit und Übereinstimmung in grundsätzlichen Dingen, in den verschiedenen technischen Systemen durch bestimmte Besonderheiten gekennzeichnet ist.

Bezüglich der Stoffaufbereitung standen hohe Breitenwirksamkeit, leicht faßliche Form der Darstellung sowie Praktikabilität und leichte Handhabbarkeit der Ergebnisse im Vordergrund der Bemühungen aller Autoren. Das Heranziehen von Beispielen sowie gewisse Redundanzen in der Darstellung sind in diesem Sinne zu verstehen.

Daß für die praktische Arbeit stets die neuesten Ausgaben der zitierten Vorschriften und Standards verbindlich sind, versteht sich von selbst.

Herausgeber, Autorenkollektiv und Verlag hoffen, daß das VEM-Handbuch Elektromagnetische Verträglichkeit den Erwartungen des angesprochenen Nutzerkreises genügt und daß es dazu beiträgt, den effektiven Einsatz der Mikroelektronik in allen Bereichen der Volkswirtschaft noch rascher voranzutreiben. Konstruktive Kritiken und Anregungen, die der Weiterentwicklung des Buches dienen, sind jederzeit erwünscht.

Abschließend ist es mir ein Bedürfnis, allen Fachkollegen zu danken, die direkt und indirekt am Zustandekommen dieses Buches beteiligt waren. Das gilt auch für die Herren Prof. Dr. *H. Pundt* und Dr. *J. Krause,* die im Rahmen ihrer gutachterlichen Tätigkeit wesentlich zur Profilierung des Buches beigetragen haben. Besonderer Dank gebührt des weiteren Frau *Epp* und Herrn *Schüler* vom VEB Verlag Technik sowie Herrn *Steckmann* vom Zentrum für Forschung und Technologie des VEB Elektroprojekt und Anlagenbau Berlin für die gute, sehr konstruktive Zusammenarbeit. Zu Dank verpflichtet bin ich darüber hinaus Frau *Marina Geipel,* die große Teile der Reinschrift des Manuskripts ausgeführt hat.

Dresden *Ernst Habiger*

Inhaltsverzeichnis

Formelzeichenverzeichnis 13

Abkürzungsverzeichnis 15

Grundlagen

1. Einführung 19
2. **Begriffliche, technische, ökonomische und oganisatorische Grundlagen** 22
   - 2.1. Grundbegriffe und Definitionen 22
   - 2.2. Funktionsstörungen in Systemen 23
   - 2.3. Ziele der EMV-Arbeit 25
   - 2.4. Ökonomische Aspekte 26
   - 2.5. Planung und Abwicklung der EMV-Arbeit 26
   - 2.6. EMV-Standardisierung 30

3. **Störquellen und Störgrößen** 33
   - 3.1. Übersicht 33
   - 3.2. Interne Störquellen 34
   - 3.3. Externe Störquellen 35
     - 3.3.1. Blitzentladungen 35
     - 3.3.2. Elektrostatische Entladungen 37
     - 3.3.3. Elektromagnetische Prozesse in technischen Systemen 39
     - 3.3.4. Nuklearer elektromagnetischer Puls 41
   - 3.4. Störgrößen 43
     - 3.4.1. Erscheinungsformen 43
     - 3.4.2. Beschreibung von Störgrößen 46
     - 3.4.3. Messung von Störgrößen 49
     - 3.4.4. Störgrößen in Niederspannungsnetzen 50
     - 3.4.5. Störgrößen auf Informationsleitungen 53

4. **Beeinflussungsmechanismen und Gegenmaßnahmen** 54
   - 4.1. Übersicht 54
   - 4.2. Galvanische Beeinflussungen 55
   - 4.3. Kapazitive Beeinflussungen 61
     - 4.3.1. Stromkreise mit gemeinsamem Bezugsleiter 61
     - 4.3.2. Galvanisch getrennte Stromkreise 66
     - 4.3.3. Stromkreise mit großen Leiter-Erde-Kapazitäten 67
     - 4.3.4. Kapazitive Beeinflussungen bei Blitzentladungen 68
   - 4.4. Induktive Beeinflussungen 69
   - 4.5. Leitungsgebundene Wellenbeeinflussungen 72
   - 4.6. Strahlungsbeeinflussungen 73
   - 4.7. Reflexionserscheinungen auf Leitungen 77

5. Stör- und Zerstörungsfestigkeit von Störsenken ... 80
5.1. Übersicht ... 80
5.2. Störfestigkeit analoger Funktionseinheiten ... 81
5.3. Störfestigkeit diskreter Funktionseinheiten ... 82
5.4. Störfestigkeit von Automatisierungsgeräten ... 84

6. Prüfen der Störfestigkeit von Automatisierungsgeräten ... 87
6.1. Übersicht ... 87
6.2. Prüfen der Eigenstörfestigkeit ... 87
6.3. Prüfen der Fremdstörfestigkeit ... 88
    6.3.1. Simulatoren für Prüfstörgrößen ... 88
    6.3.2. Festlegung der Prüfbedingungen ... 88
    6.3.3. Störfestigkeit des Versorgungseingangs ... 95
    6.3.4. Störfestigkeit der Informationseingänge und -ausgänge ... 96
    6.3.5. Störfestigkeit gegenüber elektrostatischen Entladungen ... 98
    6.3.6. Störfestigkeit gegenüber elektromagnetischen Feldern ... 100
6.4. Bewertung der Prüfergebnisse ... 101
6.5. Dokumentation der Prüfergebnisse ... 102
6.6. Störfestigkeitsprüfeinrichtungen ... 102

7. Biologische Verträglichkeit elektromagnetischer Felder ... 104
7.1. Übersicht ... 104
7.2. Expositionsmöglichkeiten gegenüber elektromagnetischen Feldern ... 105
    7.2.1. Natürliche Feldquellen ... 105
    7.2.2. Künstliche Feldquellen ... 106
7.3. Biologische Wirkung elektromagnetischer Felder ... 107
    7.3.1. Wärmewirkung ... 107
    7.3.2. Spezifisch-biologische Wirkungen ... 108
7.4. Grenzwerte ... 109
7.5. Meßmethoden ... 110
7.6. Schutzmaßnahmen ... 111

Maßnahmen

8. Maßnahmen gegen elektrostatische Beanspruchungen ... 114
8.1. Übersicht ... 114
8.2. Entstehung elektrostatischer Aufladungen ... 115
    8.2.1. Physikalische Mechanismen ... 115
    8.2.2. Elektrostatische Spannungsquellen in betrieblicher Umgebung ... 117
8.3. Messung elektrostatischer Aufladungen ... 117
8.4. Schutzmaßnahmen ... 119
    8.4.1. Schaltungstechnische Maßnahmen ... 119
    8.4.2. Technologische Maßnahmen ... 120
    8.4.3. Organisatorische und materielle Maßnahmen ... 121
8.5. Vorschriften und Standards ... 123

9. Maßnahmen gegen induktive Abschaltüberspannungen ... 124
9.1. Übersicht ... 124
9.2. Physikalische Grundlagen ... 124
    9.2.1. Physikalische Vorgänge beim Einschalten ... 124
    9.2.2. Physikalische Vorgänge beim Abschalten ... 126
9.3. Bewertungskriterien für Störschutzbeschaltungen ... 128
9.4. Störschutzbeschaltungen für gleichstrombetätigte Geräte ... 129

9.4.1.	Dioden	129
9.4.2.	Ohmsche Widerstände	132
9.4.3.	Ohmsche Widerstände mit Dioden	132
9.4.4.	Varistoren	132
9.4.5.	Z-Dioden	134
9.4.6.	RC-Glieder	135
9.4.7.	RCD-Glieder	135
9.4.8.	Einsatzempfehlungen	136
9.5.	Störschutzbeschaltungen für wechselstrombetätigte Geräte	136
9.5.1.	Ohmsche Widerstände	136
9.5.2.	Varistoren	137
9.5.3.	Z-Dioden und Suppressordioden	140
9.5.4.	Selenüberspannungsbegrenzer	140
9.5.5.	RC-Glieder	141
9.5.6.	Einsatzempfehlungen	141
9.6.	Störschutzbeschaltungen für drehstrombetätigte Geräte	142
9.7.	Störschutzbeschaltungen für Leuchtstofflampen	143

10. Maßnahmen zur Gewährleistung des Blitz- und Überspannungsschutzes ... 144

10.1.	Übersicht	144
10.2.	Überspannungsbeanspruchungen	144
10.2.1.	Blitzentladungen	144
10.2.1.1.	Spannungen und Ströme bei Naheinschlägen	144
10.2.1.2.	Spannungen und Ströme bei Ferneinschlägen	145
10.2.1.3.	Spannungseinkopplung in Signalleitungen	145
10.2.2.	Nuklearer elektromagnetischer Puls	154
10.2.3.	Schaltvorgänge im Hoch-, Mittel- und Niederspannungsnetz	155
10.2.4.	Elektrostatische Entladungen	155
10.3.	Überspannungsschutzeinrichtungen	158
10.3.1.	Übersicht	158
10.3.2.	Dimensionierung von Überspannungsableitern	162
10.3.3.	Dimensionierung von Überspannungsbegrenzern	165
10.3.4.	Dimensionierung von Überspannungsschutzbarrieren	168
10.4.	Blitz- und Überspannungsschutzmaßnahmen	170
10.4.1.	Übersicht	170
10.4.2.	Äußerer Blitzschutz	171
10.4.3.	Innerer Blitzschutz	172
10.4.3.1.	Potentialausgleich zu inaktiven Teilen	172
10.4.3.2.	Potentialausgleich über Schirmleiter	173
10.4.3.3.	Potentialausgleich zu aktiven Leitern	174
10.4.3.4.	Weitere Maßnahmen	174
10.5.	Blitz- und Überspannungsschutz in Automatisierungsanlagen	176

11. Maßnahmen gegen Stromrichter-Netzrückwirkungen ... 177

11.1.	Übersicht	177
11.2.	Minderung der Elektroenergiequalität durch Stromrichter	178
11.2.1.	Kenngrößen der Elektroenergiequalität	178
11.2.2.	Mechanismus energetischer Netzrückwirkungen	180
11.2.3.	Beschreibungsmethoden	182
11.2.4.	Beispiele typischer Netzrückwirkungen	185
11.3.	Mindestwerte der Elektroenergiequalität	188
11.3.1.	Standardisierungskonzeptionen	188
11.3.2.	Internationale und ausländische Richtlinien	188

11.3.3.	Standardentwurf der DDR	189
11.3.4.	Meßtechnik	190

11.4. Störfestigkeit von Stromrichtern ... 194
- 11.4.1. Beherrschung der Eigenstörfestigkeit ... 194
- 11.4.2. Mechanismus und Folgen der Fremdstörung ... 195
- 11.4.3. Standardisierung ... 197

11.5. Wege zur Beherrschung von Netzrückwirkungen ... 199
- 11.5.1. Übersicht ... 199
- 11.5.2. Kompensation von Netzrückwirkungen ... 200
- 11.5.3. Netzrückwirkungsorientierte Steuerung ... 203
- 11.5.4. Netzrückwirkungsarme Stromrichter ... 204

11.6. Auslegung von Anschlußstrukturen ... 206
- 11.6.1. Kenngrößen netzseitiger Einsatzbedingungen ... 206
- 11.6.2. Hilfsmittel zur Auslegung ... 206
- 11.6.3. Verträglichkeitskontrolle einer Anschlußstruktur ... 211

12. Maßnahmen gegen Funkstörungen ... 213

12.1. Übersicht ... 213
12.2. Vorschriften ... 213
- 12.2.1. Standards ... 214
- 12.2.2. Nachweisführung ... 214

12.3. Funkstörquellen ... 217
- 12.3.1. Betriebsmittel mit Hochfrequenzgeneratoren ... 217
- 12.3.2. Betriebsmittel mit Schaltfunktionen ... 217
- 12.3.3. Korona- und Funkenentladungen ... 218

12.4. Funkstörmeßtechnik ... 218
- 12.4.1. Spannungsmessung ... 219
- 12.4.2. Feldstärkemessung ... 221
- 12.4.3. Leistungsmessung ... 221

12.5. Entstörmaßnahmen ... 221
- 12.5.1. Schaltungstechnische Maßnahmen ... 222
- 12.5.2. Konstruktive Maßnahmen ... 224

Systemgestaltung

13. EMV-gerechte Gestaltung von Automatisierungsgeräten ... 225

13.1. Übersicht ... 225
13.2. Einordnung der EMV-Arbeiten in den Entwicklungsprozeß ... 226
13.3. Technische EMV-Maßnahmen ... 229
- 13.3.1. Schaltungstechnische Maßnahmen ... 229
- 13.3.2. Konstruktive Maßnahmen ... 239
- 13.3.3. Softwaremaßnahmen ... 241

13.4. Organisatorische EMV-Maßnahmen ... 242
13.5. Beispiele für EMV-gerecht ausgeführte Automatisierungsgeräte ... 242

14. EMV-gerechte Gestaltung von Automatisierungsanlagen ... 244

14.1. Übersicht ... 244
14.2. EMV-Planung als selbständige Querschnittsaufgabe ... 244
14.3. Technische EMV-Maßnahmen ... 247
- 14.3.1. Komplexität der technischen EMV-Maßnahmen ... 247
- 14.3.2. Erdung ... 249
- 14.3.3. Potentialausgleich ... 254
- 14.3.4. Schutzmaßnahmen gegen indirektes Berühren ... 258

14.3.5.	Blitzschutzmaßnahmen	258
14.3.5.1.	Äußerer Blitzschutz	258
14.3.5.2.	Innerer Blitzschutz	259
14.3.6.	Störschutzmaßnahmen	263
14.3.6.1.	Netzgestaltung	263
14.3.6.2.	Entstörung	265
14.3.6.3.	Abstand, Trennen	265
14.3.6.4.	Isolieren, Schirmen	265
14.3.6.5.	Wahl der Signalpegel	265
14.3.7.	Prüfung der technischen EMV-Maßnahmen	267

14.4. Organisatorische EMV-Maßnahmen 267
14.5. Auswahl der EMV-Maßnahmen 268
14.6. Praktische Beispiele 269

14.6.1.	EMV-gerechte Gestaltung einer automatisierten fördertechnischen Anlage	269
14.6.2.	EMV-gerechte Gestaltung von Prüfplätzen elektronischer Geräte im Produktionsprozeß	270

15. Besonderheiten bei eigensicheren Geräten und Anlagen 274

15.1. Übersicht 274
15.2. Eigensicherheit und EMV 274

15.2.1.	Allgemeiner Überblick	274
15.2.2.	Explosionstechnische Kennzahlen brennbarer Gase und Dämpfe	275
15.2.3.	Eigenschaften eigensicherer Geräte und Stromkreise	275

15.3. EMV-gerechte Gestaltung eigensicherer und teilweise eigensicherer Geräte . . . 279

15.3.1.	Übersicht	279
15.3.2.	Elektrische Grenzwerte	280
15.3.3.	Elektrische Maßnahmen	281
15.3.4.	Konstruktive Maßnahmen	281
15.3.5.	Organisatorische Maßnahmen	282

15.4. EMV-gerechte Gestaltung eigensicherer Anlagen 283

15.4.1	Übersicht	283
15.4.2.	Elektrische Grenzwerte	283
15.4.3.	Anlagentechnische, elektrische und konstruktive Maßnahmen	284
15.4.4.	Organisatorische Maßnahmen	286

16. Besonderheiten in Rechen- und Prozeßdatenverarbeitungsanlagen 288

16.1. Übersicht 288
16.2. EMV-gerechte Energieversorgung von EDVA 288

16.2.1.	Versorgungs- und Anschlußbedingungen	288
16.2.2.	Maßnahmen zur Erhöhung der Versorgungszuverlässigkeit	289
16.2.3.	Geräteinterne Stromversorgung und Kontrollschaltungen	292
16.2.4.	Verkabelung	295

16.3. EMV-gerechte Nullung, Erdung und Bezugspotentialführung in EDVA 295

16.3.1.	Einzelanlagen	295
16.3.2.	Mehrrechnersysteme	299
16.3.3.	Kleinrechner- und Datenerfassungssysteme	301
16.3.4.	Prozeßrechnersysteme	303

16.4. Revisionen in EDVA 304

17. Besonderheiten in schiffselektronischen Anlagen 305

17.1. Übersicht 305
17.2. Spezielle Bedingungen auf Schiffen 305

17.2.1.	Das Drehstromnetz	305
17.2.2.	Das Gleichstromnetz	306
17.2.3.	Kabelführung, Erdung, Installationsbedingungen	306
17.2.4.	Störspannungsspektren	309
17.3.	Maßnahmen zur Sicherung der EMV auf Schiffen	314
17.3.1.	Maßnahmen bei fabrikfertigen Baueinheiten	314
17.3.2.	Maßnahmen in der Projektierungsphase	323
17.3.3.	Maßnahmen bei der Bauausführung und Inbetriebnahme an Bord	326

18. Besonderheiten in Umspannwerken mit mikroelektronischer Sekundärtechnik 327

18.1.	Übersicht	
18.2.	Maßnahmen zur Reduzierung des Eindringens von Störgrößen	329
18.2.1.	Einsatz von Lichtwellenleitern	329
18.2.2.	Galvanische Trennung der Prozeßankopplung	330
18.2.3.	Schirmung von Baugruppen und kurzen Leitungen	332
18.2.4.	Schutz durch Funkenstrecken, Varistoren und Dioden	336
18.3.	Maßnahmen zur Reduzierung der Wirkung eingedrungener Störgrößen	338
18.3.1	Erdung und Bezugspotentialbildung	338
18.3.2.	Einsatz von Entstördrosseln und Filtern	338
18.3.3.	Inselversorgung ausgewählter Baugruppen	341
18.3.4.	Einsatz logischer Barrieren	344
18.4.	Software zur Störungs- und Fehlerbehandlung	345
18.4.1.	Störungsidentifikation	345
18.4.2.	Störungs- und Fehlerbehandlung	347
18.5.	Nachweis der Wirksamkeit von EMV-Maßnahmen	349
18.5.1.	Zielstellung	349
18.5.2.	Entwicklungsprüfungen	349
18.5.3.	Typprüfungen	351
18.5.4.	Nachweisführung während des Dauerbetriebs	352
18.6.	Realisierungsbeispiele EMV-gerechter Systemlösungen	354

19. Literaturverzeichnis 356

20. Sachwörterverzeichnis 374

Formelzeichenverzeichnis

Schreibweise der Formelzeichen, erläutert am Beispiel einer beliebigen Größe g (Strom, Spannung usw.)

G	zeitlich konstanter Wert, Effektivwert
$\mathbf{G}$	Ortsvektor
$\bar{G}, \bar{g}$	zeitlicher Mittelwert
$\underline{G}$	Zeiger (komplexe Größe)
g	Augenblickswert
$\hat{g}$	Scheitelwert, Amplitude
Δg	zeitabhängige Änderung der Größe g
$dg, \delta g$	Differential der Größe g
$g =$	$(g_1, g_2, ..., g_n)$

Formelzeichen

A	Fläche, Querschnitt
a	Ausgangsgröße, Abstand, Dämpfung
B	magnetische Flußdichte, Induktion
b	Breite
C	Kapazität
D, d	Durchmesser, Dämpfung
E	elektrische Feldstärke
e	Eingangsgröße
F	Kraft
f	Frequenz
G	elektrischer Leitwert
H	magnetische Feldstärke
h	Höhe
I, i	Stromstärke
j	imaginäre Einheit ($\sqrt{-1}$)
K, k	Konstante, Kosten
L	Induktivität
l	Länge
M	Gegeninduktivität
m	Masse
P, p	Wirkleistung
p	Laplace-Operator, Pulszahl
Q	Elektrizitätsmenge, Ladung, Blindleistung
R, r	Wirkwiderstand
R_a	Ausgangswiderstand
R_e	Eingangswiderstand
R_i	Innenwiderstand
R_m	magnetischer Widerstand
r	Radius
s, S	Weglänge, Scheinleistung, Steilheit
T	Periodendauer
T_r	Impulsanstiegszeit
t	Zeit
U, u	elektrische Spannung
V	magnetische Spannung, Volumen
W	Arbeit, Energie, Wahrscheinlichkeit
X	Blindwiderstand, Reaktanz
X, x	Längskoordinate
Z	Scheinwiderstand
Z_w	Wellenwiderstand
α	Nichtlinearitätsexponent bei Varistoren
γ	elektrische Leitfähigkeit
ε	Dielektrizitätskonstante ($\varepsilon = \varepsilon_r \varepsilon_0$)
ε_0	elektrische Feldkonstante ($\varepsilon_0 = 8,8542 \cdot 10^{-12}$ F/m)
ε_r	relative Dielektrizitätskonstante
Θ	elektrische Durchflutung
λ	Wellenlänge
μ	Permeabilität ($\mu = \mu_r \mu_0$)
μ_0	magnetische Feldkonstante ($\mu_0 = 12,566 \cdot 10^{-7}$ H/m)
μ_r	relative Permeabilität
ν	Ordnungszahl
ϱ	spezifischer elektrischer Widerstand
τ	Zeitkonstante, mittlere Pulsdauer
Φ	magnetischer Fluß
φ	Phasenwinkel
Ψ, ψ	Flußverkettung
$\Omega = 2\pi f$	Netzkreisfrequenz

Indizes

A	Anstiegs-
a	Ausgangsgröße, Ausgang-, Abschalt-
c	kapazitiv
Cu	Kupfer
dyn	dynamisch
EMV	EMV-bezogen
e	Eingangsgröße, Eingangs-, Einschalt-
ers	Ersatz
F	Fehler
Fe	Eisen
fl	flüchtig
G, g	gesamt
H	High-Pegel
I	Input
i	induktiv, induziert, innen
K	Körper-, Knick-, kritisch
k	Kurzschluß
L	Low-Pegel, induktiv
m	magnetisch
max	maximal
N	Netz
n	Nenn-
O	Output
p	parallel
R	ohmsch
r	Anstiegs-
res	resultierend
S	Spule
St, st	Stör-, stationär
w	Wiederhol-
µ	Magnetisierungs-

Abkürzungsverzeichnis

Das vorliegende Verzeichnis enthält häufig benutzte Abkürzungen spezieller EMV-Termini.

ALC absorber lined chamber · geschirmter Raum
ANL automatic noise limiter · automatischer Störbegrenzer
ANRS automatic noise reduction system · selbsttätige Rauschunterdrückung
AR arrester · Blitz- bzw. Überspannungsableiter
ASU automatische Störunterdrückung
ATACAP antenna-to-antenna compatibility analysis program · Antenne-zu-Antenne-Beeinflussungs-Analyseprogramm

BD Blitzductor (Überspannungs-Feinschutzelement)
BD Blitzschutzdiode
BTBCAF box-to-box compatibility analysis program · Gehäuse-zu-Gehäuse-Beeinflussungs-Analyseprogramm

CE conducted emission · leitungsgebundene Emission (von Störgrößen)
CEM compatibilite electromagnetique · elektromagnetische Verträglichkeit (EMV, frz.)
CMI common mode interference · Gleichtaktstörungen
CMR common mode rejection · Gleichtaktstörunterdrückung
CMRR common mode rejection ratio · Gleichtaktstörunterdrückungsverhältnis
CMV common mode voltage · Gleichtaktspannung
CNC common mode/normal mode conversion · Umwandlung einer Gleichtakt- in eine Gegentaktstörung
CONRELRAD control of electromagnetic radiation · Überwachung der elektromagnetischen Strahlung
CS conducted susceptibility · Empfindlichkeit (einer Einrichtung) gegenüber leitungsgebunden herangeführten Störgrößen
CW continuous waves · stationäre elektromagnetische Wellen

DAS disturbance analysis system · Störungsanalysesystem
DCM direct current noise margin · Gleichspannungsstörabstand
DNC dynamic noise reduction · dynamische Störunterdrückung
DNL dynamic noise limiter · dynamischer Rauschbegrenzer

ECAC electromagnetic compatibility analysis center · Analysezentrum für elektromagnetische Verträglichkeit
EDVA elektronische Datenverarbeitungsanlage
EEE, E^3 electromagnetic environmental effects · elektromagnetische Einsatzbeanspruchungen
EES electromagnetic environment simulator · Simulator für elektromagnetische Umweltbeanspruchungen (Störgrößensimulator für Störfestigkeitsuntersuchungen)
EFT electrical fast transient (generator) Generator zur Simulation schneller elektrischer Übergangsvorgänge (für Störfestigkeitsuntersuchungen)
EMB elektromagnetische Beeinflussung
EMC electromagnetic compatibility · elektromagnetische Verträglichkeit (EMV)
ЭMC elektromagnitnaja covmestimost' · elektromagnetische Verträglichkeit (EMV)
EMCDAS electromagnetic compatibility data acquisition system · Datenerfassungssystem für EMV-Parameter
EMCS Electromagnetic Compatibility Society · Gesellschaft für Elektromagnetische Verträglichkeit

EME electromagnetic emission · elektromagnetische Emission
EMI electromagnetic interference · elektromagnetische Störbeeinflussung
EMIC electromagnetic interference control · Überwachung der elektromagnetischen Beeinflussung (EMV-gerechtes Entwerfen, zielgerichtetes Minimieren der elektromagnetischen Beeinflussung im Rahmen der Entwurfsabwicklung)
EMISMS elektromagnetic interference safety margins · Sicherheitsabstände gegen elektromagnetische Beeinflussung
EMP electromagnetic pulse · elektromagnetischer Puls (von einer Kernexplosion herrührend)
EMP-Hardening · Härten (im Sinne von störfest machen)
EMR electromagnetic radiation · elektromagnetische Strahlung
EMS electromagnetic susceptibility · Empfindlichkeit (einer Einrichtung) gegen elektromagnetische Beeinflussungen
EMV elektromagnetische Verträglichkeit
Endo-NEMP endo-atmospherical nuclear electromagnetic pulse · inneratmosphärischer nuklearer elektromagnetischer Puls
ENI equivalent noise input · äquivalentes Eingangsrauschen
ENR equivalent noise resistance · äquivalenter Rauschwiderstand
ESD-generator electrostatic discharge generator · Einrichtung zur Simulation elektrostatischer Entladungen (Störfestigkeits-Prüftechnik)
EUT equipment under test · Einrichtung (Prüfobjekt) unter Prüfbedingungen
Exo-NEMP exo-atmospherical nuclear electromagnetic pulse · außeratmosphärischer nuklearer elektromagnetischer Puls

FDL ferrit diode limiter · Ferrit-Dioden-Begrenzer
FOSIRD fiber optic sensor instrumentation research and development · Lichtleitermeßtechnik zur Erfassung elektrischer und magnetischer Felder, Forschung und Entwicklung (EMV-Meßtechnik)
FTWCAP field-to-wire compatibility analysis program · Feld-zu-Leitung-Beeinflussungs-Analyseprogramm

HiNiL, HiNIL high noise immunity logic · hoch störsichere Logik

I interference · Beeinflussung
IAP intrasystem analysis program · Analyseprogramm für systeminterne Beeinflussungen
IEMCAP intrasystem electromagnetic compatibility analysis program · Analyseprogramm für systemeigene Beeinflussungen
IEMP internal electromagnetic pulse · interner elektromagnetischer Puls (in Gehäusen und Kabeln, durch eine Kernwaffendetonation verursacht)
IMRR isolation mode rejection rate · Gleichtaktstörunterdrückungsverhältnis (gilt für Trennverstärker mit optoelektronischer Entkopplung)
Intersystem EMI intersystem electromagnetic interference · systemfremde (externe) Störbeeinflussung
Intrasystem EMI intrasystem electromagnetic interference · systemeigene (interne) Störbeeinflussung
IRD incidental radiation devices · Einrichtungen, die als Nebeneffekt Störstrahlung aussenden (Displays, Computer, Schaltnetzteile usw.)
ISM industrial scientific and medical (equipment) ·industrielle, wissenschaftliche und medizinische Gerätetechnik, von der elektromagnetische Störbeeinflussungen ausgehen

LC line conditioner · Spannungsregeleinrichtung auf der Basis einer Regeltransformator-Filtereinheit mit Überspannungsschutzelementen zur Versorgung von Rechnern, die einen hohen Störunterdrückungsgrad gewährleistet
LEMP lightning electromagnetic pulse · vom Blitz herrührender elektromagnetischer Puls
LISN line impedance stabilization network · Netznachbildung
LNA low noise amplifier · Verstärker mit geringem Rauschpegel
LPE lightning pulse environment · Blitzpuls-Begleiterscheinungen (Blitzpulseigenschaften, Blitzpulsparameter)
LSL low speed logic · langsame (störsichere) Logik

Abkürzungsverzeichnis

MOV Metalloxid-Varistor
NEMP nuclear electromagnetic pulse · nuklearer elektromagnetischer Puls (Begleiterscheinung bei Kernwaffendetonationen)
NEP noise equivalent power · äquivalente Rauschleistung
NF noise factor · Rauschfaktor, Rauschwert
NL noise limiter · Störbegrenzer, Rauschdämpfer
NMR normal mode rejection · Gegentaktstörunterdrückung
NMV normal mode voltage · Gegentaktspannung
NNB Netznachbildung
NPT noise protection transformer · Netztransformator mit hoher Störunterdrückung für Elektronikstromversorgungen
NR noise ratio · Rauschverhältnis

PLC power line conditioner · elektronische Spannungsregeleinrichtung auf der Basis eines Stelltransformators mit Filterstufen und Überspannungsschutzelementen, die einen hohen Störunterdrückungsgrad gewährleistet (zur Stromversorgung von Rechnern und elektronischen Steuerungen)
PLDA power line disturbance analyser · Netzspannungs-Störanalysator
POE point of entry · Eintrittspunkt (von Störungen)
PSR power supply rejection · Netzstörunterdrückung (Unterdrückung vom Netz herrührender Störbeeinflussungen)

R radiation · Strahlung
RE radiated emission · Störstrahlung
RFC radio frequency choke · Hochfrequenzdrossel
RFI radio frequency interference · Hochfrequenzstörung (10 kHz bis 10 GHz)
RRD restricted radiation devices · Störquellen mit eingeschränkter Störstrahlung (z. B. drahtlose Mikrofone, Sprechfunkgeräte usw.)
RS radiated susceptibility · Empfindlichkeit (einer Störsenke) gegenüber Störeinstrahlung

SGEMP system generated electromagnetic pulse · im System erzeugter elektromagnetischer Puls

SN signal-to-noise ratio · Störabstand, Rauschverhältnis
SNF system noise figure · System-Rauschfaktor
SNR signal-to-noise ratio · Störabstand, Rauschverhältnis
SPG single-point ground · Einpunkterdung (Erdungs- bzw. Massungskonzept, das die Signalrückleitung über Erde bzw. Masse vermeidet)
SR structure return ·Signalrückleitung über Erde bzw. Masse
SR-NRW Stromrichter-Netzrückwirkungen
SVR surge voltage protector · Stoßspannungsschutzeinrichtung, Überspannungsableiter
SWC surge withstand capability · Überspannungsfestigkeit, Stoßspannungsfestigkeit
SZL stör- und zerstörsichere Logik

TAZ-Diode transient absorption Zener diode · spezielle Z-Diode zur Überspannungsableitung
TEFS transportable electromagnetic field simulator · transportabler Simulator für elektromagnetische Felder (wie sie bei Kernwaffendetonationen entstehen)
TEM-Cell transverse electromagnetic cell · TEM-Zelle (Einrichtung zur Erzeugung transversaler elektrischer Felder definierter Stärke für EMV-Störfestigkeitsuntersuchungen)
TEMPS transportable electromagnetic pulse simulator · transportabler Simulator zur Erzeugung elektromagnetischer Pulse (wie sie bei Kernexplosionen auftreten)
TMIS transmission impairment measuring set · Störpegelmeßplatz
TPD transient protective device · Überspannungsbegrenzer (Schutzeinrichtung gegen transiente Überspannungen)
TRABTECH Transienten-Absorptionstechnologie (zur Ableitung transienter Überspannungen an Netz- und Signaleingängen)
TREE transient radiation effects in electronics · NEMP-bedingte transiente Strahlungseinwirkung auf elektronische Komponenten, die eine Störung bzw. Zerstörung zur Folge haben kann
TVI television interference · Fernsehstörung

ÜSAg Überspannungsableiter, gasgefüllt
USM universal spike monitor · Meßeinrichtung zur Erfassung von Spikes auf Netzleitungen
UVP Umweltverträglichkeitsprüfung

VA Ventilableiter

WTWCAP wire-to-wire compatibility analysis program · Leitung-zu-Leitung-Beeinflussungs-Analyseprogramm (Kabelbäume)

Grundlagen

1. Einführung

Automatisierungsgeräte sind dafür vorgesehen, an einem bestimmten Einsatzort unter gegebenen Einsatzbedingungen innerhalb eines angemessenen Nutzungszeitraums eine beabsichtigte Funktion $a = f(e)$, d. h. einen aufgabengemäß definierten Zusammenhang zwischen funktionellen Eingangsgrößen e und funktionsbezogenen Ausgangsgrößen a zu realisieren (Bild 1.1). Sie sind am Einsatzort stets bestimmten Umwelteinflüssen ausgesetzt (Einsatzbeanspruchungen z) und üben selbst Wirkungen auf die Umgebung aus (Nebenwirkungen n).

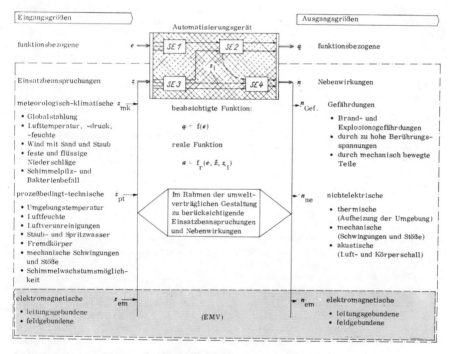

Bild 1.1. *Umweltbeziehungen eines Automatisierungsgeräts*
$a = (a_1, a_2, ...)$ funktionsbezogene Ausgangsgrößen
$e = (e_1, e_2, ...)$ funktionsbezogene Eingangsgrößen
$n = (n_{Gef}, n_{ne}, n_{em})$ Nebenwirkungen
$z = (z_{mk}, z_{em}$ oder $z_{pt}, z_{em})$ Einsatzbeanspruchungen
$z_i = (z_{i,e}, z_{i,ne})$ parasitäre elektrische ($z_{i,e}$) und nichtelektrische ($z_{i,ne}$) Wechselwirkungen zwischen Systemelementen
SE1, ..., SE4 Systemelemente

Ihre Eignung für bestimmte Einsatzbedingungen wird je nach Aufstellkategorie durch die Zuordnung zu einer Ausführungsklasse gemäß TGL 9200/01 oder zu einer Einsatzklasse entsprechend TGL 9200/03, durch die Kennzeichnung mit einem Schutzgrad nach TGL RGW 778 sowie durch die Nominierung zulässiger Toleranzbereiche für die Versorgungsparameter (Spannung, Frequenz) ausgewiesen. Hinzu kommen Angaben, die in direkter oder indirekter Form die Immunität gegenüber von außen kommenden elektromagnetischen Beanspruchungen (z_{em} im Bild 1.1) charakterisieren.

Damit durch die Nebenwirkungen die Umgebung nicht unzulässig belastet wird bzw. Gefährdungen von Personen weitestgehend ausgeschlossen werden, müssen elektrische Automatisierungsmittel darüber hinaus einer Reihe von Forderungen genügen, u. a. einer Schutzklasse entsprechend TGL 21366 bzw. einer Schutzmaßnahme nach TGL 200-0602 oder auch einer Schutzart nach TGL 19491/01 bzw. TGL 55037 sowie einem Funkstörgrenzwert gemäß TGL 20885/06 und /13.

Durch die Befolgung dieser und anderer hier nicht genannter Vorschriften, Richtlinien und Standards bei der Entwicklung, Fertigung, Lagerung und Einsatzgestaltung des Erzeugnisses wird praktisch seine Umweltverträglichkeit sichergestellt.

Bedingt durch das fortschreitend sich verringernde Energieniveau bei den informationsverarbeitenden Einrichtungen einerseits und das zunehmend sich verschärfende Störklima in den Industrieanlagen andererseits (höhere Kurzschlußstromstärken, zunehmende Belastung der Netze durch Oberschwingungen, wachsende Belegungsdichte mit störwirksamen Aggregaten) sowie die immer engere konstruktive Integration funktionsintensiver elektronischer Baugruppen und energieintensiver elektrischer Komponenten, hat im Rahmen der umweltverträglichen Gestaltung speziell elektrischer und elektronischer Betriebsmittel die Problematik der elektromagnetischen Verträglichkeit (EMV) stark an Bedeutung gewonnen. Der EMV-Aspekt betrifft dabei sowohl die Beziehungen eines Automatisierungsgeräts zu seiner Umwelt wie auch die geräteinternen Beziehungen seiner Elemente zueinander (Bild 1.1). Allgemein wird deshalb unter elektromagnetischer Verträglichkeit folgendes verstanden (vgl. z. B. /1.1//1.2//3.18/):

Elektromagnetische Verträglichkeit (EMV) *ist die Fähigkeit einer elektrischen Einrichtung, d. h. eines Bauelements, einer Baugruppe, eines Geräts oder Anlagenteils, in einer vorgegebenen elektromagnetischen Umgebung in beabsichtigter Weise zu arbeiten, ohne dabei diese Umgebung einschließlich darin befindlicher anderer Einrichtungen durch elektromagnetische Wirkungen in unzulässiger Weise zu beanspruchen.*

Sie repräsentiert somit in erster Sicht ein Qualitätsmerkmal für elektrische Betriebsmittel, das im wesentlichen durch drei Kenngrößen charakterisiert werden kann /1.2/:
- die Eigenstörfestigkeit,
  d. h. die Beständigkeit gegenüber internen elektrischen Störgrößen $z_{i,e}$ (Bild 1.1), die von Systemelementen ausgehen und andere Elemente über funktionsbedingt erforderliche oder parasitäre Kopplungen beeinflussen
- die Fremdstörfestigkeit,
  d. h. die Beständigkeit gegenüber systemfremden elektromagnetischen Störgrößen z_{em} (Bild 1.1), die leitungs- oder feldgebunden von externen Störquellen (z. B. Blitzentladungen, elektrostatische Entladungen, transiente Vorgänge in benachbarten elektrischen Geräten und Anlagen, stationäre Sender und Sprechfunkgeräte u. ä.) herangeführt werden und die eine vorübergehende Störung, bei ausreichender Intensität aber auch eine Zerstörung des betrachteten Betriebsmittels zur Folge haben können
- einen Störemissionsgrad,
  der die von einer Einrichtung ausgehenden elektromagnetischen Nebenwirkungen n_{em} (Bild 1.1), die andere Einrichtungen störend beeinflussen können, charakterisiert. Ein Beispiel dafür ist der Funkstörgrad entsprechend TGL 20885.

Diese Kenngrößen sind im Hinblick auf den praktischen Gebrauch, je nach der Art und je nach der Ein- bzw. Austrittsstelle der betrachteten Störgrößen weiter zu spezifizieren (vgl. Bild 5.5).

1. Einführung

Ist die elektromagnetische Verträglichkeit in einer Automatisierungsanlage nicht gewährleistet, so äußert sich dies insbesondere
- im zufälligen Auftreten vorübergehender Funktionsstörungen mit allen im jeweiligen System damit verbundenen ökonomischen und sicherheitstechnischen Konsequenzen, jedoch auch
- in der unmittelbaren elektrischen Zerstörung von Bauelementen und Geräten,
- in der Aufhebung der Eigensicherheit entsprechender Anlagen,
- in einer Beeinträchtigung der Elektroenergiequalität des speisenden Netzes,
- in einer Anhebung bzw. Verschärfung des Störklimas der Umgebung und nicht zuletzt
- in einer Gefährdung des Anlagenpersonals.

Das heißt, elektromagnetische Unverträglichkeit führt in jedem Fall zu direkten oder indirekten ökonomischen Verlusten, insbesondere bedingt durch verlängerte Inbetriebsetzungszeiten, erhöhte Maschinen- und Anlagenstillstandszeiten, Ausschußproduktion und Folgeschäden an Maschinen oder Anlagenaggregaten. Die Ursachen dafür sind in allen Fällen nichtbeachtete bzw. nichtbeherrschte elektromagnetische Störbeeinflussungen. Die im Zusammenhang mit ihrer Entstehung, Ausbreitung, Unterdrückung und ihrer zielgerichteten Beherrschung stehenden begrifflichen, physikalisch-technischen, ökonomischen und organisatorischen Grundlagen werden im nächsten Abschnitt behandelt.

2. Begriffliche, technische, ökonomische und organisatorische Grundlagen

2.1. Grundbegriffe und Definitionen

Die Behandlung der EMV-Problematik macht es erforderlich, zunächst einige weitere Grundbegriffe zu erläutern bzw. zu definieren. Stellt man zunächst die Frage: „Was sind elektromagnetische Störbeeinflussungen?", so findet man unter Berücksichtigung des bisher Gesagten, systemtechnisch betrachtet, die folgende Antwort:
Elektromagnetische Störbeeinflussungen *sind nichtbeabsichtigte elektromagnetische Wirkungen einzelner Systemelemente aufeinander ($z_{i,e}$ im Bild 1.1) oder fremder Systeme auf ein betrachtetes (z_{em} im Bild 1.1) über funktionsbedingt erforderliche oder parasitäre Kopplungen.*

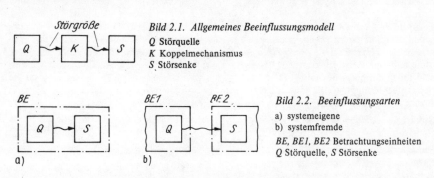

Bild 2.1. Allgemeines Beeinflussungsmodell
Q Störquelle
K Koppelmechanismus
S Störsenke

Bild 2.2. Beeinflussungsarten
a) systemeigene
b) systemfremde
BE, BE1, BE2 Betrachtungseinheiten
Q Störquelle, S Störsenke

Der Mechanismus der Störbeeinflussung setzt dabei mindestens eine Quelle Q voraus, von der Störgrößen ausgehen, und eine Senke S, die durch diese Störgrößen beeinträchtigt werden kann. Beide sind über einen Koppelmechanismus K wirkungsmäßig miteinander verbunden (Bild 2.1). Für qualitative Betrachtungen, näherungsweise Berechnungen oder Beeinflussungsabschätzungen kann dabei in der Regel davon ausgegangen werden, daß Quelle und Senke rückwirkungsfrei miteinander gekoppelt sind. Im Rahmen einer exakten Behandlung der Beeinflussungsproblematik ist dies jedoch, insbesondere in energetischen Systemen, nicht mehr zulässig. Hier muß die Rückwirkung der Störsenke auf die Störquelle im Sinne eines geschlossenen Wirkungsablaufs berücksichtigt werden (vgl. Abschn. 11).

Je nachdem, ob die Störquelle Q und die Störsenke S sich innerhalb einer Betrachtungseinheit *BE* (geschlossene funktionelle oder konstruktive Einheit, Bild 2.2a) oder in voneinander getrennten Einheiten (z. B. *BE1*, *BE2* im Bild 2.2b) befinden, wird zwischen systemeigenen (oder auch systeminternen) und systemfremden (oder systemexternen) Störbeeinflussungen unterschieden. Die beiden Beeinflussungsarten werden in der praktischen EMV-Arbeit nach unterschiedlichen Strategien behandelt, wie noch gezeigt wird.

Für die Diskussion der EMV-Problematik werden noch einige weitere Grundbegriffe benötigt. Sie sind im folgenden zusammen mit den bereits eingeführten definiert.

2.2. Funktionsstörungen in Systemen

Störquelle: Ursprung von Störgrößen (Gerät oder physikalischer Vorgang)
In Übereinstimmung mit dem vorher Gesagten ist bei elektrischen Betriebsmitteln zwischen internen und externen Störquellen zu unterscheiden.

Störgröße: elektromagnetische Größe, die in einer elektrischen Einrichtung (Störsenke) einen unerwünschten Effekt (Funktionsstörung, Zerstörung u. ä.) hervorrufen kann.
Physikalisch gesehen entspricht sie der Differenz $x_{St} = x - x_{Nutz}$. Dabei ist x die am Betrachtungsort wirkende elektromagnetische Größe und x_{Nutz} die in x enthaltene Nutzgröße. x_{St} steht als Oberbegriff für Störspannung, Störstrom, Störenergie, Störfeldstärke usw. Störgrößen treten je nach Art der Störquelle periodisch oder nichtperiodisch in Form zeitlich zufällig verteilter Impulse, leitungsgebunden oder feldgebunden, in Erscheinung (vgl. Abschn. 3.4.1).

Koppelmechanismus: physikalischer Mechanismus, über den Störgrößen, ausgehend von Störquellen, auf Störsenken einwirken

Störsenke: elektrische Einrichtung (Baustein, Baugruppe, Gerät, Anlage, Anlagenteil), deren Funktionsfähigkeit durch das Einwirken von Störgrößen beeinträchtigt werden kann.

Zerstörfestigkeit: zulässiger Grenzwert für die Beanspruchung einer Störsenke durch eine Störgröße, dessen Überschreitung eine teilweise oder vollständige Zerstörung der Betrachtungseinheit und damit eine irreversible Funktionsstörung zur Folge hat.
Die Wiederherstellung der Funktionsfähigkeit erfordert hier in jedem Fall die Reparatur bzw. den Austausch von Bauelementen oder Baugruppen in der betrachteten Einrichtung.

Störfestigkeit: Eigenschaft von Störsenken, trotz des Einwirkens von Störgrößen bestimmter Intensität störungsfrei zu arbeiten
Quantitativ durch die Angabe von zulässigen Beanspruchungsgrenzwerten (Spannungsamplituden, Spannungszeitflächen, Energiemengen, standardisierte Prüfbeanspruchungen usw.) beschreibbar. Werden durch Störgrößen die Störfestigkeitswerte einer Störsenke überschritten, ohne daß eine Zerstörung erfolgt, treten reversible Funktionsstörungen auf. Nach dem Verschwinden der Störgrößeneinwirkung bzw. nach einem Neustart der Einrichtung arbeitet die betrachtete Einheit wieder einwandfrei, ohne daß zwischenzeitlich eine Reparatur oder ein Ersatz von Bauelementen oder Baugruppen vorgenommen werden müßte.

Störschwelle: Pegel, bei dem eine bestimmte Störgröße in einer Störsenke gerade eine Funktionsstörung hervorruft

Funktionsstörung: dauernde oder zeitweilige unzulässige Abweichung der Funktion eines Systems vom gewünschten Verhalten
Konkret bedeutet dies in automatisierten Systemen: Es kommt zu undeutbaren Programmunterbrechungen bzw. zu programmwidrigen Befehlsabläufen sowie zur undefinierten Auslösung von Gerätefunktionen, d. h., Stellglieder werden unbeabsichtigt ein- oder ausgeschaltet, Regelantriebe verändern spontan ihre Drehzahl, Überwachungseinrichtungen sprechen an, ohne daß ein Grund dazu vorliegt u. a. mehr.
Hierzu einige eingehendere Betrachtungen.

2.2. Funktionsstörungen in Systemen

Jedes Automatisierungsmittel hat aufgabengemäß eine bestimmte Funktion

$$a = f(e), \tag{2.1}$$

d. h. einen bestimmten beabsichtigten Zusammenhang zwischen definierten Eingangsgrößen e und Ausgangsgrößen a zu realisieren: ein Tachogenerator z. B. einen linearproportionalen Zusammenhang zwischen der Drehzahl seiner Welle und der Ausgangsspannung, eine analoge PID-Regeleinrichtung einen durch die Reglereinstellung fixierten funktionellen Zusammenhang zwischen dem Eingangs- und dem Ausgangssignal und eine programmierbare Maschinensteuerung eine durch das Programm festgelegte Zuordnung zwischen den binären Eingangsfolgen und den binären Ausgangsfolgen.

Berücksichtigt man, daß außer den funktionsbezogenen Eingangsgrößen e auf ein technisches System stets noch elektromagnetische Störgrößen z_{em} und nichtelektrische Umwelteinflüsse z_{mk} oder z_{pt} (Bild 1.1) einwirken und darüber hinaus zwischen den Systemelementen parasitäre elektrische ($z_{i,e}$) und nichtelektrische ($z_{i,ne}$) Wechselwirkungen möglich sind, ergibt sich mit $z = (z_{mk}, z_{em}$ oder $z_{pt}, z_{em})$ und $z_i = (z_{i,e}, z_{i,ne})$ gemäß Bild 1.1 zwischen den funktionsrelevanten Größen e und a die folgende reale Abhängigkeit:

$$a = f_r(e, z, z_i). \tag{2.2}$$

Konkret liegt eine EMV-bedingte Funktionsstörung vor, wenn unter dem Einfluß von z_{em} oder $z_{i,e}$ oder unter dem Einfluß beider Größen,

- bei analogen Systemen der tatsächliche Zusammenhang zwischen a und e entsprechend (2.2) das zu (2.1) gehörende, für einen speziellen Anwendungsfall vereinbarte Toleranzfeld verläßt, bzw.
- bei diskreten Systemen der tatsächliche Zusammenhang zwischen den Eingangsfolgen e und den Ausgangsfolgen a nicht dem durch (2.1) definierten entspricht.

Praktisch, z. B. bei Inbetriebnahme- oder Servicearbeiten, bereitet es allerdings oft erhebliche Schwierigkeiten, elektromagnetische Beeinflussungen eindeutig als Ursache für aufgetretene Funktionsstörungen nachzuweisen, da es eine Vielzahl anderer Fehlerquellen gibt, die sich in gleicher oder ähnlicher Weise wie eine EMV-bedingte Funktionsstörung bemerkbar machen. Bild 2.3 gibt hierzu eine Übersicht. Das Ereignis „Funktionsstörung" kann unmittelbar durch systemfremde Beeinflussungen und die dadurch bedingte Verfälschung von Nutzsignalen so-

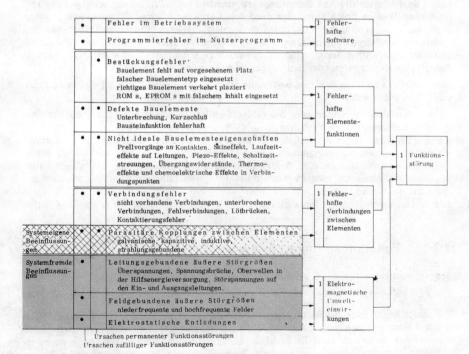

Bild 2.3. Ursachen-Folge-Diagramm zum Ereignis „Funktionsstörung"

wie der Hilfsenergieparameter, durch Fehler in der Struktur des betrachteten Systems oder durch fehlerhaftes Funktionieren seiner Elemente und bei speicherprogrammierten Systemen darüber hinaus noch durch Fehler in der Software verursacht werden.

Typisch für EMV-bedingte Funktionsstörungen ist ihr zufälliges Erscheinungsbild; d. h., Eintrittszeitpunkt, Dauer, Wiederholgrad und Intensität der Störung sind nicht exakt determinierbar und reproduzierbar. Das liegt im Entstehungsmechanismus der meisten Störgrößen begründet. Beispielsweise sind vom Netz herrührende Störungen (Überspannungen, Spannungseinbrüche usw.) je nach dem Auftreten von Schalthandlungen oder atmosphärischen Entladungen absolut zufälliger Natur. Beim Abschalten induktiver Lasten in Wechselstromkreisen ist die Höhe der Abschaltüberspannungen vom Schaltaugenblick abhängig und damit ebenfalls zufallsbedingt. Des weiteren kann die zufällige Überlagerung unterschiedlicher Störeinflüsse, die einzeln nicht ausreichen, eine Fehlfunktion herbeizuführen, eine Funktionsstörung auslösen; die parasitäre Kopplung zwischen Datenleitungen kann auch operandenabhängig und damit ihrer Natur nach zufällig sein.

Zufällige Funktionsstörungen können aber auch durch nichtideale Bauelementeeigenschaften, z. B. durch Prellvorgänge an Kontakten, durch Reflexionserscheinungen auf Leitungen, durch Hasards infolge von Signalwettläufen, durch driftende Bauelementeparameter, durch intermittierende Kontakt- und Verbindungsfehler, z. B. korrodierte oder verschmutzte Kontakte bzw. Lötbrücken oder Haarrisse auf Leiterplatten, die temperatur- oder spannungsabhängig ihre Übergangswiderstände verändern, aber auch durch Fehler in der Software verursacht werden. In der praktischen EMV-Arbeit wird dadurch das Aufspüren von Störungsursachen bzw. das Führen einer eindeutigen Störungsstatistik sehr erschwert.

2.3. Ziele der EMV-Arbeit

Das komplexe Ziel einer sinnvollen EMV-Arbeit im Zusammenhang mit der Entwicklung, Herstellung und Anwendung von Automatisierungsmitteln besteht darin, durch die zielgerichtete Anwendung technischer und arbeitsorganisatorischer Maßnahmen mit vertretbarem Aufwand eine den jeweiligen Erfordernissen entsprechende EMV-Erzeugnisqualität zu erreichen, deren Meß- und Prüfbarkeit und damit objektive Bewertbarkeit gewährleistet ist.

Erste Hinweise dafür, wie elektromagnetische Verträglichkeit zu erreichen ist, liefert das allgemeine Beeinflussungsmodell (Bild 2.1). Prinzipiell mögliche Maßnahmen sind:

- Unterdrücken der Entstehung von Störgrößen durch Vorkehrungen direkt am Entstehungsort, z. B. durch die Anwendung störemissionsarmer Schaltungen und konstruktiver Konzepte oder durch das Beschalten von Bauelementen und Geräten wie Stromrichter, Induktivitäten und Kontaktschaltstrecken;
- Unterdrücken bzw. Abschwächen der Ausbreitung von Störgrößen durch Maßnahmen am Übertragungsweg, wie Filtern, Schirmen, räumlich Trennen, galvanisch und elektromagnetisch Entkoppeln, EMV-gerecht Erden sowie durch Begrenzen und Ableiten von Überspannungen;
- Erhöhen der Stör- und Zerstörfestigkeit des beeinflussungsgefährdeten Objekts, z. B. durch die Wahl eines geeigneten Informationsverarbeitungskonzeptes, durch den Einsatz von Filterstufen und Überspannungsbegrenzern, ferner durch Schirmung, Potentialtrennung, Versorgungsspannungsstabilisierung sowie geeignete Erdung und Bezugspotentialführung.

Praktisch macht man von allen drei Möglichkeiten einzeln oder kombiniert Gebrauch.

2.4. Ökonomische Aspekte

Die Zielstellungen der EMV-Arbeit können erreicht werden durch planmäßige kontinuierliche Arbeit im Rahmen der Projektabwicklung oder durch Nachrüstung, Nachbesserungen bzw. Nachentwicklungen am fertigen Objekt. Der erstere Weg ist entschieden kostengünstiger und daher auf jeden Fall vorzuziehen. Die elektromagnetische Verträglichkeit wird hier wie alle anderen Qualitätsmerkmale geplant und ihre Verwirklichung im Zuge der Erzeugnisrealisierung durch das Qualitätssicherungssystem des Betriebs überwacht.

Konkret geht es dabei darum, systemeigene Beeinflussungen (Bild 2.2a) von vornherein auszuschließen bzw. sicher zu beherrschen, systemfremden Beeinflussungen (Bild 2.2b) mit jeweils gerechtfertigtem Aufwand zu begegnen und den Störemissionsgrad in den Grenzen bestehender Vorschriften zu halten. Gerechtfertigter Aufwand bedeutet dabei, daß es nicht sinnvoll erscheint, Störfestigkeit gegenüber allen möglichen systemfremden Beeinflussungen um jeden Preis zu ereichen. Eher ist angemessen, eine Zielstellung anzustreben, die dadurch gekennzeichnet ist, daß die Gesamtkosten K_G, verursacht durch die Kosten K_F, die infolge fehlerhafter Systemarbeit anfallen, und die Kosten K_{EMV}, die durch störfestigkeitsfördernde Maßnahmen zusätzlich zu den Entwicklungskosten entstehen, einem Minimum zustreben. Das heißt, der EMV-Planungs- und -Abwicklungsprozeß ist kostenmäßig so zu führen, daß im Bild 2.4 der Punkt $P_{opt.}$ angesteuert wird. Praktisch besteht die Schwierigkeit darin, die Abhängigkeiten $K_F(W_F)$ und $K_{EMV}(W_F)$ und damit $K_G(W_F)$ zu determinieren. Aus der Literatur ist jedoch eine Reihe von Erfahrungswerten für die EMV-Aufwendungen an unterschiedlichen Objekten bekannt (Tafel 2.1). Sie können in einem ersten Ansatz als Richtwerte für den praktisch interessanten Kostenanteil $K_{EMV, opt.}$ (vgl. Bild 2.4) angesehen werden.

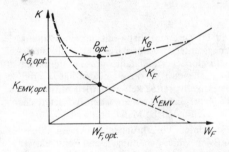

Bild 2.4. Prinzipieller Zusammenhang zwischen Kosten und unverträglichkeitsbedingter Fehlerwahrscheinlichkeit W_F

K_F Kosten, die durch fehlerhafte Systemarbeit entstehen

K_{EMV} Kosten, die durch störsicherheitsfördernde Maßnahmen anfallen

$K_G = K_F + K_{EMV}$ Gesamtkosten

2.5. Planung und Abwicklung der EMV-Arbeit

Vorstellungen und Forderungen bezüglich der EMV-Parameter sind, wie im vorangegangenen Abschnitt bereits dargelegt, ebenso wie die anderen Komponenten des für ein bestimmtes Erzeugnis anvisierten Entwurfszieles, zunächst im Pflichtenheft niederzulegen und danach im Zuge des Entwurfs- und Realisierungsgeschehens planmäßig zu verwirklichen. Zu einer Erhöhung der Effektivität dieser Arbeiten wird künftig auch hier die Rechnerunterstützung entscheidend beitragen. Ansätze hierzu findet man in /2.7//6.22/. Als Rahmenvorschrift für die betriebliche EMV-Arbeit ist dabei die Verordnung über die Entwicklung und Sicherung der Qualität von Erzeugnissen /2.2/ geeignet. In dieser Verordnung wird scharf zwischen den Aktivitäten und Verantwortlichkeiten zur Erreichung und Sicherung eines geforderten Qualitätsniveaus und der Kontrolle dieser Arbeiten und ihrer Ergebnisse unterschieden.

Die Verantwortung für die Erreichung der geforderten Werte der EMV-Parameter liegt in jedem Fall bei den produktionsvorbereitenden und den produktionsdurchführenden Abtei-

2.5. Planung und Abwicklung der EMV-Arbeit

Tafel 2.1. Erfahrungswerte für EMV-Aufwendungen (nach /2.1/)
K_{EMV} Kostenaufwand zur Gewährleistung der elektromagnetischen Verträglichkeit
K_E Entwicklungs- und Konstruktionskosten bis zur Fertigstellung von 3 Prototypen

1. Aufschlüsselung des EMV-Kostenanteils K_{EMV} auf die einzelnen EMV-Aktivitäten im Zuge der Projektabwicklung

EMV-Aktivitäten	K_{EMV}/K_E
• Definition der EMV-Forderungen	0,1 ... 0,5 %
• Analyse und Vorhersage	0,2 ... 1 %
• Hinweise für Abhilfemaßnahmen	0,1 ... 0,5 %
• EMV-Prüfplan	0,1 ... 0,5 %
• Prüfung am Entwicklungsmuster	1 ... 3 %
• Nachentwicklung	0,2 ... 1,5 %
• Genehmigung EMV-Prüfplan und EMV-Typabnahme	0,3 ... 4 %
Gesamtaufwendungen	2 ... 11 %

2. Streubereich des EMV-Kostenanteils in Abhängigkeit von der Größe des Objektes

Betrachtungsobjekt	K_{EMV}/K_E
• Kleine Handwerkszeuge	10 ... 12 %
• Sonarbojen	... 5 %
• Radargeräte	... 5 %
• Schiffe, Fregatten	... 3 %

3. Streubereich des EMV-Kostenanteils in Abhängigkeit vom Auftragsvolumen

Auftragsvolumen	K_{EMV}/K_E
250 Mio DM	1 ... 3 %
2,5 bis 250 Mio DM	3 ... 7 %
2,5 Mio DM	7 ... 12 %

lungen, insbesondere beim jeweiligen Themenverantwortlichen. Da ein wesentlicher Teil der anfallenden EMV-Arbeiten sehr eng mit den übrigen Arbeiten zur Schaffung eines Erzeugnisses verflochten ist, muß er von den Bearbeitern der genannten Bereiche geleistet werden. Diese müssen demzufolge über entsprechende EMV-Grund- und -Spezialkenntnisse verfügen.

In bezug auf die Organisation und Überwachung der EMV-Arbeiten ist es erforderlich, daß zumindest in größeren Betrieben ein auf Fragen der elektromagnetischen Verträglichkeit spezialisierter Mitarbeiter tätig ist, dem die Koordinierung, Durchsetzung und Kontrolle der gesamten betrieblichen EMV-Arbeit obliegt, die entsprechend den für die Entwicklungsaufgaben des Betriebs zu erarbeitenden EMV-Programmen durchgeführt wird, der darüber hinaus die Funktion eines EMV-Fachberaters ausübt, EMV-Einsatzerfahrungen sammelt und auswertet, internationale Entwicklungstrends beobachtet und der, ggf. in Zusammenarbeit mit Anwendern, für die Formulierung technisch und ökonomisch begründeter EMV-Forderungen im Sinne von Abschnitt 2.4 zuständig ist.

EMV-Arbeit bei der Geräteentwicklung

Grundlage einer zielgerichteten EMV-Arbeit im Rahmen von Geräteentwicklungen ist eine sorgfältige Analyse der EMV-Einsatzbedingungen, der möglichen Gefährdungen, Schäden und Kosten, die am Einsatzort durch fehlerhafte Gerätearbeit entstehen, der Möglichkeiten und der Zumutbarkeit einer Entschärfung des Störklimas vor Ort und inwieweit spezielle Sicherheitsaspekte besondere EMV-Vorkehrungen erfordern. Davon ausgehend, sind unter Berücksichtigung vorliegender Standards und Empfehlungen die Störfestigkeitsanforderungen an das zu entwickelnde Gerät so zu definieren, daß das im Abschnitt 2.4 erläuterte Kostenoptimum nach Möglichkeit erreicht wird. Anschließend ist ein EMV-Arbeitsprogramm zu erstellen, in dem die Maßnahmen für die Realisierung der geforderten EMV-Parameter sowie die bei der Erreichung bestimmter Entwicklungsstufen notwendigen EMV-Nachweise (Nachrechnung der Beeinflussungswerte an kritischen Stellen, Prüfen der Störfestigkeit mit definierten Störbeanspruchungen u. a.) festgehalten sind. Die dazu erforderlichen Tätigkeiten können, wie in der Tafel 2.2 angegeben, in den Arbeitsablauf zur Entwicklung von Erzeugnissen eingeordnet werden.

Tafel 2.2. Einordnung der EMV-Aktivitäten in den Arbeitsablauf der Erzeugnisentwicklung (siehe auch Abschn. 13.2)

Arbeitsstufe	Leistung
K1	Vereinbarung der EMV-Forderungen im Pflichtenheft, Erstellen des EMV-Programms
K2	Berechnung und Optimierung der EMV-Parameter
K5 oder K5/0	Beginn der EMV-Nachweise am Funktionsmuster, Präzisierung des EMV-Programms, Abschluß entsprechend dem präzisierten Programm
K10 oder K10/0	Aktualisierung der EMV-Applikationsvorschriften (Vor-Ort-Maßnahmen, Standortwahl, Kabelverlegung u. a.)
K11	Vorbereiten der EMV-Nachweise an Seriengeräten

Zur leichteren Erkennung und Aufdeckung von Beeinflussungsschwerpunkten kann sowohl bei der Entwicklung von Geräten wie bei der Projektierung von Anlagen die sogenannte Beeinflussungsmatrix herangezogen werden (Bild 2.5). In ihr sind alle Komponenten *A, B, C, D, E, ...* eines strukturierten Systems einschließlich der Systemumwelt als Störquelle und als Störsenke aufgeführt. Der Grad der gegenseitigen Beeinflussungsgefährdung wird darin mittels vereinbarter Zeichen qualitativ vermerkt und kritische Beeinflussungswege später quantitativ untersucht bzw. entsprechende EMV-Maßnahmen daraus abgeleitet. Feld *1* kennzeichnet im Bild 2.5 die systemeigenen Beeinflussungsgefährdungen, Feld *2* die systemfremden und Feld *3* die vom betrachteten System ausgehenden EMV-Umweltbelastungen.

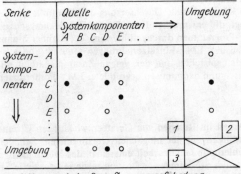

Bild 2.5. Beeinflussungsmatrix /2.1/

o mittlere, • hohe Beeinflussungsgefährdung

2.5. Planung und Abwicklung der EMV-Arbeit

EMV-Arbeit bei der Anlagenprojektierung /2.3/ bis /2.6/

Die Zielstellung der EMV-Arbeit besteht auch hier darin, mit vertretbaren zusätzlichen Kosten die elektromagnetische Verträglichkeit sicherzustellen, d. h. EMV-bedingte Funktionseinschränkungen zu vermeiden und den Aufwand für Nachbesserungsarbeiten möglichst niedrig zu halten.

Die Arbeiten beginnen zweckmäßig mit einer Sondierung des zu erwartenden Störklimas (Recherchen, ggf. Vor-Ort-Untersuchungen) und der Einteilung der Anlage in verschiedene Störklimazonen, die durch unterschiedliche Störbeanspruchungspegel gekennzeichnet sind. Sie setzt sich fort mit einer Analyse der zu erwartenden Beeinflussungen, wobei wieder die Beeinflussungsmatrix (Bild 2.5) als Hilfsmittel herangezogen werden kann, mit der darauf basierenden Festlegung der erforderlichen Störfestigkeitswerte für die verschiedenen Systemkomponenten, der zu treffenden allgemeinen und speziellen EMV-Sicherungsmaßnahmen und der zu erbringenden EMV-Nachweise sowie mit der projektbegleitenden EMV-Kontrolle, und sie endet mit der Erstellung der EMV-Dokumentation, die alle realisierten Maßnahmen und EMV-Systemdaten als Grundlage für die Wartung, Änderung und Nachrüstung enthält. Die entsprechenden Arbeiten werden entweder von einem mit entsprechenden Weisungsbefugnissen ausgestatteten EMV-Sachverständigen oder von einer EMV-Arbeitsgruppe, der Vertreter des Auftraggebers und des Auftragnehmers angehören, konzipiert und kontrolliert. Bild 2.6 vermittelt abschließend eine Übersicht, wie sich die einzelnen EMV-Aktivitäten in die einzelnen Projektphasen einer Automatisierungsanlage einordnen /2.3/.

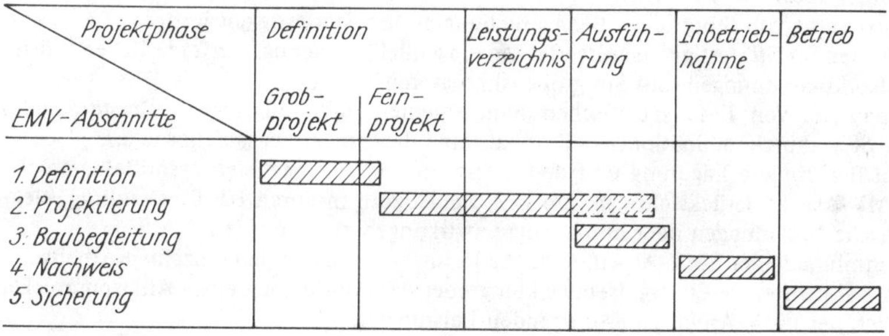

Projektphase EMV-Abschnitte	Definition		Leistungs- verzeichnis	Ausfüh- rung	Inbetrieb- nahme	Betrieb
	Grob- projekt	Fein- projekt				
1. Definition	▨					
2. Projektierung		▨▨▨				
3. Baubegleitung				▨		
4. Nachweis					▨	
5. Sicherung						▨

Bild 2.6. EMV-Arbeiten in den einzelnen Projektphasen einer Automatisierungsanlage [2.3]

Inhalt der einzelnen EMV-Arbeitsabschnitte:
1. Definition: Konstituierung der EMV-Arbeitsgruppe, Festlegung der EMV-Organisation, Ausarbeitung des EMV-Programms, Analyse des EMV-Klimas, qualitative Analyse der möglichen Beeinflussungen, Festlegung von Grenzwerten für zulässige elektromagnetische Emissionen, Definition erforderlicher Störfestigkeitswerte, Festlegung allgemeiner EMV-Maßnahmen
2. Projektierung: quantitative EMV-Analyse, Festlegung konkreter EMV-Maßnahmen, Erstellen der Schirmungs-, Filterungs-, Massungs-, Erdungs- und Verkabelungskonzepte, Ausarbeitung des Überspannungs- und Blitzschutzkonzepts, Auflisten der EMV-Forderungen an Geräte und Teilsysteme, Festlegung der zu erbringenden EMV-Nachweise sowie der EMV-Meßprogramme und Meßverfahren
3. Baubegleitung: Sichtkontrollen, Messungen, Planungsaktualisierung
4. Nachweis: EMV-Nachweismessungen, Realisierung von Änderungen und Zusatzmaßnahmen, Erstellen der EMV-Dokumentation
5. Sicherung: Vergleichsmessungen, Einpassen von Anlagenänderungen und -erweiterungen

2.6. EMV-Standardisierung

Um die elektromagnetische Verträglichkeit eines Erzeugnisses als wesentliches Qualitätsmerkmal effektiv planen, realisieren, prüfen und ausweisen zu können, bedarf es einer Reihe verbindlicher Festlegungen, die in Standards niederzulegen sind. Gewisse Schwierigkeiten bereiten dabei der Querschnittscharakter und die dadurch bedingte große Breite des Sachgebiets, die die Berücksichtigung energietechnischer, informationstechnischer und meßtechnischer Aspekte erfordert.

Der Standardisierung zugänglich sind:
- die EMV-Termini, d. h. die für eine sinnvolle Anwendung der Standardisierungsergebnisse notwendigerweise festzulegenden Begriffe und Definitionen, wobei auf die Übereinstimmung bzw. Verträglichkeit mit bereits standardisierten Begriffen, z. B. aus dem Bereich der Steuerungs- und Regelungstechnik oder der Leistungselektronik, zu achten ist,
- Verträglichkeitspegel bzw. Verträglichkeitsklassen für EMV-relevante Parameter, die als EMV-Einsatzbedingungen die Basis für die Festlegung der Anforderungen hinsichtlich der Störfestigkeit bestimmter Betriebsmittel bilden,
- Grenzwerte für Störemissionen, ähnlich den Funkstörgrenzwerten, die von bestimmten Geräten oder Anlagenteilen ausgehen dürfen,
- Störfestigkeitsklassen für Betriebsmittel, die ihre Widerstandsfähigkeit gegenüber bestimmten elektromagnetischen Beanspruchungen quantitativ ausweisen,
- Meßverfahren sowie gerätemäßig und aufbaumäßig spezifizierte Meßanordnungen für Störgrößen und EMV-Parameter,
- die Darstellung von Störgrößen, Beanspruchungen und Störfestigkeitswerten,
- Vorschriften für Störfestigkeitsprüfverfahren einschließlich der dazu erforderlichen Störfestigkeitsprüfanordnungen und Störgrößensimulatoren,
- die Parameter von EMV-spezifischen Bauelementen und Baugruppen (Entstörbauelemente, Störschutzkombinationen, Filterbausteine, Überspannungsableiter u. a.),
- Vorschriften für die Lagerung und den Transport von Automatisierungsmitteln, welche den EMV-Aspekt berücksichtigen, um z. B. Schädigungen durch HF-Einstrahlung, elektrostatische Entladungen oder durch Blitzeinwirkungen zu vermeiden,
- Programminhalte der EMV-Arbeit, d. h. Festlegungen zu den in den einzelnen Arbeitsstufen im Rahmen einer Erzeugnisentwicklung oder der Abwicklung eines Anlagenprojekts bezüglich der EMV-Arbeit zu erbringenden Leistungen.

Weniger für eine allgemeine Normung geeignet sind definierte Gestaltungsregeln für den störsicheren Aufbau von Schaltungen bzw. die Konstruktion von Geräten oder der Anordnung von Baugruppen und Geräten relativ zueinander oder auch die Verlegung von Leitungen u. a. m. Diese in der Regel bauelemente- und gerätegenerationsspezifischen Belange bleiben allgemeinen Empfehlungen, betriebsinternen Vorschriften und Gestaltungsrichtlinien bzw. erzeugnisspezifischen Standards vorbehalten.

Sieht man von den der elektromagnetischen Verträglichkeit zugehörigen Problemkreisen „Funkstörungen" (TGL 20885) und „Beeinflussung von Informationsanlagen durch Starkstromanlagen" (TGL 200-0605, DIN 57 828), zu denen ein entsprechend umfangreiches Vorschriftenwerk vorliegt, ab, so liegen bisher zur EMV-Problematik für den zivilen Bereich nur wenige verbindliche Standards vor (s. Zusammenstellung weiter unten). Es wird jedoch mit großer Intensität auf diesem Gebiet gearbeitet. Die folgende Aufstellung vermittelt einen Überblick über diesbezügliche Aktivitäten im Rahmen der Internationalen Elektrotechnischen Kommission (IEC).

EMV-Aktivitäten in der IEC

IEC TC 65 WG 4 EMV innerhalb von Prozeßsteuerungen
IEC TC 77 Elektromagnetische Verträglichkeit
IEC TC 77 WG 1 Begriffe der EMV

2.6. EMV-Standardisierung

IEC TC 77 WG 2 Bezugsnetzimpedanzen
IEC TC 77 WG 3 und WG 5 Überschwingungen
IEC TC 77 WG 4 Spannungsschwankungen
IEC TC 77 WG 6 Geräte und Verfahren zur Messung der EMV
IEC TC 77 WG 7 EMV in industriellen Anlagen

Zivile EMV-Standards und Empfehlungen

TGL 36172: Interface zwischen numerischen Steuerungen und Be- und Verarbeitungsmaschinen; Oktober 1979
TGL 200-0608/24: Stromrichteranlagen; Strom- und Spannungsoberschwingungen; April 1977
ST RGW 4702-84: Universelles internationales System zur automatischen Überwachung, Regelung und Steuerung (URS). Allgemeine Prüfverfahren für die Beständigkeit gegenüber elektromagnetischen Störungen
DIN 45410: Störfestigkeit von elektroakustischen Geräten; Meßverfahren und Meßgrößen; Mai 1976
DIN 57160 Teil 2/VDE 0160 Teil 2: VDE-Bestimmungen für die Ausrüstungen von Starkstromanlagen mit elektronischen Betriebsmitteln, Einrichtungen mit Betriebsmitteln der Leistungselektronik in Starkstromanlagen; Oktober 1975
DIN 57847 Teil 1/VDE 0847 Teil 1: Meßverfahren zur Beurteilung der elektromagnetischen Verträglichkeit; Messen leitungsgeführter Störgrößen; November 1981
DIN 57847 Teil 2/VDE 0847 Teil 2: Meßverfahren zur Beurteilung der elektromagnetischen Verträglichkeit; Störfestigkeit gegen leitungsgeführte Störgrößen (Entwurf: April 1984)
DIN 57870 Teil 1/VDE 0870 Teil 1: Elektromagnetische Beeinflussung (EMB); Grundlagen, Begriffe (Entwurf: 1982, 83)
DIN 57872 Teil 2/VDE 0872 Teil 2: Störfestigkeitsanforderungen (Entwurf: 1982)
DIN 57872 Teil 3/VDE 0872 Teil 3: Bestimmungen für die Funkentstörung von Ton- und Fernsehrundfunkempfängern; Störfestigkeits-Meßverfahren (Entwurf: November 1984)
IEC-Publikation 555-3 (1982): Disturbances in supply systems caused by household appliances and similar electrical equipment. Part 3: Voltage fluctuations
IEC-Publikation 801-1 (1984): Electromagnetic compatibility for industrial-process measurement and control equipment. Part 1: General introduction
IEC-Publikation 801-2 (1984): Electromagnetic compatibility for industrial-process measurement and control equipment. Part 2: Electrostatic discharge requirements
IEC-Publikation 801-3 (1984): Electromagnetic compatibility for industrial-process measurement and control equipment. Part 3: Radiated electromagnetic field requirements
IEC-Entwurf 65 (Secr.) 96, Nov. 1983: Electromagnetic compatibility for industrial-process measurement and control equipment. Part 4: Electrical fast transients requirements
IEC-Entwurf 65 (Secr.) 99. Jan. 1985: Electromagnetic compatibility for industrial-process measurement and control equipment. Part 5: Surge voltage immunity requirements
IEC-Entwurf 77 (Secr.) 47, Okt. 1980: Guide to electromagnetic compatibility. Part 1: Power converters
IEC-Entwurf 77 (Secr.) 51, March 1981: Guide on methods of measurement of transients on low voltage power and signal lines
Weitere zivile Standards mit Bezug zur EMV siehe /7.11/ /7.12/ /7.15/ /8.21/ bis /8.27/ /10.7/ /10.24/ bis /10.33/ /11.25/ bis /11.31/ /15.1/ bis /15.4/ /17.23/ /17.29/ und Tafel 12.1.

Militärische EMV-Standards

USA: MIL-Standard 461: Electromagnetic Interference Characteristics, Requirements for Equipment. Subsystem and System
MIL-Standard 462: Electromagnetic Interference, Characteristics, Measurement of
MIL-Standard 463: Definition and System of Units, Electromagnetic Interference Technology

BRD: VG 95 370: Elektromagnetische Verträglichkeit von und in Systemen
VG 95 371: Elektromagnetische Verträglichkeit: Allgemeine Grundlagen
VG 95 372: Elektromagnetische Verträglichkeit; Übersicht
VG 95 373: Elektromagnetische Verträglichkeit von Geräten
VG 95 374: Elektromagnetische Verträglichkeit; Programme und Verfahren
VG 95 375: Elektromagnetische Verträglichkeit; Grundlagen und Maßnahmen für die Entwicklung von Systemen
VG 95 376: Elektromagnetische Verträglichkeit; Grundlagen und Maßnahmen für die Entwicklung und Konstruktion von Geräten
VG 95 377: Elektromagnetische Verträglichkeit; Meßeinrichtungen und Meßgeräte

3. Störquellen und Störgrößen

3.1. Übersicht

Das Störklima der Umgebung, in der einzeln oder im Verbund betriebene Automatisierungsmittel arbeiten, wird gewöhnlich durch eine Vielzahl einzelner Störquellen geprägt. Im Sinne einer Systematisierung dieser Vielfalt ist zunächst zwischen natürlichen Quellmechanismen und künstlichen, d. h. technisch bedingten Entstehungsursachen für Störgrößen zu unterscheiden (Bild 3.1). Zu den für die Automatisierungstechnik relevanten natürlichen Störquellen zählen im wesentlichen die atmosphärischen Entladungen (Blitzentladungen) und elektrostatische Entladungen (Funkenentladungen), wie sie z. B. von einer Person auf ein Bedienpult oder ein Gerätegehäuse übergehen können. Unter künstlichen Quellen dagegen sind alle normal betriebsmäßig oder unvorhergesehen havariebedingt ablaufenden elektrophysikalischen Vorgänge in den Einrichtungen der Elektroenergieerzeugung, -übertragung und -an-

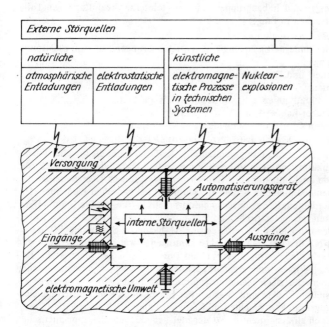

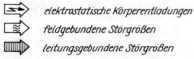

Bild 3.1. Störquellen und Eintrittsorte von Störgrößen in Automatisierungsgeräte

wendung einschließlich der leitungs- und feldgebundenen Informationstechnik zu verstehen. Auch der bei einer exoatmosphärischen Kernexplosion auftretende nukleare elektromagnetische Puls (NEMP) fällt mit unter diese Kategorie. Die von den einzelnen Störquellen ausgehenden elektromagnetischen Störgrößen wirken in ihrer Gesamtheit auf die Geräte, auf die Interfaceverbindungen sowie auf das Versorgungs- und Erdungssystem einer Automatisierungsanlage ein. In das Innere einzelner Geräte können sie, falls nicht entsprechende Vorkehrungen getroffen werden, zusammen mit den Nutzsignalen und der Versorgungsspannung als zeitlich und räumlich veränderliche leitungsgebundene Größen ($u, i, \dfrac{du}{dt}, \dfrac{di}{dt}, \dfrac{du}{dx}, \dfrac{di}{dx}$) oder auch als zeit- und ortsabhängige feldgebundene Größen (E, H) über die im Bild 3.1 gekennzeichneten Schnittstellen (Informationseingänge und -ausgänge, Hilfsenergieversorgung, Gehäuse) gelangen.

Zusätzlich zu diesen von externen Störquellen herrührenden Beeinflussungen können in jedem Gerät interne feld- und leitungsgebundene Beeinflussungen auftreten, die von Störgrößen geräteeigener Störquellen herrühren.

Im weiteren werden die einzelnen Quellenmechanismen in bezug auf die Erscheinungsform und Intensität der von ihnen ausgehenden Störgrößen einer kurzen Sichtung unterworfen.

3.2. Interne Störquellen

Für das Auftreten systemeigener, d. h. baugruppen- oder geräteinterner Beeinflussungen (Bild 3.1) kommen folgende Ursachen in Frage:
- die 50-Hz-Versorgungswechselspannung
- durch Lastwechsel oder anderweitig bedingte Potentialänderungen auf den Elektronik-Stromversorgungsleitungen
- Signalwechsel auf Steuer- und Datenleitungen
- hoch- und niederfrequente Taktsignale
- Abschaltvorgänge an Induktivitäten z. B. von Reed-Relais auf Leiterplatten
- Magnetfelder von Speicher-Laufwerken
- Funkenentladungen beim Öffnen und Schließen von Kontakten
- Resonanzerscheinungen beim Schließen von Kontakten /3.1/.

Darüber hinaus können in Automatisierungsgeräten eine Reihe weiterer elektrischer Phänomene als Ursache für Funktionsstörungen in Erscheinung treten. Das sind z. B. (s. auch Bild 2.3) Übergangswiderstände an Kontakten, das Rauschen aktiver und passiver Bauelemente, das Driften von Bauelementeparametern, Schaltzeitstreuungen bei logischen Elementen, Hasards infolge von Signalwettläufen, Reflexionserscheinungen auf Leitungen, Prell- und Mikrophonieeffekte an Kontakten, piezoelektrische Ladungsverschiebungen an Druck- und Knickstellen von Leiterisolationen (die auf die Kraftänderung ΔF bezogene Störladung ΔQ beträgt etwa $\Delta Q/\Delta F \approx 10^{-13}$ As/N), des weiteren Kontaktspannungen sowie chemoelektrische und thermoelektrische Effekte in den Verbindungspunkten unterschiedlicher Materialien. Beispielsweise stellt jede Löt-, Wickel- oder Schraubverbindung zwischen zwei verschiedenen Metallen ein Thermoelement dar, dessen Thermospannung sich bis zu 40 µV/°C ändert.

Diese möglichen parasitären Effekte sind zwar bei der Entwicklung und Herstellung elektronischer Automatisierungsmittel zu beachten und ihre Wirkung durch geeignete Maßnahmen einzuschränken, jedoch sind sie nicht direkt der hier behandelten elektromagnetischen Verträglichkeitsproblematik zuzuordnen. Sie werden deshalb im weiteren mit Ausnahme der Reflexionserscheinungen auf Leitungen nicht näher betrachtet.

3.3. Externe Störquellen

3.3.1. Blitzentladungen

Blitzeinwirkungen sind relativ selten und von sehr kurzer Dauer, in vielen Fällen jedoch von solcher Intensität, daß in Automatisierungsanlagen nicht nur vorübergehende Funktionsstörungen auftreten, sondern oft umfangreiche Zerstörungen angerichtet werden. Bemerkenswert dabei ist, daß die innerhalb eines bestimmten Betrachtungszeitraums durch Gewitterüberspannungen entstehenden Schäden in der Summe ein Mehrfaches der durch direkten Blitzeinschlag verursachten betragen /3.3/.

Die Gewittertätigkeit ist zwar in den verschiedenen Breiten unterschiedlich stark ausgeprägt und jahreszeitlichen Schwankungen unterworfen, jedoch liegen die zu erwartenden Maximalbeanspruchungen fest. Die Tafel 3.1 sowie die Bilder 3.2. und 3.3 vermitteln hierzu eine Übersicht.

In bezug auf die Intensität der Blitzeinwirkung ist grundsätzlich zwischen Direkt- bzw. Naheinschlägen und Ferneinschlägen zu unterscheiden (Bild 3.4).

Beim Direkt- bzw. Naheinschlag trifft der Blitz die Blitzschutzanlage des geschützten Gebäudes, apparative Anlagenteile, Niederspannungs- oder MSR-Kabel, die direkt in das ge-

Tafel 3.1. Richtwerte für Blitzstromparameter (unter Verwendung von /3.5/)

Ereignis	Spannungsparameter		Stromparameter	
	Scheitelwert $\hat{u}$ kV	Steilheit du/dt kV/µs	Scheitelwert $\hat{i}$ kA	Steilheit di/dt kA/µs
Direkt-/ Naheinschläge	einige 100 an R_E; 0,1 ... 1 000 in Leitungsschleifen (Bild 3.4)	–	30 ... 150	80 ... 200
Ferneinschläge	einige 10	einige 10	einige	–

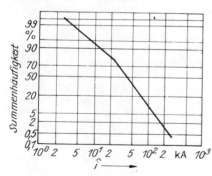

Bild 3.2. Summenhäufigkeitsverteilung der Blitzstromscheitelwerte $\hat{i}$ (nach /3.6/)

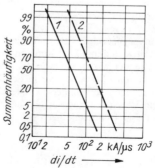

Bild 3.3. Summenhäufigkeitsverteilung der Blitzstromsteilheit di/dt (nach /3.6/ r)

1 Auswertung bis zum µs-Bereich
2 Auswertung bis zum ns-Bereich

schütze Objekt führen. Infolge der sehr hohen Blitzstromscheitelwerte $\hat{i}$ (Tafel 3.1) entstehen dabei über dem Erdungswiderstand R_E (einige Ohm) sehr hohe Blitzüberspannungen bis zu einigen 100 kV und infolge der sehr großen Blitzstromsteilheit $S_i = \mathrm{d}i/\mathrm{d}t$ (Tafel 3.1) in unmittelbar benachbarten Installations- und Signalstromschleifen Induktionsspannungen von etwa 0,1 bis 1 000 kV.

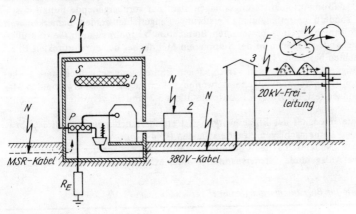

Bild 3.4. Mögliche Blitzeinwirkungen

D	Direkteinschlag	R_E	Erdungswiderstand
N	Naheinschlag	S	Installations- oder Signalleitungsschleife
F	Ferneinschlag	1	geschütztes Objekt
W	Wolke-Wolke-Blitz	2	Anlagenteil
P	Potentialausgleichsschiene	3	Transformatorenstation

Bei Ferneinschlägen trifft der Blitz die Mittelspannungsfreileitung, oder durch Wolke-zu-Wolke-Entladungen werden auf der Leitung Spiegelladungen freigesetzt. In beiden Fällen breiten sich längs der Freileitung Überspannungswellen mit hoher Geschwindigkeit aus. Beim Erreichen von Umspannstationen, die in das Niederspannungsnetz einspeisen, werden sie durch Überschläge an den Isolatoren oder durch Überspannungsableiter auf einige 10 kV begrenzt. Sind in dem zu schützenden Objekt keine weiteren Überspannungsschutzeinrichtungen vorhanden, kommt es zu unkontrollierten Über- oder Durchschlägen an Isolationsschwachpunkten oder in harmloseren Fällen auf dem Weg über die Stromversorgung zu Funktionsstörungen in den elektronischen Betriebsmitteln.

Grundsätzlich ist jeder Blitz und jeder durch einen Leiter fließende Blitzteilstrom von transienten elektromagnetischen Feldern begleitet (electromagnetic pulses of lightning, LEMP), die über kapazitive und induktive Kopplungen in Signalstromkreisen Spannungen von störender und zerstörender Wirkung hervorrufen können. Richtwerte für diese Felder in 10 m bzw. 100 m Abstand von Blitzkanal sind in der Tafel 3.9 angegeben. Der prinzipielle zeitliche Feldverlauf geht aus Bild 3.8a hervor. Berechnungsverfahren zur Bestimmung der Höhe von blitzbedingten Überspannungen in Niederspannungsanlagen sowie Maßnahmen und Mittel zum Abbau dieser Überspannungen auf zulässige Werte sind ausführlich im Abschnitt 10 dargestellt.

3.3.2. Elektrostatische Entladungen /3.7/

Elektrostatische Aufladungen entstehen, wenn feste Stoffe aneinander gerieben werden. Durch mechanische Trennarbeit bilden sich dabei an der Oberfläche je nach Material positive oder negative Ladungsanhäufungen, die zwar bei gutleitender Oberfläche sehr rasch wieder abfließen, sich aber auf nichtleitenden Materialien sehr lange halten können. Diese Ladungsmengen auf Nichtleitern und die durch sie bedingten elektrostatischen Spannungen können bei elektronischen Betriebsmitteln zu Funktionsstörungen führen bzw. elektronische Bauelemente zerstören, wenn sie mit diesen in Berührung gebracht und dabei die in der Tafel 5.2 angegebenen Festigkeitswerte überschritten werden.

Tafel 3.2 vermittelt eine Übersicht über Gegenstände, die in betrieblicher Umgebung als elektrostatische Spannungsquellen in Erscheinung treten, und Tafel 3.3 zeigt Meßwerte der bei typischen Handlungsabläufen erzeugten elektrostatischen Spannungen. Sie liegen in der

Tafel 3.2. *Beispiele für elektrostatische Spannungsquellen /3.7/*

Gegenstand	Material
Arbeitstische	lackierte, gewachste oder plastbeschichtete Oberfläche
Arbeitsstühle	Vinyl, Plastik, Fiberglas, Lackoberfläche, Kunststoffpolsterung
Fußboden	lackierter Beton, Holz (gewachst), Kunststoffbelag, Fliesen, Teppiche aus synthetischem Material
Bekleidung	Arbeitskittel und sonstige Bekleidung aus synthetischen Stoffen, Schuhe mit Krepp- oder Schaumgummisohlen
Behältnisse	Tabletts, Behälterkästen, Hüllen, Taschen und Beutel aus Kunststoff
Werkzeuge	ungeerdete Lötkolben, Bürsten und Pinsel mit synthetischen Borsten, Gebläse

Tafel 3.3. *Elektrostatische Spannungen, gemessen in der Werkhalle eines Elektronikbetriebes /3.7/*

Enstehungsursache	Betriebliche Abteilung	Spannungsmeßwerte $\hat{u}$ in V bei 24 % rel. Luftfeuchte und 21 °C Umgebungstemperatur
Person geht über einen Fußboden mit PVC-Belag	Montage	2 ... 9 000
Person, an einer Werkbank arbeitend	Montage	100 ... 3 000
Person, eine Plasttasche von einer Werkbank aufhebend	Montage	300 ... 700
Person, einen IC-Träger in die automatische Bestückungseinrichtung einführend	Montage	100 ... 2 000
Handhabung einer Entlöteinrichtung aus Plast	Reparatur	500 ... 1 500
Bestückte Leiterplatte in Tragtasche schieben	Prüfung	100 ... 800
Sekretärin, über Nylonteppich gehend	Büro	1 000 ... 15 000
Polyestertasche; gerieben und auf eine PVC-beschichtete Werkbank gelegt	Labor	100 ... 800 (2 000 V beim Abheben der Tasche um 10 cm)

Größenordnung von 0,1 bis 30 kV und damit weit über den für elektronische Bauelemente in der Tafel 5.2 ausgewiesenen Zerstörfestigkeitswerten. Beim praktischen Umgang mit elektronischen Bauelementen, Baugruppen und Geräten sind deshalb besondere Vorkehrungen zu treffen, um Schäden durch elektrostatische Überbeanspruchungen zu vermeiden. Die dazu erforderlichen technischen, technologischen und organisatorischen Maßnahmen sowie die zu berücksichtigenden Vorschriften und Standards sind ausführlich im Abschnitt 8 beschrieben.

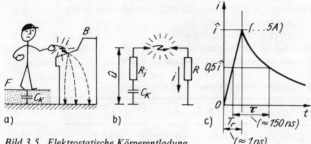

Bild 3.5. Elektrostatische Körperentladung
a) prinzipielle Anordnung
b) Ersatzschaltung
c) zeitlicher Verlauf des Entladestroms

B Bedienpult
C_K Kapazität des menschlichen Körpers gegen Erde (100...250 pF)
F Fußbodenbelag
R_i Innenwiderstand der elektrostatischen Spannungsquelle
R Ersatzwiderstand des Entladungsmediums

Von besonderer Bedeutung beim Umgang mit elektronischer Gerätetechnik sind die von Personen auf Bedienelemente und Gerätegehäuse möglichen elektrostatischen Körperentladungen. Bild 3.5 veranschaulicht die physikalischen Verhältnisse. Der menschliche Körper bildet gegenüber Erde einen Kondensator mit einer Kapazität von $C_K = 100 ... 250$ pF. Geht eine Person über einen Teppich oder Kunststoff-Fußbodenbelag, kann sich diese Kapazität bis auf $\hat{u} = 15\,000$ V aufladen und darin eine Energie von

$$W = \frac{1}{2} C_K \hat{u}^2 = \frac{1}{2} (100 ... 250)\,\text{pF} \cdot 15\,000^2\,\text{V}^2 \approx 10 ... 30\,\text{mWs}$$

gespeichert werden. Beim Berühren eines geerdeten Bedienpults finden ein Funkenüberschlag und ein impulsförmiger Entladungsvorgang statt (Bild 3.3c). Dabei können Entla-

Tafel 3.4 Typische Parameter bei elektrostatischen Körperentladungen

Kapazität des menschlichen Körpers gegen Erde	In C_K gespeicherte elektrische Energie $W = \frac{1}{2} C_K \hat{u}^2$	Spannungsparameter		Stromparameter	
		Scheitelwert	Steilheit	Scheitelwert	Steilheit
C_K		$\hat{u}$	du/dt	$\hat{i}$	di/dt
pF	mWs	kV	kV/µs	A	kA/µs
100 ... 250	10 ... 30	5 ... 15	bis 1 000	bis 5	bis 5

dungsstromspitzen bis 5 A in einer Anstiegszeit von 1 ns erreicht werden, Spannungsänderungsgeschwindigkeiten bis zu 1 000 V/ns auftreten (Tafel 3.4) und durch induktive Kopplung in Elektronikstromkreisen Störspannungen bis zu mehreren Volt induziert werden (vgl. Abschn. 4.4).

Das Risiko von Funktionsstörungen oder Schäden durch elektrostatische Entladungen erhöht sich, je schlechter der Fußbodenbelag elektrisch leitet, je geringer die Luftfeuchtigkeit ist und je mehr Bedienhandlungen vorzunehmen sind.

3.3.3. Elektromagnetische Prozesse in technischen Systemen

Mit technischen Systemen ist hier im weitesten Sinne die Gesamtheit aller Einrichtungen gemeint, die der Elektroenergieerzeugung, -übertragung, -verteilung, -umwandlung und -anwendung dienen bzw. die für alle bekannten elektroenergetischen, elektrotechnologischen, informations- und rechentechnischen, elektromedizinischen, büro- und haushaltstechnischen u. a. Anwendungen zum Einsatz kommen. Praktisch sind alle in dieser Anlagen- und Gerätetechnik funktionsbedingt erforderlichen sowie in Havariefällen darin auftretenden elektromagnetischen Erscheinungen als potentielle Quellen von Störgrößen in Betracht zu ziehen. Grob ist dabei zwischen zwei Klassen von Vorgängen zu unterscheiden.

Die eine Klasse umfaßt Vorgänge, von denen periodische schmalbandige oder breitbandige nieder-, mittel- oder hochfrequente Dauerstörungen in einem Frequenzbereich von einigen Hertz bis zu etwa 100 GHz ausgehen. Die gerätemäßige Basis hierfür sind alle Wechsel- und Drehstromkreise der Starkstromtechnik, Stromrichtergeräte und -anlagen, Hochspannungskabel und -freileitungen, Schleifring- und Kommutatorsysteme elektrischer Maschinen, Schrittantriebe, Leuchtstofflampen, Schaltnetzteile, Taktgeneratoren, Sägezahngeneratoren, Zerhacker, Zündsysteme für Verbrennungsmotoren, Rechnerzentraleinheiten, Datensichtgeräte, Diathermiegeräte, Mikrowellenöfen, Induktionserwärmungsanlagen, Fernseh- und Hörrundfunksender, Sprechfunkgeräte, Funkfernsteuerungen, mobile Telefone, Radaranlagen und andere mehr.

Die andere Klasse von Vorgängen umfaßt solche, von denen aperiodische, zeitlich zufällig verteilte, in der Regel breitbandige Störgrößen (Impulse, Bursts, Spikes) ausgesendet werden. Die Ursachen hierfür sind

in Hochspannungsanlagen /3.4//3.8/:

– das Abschalten leerlaufender Hochspannungsleitungen bzw. von Kondensatoren oder von leer laufenden Transformatoren
– das Schalten von Sammelschienenabschnitten mittels Trennern
– das Zu- und Abschalten bzw. Abwerfen großer Lasten
– das Auftreten von Kurzschlüssen, Erdschlüssen oder Doppelerdschlüssen und deren Fortschaltung

Bei allen diesen Vorgängen können im Hochspannungsnetz gedämpfte Schwingungen bis zu einigen 100 kHz und Überspannungen vom Mehrfachen der Netzspannung entstehen und dadurch in Niederspannungsnetzen Überspannungen bis 15 kV eingekoppelt werden.

in Niederspannungsanlagen /3.4//3.9/:

– das Abschalten von Induktivitäten (Transformatoren, Drosselspulen, Erregerspulen von Schalt- und Stellgliedern), die parallel zur Spannungsquelle liegen
– das Abschalten von Induktivitäten im Längszweig von Stromkreisen (Längsdrosseln, Induktivität der Leiter bzw. der Stromschienen), wobei das Abschalten in allen Fällen beabsichtigt durch Schalter, jedoch auch unbeabsichtigt durch das Auslösen von Sicherungselementen oder durch Leitungsbruch erfolgen kann
– das Ein- und Ausschalten von Leuchtstofflampen

- der Zündvorgang bei Lichtbogenschweißaggregaten, wie auch das Abreißen des Lichtbogens
- der Betrieb stromintensiver elektrotechnologischer Anlagen wie Lichtbogen-Schmelzöfen, Abbrenn-Stumpfschweißmaschinen und Widerstandsschweißmaschinen
- das Zuschalten leer laufender Kabel und Leitungen sowie von Widerstandsheizelementen und von nicht vorgeheizten Glühlampenbeleuchtungseinrichtungen (kräftige Stromspitzen, rasche Stromänderungsgeschwindigkeiten)
- Prellvorgänge an mechanischen Kontakten (Entstehung von Bursts).

Zu den intensivsten, insbesondere für diskrete Automatisierungsmittel gefährlichsten Störquellen zählen jedoch in Niederspannungsanlagen erwiesenermaßen mechanisch geschaltete induktive Stromkreise. Die davon ausgehenden Störwirkungen sind um so intensiver, je mehr gleichzeitig betätigte Kontaktstrecken in Reihe geschaltet sind (Mehrfachunterbrechung zur

Tafel 3.5. Feldstärken von Sendern in Gebäuden (Außenwanddämpfung 6 dB) /3.10/

Sendeeinrichtung	Leistung in W	Typische Entfernung vom Empfänger in m	Arbeitsfrequenz in MHz	Feldstärke in V/m
Amateurfunk	500	20	7	8
			7 ... 30	16
			30 ... 440	64
Mobilfunk Basis	250		30 ... 470	6
beweglich	25	30		1
Fernseh- und Hörrundfunksender in Städten	10 000 (typisch 2 ... 50 kW)	500	30 ... 235	0,5
			235 ... 960	0,5

Tafel 3.6. Frequenzspektren leitungsgebundener Störgrößen /3.9/

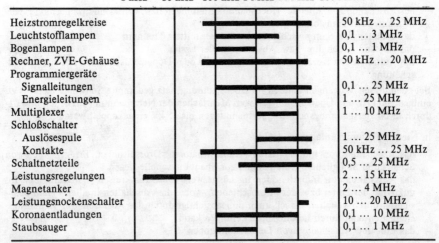

Heizstromregelkreise	50 kHz ... 25 MHz
Leuchtstofflampen	0,1 ... 3 MHz
Bogenlampen	0,1 ... 1 MHz
Rechner, ZVE-Gehäuse	50 kHz ... 20 MHz
Programmiergeräte	
Signalleitungen	0,1 ... 25 MHz
Energieleitungen	1 ... 25 MHz
Multiplexer	1 ... 10 MHz
Schloßschalter	
Auslösespule	1 ... 25 MHz
Kontakte	50 kHz ... 25 MHz
Schaltnetzteile	0,5 ... 25 MHz
Leistungsregelungen	2 ... 15 kHz
Magnetanker	2 ... 4 MHz
Leistungsnockenschalter	10 ... 20 MHz
Koronaentladungen	0,1 ... 10 MHz
Staubsauger	0,1 ... 1 MHz

3.3. Externe Störquellen

Verminderung des Kontaktabbrandes). Im ungünstigsten Fall ist mit folgenden Störerscheinungen zu rechnen:

- Abschaltüberspannung am Entstehungsort bis 10 kV
- Spannungsanstiegsgeschwindigkeit bis 100 V/ns
- Anstiegszeit der Überspannung 1 ns bis 1 µs
- Spannungsabstiegsgeschwindigkeit bei Bursts 2 bis 5 kV/ns
- Pulsdauer von Bursts 100 ns bis 1 ms
- dadurch bedingte Störspannungswerte auf Netz- und Datenleitungen bis 3 kV.

Tafel 3.5 vermittelt abschließend einen Überblick über die von verschiedenen Sendeeinrichtungen in Gebäuden verursachten Feldstärken. Für alle nicht am entsprechenden Funkdienst beteiligten Geräte und Einrichtungen sind sie als Störbeanspruchungen zu werten. Die Tafeln 3.6 und 3.7 geben darüber hinaus eine Orientierung über die Spektren leitungsgebundener und feldgebundener Störgrößen, wie sie von den verschiedensten technischen Elementen und Funktionseinheiten ausgehen können.

Die Beherrschung der von elektrotechnischen Geräten und Anlagen ausgehenden Störbeeinflussungen gelingt durch Beachtung der in den Abschnitten 4 und 9 bis 18 gegebenen Empfehlungen.

Tafel 3.7. Frequenzspektren feldgebundener Störgrößen /3.9/

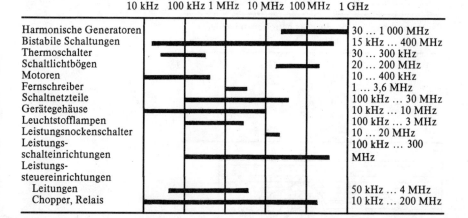

3.3.4. Nuklearer elektromagnetischer Puls /3.3/ /3.11/ bis /3.16/

Bei der Explosion eines Atomsprengkörpers werden im Rahmen einer nuklearen Kettenreaktion große Energiemengen freigesetzt. Unter anderem entsteht dabei ein Gammastrahlungsimpuls (prompte Gammastrahlung), der etwa 1 % der frei werdenden Gesamtenergie auf sich vereinigt und etwa 100 ns dauert. Die Gammastrahlen schlagen beim Auftreffen auf Luftmoleküle Elektronen aus diesen heraus (Comptoneffekt) und generieren damit einen Elektronenstrom, der von starken impulsförmigen elektrischen und magnetischen Feldern begleitet ist. Diese nur sehr kurz währende Erscheinung wird als nuklearer elektromagnetischer Puls (nuclear electromagnetic pulse, NEMP oder auch kurz EMP) bezeichnet. Bild 3.6 zeigt die in Bodennähe zu erwartenden Maximalwerte der elektrischen Feldstärke E_{max} und der magnetischen Flußdichte B_{max} in Abhängigkeit von der Explosionshöhe über dem Erdboden. Danach ist sowohl bei einer Explosion unmittelbar über der Erdoberfläche wie auch bei einer Detonation des Atomsprengkörpers in sehr großer Höhe (>60 km) mit starken elektromagnetischen Feldern zu rechnen. Angesichts der Zerstörungswirkung einer Kernwaffenexplosion ist jedoch der von einer bodennahen Detonation ausgehende elektromagnetische Puls trotz der ihn begleitenden starken Felder nur eine relativ unbedeutende Nebenerscheinung. Ganz anders dagegen sind die Auswirkungen, wenn die Kernladung in großer Höhe außerhalb der Erdatmosphäre gezündet wird.

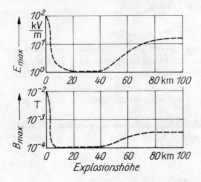

Bild 3.6. Nuklearer elektromagnetischer Puls (NEMP)
Abhängigkeit der elektrischen Feldstärke E_{max} und der magnetischen Flußdichte B_{max} von der Explosionshöhe über dem Erdboden /3.16/

Tafel 3.8. Reichweite des NEMP /3.14/

Explosionshöhe in km	Radius des betroffenen Gebietes in km
50	800
100	1 100
200	1 600
300	1 900
400	2 200
500	2 500

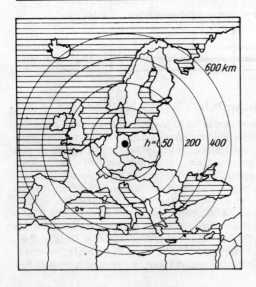

Bild 3.7. Zur Veranschaulichung der Reichweite (Kreise) des NEMP bei einer exoatmosphärischen Kernexplosion für verschiedene Explosionshöhen h = 50, 200, 400, 600 km über dem Zielort /3.14/

3.4. Störgrößen

Bei einer solchen sog. exoatmosphärischen Nuklearexplosion wird auf dem Erdboden keine Druck- oder Hitzewelle wahrgenommen, jedoch treten in Bodennähe je nach der Höhe des Explosionszentrums in weiten Gebieten (Tafel 3.8 und Bild 3.7) starke elektromagnetische Felder in Erscheinung, die in ihrer Intensität denen von Blitzentladungen gleichen (Tafel 3.9), die aber entschieden kürzere Anstiegszeiten und ein anders geartetes Frequenzspektrum haben (Bild 3.8). Wie bei Blitzeinschlägen können dadurch in Kabeln und Leitungen sehr hohe Ströme und Spannungen induziert werden, die aber infolge der steileren Flanken mit üblichen Überspannungsableitern nicht beherrschbar sind. Abhilfe schaffen hier nur gestaffelte Schutzmaßnahmen, die aus der Parallelschaltung von Überspannungsbegrenzungseinrichtungen bestehen, die nach verschiedenen Prinzipien arbeiten (vgl. Abschn. 10). Darüber hinaus sind bei der NEMP-sicheren Anlagengestaltung sorgfältig die Grundsätze der HF-Schirmung zu beachten sowie Informationsübertragungsstrecken in Lichtleitertechnik auszuführen. Ausführliche diesbezügliche Hinweise findet man in /3.11/. Die dadurch entstehenden Mehrkosten werden mit 10 bis 12 % veranschlagt /3.16/.

Tafel 3.9. *Parameter elektromagnetischer Felder bei Blitzentladungen (LEMP) und Nuklearexplosionen (NEMP) /3.3/ /3.12/ /3.13/ /3.15/*

		Blitzentladung (LEMP)		Nuklearexplosion (NEMP)	
		10 m Abstand	100 m Abstand	in Bodennähe	in großer Höhe
E_{max}	kV/m	einige 100	40	100	30 ... 60
H_{max}	A/m	einige 1 000	160	700	130
Anstiegszeit	ns	einige 10 ... 1 000			5 ... 8
Frequenzspektrum		1 kHz ... 5 MHz			100 kHz ... 100 MHz

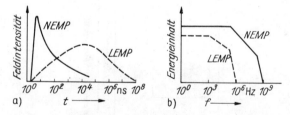

Bild 3.8. *Prinzipielle Feldimpulsformen a) und Frequenzspektren b) bei Blitzentladungen (LEMP) und Nuklearexplosionen (NEMP), nach /3.3/ /3.15/ /3.16/*

3.4. Störgrößen

3.4.1. Erscheinungsformen

Die von internen und externen Störquellen herrührenden Störgrößen (Ströme, Spannungen, elektrische und magnetische Felder, vgl. Abschn. 2.1) sind, wie die vorangegangenen Betrachtungen zeigen, entweder kontinuierliche periodisch veränderliche oder nichtperiodische impulsförmige Größen, die in der Regel zeitlich zufällig verteilt in Erscheinung treten. In beiden Fällen kann es sich um schmalbandige oder breitbandige Vorgänge handeln, die ein sehr

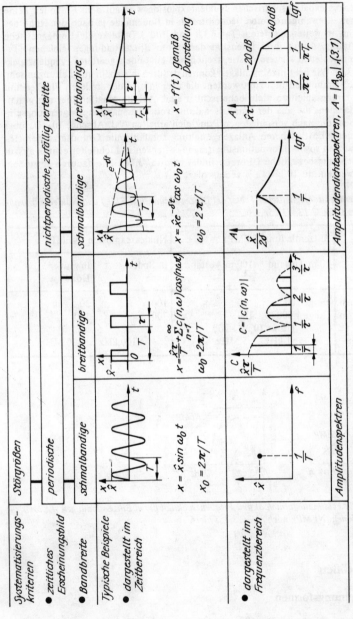

Bild 3.9. Erscheinungsformen von Störgrößen

3.4. Störgrößen

schmales (0 bis zu einigen 100 kHz) bzw. ein sehr breites (einige 10 bis zu einigen 100 MHz) Frequenzspektrum haben. Trotz der an sich bestehenden unendlichen Variantenvielfalt ist somit im wesentlichen nur zwischen vier Störgrößengrundtypen zu unterscheiden. Bild 3.9 gibt hierzu eine Übersicht. Es zeigt charakteristische Verläufe für die genannten vier Grundtypen, und zwar eine Sinuswelle als Beispiel für eine kontinuierliche periodische schmalbandige

Tafel 3.10. *Wertebereich der Störgrößenparameter* /3.17/

Störgrößenparameter		Wertebereiche
Frequenz	f	$0 \ldots 10^{10}$ Hz
Spannungsscheitelwert	$\hat{u}$	$10^{-6} \ldots 10^{6}$ V
Spannungsänderungsgeschwindigkeit	du/dt	$0 \ldots 10^{12}$ V/s
elektrische Feldstärke	E_{max}	$0 \ldots 10^{5}$ V/m
Stromscheitelwert	$\hat{i}$	$10^{-9} \ldots 10^{5}$ A
Stromänderungsgeschwindigkeit	di/dt	$0 \ldots 10^{11}$ A/s
magnetische Feldstärke	H_{max}	$10^{-6} \ldots 10^{8}$ A/m
Pulsenergie	W	$10^{-9} \ldots 10^{7}$ J
Pulsanstiegszeit	T_r	$10^{-9} \ldots 10^{-2}$ s
Pulsdauer	τ	$10^{-8} \ldots 10$ s

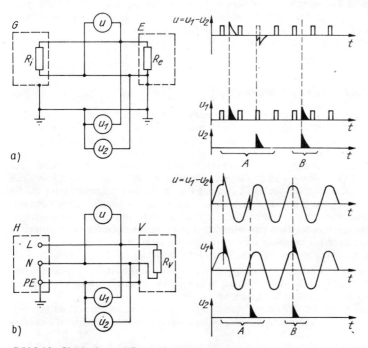

Bild 3.10. *Gleichtakt- und Gegentaktstörspannungen*
a) auf Signalleitungen
b) auf Stromversorgungsleitungen

A Gegentaktstörspannungen   E Signalempfänger   H Hauptverteiler
B Gleichtaktstörspannungen   G Signalgeber   V Verbraucher

Störgröße, wie sie z. B in Form einer 50-Hz-Wechselspannung auf einer Energieversorgungsleitung oder in Form einer Hochfrequenz-Trägerwelle vorliegen kann, des weiteren einen Rechteckimpulszug, z. B. eine Taktimpulsfolge in einer Logikschaltung, als Beispiel für eine periodische breitbandige Störgröße, weiterhin eine abklingende Störgröße, wie sie zeitlich zufällig verteilt durch Schalthandlungen im Energieversorgungsnetz erzeugt werden kann, und schließlich den Entladungsvorgang einer elektrostatischen Spannungsquelle als Exempel für eine nichtperiodische breitbandige Impulsstörung.

Tafel 3.10 vermittelt ergänzend hierzu eine Übersicht über die extrem möglichen Wertebereiche der Störgrößenparameter.

Leitungsgebunden können Störgrößen als Gleichtakt- und als Gegentaktstörspannungen in Erscheinung treten (Bild 3.10).

Gegentaktstörspannungen (oder symmetrische Störspannungen) sind in Signalstromkreisen der Signalspannung und in Versorgungsstromkreisen der Netzspannung direkt überlagert. Sie sind die eigentlichen Verursacher von Fehlfunktionen in Automatisierungsgeräten. Beispielsweise können im Bild 3.10a durch Gegentaktstörspannungen Nutzsignalimpulse vorgetäuscht oder ausgelöscht werden.

Gegentaktstörspannungen entstehen durch leitungs- oder feldgebundene Beeinflussungen oder durch Umwandlung aus Gleichtaktstörspannungen.

Gleichtaktstörspannungen (oder unsymmetrische Störspannungen) treten zwischen den Signalleitungen und dem Bezugsleiter oder Masse bzw. zwischen den Versorgungsleitungen (L, N) und dem Schutzleiter PE oder Masse gleichzeitig (daher die Bezeichnung Gleichtaktstörspannungen) in Erscheinung. Sie werden durch Erdausgleichsströme, schlechte Erdverbindungen und ungenügende Erdleitungsquerschnitte verursacht. Bei erdunsymmetrischem Systemaufbau wird immer ein Teil der Gleichtaktstörspannungen in Gegentaktstörspannungen umgewandelt und dadurch im eigentlichen Sinne störwirksam.

3.4.2. Beschreibung von Störgrößen

Störgrößen können im Zeitbereich und im Frequenzbereich beschrieben und dargestellt werden (Bild 3.9). Die Zeitbereichsdarstellung findet man vorzugsweise bei transienten Störgrößen (Strömen und Spannungen), die Automatisierungsmittel hinsichtlich ihrer Zerstörfestigkeit beanspruchen, während die Frequenzbereichsdarstellung bevorzugt im Zusammenhang mit Störgrößen angewandt wird, die nur reversible Funktionsstörungen hervorrufen. Bei der Beschreibung und Darstellung solcher Störgrößen geht es weniger darum, ihren jeweiligen zeitlichen Verlauf möglichst vollständig zu charakterisieren, sondern vielmehr darum, die für eine Störbeeinflussung von Störsenken relevanten Parameter anzugeben, um sie mit den entsprechenden Störfestigkeitskenngrößen von elektrischen Betriebsmitteln oder mit vorgegebenen Verträglichkeitspegeln für definierte räumliche Zonen, in denen Geräte mit bestimmten Störfestigkeitseigenschaften betrieben werden, vergleichen zu können.

Störrelevante Parameter in diesem Sinne sind /3.18/ /3.19/:
- die Änderungsgeschwindigkeit (Anstiegs- bzw. Abfallgeschwindigkeit, Frequenz) einer Störgröße. Sie bestimmt die Amplitude der in einem Sekundärkreis galvanisch, kapazitiv oder induktiv eingekoppelten Störspannung
- die Anstiegszeit, d. h. die Zeitspanne, welche die Störgröße bis zum Erreichen des Scheitelwertes benötigt. Sie bestimmt die Wirkungsdauer der in einem Sekundärkreis eingekoppelten Störspannung
- der Scheitelwert der Störgröße, durch den die Spannungszeitfläche des in einem Sekundärkreis eingekoppelten Störspannungsimpulses festgelegt wird.

Für die zusammenhängende Darstellung dieser für die elektromagnetische Verträglichkeit wichtigen Parameter werden für periodische Störgrößen das Amplitudenspektrum und für nichtperiodische impulsförmige Störgrößen das Amplitudendichtespektrum benutzt

3.4. Störgrößen

(Bild 3.9). Beide Darstellungen erlauben bezüglich einer betrachteten, z. B. gemessenen Störgröße

- die Abschätzung ihrer Wirkung auf Schmalbandsysteme,
- die Berechnung der über definierte Koppelstrecken zu erwartenden Wirkungen,
- die Auswahl und Bemessung von Entstörmitteln,
- die Darstellung von Grenzkurven, die maximal mögliche oder zulässige Störemissionswerte oder Störfestigkeitsgrenzen charakterisieren,
- und schließlich, im Rahmen des EMV-Prüfgeschehens, die Darstellung von EMV-Prüfbeanspruchungen bzw. die Darstellung der Leistungsfähigkeit von Störgrößensimulatoren, die für Prüfzwecke verwendet werden.

Die wichtigsten störungsrelevanten Parameter nichtperiodischer Vorgänge, die ein bestimmtes (meßtechnisch ermitteltes) Amplitudendichtespektrum haben, können leicht durch Vergleich mit dem Amplitudendichtespektrum eines Trapez-, Rechteck- oder Dreieckimpulses ermittelt werden /3.19/. Das sei im folgenden kurz erläutert.

Im Amplitudendichtespektrum wird der Betrag $A = |A_{sp}|$ der spektralen Amplitudendichte

$$A_{sp} = \int_{t=-\infty}^{t=+\infty} a(t)\, e^{-j\omega t} dt;\quad \omega = 2\pi f \tag{3.1}$$

eines nichtperiodischen zeitlichen Vorgangs $a(t)$ in Abhängigkeit von der Frequenz f doppeltlogarithmisch dargestellt. Für einen Störspannungstrapezimpuls z. B. folgt mit $a(t) = u(t)$ entsprechend Bild 3.11 aus (3.1)

$$A = \hat{u}\,\tau\, |(\frac{\sin \omega \tau/2}{\omega \tau/2})\,(\frac{\sin \omega T_r/2}{\omega T_r/2})|. \tag{3.2}$$

Der prinzipielle Verlauf dieser Funktion ist im Bild 3.12 dargestellt. Für den praktischen Gebrauch genügt es, ihre Hüllkurve zu betrachten (Kurve *1*). Sie besteht aus drei Geradenab-

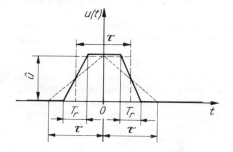

Bild 3.11. Störspannungsimpuls $u(t)$

τ mittlere Impulsdauer
T_r Anstiegszeit
$\hat{u}$ Scheitelwert
$0 < T_r < \tau$ Trapezimpuls
$T_r = 0$ Rechteckimpuls
$T_r = \tau$ Dreieckimpuls

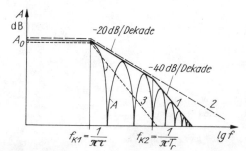

Bild 3.12. *Prinzipieller Verlauf des Betrags A entsprechend (3.2) für einen Trapezimpuls nach Bild 3.11 und Hüllkurven der Betragsfunktion für verschiedene Impulsformen bei gleicher Impulsbreite τ und gleichem Scheitelwert $\hat{u}$ gemäß Bild 3.11*

1 Trapezimpuls; *2* Rechteckimpuls; *3* Dreieckimpuls

schnitten mit den Knickfrequenzen

$$f_{K1} = \frac{1}{\pi\tau} \text{ und } f_{K2} = \frac{1}{\pi T_r}. \tag{3.3}$$

Das abszissenparallele Geradenstück ergibt sich aus (3.2) für $f \ll 1/\pi\tau$ in Dezibel (dB) zu

$$A_O/\text{dB} = 20 \lg \frac{\hat{u}}{1\,\mu\text{Vs}}; \tag{3.4}$$

A_O entspricht dabei der Spannungszeitfläche des Trapezimpulses.

Das mit 20 dB je Dekade abfallende Geradenstück im Intervall $1/\pi\tau \leq f \leq 1/\pi T_r$ repräsentiert die Hüllkurve der Funktion (3.2) im angegebenen Frequenzbereich. Es folgt der Beziehung

$$A/\text{dB} = 20 \lg \frac{10^6}{\pi} + 20 \lg \frac{\hat{u}}{V} - 20 \lg \frac{f}{s^{-1}}. \tag{3.5}$$

Die mit 40 dB je Dekade abfallende Gerade schließlich entspricht der Hüllkurve der Funktion (3.2) im Bereich $f > 1/\pi T_r$.
Für sie gilt die Gleichung

$$A/\text{dB} = 20 \lg \frac{10^{15}}{\pi^2} + 20 \lg \frac{\hat{u}}{T_s} \frac{V}{\text{ns}} - 40 \lg \frac{f}{s^{-1}}. \tag{3.6}$$

Entartet der Trapezimpuls zu einem Rechteckimpuls, ist $T_r = 0$ und damit $f_{K2} = \infty$ (Kurve 2 im Bild 3.12). Für einen Dreieckimpuls gleicher Amplitude und Impulszeitfläche dagegen ist

$$f_{K1} = f_{K2} = \frac{1}{\pi\tau} \text{ (Kurve 3 im Bild 3.12).}$$

Liegt nunmehr ein meßtechnisch ermitteltes Amplitudendichtespektrum vor, so genügt es, entsprechend Bild 3.12 die Hüllkurve dazu zu zeichnen. Daraus ergeben sich nach (3.3) die Zeiten T_r und τ, nach (3.4) die Spannungszeitfläche $\hat{u}\tau$, nach (3.5) der Scheitelwert $\hat{u}$ und unter Verwendung von (3.6) die Anstiegsgeschwindigkeit eines äquivalenten Trapez-, Rechteck- oder Dreieckimpulses.

Zur effektiven Auswertung praktisch gemessener Amplitudendichtespektren wird ein auf der Grundlage von (3.4) bis (3.6) skaliertes Diagramm, die sogenannte EMV-Tafel, benutzt /3.18/ /3.19/ (Bild 3.14).

Im Bild 3.14 sind die in /3.19/ an verschiedenen Meßorten aus einer Vielzahl von Meßwerten ermittelten Grenzkurven für symmetrische (gemessen zwischen einem Außenleiter und dem Nulleiter) und unsymmetrische (gemessen zwischen einem Außenleiter und dem Schutzleiter) impulsförmige Netzstörspannungen eingetragen (Kurve 1 und Kurve 2). Beide Kurven werden durch die Geradenabschnitte 3 angenähert. Dies entspricht einem äquivalenten Dreieckimpuls mit folgenden Parametern:

Scheitelwert $\qquad \hat{u} = 10^{\frac{u/\text{dB}}{20}} \text{ V} = 10^{\frac{80}{20}} \text{ V} = 10\,000 \text{ V}$

mittlere Impulsbreite $\qquad \tau = \frac{1}{\pi f_K} = \frac{1}{\pi \cdot 10^6 \text{ s}^{-1}} = 318 \text{ ns}$

Anstiegszeit $\qquad T_r = \tau = 318 \text{ ns}$

Anstiegsgeschwindigkeit $\qquad \frac{\hat{u}}{T_r} = 10^{\frac{u/\text{dB}}{20}} \frac{V}{\text{ns}} = 10^{\frac{30}{20}} \frac{V}{\text{ns}} = 31{,}5 \frac{V}{\text{ns}}$

Impulszeitfläche $\qquad \hat{u}\tau = 10^{\frac{A_O/\text{dB}}{20}} \mu\text{Vs} = 10^{\frac{70}{20}} \mu\text{Vs} = 3150\ \mu\text{Vs}.$

3.4. Störgrößen

Diese Werte sind als Extremwerte zu verstehen. Sie liegen innerhalb der in der Tafel 3.10 angegebenen Grenzen und sind in etwa identisch mit den im Abschnitt 3.3.3 für Schaltvorgänge genannten Werten.

3.4.3. Messung von Störgrößen /3.20/ bis /3.28/

Der Vollständigkeit halber sei das an sich sehr umfangreiche Gebiet der Störgrößenmeßtechnik im Sinne einer kurzen Übersicht gestreift.

Entscheidend für die Wahl des Meßverfahrens und die einzusetzenden Meßmittel ist der zu erfassende Störgrößentyp (periodischer oder nichtperiodischer Vorgang, vgl. Bild 3.9) sowie das Ziel der Messung. Das heißt, ob beispielsweise bei der Erkundung des Störklimas in Anlagen aus Langzeitmessungen statistische Aussagen oder Worst-case-Grenzwerte hinsichtlich bestimmter Störgrößenparameter abzuleiten sind, ob bei der Abwicklung von Störungsdiagnosearbeiten an Geräten oder in Anlagen die Ursachen für EMV-bedingte Fehlfunktionen aufzuspüren sind, ob der Störemissionsgrad oder die Störfestigkeit einer Einrichtung ausgelotet werden müssen oder ob im Rahmen einer Routineprüfung lediglich festzustellen ist, ob bei einem bestimmten Gerät die Störemission eine definierte Grenze nicht überschreitet bzw. beim Einwirken eines definierten Störpegels eine Einrichtung einwandfrei arbeitet. Der dafür verfügbare Meßgerätepark reicht vom einfachen Logikprüfstift bis hin zu vollautomatisierten rechnergesteuerten Meß- und Prüfplätzen.

Für die Messung periodischer Störgrößen werden zur Darstellung im Zeitbereich Katodenstrahloszillographen KO (Bild 3.13a) und zur Darstellung im Frequenzbereich die aus der Funkstörmeßtechnik bekannten Meßempfänger ME benutzt, die die Amplituden der einzelnen Harmonischen einer periodischen Störgröße in Abhängigkeit von der Frequenz anzeigen. Am Ausgang des Meßempfängers ist der Anschluß eines Bildschirmdisplays BA bzw. X,Y-Schreibers und damit die Darstellung der Meßergebnisse im Amplitudenspektrum möglich. Bild 3.13d gibt eine Übersicht über übliche Meßfühler, und zwar werden Störfelder über eine Antenne W, leitungsgeführte Störspannungen über eine Impedanznachbildung INB mit Meßausgang bzw. einen Tastkopf TK und leitungsgeführte Störströme mit einer Stromwandlerzange SWZ (HF-Stromwandler) erfaßt.

Transiente Störgrößen werden mittels eines Speicheroszilloskops SpO und ggf. nachgeschalteter Kamera K oder mit Hilfe eines digitalen Transientenrecorders TR aufgenommen (Bild 3.13b) und im Zeitbereich oder nach Auswertung der Zeitfunktion entsprechend Abschnitt 3.4.2 im Frequenzbereich (Amplitudendichtespektrum) dargestellt. Beiden Darstellungen können die störungsrelevanten Parameter (Amplitude, Änderungsgeschwindigkeit, Anstiegszeit, Pulsdauer und Impulszeitfläche einer Störgröße) direkt entnommen werden. Darüber hinaus gibt es jedoch auch spezielle Geräte und Schaltungen, mit denen bestimmte Störgrößenparameter direkt gemessen bzw. aufgenommen werden können (Bild 3.13c) /3.27/ /3.28/.

Obwohl sich die Werte der Störgrößenparameter in den in der Tafel 3.10 angegebenen Grenzen bewegen können, genügt es in den meisten Fällen, wenn die eingesetzte Meßgerätetechnik folgende Werte zu verarbeiten in der Lage ist:

- Frequenzen   bis 100 MHz
- Spannungsscheitelwerte   bis 10 kV
- Spannungsanstiegsgeschwindigkeiten   bis 100 V/ns
- Spannungsanstiegszeiten   einige ns bis zu einigen ms
- Impulsdauerwerte   1 µs bis 1 s
- elektrische Feldstärken   1 µV/m bis 1 000 V/m.

Wichtig für die Objektivierung der Meßergebnisse, insbesondere im Zusammenhang mit der Erbringung von EMV-Qualitätsnachweisen (Einhaltung eines bestimmten Funkstörgrades, Nachweis der Störfestigkeit), ist die Durchführung der Messungen unter definierten Meßbe-

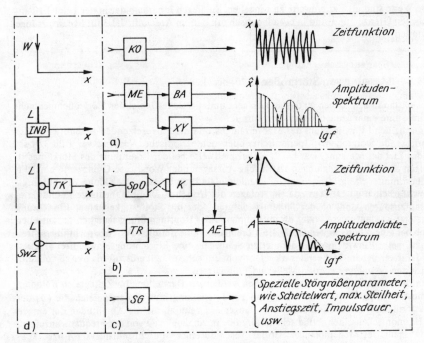

Bild 3.13. Meßprinzipe für Störgrößen
a) Messung periodischer Störgrößen
b) Messung transienter Störgrößen
c) Messung spezieller Störgrößenparameter
d) Meßfühler zur Erfassung von Störgrößen x

KO	Katodenstrahloszillograph	L	Störspannungen bzw. Störströme führendes Leitungssystem
ME	Meßempfänger		
BA	Bildschirmanzeigeeinheit	SpO	Speicheroszilloskop
XY	X,Y-Schreiber	K	Kamera
W	Antenne	TR	Transientenrecorder
INB	Impedanznachbildung mit Meßausgang	AE	Auswerteeinheit
TK	Tastkopf	A	Betrag der spektralen Amplitudendichte
SWZ	Stromwandlerzange	SG	Spezialgerät zur Erfassung ausgewählter Störgrößenparameter

dingungen. Dazu zählen die elektromagnetischen Umgebungsbedingungen, die Umgebungstemperatur und Luftfeuchte, das Erdungsschema sowie die räumliche Anordnung der zur Messung bzw. Durchführung der Prüfung erforderlichen Geräte und des Meßobjektes und vieles andere mehr. Meßbedingungen und Meßabläufe sind unter Beachtung einschlägiger Empfehlungen und Standards vor der Messung zu vereinbaren und in einem Meß- bzw. Prüfprotokoll festzuhalten, um die Vergleichbarkeit und Reproduzierbarkeit der Meß- und Prüfergebnisse zu gewährleisten. Einzelheiten hierzu siehe Abschnitte 6 und 12 sowie /3.9/ /3.18/ und /3.22/.

3.4.4. Störgrößen in Niederspannungsnetzen

Infolge des Innenwiderstandes bzw. der endlichen Kurzschlußleistung des Netzes sowie von Betriebsstörungen, betriebsbedingten Schalthandlungen und Ausgleichsvorgängen, Beeinflussungen durch atmosphärische Entladungen und durch den Betrieb von Verbrauchern, die

3.4. Störgrößen

Tafel 3.11. Typische Störerscheinungen in Niederspannungsnetzen /3.29/

Störerscheinung	Charakteristik
Langsame Spannungsschwankungen	max. ± 10 % der Nennspannung
Frequenzschwankungen	max. ± 2 % der Nennfrequenz
Unsymmetrie der Dreiphasenspannung (prozentuales Verhältnis der Gegenkomponete zur Mikrokomponente)	max. 2 %
Verzerrung durch Spannungs-Oberschwingungen (Klirrfaktor)	max. 5 ... 7 %
Plötzliche Spannungsänderungen durch Lastschaltungen, Anlassen von Motoren u.a.	max. 5 % der Nennspannung, in seltenen Fällen auch mehr
Spannungseinbrüche infolge von Kurzschlüssen, fehlerhafter Isolierung oder von Schaltvorgängen	max. 100 % der Nennspannung, Dauer 100 ... 500 ms, jedoch auch bis zu einigen Sekunden
Transiente Spannungseinbrüche durch Einschalten von Netzelementen (Transformatoren, Kondensatoren u.ä.)	max. 95 % der Nennspannung, Dauer 1 ms
Spannungsspitzen (Spikes), die durch Schaltvorgänge verursacht werden	max. 200 ... 2 000 V Dauer 1 ... 100 µs Anstiegszeit bis 1 µs
Spannungsspitzen (Spikes), die sich periodisch wiederholen (Wiederholfrequenz 50 Hz u. höher, z.B. bei Stromwendermotoren und gesteuerten Halbleiterventilen	max. 300 V Anstiegszeit 0,05 ... 1 µs Grundfrequenz 0,1 ... einige MHz Dauer einige 10 µs
Überspannungen atmosphärischen Ursprungs	bis 6 000 V

nichtsinusförmige Ströme führen, Oberschwingungen, Unsymmetrien und Gleichstromkomponenten erzeugen, ist es praktisch nicht möglich, an den Anschlußpunkten der Verbraucher ideale Versorgungsbedingungen (exakt sinusförmige Spannung konstanter Frequenz und Amplitude) zu gewährleisten. Das heißt, stets ist durch das Wirken der im Abschnitt 3.3 beschriebenen Störquellen mit statischen, d. h. länger andauernden und kurzen transienten Abweichungen in Form von Gleichtakt- und Gegentaktstörspannungen zu rechnen (Bild 3.10b), denen gegenüber sich elektronische Betriebsmittel als störfest erweisen müssen. Tafel 3.11 gibt hierzu eine Übersicht. Hinzu kommen, sofern entsprechende Einrichtungen installiert sind, Störspannungen bis zu 9 % der Nennspannung von Tonfrequenz-Rundsteuersignalen mit Frequenzen von 110, 175, 183, 217, 283, 317, 600, 1 050 und 1 350 Hz sowie hochfrequente Störspannungen von VHF-Erwärmungseinrichtungen, die mit 13,56 oder 27,12 MHz arbeiten. Die Störspannungsamplituden im Versorgungsnetz können hier in Quellennähe 10 bis 20 V betragen.

In /3.19/ und /3.30/ wurden speziell die in Niederspannungsnetzen der sinusförmigen 50-Hz-Wechselspannung überlagerten nichtperiodischen Störspannungen untersucht. Bild 3.14 zeigt daraus die aus einer Vielzahl von gemessenen Einzelstörvorgängen ermittelten Grenzkurven in Form von Amplitudendichtespektren (s. Abschn. 3.4.2) für symmetrische (gemessen zwischen Außenleiter und Nulleiter) und asymmetrische (gemessen zwischen Außenleiter und Schutzleiter) Netzstörspannungsimpulse. Die beiden Grenzkurven charakterisieren die höchsten in Niederspannungsnetzen durch Störspannungsimpulse zu erwartenden Beanspruchungen. Des weiteren vermitteln die Bilder 3.15a und 3.15b Korrelationen zwi-

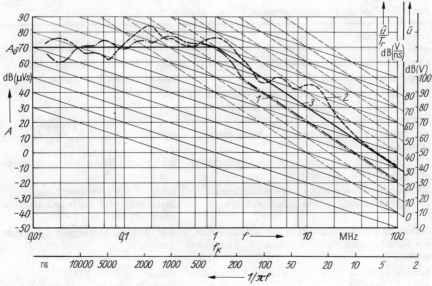

Bild 3.14. Amplitudendichte-Grenzkurven
1 für symmetrische, *2* für unsymmetrische Störspannungsimpulse in Niederspannungsnetzen /3.19/
3 Näherungskurve (hierzu s. Abschn. 3.4.2)

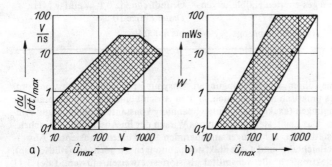

Bild 3.15. *Störrelevante Parameter impulsförmiger Störspannungen in Niederspannungsnetzen (nach /3.19/)*
a) maximale Spannungsanstiegsgeschwindigkeit $(du/dt)_{max}$
b) Energieinhalt W in Abhängigkeit der maximalen Impulsamplitude $\hat{u}_{max}$

schen den störwirksamen Parametern, wie maximale Störspannungsimpulsamplitude $\hat{u}_{max}$, maximale Spannungsanstiegsgeschwindigkeit $(du/dt)_{max}$ und Energieinhalt W der Einzelimpulse. Steilheit und Energieinhalt der Störimpulse nehmen demnach mit der Höhe der maximalen Impulsamplitude zu. Darüber hinaus führten die in /3.19/ und /3.30/ durchgeführten Erkundungen zu folgenden Ergebnissen:

– Es ist nicht möglich, bestimmten Meßorten (= Betrieben) charakteristische Störklimate, gekennzeichnet durch typische Wertebereiche der Paramter $\hat{u}_{max}$, $(du/dt)_{max}$ und W, zuzuordnen. Das ist eher für bestimmte Geräutearten möglich.

3.4. Störgrößen

- Die störintensivsten transienten Vorgänge in Niederspannungsnetzen werden, wie an sich bekannt, durch das Schalten induktiver Kreise verursacht. Äußerst störwirksam sind insbesondere elektromagnetisch betätigte Geräte, Elektrowerkzeuge, elektrische Haushaltgeräte und Leuchtstofflampen.
- Durch Kurzschluß abschaltende Sicherungen, wie sie als Leitungsschutz in allen elektrischen Anlagen eingesetzt sind, verursachen in Verbindung mit der Netzinduktivität die nach Höhe, Dauer und Energieinhalt gefährlichsten Überspannungen im Millisekundenbereich.

3.4.5. Störgrößen auf Informationsleitungen

Störgrößen auf Signal- und Datenleitungen treten hauptsächlich als Gleichtakt- und Gegentaktstörspannungen in Erscheinung. Gleichtaktspannungen sind als Potentialunterschiede zwischen den Leitungsadern und dem geerdeten Gerätegehäuse meßbar (Spannungen u_1 und u_2 im Bild 3.10a). Sie werden durch induktive Beeinflussungen, Erdausgleichsströme, schlecht leitende Erdverbindungen und ungenügende Erdleitungsquerschnitte verursacht und beanspruchen insbesondere die Isolation der Informationseingänge von Automatisierungsgeräten. Durch Gegentaktstörspannungen dagegen werden primär Nutzsignale verfälscht, ausgelöscht oder vorgetäuscht und damit das davon betroffene Automatisierungsgerät zu Fehlfunktionen veranlaßt oder auch beschädigt. Diese den Nutzsignalen überlagerten Gegentaktstörspannungen entstehen durch leitungs- oder feldgebundene Beeinflussungen, bei Erdunsymmetrien im Aufbau der Signalübertragungsstrecke durch Umwandlung aus Gleichtaktstörspannungen, oder sie werden durch nicht ausreichend entstörte Sensoren oder andere an die Leitung angeschlossene Funktionsgruppen erzeugt. Auch Reflexionserscheinungen infolge von Fehlanpassung, Prellvorgänge an Kontakten, piezoelektrische Ladungsverschiebungen an Druck- und Knickstellen der Leiterisolation sowie chemo- und thermoelektrische Effekte in den Verbindungspunkten der Signalstromkreise können die Ursache dafür sein.

Infolge der sehr breit gefächerten Variantenvielfalt hinsichtlich der Leitungsparameter, der Quellen- und Abschlußimpedanzen, der Leitungslängen und der Leitungsführung in den unterschiedlichsten Störklimaten ist hinsichtlich der Parameter der auf Informationsleitungen zu erwartenden Störgrößen kaum die Angabe allgemein verbindlicher Richtwerte möglich. Entsprechende Untersuchungen vermitteln daher jeweils nur für spezielle konkrete Verhältnisse ein gewisses Bild /3.31/ bis /3.35/ /4.14/.

Danach ist z. B. auf BMSR-Leitungen in Industrieanlagen mit Gleichtaktstörvorgängen bis zu einer Maximalamplitude von 600 V bei einer Dauer bis zu 12 µs zu rechnen /3.31/. In Hochspannungsschaltanlagen sind bei Schaltvorgängen auf den Steuer- und Informationsleitungen je nach Kabellänge, Kabeltyp, Schirmanschluß und Entfernung von den Hochspannungsleitern transiente Gleichtaktspannungen von einigen Volt bis zu mehreren 10 kV mit einem Frequenzgehalt von 0,1 bis 3 MHz möglich /3.32/ /3.33/ /4.14/, und in verteilten Computersystemen wurden bei Gewittertätigkeit auf den Datenleitungen transiente Gleichtaktspannungen in Höhe von mehreren 100 V mit Anstiegszeiten von 0,1 bis 5 µs und einer mittleren Frequenz der Ausgleichsvorgänge von 255 kHz ermittelt /3.35/. Die gleichzeitig beobachteten Gegentaktstörspannungen lagen in der Größenordnung von einigen 10 V.

4. Beeinflussungsmechanismen und Gegenmaßnahmen

4.1. Übersicht

Wesentliche Voraussetzung für die technische und ökonomische Beherrschung der elektromagnetischen Verträglichkeit in automatisierten Systemen ist die Kenntnis der zwischen Störquellen Q und Störsenken S möglichen parasitären Koppelmechanismen K sowie entsprechender Grundregeln, um solche Kopplungen bereits in der Phase der Systemgestaltung (Entwicklung, Konstruktion, Projektierung) weitgehend zu vermeiden. Bild 4.1 vermittelt hierzu eine Übersicht. Beträgt die Wellenlänge λ der Störgröße ein Mehrfaches der Systemabmessung l, ist die quasistationäre Betrachtungsweise zulässig, d. h., die Laufzeiten der elektrischen Größen können vernachlässigt werden, und es gelten die Modellbeziehungen der galvanischen, kapazitiven und induktiven Beeinflussungen. Ist dagegen die Wellenlänge der Störgröße kleiner oder gleich den Systemabmessungen ($\lambda \lesssim l$) oder liegen die Impulsanstiegszeiten störender Größen im Bereich der Signallaufzeiten, ist mit den Modellen der Wellenbeeinflussung bzw. der Strahlungsbeeinflussung zu rechnen. In ihnen wird die Beeinflussung als Einwirkung einer leitungsgebundenen oder feldgebundenen elektromagnetischen Welle auf ein beeinflußbares System betrachtet.

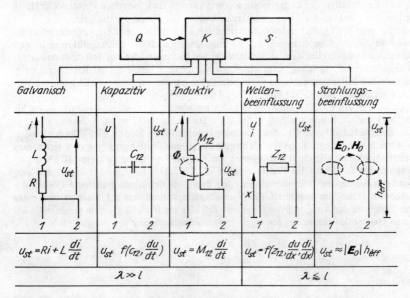

Bild 4.1. Koppelmechanismen zwischen Stromkreisen
1 beeinflussender, *2* beeinflußter Stromkreis;
u_{st} Störspannung

4.2. Galvanische Beeinflussungen

Die verschiedenen Beeinflussungsarten werden im weiteren mit der Zielstellung behandelt, im Sinne einer Abschätzung richtungweisende Aussagen für eine störsichere Systemgestaltung zu erhalten. Dazu ist es zweckmäßig und ausreichend, mit einfachsten, leicht überschaubaren Modellvorstellungen zu arbeiten. Tiefergehende Betrachtungen zur Beeinflussungsproblematik findet man in /2.1/ /3.2/ /3.9/ /3.17/ /4.2/.

4.2. Galvanische Beeinflussungen

Galvanische Beeinflussungen kommen durch die Kopplung von Stromkreisen über gemeinsame Impedanzen, in der Regel über die Innenwiderstände von Netzteilen, über gemeinsame Leiterzüge (Stromversorgungsleitungen, Bezugsleiter) oder über das Schutzleiter- bzw. Erdungssystem einer Anlage zustande, beispielsweise über die Gleichspannungsversorgung von Logikbaugruppen (Bild 4.2a), wo die Änderung der Stromaufnahme einer Baugruppe eine Stromänderung $\Delta i/\Delta t$ und dadurch bedingt über R und L eine Störspannung u_{St} zur Folge hat, die sich der Versorgungsspannung überlagert; ferner über die Impedanz eines zwei Stromkreisen angehörenden Bezugsleiters (Bild 4.2b), wo sich die beim Zuschalten der Last R_L entstehende Störspannung u_{St} der Ausgangsspannung u_{a1} des Verstärkers $OV1$ direkt überlagert und damit das Eingangssignal u_{e2} des Verstärkers $OV2$ verfälscht; schließlich über das Erdungssystem einer Anlage (Bild 4.2c), wo infolge von im Erdreich fließenden Strömen (Erdschlußströme, Blitzausgleichsströme) zwischen z. B. in verschiedenen Gebäuden G1, G2 befindlichen Erdungspunkten 1, 2 eine Potentialdifferenz u_{12} entsteht, die Störströme Δi und $\Delta i'$ durch die Signalleitung treibt, welche die beiden Automatisierungsgeräte AG1, AG2 verbindet. Auch hier wird im Endergebnis eine Störspannung u_{St} erzeugt, die ein Nutzsignal vortäuscht.

Die eingekoppelte Störspannung berechnet sich, vereinfacht betrachtet, in allen Fällen zu

$$u_{St} = R \Delta i + L \frac{\Delta i}{\Delta t}. \tag{4.1}$$

Reale Werte liegen im mV-, V- oder auch kV-Bereich. Für Bild 4.2b beispielsweise berechnet sich die zwischen den Punkten 1, 2 eingekoppelte Störspannung bei Zugrundelegung praktisch möglicher Werte wie: $l = 0{,}1$ m; $L = 0{,}5 \frac{\mu H}{m} \cdot l$; $R = 1{,}5$ mΩ; $\Delta i = 1$ A; $\Delta t = 100$ ns entsprechend (4.1) zu

$$u_{St} = 1{,}5 \text{ mV} + 500 \text{ mV} = 501{,}5 \text{ mV}. \tag{4.2}$$

Bei direktem Blitzeinschlag in das Gebäude G1 (Bild 4.2c) dagegen kann u_{St} mehrere Kilovolt betragen.

Die galvanisch eingekoppelte Störspannung gemäß (4.1) ist bei gegebenem Δi und $\Delta i/\Delta t$ um so kleiner, je kleiner der R- und L-Wert des gemeinsamen Leiterzugs sind. Gemäß der bekannten Beziehung

$$R = \frac{l}{\gamma A} \tag{4.3}$$

γ elektrische Leitfähigkeit
l Leiterlänge
A Leiterquerschnitt

für den ohmschen Widerstand muß demnach die Leitungslänge l möglichst kurz ausgeführt und der Leiterquerschnitt A möglichst groß bemessen sein. Grundsätzlich ist dabei zu beachten, daß sich bei hohen Stromänderungsgeschwindigkeiten (große $\Delta i/\Delta t$-Werte, hohe Fre-

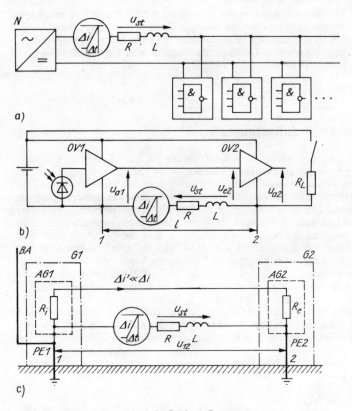

Bild 4.2. Beispiele für galvanische Störbeeinflussungen
a) über gemeinsame Gleichstromversorgungsleitungen
b) über den gemeinsamen Bezugsleiter
c) über das Erdungs- bzw. Schutzleitungssystem

AG	Automatisierungsgerät	PE	Schutzleiter
BA	Blitzableiter	R_i, R_e	Innenwiderstand und Eingangswiderstand
G	Gebäude		der Geräte AG1 und AG2
N	Netzteil	R_L	Lastwiderstand

quenzen) mit steigendem Leiterquerschnitt der Skineffekt zunehmend bemerkbar macht (Bild 4.3).

Obwohl sich dadurch bedingt der Wirkwiderstand im Bereich der praktisch interessierenden Frequenzen gegenüber dem Gleichstromwiderstand um den Faktor 10 bis 1 000 erhöhen kann, bleibt der ohmsche Störspannungsanteil $u_{StR} = R\,\Delta i$ bei ausreichend bemessenem Leiterquerschnitt prozentual gesehen im allgemeinen vernachlässigbar klein gegenüber dem induktiven Störspannungsanteil

$$u_{StL} = L\frac{\Delta i}{\Delta t} \tag{4.4}$$

[s. auch (4.2)]. Die bei gegebenem $\Delta i/\Delta t$ dafür maßgebende Induktivität L berechnet sich für

4.2. Galvanische Beeinflussungen

Versorgungsleitungen mit rundem Querschnitt (Bild 4.4a) näherungsweise zu /4.1/

$$L = l\frac{\mu}{\pi} \ln 2 \frac{d}{D} \tag{4.5}$$

und für Versorgungsleitungen mit flachen, nahe beieinanderliegenden rechteckigen Profilen (Bild 4.4b) unter den praktisch zutreffenden Voraussetzungen $d \ll b$ und $d \ll a$ zu /4.1/

$$L = l\frac{2\mu}{\pi} \ln \left(1 + \frac{1}{1 + \frac{a}{b}}\right). \tag{4.6}$$

Danach bestehen zur Herabsetzung von L die folgenden Möglichkeiten: kürzestmögliche Ausführung der Leitungslänge l sowie bei runden Leitern mit gegebenem Leiterquerschnitt, d. h. bei festem D, die Verkleinerung des Mittenabstandes d, bzw. bei Flachprofilen, ebenfalls

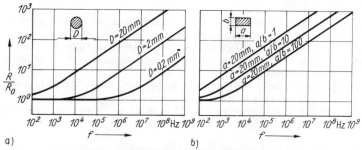

Bild 4.3. *Einfluß der Stromverdrängung auf den Wirkwiderstand*
a) Leiter mit rundem, b) Leiter mit rechteckigem Querschnittsformat
R_0 Gleichstromwiderstand
R Wirkwiderstand bei der Frequenz f

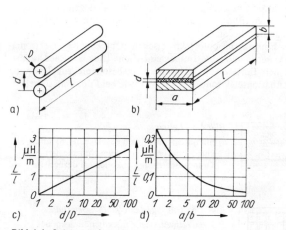

Bild 4.4. *Leiteranordnung*
a) mit parallelen runden, b) mit parallelen rechteckigen Leitern
c) Induktivitätsbelag L/l nach (4.5) für die Anordnung a)
d) Induktivitätsbelag L/l nach (4.6) für die Anordnung b)

unter der Voraussetzung gleichen Querschnitts, die Vergrößerung des Seitenverhältnisses a/b.
Da der Quotient d/D in (4.5) theoretisch bestenfalls auf den Wert 1 reduziert werden kann, für a/b in (4.6) aber Werte >10 technisch ohne Schwierigkeiten ausführbar sind, lassen sich mit der im Bild 4.4 b dargestellten Leiteranordnung bei gleicher Leitungslänge wesentlich niedrigere Induktivitätswerte erzielen (Bild 4.4 c, d).

Aus den bisherigen Überlegungen resultieren folgende Maßnahmen zur Vermeidung bzw. Herabsetzung galvanischer Beeinflussungen:

- Vermeiden galvanischer Verbindungen zwischen Systemen, die voneinander unabhängig sind und zwischen denen kein Informationsaustausch vorgesehen ist.
- Impedanzarme, insbesondere induktivitätsarme Ausführung von Leitungen und Leiterzügen wie Bezugspotentialleiter, Stromversorgungs- und Erdungsleitungen, die zu mehreren Stromkreisen gehören.
  Entsprechend (4.3), (4.5) und (4.6) erfordert dies:
  – kürzestmögliche Leitungslängen l (kompakte Bauweise)
  – angemessen große Leiterquerschnitte A (1 bis 100 mm^2 und mehr für Bezugsleiter, je nach Ausdehnung)
  – möglichst kleine Leiterabstände d (Hin- und Rückleitung dicht beieinander geführt sowie flache bandförmige Leiterprofile in Stromversorgungssystemen)
  – auf Leiterplatten die flächenförmige (Bild 4.5 b) bzw. gitterförmige (Bild 4.6 a) Ausbildung des Bezugsleiters und auf Mehrlagenleiterplatten die maschenförmige Ausführung des Bausteinversorgungssystems (Bild 4.6 b)
  – in Mikrorechner- und anderen elektronischen Baugruppensystemen die flächenhafte Gestaltung des Bezugsleiters auf der Rückverdrahtungsleiterplatte (Bild 4.7 b)
  – soweit ausführbar, z. B. in Rechnerräumen, die flächenhafte Ausführung des Erdungssystems (Bild 4.11 c).
- Galvanische Entkopplung durch
  – Verzicht auf gemeinsame Rückleiter bei Signalübertragungsstrecken (Bild 4.8)
  – Vermeidung von Koppelimpedanzen zwischen Signal- und Leistungskreisen (Bild 4.9)
  – sternförmige Gestaltung der Bezugspotentialzusammenführung mehrerer Geräte $G1$ bis $G4$ (Bild 4.10) sowie des Schutzleiter- bzw. des Erdungssystems (Bild 4.11 a, b)
  – sternförmige Verkabelung der Stromversorgung SV (Gleich-, Wechsel-, Drehstrom) für mehrere Geräte $G1$ bis $G3$, z. B. eines Rechner- oder Steuerungssystems (Bild 4.12)
  – sowie durch die getrennte Stromversorgung von Stellgliedern, analogen Baugruppen und diskreten Funktionseinheiten (Bild 4.13), um galvanische Kopplungen über den Innenwiderstand des Netzes auszuschließen.
- Potentialtrennung durch den Einsatz von optoelektronischen (Optokoppler), elektromagnetischen (Trenntransformatoren) oder elektromechanischen (Relais, Reed-Relais) Trennelementen oder durch den Einsatz von Lichtleitern, insbesondere zur Trennung elektroenergetischer und informationselektronischer Kreise sowie bei Funktionseinheiten,

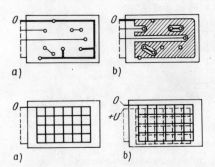

Bild 4.5. Leiterplatte
a) mit linienförmig (nicht zweckmäßig), b) mit flächenförmig (günstiger) unter Nutzung der Grundkaschierung ausgebildetem Bezugsleiter

Bild 4.6. Günstige Leiterplattengestaltung
a) Zweilagenleiterplatte mit gitterförmigem Bezugsleiter
b) Mehrlagenleiterplatte mit maschenförmig ausgeführtem Stromversorgungssystem

4.2. Galvanische Beeinflussungen

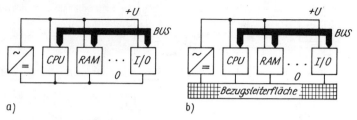

Bild 4.7. Mikrorechner
a) mit linienförmiger (ungünstig), b) mit flächenhafter (günstiger) Bezugspotentialführung zwischen den Moduln

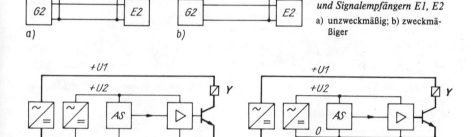

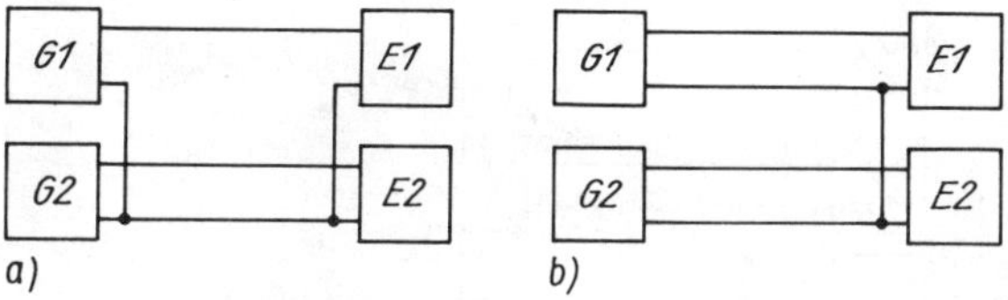

Bild 4.8. Leiterführung zwischen Signalgebern G1, G2 und Signalempfängern E1, E2
a) unzweckmäßig; b) zweckmäßiger

Bild 4.9. Verbindung zwischen Signal- und Leistungskreis
a) unzweckmäßig; b) zweckmäßiger
AS Ansteuerschaltung; Y Magnet

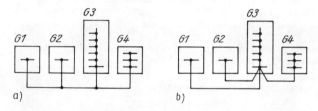

Bild 4.10. Verbindung der Bezugspotentiale verschiedener Geräte
a) unzweckmäßig; b) zweckmäßig

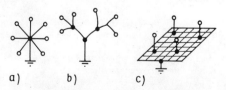

Bild 4.11. Erdungssystem
a), b) sternförmig; c) flächenförmig

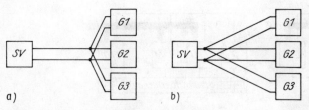

Bild 4.12. Verkabelung der Stromversorgung mehrerer Geräte
a) unzweckmäßig; b) zweckmäßiger

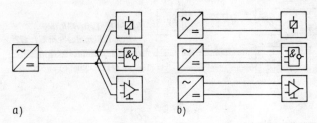

Bild 4.13. Gestaltung der Stromversorgung für leistungselektrische Stellglieder sowie für analoge und diskrete Elektronikbaugruppen
a) unzweckmäßig; b) zweckmäßiger

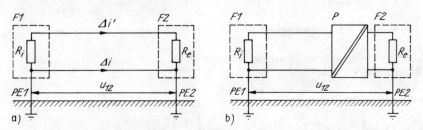

Bild 4.14. Ausführung der signalmäßigen Verbindungen zweier Funktionseinheiten F1, F2, die an verschiedenen Schutzleitersystemen PE1, PE2 liegen
a) unzweckmäßig; b) zweckmäßiger
R_i, R_e Innenwiderstand und Eingangswiderstand der Funktionseinheiten

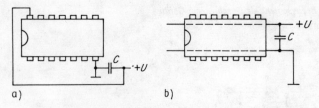

Bild 4.15. Plazierung des Stützkondensators C
a) unzweckmäßig; b) zweckmäßig

die an unterschiedlichen Schutzleitersystemen liegen, damit die von der Potentialdifferenz u_{12} angetriebenen Ströme Δi, $\Delta i'$ unterbunden werden (Bild 4.14).
- $\Delta i/\Delta t$ möglichst klein. Diese Forderung ist nicht in allen Fällen realisierbar. Maßnahmen in dieser Richtung sind richtig plazierte, d. h. in unmittelbarer Nähe der Schaltkreise angebrachte Stützkondensatoren für die Versorgungsspannung (Bild 4.15) sowie der Einsatz von Logiksystemen mit einer der Verarbeitungsaufgabe angepaßten, nicht zu hohen Arbeitsgeschwindigkeit.

4.3. Kapazitive Beeinflussungen

Ursache für kapazitive Beeinflussungen sind parasitäre, d. h. schaltungstechnisch nicht beabsichtigte Kapazitäten zwischen Leitern bzw. leitfähigen Anordnungen, die zu verschiedenen Stromkreisen gehören. Praktisch sind die folgenden vier Fälle interessant:
- der beeinflussende und der beeinflußte Stromkreis haben einen gemeinsamen Bezugsleiter
- der beeinflussende und der beeinflußte Stromkreis sind galvanisch getrennt
- der beeinflußte Stromkreis ist erdunsymmetrisch und hat große Leiter-Erde-Kapazitäten
- kapazitive Beeinflussungen durch Blitzentladungen.

4.3.1 Stromkreise mit gemeinsamem Bezugsleiter

Solche Stromkreise sind typisch für analoge und digitale Schaltungen. Bild 4.16 zeigt als erstes Beispiel einen analogen PI-Regelverstärker, der eingangsseitig über die parasitäre Koppelkapazität C_{13} mit dem Leiterzug 1 eines benachbarten Stromkreises gekoppelt ist, auf dem Spannungsänderungen $\Delta u/\Delta t$ auftreten. $2, 4$ ist der für beide Stromkreise gemeinsame Bezugsleiter. Unter der Annahme, daß $C_{13} \ll C_r$ und der Verstärkungsfaktor des Operationsverstärkers $V \gg 1$ ist, ergibt sich zwischen der als Rampenfunktion angesetzten Spannungsänderung $\Delta u/\Delta t$ und der am Verstärkerausgang dadurch verursachten Störspannung u_{St} im Bildbereich die Gleichung

$$u_{St}(p) = -\left[\frac{\Delta u}{\Delta t} \cdot \frac{1}{p^2}\right] p R_r C_{13}; \qquad (4.7)$$

p Laplace-Operator.

Daraus folgt für den Zeitbereich die Beziehung

$$u_{St} = -R_r C_{13} \left(\frac{\Delta u}{\Delta t}\right). \qquad (4.8)$$

Das heißt, je nach der Größe von R_r, C_{13} und $\Delta u/\Delta t$ kann es während der Zeitspanne Δt zu erheblichen Verfälschungen des Verstärkerausgangssignals kommen.

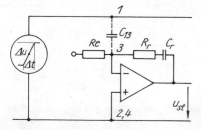

Bild 4.16. Kapazitive Beeinflussung in analogen Schaltungen

1 beeinflussender, 3 beeinflußter Leiter; $2, 4$ gemeinsamer Bezugsleiter; C_{13} Koppelkapazität

Bild 4.17a zeigt als zweites Beispiel eine logische Schaltung. Darin kann bei einem Signalwechsel am Ausgang des Elementes A der Schaltzustand des D-Triggers über die parasitäre Koppelkapazität C_{13} unbeabsichtigt verändert werden.

Bild 4.17b zeigt die dazugehörige Ersatzschaltung. Für den zeitlichen Verlauf der Störspannung u_{St} erhält man daraus unter der Voraussetzung $R_e \gg R_a$ über die Beziehung

$$u_{St}(p) = \left[\left(\frac{\Delta u}{\Delta t}\right) \frac{1}{p^2}\right] \frac{p\, C_{13}\, R_a}{1 + p\, R_a\, (C_{13} + C_{34})} \tag{4.9}$$

im Bildbereich die Lösung

$$u_{St} = R_a\, C_{13} \left(\frac{\Delta u}{\Delta t}\right) (1 - e^{-t/R_a(C_{13}+C_{34})}). \tag{4.10}$$

Der prinzipielle zeitliche Störspannungsverlauf entsprechend dieser Gleichung ist für den interessierenden Bereich $0 \leq t \leq \Delta t$ im Bild 4.18 dargestellt. Ist die Zeitkonstante $R_a(C_{13} + C_{34}) \ll \Delta t$, wird der maximal mögliche Wert

$$u_{Stmax} = R_a\, C_{13} \left(\frac{\Delta u}{\Delta t}\right) \tag{4.11}$$

erreicht.

Die Koppelkapazität C_{13} in den Bildern 4.16 und 4.17 bzw. in (4.8), (4.10) und (4.11) wird

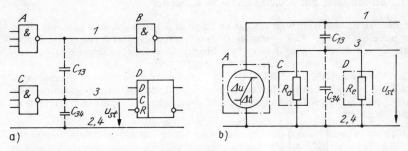

Bild 4.17. Kapazitive Beeinflussung in Logikschaltungen

a) Logikplan; b) vereinfachte Ersatzschaltung
1 beeinflussender, *3* beeinflußter Leiter; *2, 4* gemeinsamer Bezugsleiter
C_{13} Koppelkapazität
R_a Ausgangswiderstand des Elementes C
R_e Eingangswiderstand des Elementes D

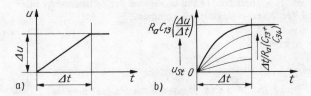

Bild 4.18. Zeitlicher Störspannungsverlauf

a) Ausgangssignalspannung des Elements A im Bild 4.17a
b) Zeitverlauf der auf den Leiter 3 kapazitiv übergekoppelten Störspannung u_{St} gemäß (4.10) im Bereich $0 \leq t \leq \Delta t$

4.3. Kapazitive Beeinflussungen

durch die Topologie der Leiteranordnung bestimmt. Für den einfachsten Fall runder, parallel geführter Leiter (Bild 4.19a) gilt nach /4.1/

$$C_{13} = \frac{\pi \, \varepsilon_0 \, \varepsilon_{rel} \, l}{\ln\left[\frac{d}{D} + \sqrt{\left(\frac{d}{D}\right)^2 - 1}\right]}. \tag{4.12}$$

Reale Werte der spezifischen Leitungskapazität C_{13}/l liegen in der Größenordnung von 5 bis 100 pF/m (Bild 4.19b). Mit $C_{13}/l = 100$ pF/m, $R_a = 50\ \Omega$, $l = 10$ cm und $\Delta u/\Delta t = 4$ V/ns ergibt sich z. B. aus (4.11) als Orientierungswert eine Störspannung in Höhe von $u_{Stmax} = 2$ V.

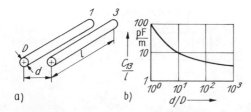

Bild 4.19. Kapazitätsbelag bei runden, parallel verlegten Leitern

a) Leiteranordnung
b) Kapazitätsbelag C_{13}/l entsprechend (4.12) für $\varepsilon_{rel} = 1$

Zur Herabsetzung kapazitiver Beeinflussungen zwischen Stromkreisen mit gemeinsamem Bezugsleiter sind entsprechend (4.10) bis (4.12) folgende Vorkehrungen möglich:
- Gewährleisten kleiner Koppelkapazitäten C_{13} durch
  - kurze Leitungslängen l (möglichst kompakter Systemaufbau),
  - kleine Leitungsdurchmesser D,
  - große Abstände d zwischen den Leitern 1 und 3 (Parallelführung vermeiden),
  - kleine Dielektrizitätskonstanten ε_{rel} der Leiterisolierung bzw. des Leiterplattenmaterials.
- Realisieren möglichst großer Kapazitätswerte C_{34} durch
  - Einbetten von Signalleitern zwischen Bezugspotentialleitern,
  - Mitführen und Verdrillen des Bezugsleiters mit dem Signalleiter,
  - Belegen freier Kabeladern mit Bezugspotential,
  - Anordnen einer Bezugspotentialfläche in geringem Abstand zur Bausteinverdrahtung. Dies ist auch günstig hinsichtlich der Vermeidung galvanischer Beeinflussungen (vgl. Bilder 4.6 a und 4.6 b).
- Möglichst niederohmige Ausführung der beeinflussungsgefährdeten Stromkreise (R_a, R_e klein).
- Beschränken der $\Delta u/\Delta t$-Werte. Das heißt in Logiksystemen: Arbeitsgeschwindigkeit der logischen Elemente nicht höher als aufgabengemäß erforderlich. Insbesondere für den Einsatz in starkstromnaher störverseuchter Umgebung wurden daher langsame störsichere Logiksysteme mit Arbeitsgeschwindigkeiten von einigen hundert bis zu einigen tausend Hertz entwickelt.
- Schirmen der beeinflussungsgefährdeten Leitungen bzw. Stromkreise durch /2.1/ /3.9/ /3.17/ /4.2/ /4.4/
  - Verwendung abgeschirmter Leitungen (Bild 4.20a),
  - Schirmleiterbahnen auf Leiterplatten (Bild 4.21),
  - Schirmwände zwischen Leiterplatten oder Schirmgehäuse für einzelne Funktionsmoduln (Bild 4.22),
  - metallbeschichtete Kunststoffgehäuse /4.3/.

Der Schirm S muß in allen Fällen aus gut leitendem Material bestehen, damit der über ihn abfließende Störstrom i_{st} keinen nennenswerten Spannungsabfall über der Schirmimpedanz R_S, L_S erzeugt (vgl. Bild 4.20b). Er muß an der Signalquelle, wie im Bild 4.20a, mit dem Bezugsleiter 2, 4 verbunden sein, da ansonsten (Bild 4.20c) der Störstrom über R, L eine Stör-

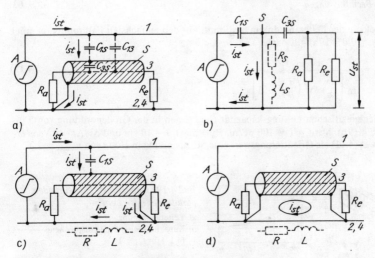

Bild 4.20. *Abschirmung von Leitungen*
a) zweckmäßige Verbindung des Schirms S mit dem Bezugsleiter 2, 4
b) Ersatzschaltung zu a)
c), d) unzweckmäßige Verbindung des Schirms mit dem Bezugsleiter

A Störquelle ($\Delta u/\Delta t$)

R_a, R_e Ausgangswiderstand der Signalspannungsquelle und Eingangswiderstand des Empfängers im geschützten Kreis

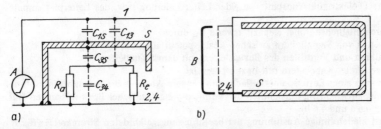

Bild 4.21. *Schirmleiterbahnen auf Leiterplatten*
a) Schirmleiterbahn S zum Schutz des zu R_a, R_e gehörenden Signalstromkreises (Ersatzschaltung wie im Bild 4.20b)
b) Schirmleiterring S zum Schutz des Plattenaufbaus gegen kapazitive Beeinflussungen. Wird S über die Brücke B kurzgeschlossen, bietet er Schutz gegen induktive Beeinflussungen

A, R_a, R_e wie im Bild 4.20

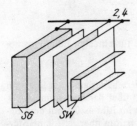

Bild 4.22. *Abschirmung von Funktionseinheiten*

SW Schirmwände auf bzw. zwischen Leiterplatten
SG Funktionsmodul im Schirmgehäuse
2, 4 Bezugsleiter

4.3. Kapazitive Beeinflussungen

spannung erzeugt, die sich im geschützten Kreis der Signalspannung überlagert. Eine zweiseitige Verbindung des Schirms S mit dem Bezugsleiter 2, 4 ist ebenfalls nicht statthaft (Bild 4.20d), da in diesem Fall eine Induktionsschleife entsteht, in der ein induktiv eingekoppelter Störstrom i_{st} über die Bezugsleiterimpedanz R, L den geschützten Stromkreis beeinflussen kann.

Werden sowohl der beeinflussende als auch der beeinflußte Leiter geschirmt, sind beide Schirme $S1$, $S2$ wie im Bild 4.23a quellenseitig mit dem Bezugsleiter 2, 4 zu verbinden. Eine direkte Verbindung der einzelnen Abschirmungen untereinander, z.B. wie im Bild 4.23b, ist unzulässig, da über C_{1S1}, L, R ein Serienresonanzkreis entsteht (Bild 4.23c), dessen Resonanzspannung u_{res} über C_{3S2} zu einer Störspannung u_{st} im zu schützenden Kreis führt, die ein Mehrfaches der beeinflussenden Spannung betragen kann.

Durch die Wirkung des Schirms wird in allen Fällen (s. Bilder 4.20a, 4.21a und 4.23a) die vom beeinflussenden Leiter 1 auf den beeinflußten Leiter 3 durchgreifende Kapazität C_{13} verkleinert (theoretisch auf Null reduziert) und die Kapazität C_{34} vergrößert, was entsprechend (4.8), (4.10) und (4.11) bei gleicher Beanspruchung $\Delta u/\Delta t$ eine Verringerung der kapazitiv eingekoppelten Störspannung u_{st} zur Folge hat. Um zu gewährleisten, daß die Schirmleiter tatsächlich nur an einer Stelle mit dem Bezugspotential in Verbindung stehen, müssen insbesondere abgeschirmte Leitungen grundsätzlich isoliert und die Isolation gegen mechanische Beschädigung und Abnutzung gesichert sein.

Besteht die abgeschirmte Leitung aus mehreren Teilen (A, B, C im Bild 4.24), sind die Leitungsschirme jeweils miteinander zu verbinden, jedoch dürfen die Punkte 1 und 2 nicht auf Bezugspotential oder an die Gerätemasse gelegt werden, damit auch hier der Leitungsschirm nur an einer Stelle quellenseitig mit dem Bezugspotential verbunden ist.

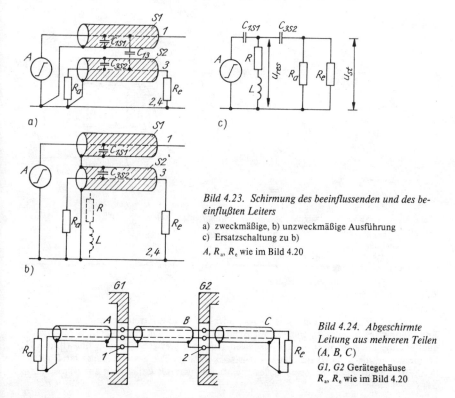

Bild 4.23. *Schirmung des beeinflussenden und des beeinflußten Leiters*

a) zweckmäßige, b) unzweckmäßige Ausführung
c) Ersatzschaltung zu b)
A, R_a, R_e wie im Bild 4.20

Bild 4.24. *Abgeschirmte Leitung aus mehreren Teilen (A, B, C)*

$G1$, $G2$ Gerätegehäuse
R_a, R_e wie im Bild 4.20

4.3.2. Galvanisch getrennte Stromkreise

Bild 4.25a zeigt hierzu ein stark vereinfachtes Beeinflussungsmodell. Es gilt unter der Voraussetzung, daß die Längsausdehnung l der Anordnung klein gegenüber der Wellenlänge der höchsten zu berücksichtigenden Störfrequenz ist. Die Leiteranordnung 1, 2 entspricht darin dem beeinflussenden und die Leiteranordnung 3, 4 dem beeinflußten Kreis. Beide Stromkreise sind galvanisch getrennt und nur über die parasitären Kapazitäten C_{13}, C_{14}, C_{23}, C_{24} elektrisch miteinander gekoppelt. Eine einfache Netztransfiguration liefert die im Bild 4.25b dargestellte Ersatzschaltung, in der Z_i die Elemente R_i, R_e, C_{12} des störenden und Z die Elemente R_i, R_e, C_{34} des gestörten Kreises enthält. Man erkennt unschwer, daß die eingekoppelte Störspannung U_{st} Null ist, wenn die Koppelkapazitäten der Symmetriebedingung $C_{13} : C_{23} = C_{14} : C_{24}$ genügen. Die Erfüllung dieser Bedingung läßt sich durch Verwendung paarweise verdrillter Leiter (1 mit 2 und 3 mit 4) oder durch die Zuschaltung von Symmetrierkondensatoren erzielen.

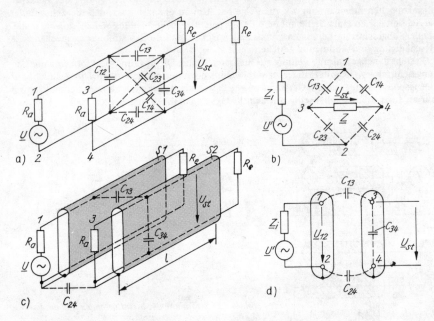

Bild 4.25. *Kapazitive Beeinflussung galvanisch getrennter Stromkreise*
a) Beeinflussungsmodell
b) Ersatzschaltung zu a)
c) Beeinflussungsmodell bei beiderseitiger Schirmung
d) Leerlaufersatzschaltung zu c)
unterstrichene Größen kennzeichnen Zeigergrößen
R_a, R_e wie im Bild 4.20

Eine weitere Möglichkeit, die Beeinflussung wirksam zu reduzieren, besteht auch hier in der Anwendung geschirmter Leitungen mit Schirmen $S1$, $S2$ aus gut leitendem Material, die quellenseitig mit dem Bezugsleiter des jeweiligen Stromkreises verbunden sind (Bild 4.25c). Dadurch wird die Koppelkapazität C_{13} sehr stark herabgesetzt und die Kapazität C_{34} vergrößert. Für den unbelasteten Zustand des beeinflußten Kreises erhält man aus Bild 4.25d das

4.3. Kapazitive Beeinflussungen

Spannungsverhältnis

$$\frac{U_{St}}{U_{12}} = \frac{1}{1 + \frac{C_{34}}{C_{13}} + \frac{C_{34}}{C_{24}}}.$$ (4.13)

Das heißt, die Schirmwirkung ist um so besser, je größer die Leiter-Schirm-Kapazität C_{34} im Vergleich zu C_{13} und C_{24} ist.

4.3.3. Stromkreise mit großen Leiter-Erde-Kapazitäten

Eine weitere Form der kapazitiven Beeinflussung tritt bei langen geerdeten Signalleitungen in Erscheinung (Bild 4.26a), und zwar werden beim Auftreten zeitlich veränderlicher Erdpotentialdifferenzen Δu Störströme i_{st1}, i_{st2} über die Leiter-Erde-Kapazitäten C_1, C_2 durch das Lei-

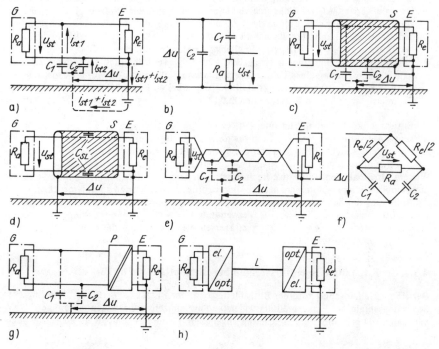

Bild 4.26. *Schutz geerdeter Signalübertragungsstrecken gegen kapazitive Störbeeinflussungen infolge von Erdpotentialänderungen*
a) ungeschützte Signalleitung
b) Ersatzschaltung zu a) für $R_e \gg R_a$
c) **Signalleitung mit Schirm** S
d) geschirmte Signalleitung mit unzweckmäßig geerdetem Leitungsschirm S
e) erdsymmetrische Signalübertragung
f) Ersatzschaltung zu e)
g) Einsatz einer Potentialtrennstufe P
h) Einsatz eines Lichtwellenleiters L (Glas- oder Kunststoffaser-Kabel)
G Signalgeber, E Signalempfänger, R_a, R_e wie im Bild 4.20

tungssystem und den Erdanschlußpunkt getrieben. Infolge der Systemunsymmetrie wird dabei ein Teil der Gleichtaktspannung Δu in die Gegentaktstörspannung u_{st} umgewandelt, die sich der vom Geber G gelieferten Signalspannung überlagert.

Setzt man voraus, daß sich Δu zeitlich sinusförmig ändert, z. B. mit Netzfrequenz, erhält man aus Bild 4.26b

$$\frac{U_{St}}{\Delta U} = \frac{1}{\sqrt{1 + 1/(2\pi f C_1 R_a)^2}}. \tag{4.14}$$

Daraus ergibt sich beispielsweise mit $\Delta U = 100$ V, $f = 50$ Hz, $C_1 = 2\,000$ pF und $R_a = 150\,\Omega$ für die Störspannung U_{st} ein Wert von $\approx 9{,}4$ mV. Dies genügt, um die Übertragung niedriger Signalspannungen, z. B. die Ausgangsspannung von Thermoelementen, praktisch unmöglich zu machen, sofern nicht besondere Vorkehrungen getroffen werden. Entsprechende Abhilfemaßnahmen sind:

- Möglichst niederohmige Ausführung des Signalstromkreises (R_a, R_e klein),
- Abschirmung der Signalleitung (Bild 4.26c) mit einem gut leitenden Schirm S. Die Leiter-Erde-Kapazität C_1 wird dadurch verkleinert und damit gemäß (4.14) die Störspannung vermindert. Bei falscher Erdung des Leitungsschirms (Bild 4.26d) kann allerdings ein gegenteiliger Effekt auftreten, da sich in diesem Fall die Leiter-Erde-Kapazität in der Regel vergrößert ($C_{LS} > C_1, C_2$). Es gilt die gleiche Ersatzschaltung wie im Bild 4.26b.
- Erdsymmetrische Signalübertragung (Bild 4.26e) über verdrillte Leitungen (damit $C_1 = C_2$ ist) und Verwendung eines Differenzverstärkers als Empfänger, der nur die zwischen seinen Eingängen anstehende Potentialdifferenz verarbeitet. Bild 4.26f zeigt, daß bei völliger Symmetrie $u_{st} = 0$ ist, d. h. keine Gleichtakt-Gegentakt-Störspannungsumsetzung stattfindet.
- Einsatz einer Potentialtrennstufe P (Relais, Optokoppler, Bild 4.26g) am Eingang der Empfängerstufe. Der Weg für die Störströme ist damit unterbrochen.
- Einsatz eines Lichtleitersystems für die Signalübertragung (Bild 4.26h) /4.5//4.6/. Kapazitive Beeinflussungen des Übertragungswegs sind hier vollständig ausgeschlossen.

Weitere Möglichkeiten, kapazitive Beeinflussungen bzw. die Gleichtakt-Gegentakt-Störspannungsumwandlung insbesondere bei der Übertragung von Meßwerten zu unterdrücken, bietet die Anhebung des Schirmpotentials auf das Niveau des Gleichtaktpotentials durch einen speziell dafür vorgesehenen Treiber, die Verwendung von Meßstellenumschaltern mit „fliegenden Kapazitäten" /4.7/ sowie in stark störverseuchter Umgebung die Meßwertübertragung durch eingeprägte Ströme /4.8/.

4.3.4. Kapazitive Beeinflussungen bei Blitzentladungen /3.3/

Bei einem Naheinschlag wird der Blitzableiter bzw. der Blitzkanal B (Bild 4.27) infolge des Spannungsabfalls am Erdausbreitungswiderstand auf ein sehr hohes Potential (einige 100 kV, vgl. Tafel 3.1) gegenüber der Umgebung angehoben. Dadurch kann z. B. in einer Signallei-

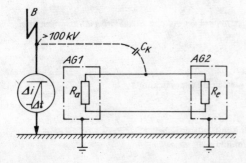

Bild 4.27. Kapazitive Beeinflussung bei Blitzentladungen

AG1, AG2 Automatisierungsgeräte
B Blitzkanal
C_K Koppelkapazität
R_a, R_e Ausgangs- und Eingangswiderstand

4.4. Induktive Beeinflussungen

tung über die Koppelkapazität C_K eine hohe Spannung (einige kV) eingekoppelt werden, die in den Geräten $AG1$ und $AG2$ die Isolationsstrecken zerstört, sofern nicht besondere Maßnahmen dagegen ergriffen werden. Entsprechende Hinweise findet man im Abschnitt 10.

4.4. Induktive Beeinflussungen

Induktive Beeinflussungen kommen durch transformatorische Kopplungen zwischen Stromkreisen zustande. Störquellen sind insbesondere elektrische Betriebsmittel, die starke, rasch veränderliche Betriebsströme führen oder hohe Ströme schalten, sowie elektrostatische und Blitzentladungen.

Bild 4.28a zeigt als erstes Beispiel eine einfache Anordnung zweier induktiv gekoppelter Stromkreise. Findet im Kreis 1, z. B. infolge eines Schaltvorgangs oder eines Laststoßes, eine schnelle zeitliche Stromänderung $\Delta i/\Delta t$ statt, wird im Kreis 2 eine Störspannung

$$u_{st} = M \frac{\Delta i}{\Delta t} = \frac{\Delta \phi}{\Delta t} \tag{4.15}$$

induziert, die für $R_e \gg R_a$ hauptsächlich über R_e in Erscheinung tritt. ϕ ist in (4.15) der magnetische Fluß, der den Sekundärkreis 2 durchsetzt; und

$$M = \frac{\mu_0 l}{2\pi} \ln\left[1 + (\frac{a}{d})^2\right] \tag{4.16}$$

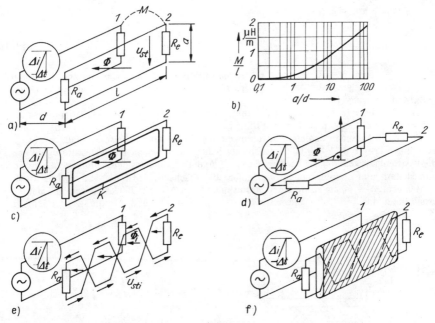

Bild 4.28. *Induktive Beeinflussung eines Stromkreises*
a) prinzipielle Anordnung zweier Stromkreise (im Abstand d parallel zueinander)
b) Gegeninduktivitätsbelag der Anordnung a) nach (4.16)
c) bis f) Abhilfemaßnahmen (Erläuterungen im Text)

die zwischen beiden Stromkreisen bestehende Gegeninduktivität. Ihre Größe hängt von der Geometrie der Leiteranordnung ab (Bild 4.28b). Unter Verwendung von (4.15) und (4.16) erhält man bei Zugrundelegung der Abmessungen $l = 1$ m, $a/d = 0,1$ sowie einer Stromänderungsgeschwindigkeit von $\Delta i/\Delta t = 1\,000$ A/µs als Orientierungswert eine Störspannung von $u_{st} \approx 2,3$ V.

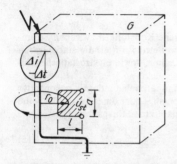

Bild 4.29. Induktive Beeinflussung einer Leiterschleife durch elektrostatische Entladungen

G Gerätegehäuse

Bild 4.29 zeigt als zweites Beispiel in stark vereinfachter Form die physikalischen Verhältnisse bei einer elektrostatischen Körperentladung über ein elektrisch leitendes Gerätegehäuse. Für eine im mittleren Abstand r_0 vom Strompfad des Entladestroms im Gehäuseinneren, z. B. auf einer Leiterplatte, befindliche Leiterschleife der Länge l und der Weite a berechnet sich die darin induzierte Störspannung u_{st} bei Verwendung der elementaren Beziehungen

$$u_{st} \approx a\,l\frac{\Delta B}{\Delta t}, \quad B = \mu_0 H \quad \text{und} \quad H = \frac{i}{2\,\pi r_0} \quad \text{zu}$$

$$u_{st} \approx \frac{\mu_0}{2\,\pi}\frac{a\,l}{r_0}\frac{\Delta i}{\Delta t}. \tag{4.17}$$

Für $a = l = 1$ cm, $r_0 = 10$ cm und die bei elektrostatischen Entladungen typische Stromänderungsgeschwindigkeit von $\Delta i/\Delta t = 5$ A/ns entsprechend Tafel 3.4 ergibt sich ein Störspannungswert von $u_{st} \approx 1$ V.

Als letztes Beispiel für induktive Beeinflussungen zeigt Bild 4.30 zwei Einkopplungsmöglichkeiten bei Blitzeinschlag. Die vom Blitzkanal B ausgehenden elektromagnetischen Felder induzieren in leitenden Schleifen Spannungen, die sich näherungsweise ebenfalls mit (4.17) bestimmen lassen. Bild 4.30 läßt zwei solcher Schleifen erkennen. Die erste wird durch den Signalstromkreis gebildet; sie hat die Fläche $a_1 l$, und die zweite aus den Signalleitern, den Erdungsleitern und dem Erdboden; sie umfaßt die Fläche $a_2 l$. Mit $r_0 = 25$ m, $l = 20$ m, $a_1 = 0,4$ cm, $a_2 = 60$ cm sowie einer Stromsteilheit von $\Delta i/\Delta t = 200$ kA/µs gemäß Tafel 3.1 erhält man aus (4.17) für die erste Schleife $u_{st1} \approx 128$ V˙ und für die zweite Schleife

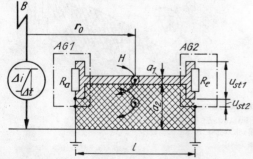

Bild 4.30. Induktive Beeinflussung von Leiterschleifen bei Blitzentladungen

B Blitzkanal
AG1, AG2 Automatisierungsgeräte
R_a, R_e Ausgangs- und Eingangswiderstand

4.4. Induktive Beeinflussungen

$u_{st2} \approx 19{,}2$ kV. Beide Beanspruchungen führen zu Überschlägen und damit Zerstörungen in den Automatisierungsgeräten *AG1* und *AG2*, sofern nicht spezielle Vorkehrungen dagegen getroffen werden.

Insgesamt gesehen lassen sich induktive Beeinflussungen, ausgehend von (4.15) bis (4.17), durch folgende Maßnahmen beherrschen bzw. auf ein ungefährliches Maß reduzieren:
- Gegeninduktivität M so klein wie möglich gestalten, d. h.
  - Länge l klein durch kurze Leiterführung und kompakten Systemaufbau,
  - Abstand d groß, z. B. zwischen Energie- und Informationsleitungen (nicht gemeinsam in einen Kabelbaum einbinden!),
  - Kleinhalten der vom gefährdeten Stromkreis umschlossenen Fläche $a \cdot l$.
- Herabsetzen der Flußänderungsgeschwindigkeit $\Delta\phi/\Delta t$ mittels einer Kurzschlußschleife K in unmittelbarer Nähe beeinflussungsgefährdeter Signalkreise (Bild 4.28c) bzw. auf Leiterplatten (Bild 4.21b) durch Verbinden der Schirmleiterbahn S mittels einer Brücke B zu einem geschlossenen Ring.
- Entkoppeln der Stromkreise *1* und *2* durch orthogonale Anordnung der magnetischen Achsen (Bild 4.28d). Dies gilt insbesondere für spulenförmige Anordnungen.
- Kompensation der im Kreis *2* induzierten Störspannungen durch den Einsatz verdrillter Leitungen (Bild 4.28e). Dadurch heben sich die durch die Teilflüsse ϕ_i induzierten Störspannungsanteile u_{sti} gegenseitig auf, so daß die vorzeichenbehaftete Summe $\sum_{i=1}^{n} u_{sti} = 0$ ist.
- Herabsetzung der Wirkung des vom Kreis *1* erzeugten magnetischen Flusses durch Verwendung verdrillter Leitungen. Auf diese Weise entstehen gegenläufige Flußkomponenten, die sich in ihrer Wirkung auf den Sekundärkreis kompensieren.
- Schirmen von Kabeln, Leitungen (Bild 4.28f), Baugruppen und Geräten durch
  - ferromagnetische Schirme (Rohre, Metallschläuche und Stahlblechgefäße) gegen niederfrequente magnetische Felder, wobei die Schirmwirkung um so besser ist, je größer die Permeabilität des Schirmmaterials und die Dicke der Schirmwände sind. Solche Schirme leiten gewissermaßen das Magnetfeld am beeinflussungsgefährdeten Objekt vorbei. Besonders gute Eigenschaften hinsichtlich der Schirmwirkung gegenüber magnetischen Feldern haben amorphe Metalle (Bild 4.31) /4.9/;
  - unmagnetische Schirme (Aluminium- und Kupfergeflechte, Gehäuse aus Kunststoff-Metall-Verbundmaterialien oder mit Leitlack beschichtete Kunststoffgehäuse) gegen hochfrequente Felder, in denen sich Wirbelströme ausbilden, die das Störfeld durch Energieentzug dämpfen.

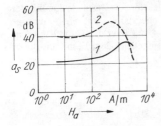

Bild 4.31. Schirmdämpfung a_S (4.18) in Abhängigkeit des Außenfeldes H_a bei flexiblen Kabeln (nach /4.9/)

Kurve *1*: Kabel, einlagig umwickelt mit Bändern aus kristallinem, wärmebehandeltem 75 % NiFe
Kurve *2*: Kabel, zweilagig gegenläufig umwickelt mit Bändern aus der amorphen Legierung $Co_{66}Fe_4$ (Mo, Si, B)$_{30}$

Eine leitende Verbindung zwischen Schirm und Bezugspotential bzw. Schirm und Erde ist zur Erzielung der Schirmwirkung zwar nicht erforderlich, mit Rücksicht auf stets zu erwartende kapazitive Beeinflussungen jedoch zu empfehlen, und zwar, wie im Abschnitt 4.3 erläutert, eine einseitige Verbindung zum Bezugsleiter zum Schutz gegen kapazitive Einkopplungen und bei längeren, im Freigelände verlegten MSR-Kabeln die beiderseitige Erdung des Kabelaußenschirms zur Abwehr von blitzbedingten Beeinflussungen.

Bei Gefäßen (Bild 4.32) sind Schirmdämpfungen

$$a_s/\text{dB} = 20 \log (H_a/H_i) \tag{4.18}$$

größer als 40 dB mit folgenden Schirmwandstärken d zu erzielen /3.2/:
- ferromagnetische Schirme (Mu-Metall) $f < 100$ kHz: $d/r = 10^{-2}$
- unmagnetische Schirme (Cu, Al) $f > 100$ kHz: $d \approx 1$ mm.

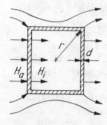

Bild 4.32. Zur Schirmwirkung von Gefäßen

Genauere Dimensionierungshinweise für Abschirmungen findet man in /2.1/ /3.17/ /4.2/ /4.3/ /4.9/ bis /4.12/.

- Vermeiden des Zustandekommens elektrostatischer Aufladungen durch Befolgen der im Abschnitt 8 dafür gegebenen Hinweise.
- Gewährleisten des Blitz- und Überspannungsschutzes entsprechend den im Abschnitt 10 dafür zusammengestellten Maßnahmen.

4.5. Leitungsgebundene Wellenbeeinflussungen /4.2/ /4.13/

Die in den Abschnitten 4.2 bis 4.4 behandelten Mechanismen der galvanischen, kapazitiven und induktiven Beeinflussungen gelten unter der Voraussetzung, daß die Wellenlänge λ der Störgröße ein Mehrfaches der Systemabmessungen beträgt, d.h., sie vernachlässigen die Laufzeit der elektrischen Größen im beeinflussenden und beeinflußten Kreis. Kommt jedoch die Wellenlänge der Störgrößen in die Größenordnung der Systemabmessungen bzw. kommen die Anstiegszeiten von Störimpulsen in die Größenordnung der Signallaufzeit, sind Modellvorstellungen erforderlich, die diesen Sachverhalt berücksichtigen. In ihnen wird die Beeinflussung als das Übergreifen einer laufenden leitungsgebundenen Welle auf ein Nachbarsystem behandelt. Bild 4.33 zeigt das entsprechende Beeinflussungsmodell. Quelle der Wellenbeeinflussung ist eine auf den Leitern 1, 2 fortschreitende elektromagnetische Welle mit der Leiterspannung U_{12} und dem Leiterstrom I_1, die von einem elektrischen und einem magnetischen Feld begleitet wird. Sie beeinflußt das Leiterpaar 3, 4, das über die Teilwellenwiderstände Z_{12} bis Z_{34} mit dem Leiterpaar 1, 2 gekoppelt ist. Entsprechend dem Verhältnis dieser Widerstände wird den Leitern 3, 4 die Störspannung

$$U_{st} = U_{12} K (Z_{14} Z_{23} - Z_{24} Z_{13}) \tag{4.19}$$

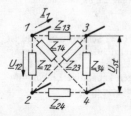

Bild 4.33. Allgemeines Modell der leitungsgebundenen Wellenbeeinflussung /4.2/

aufgeprägt, wobei K einen relativ komplizierten Ausdruck der Impedanzen Z_{12} bis Z_{34} repräsentiert.

Die Problematik der Wellenstörbeeinflussung tritt insbesondere bei Leitungen in Erscheinung. Die kritische Leitungslänge, ab der mit diesem Phänomen zu rechnen ist, variiert mit der Störgrößenfrequenz (Tafel 4.1).

Tafel 4.1. Kritische Leitungslängen bei Wellenstörbeeinflussungen /4.2/

Gerätetechnik	Arbeitsfrequenz	Schaltzeit	Höchste Störfrequenzen	Kritische Leitungslängen
Analogtechnik	1 ... 100 kHz	–	100 kHz	300 m
Digitaltechnik				
langsam	10 kHz	10 µs	35 kHz	800 m
mittelschnell	500 kHz	0,5 µs	700 kHz	40 m
schnell	20 MHz	5 ns	70 MHz	40 cm
sehr schnell	100 MHz	1 ns	350 MHz	8 cm

Wellenbeeinflussungen lassen sich durch folgende Maßnahmen vermindern:
- Verkleinern der Impedanzen Z_{13}, Z_{14}, Z_{23}, Z_{24} durch möglichst weite räumliche Trennung der Leiterpaare *1*, *2* und *3*, *4*
- Symmetrierung der Leiterpaare entsprechend der Bedingung
$$Z_{13} : Z_{23} = Z_{14} : Z_{24}, \tag{4.20}$$
wonach aufgrund von (4.19) die Störspannung U_{st} verschwindet
- Wellenschirmung, z.B. durch die Verwendung von Koaxialkabeln, um das elektromagnetische Feld des störenden Leiterpaars quer zur Ausbreitungsrichtung zu begrenzen oder es mittels Schirms so zu führen, daß beeinflussungsgefährdete Anlagenteile davon nicht erfaßt werden.

Weitere Einzelheiten siehe /4.2/.

4.6. Strahlungsbeeinflussungen /3.9/ /3.17/ /4.2/

Die Ursache für Strahlungsbeeinflussungen sind elektromagnetische Wellen, die sich von Stromkreisen ablösen und mit Lichtgeschwindigkeit $c = 300\,000$ km/s im Raum ausbreiten (Bild 4.34). Zwischen Wellenlänge λ und Frequenz f der Wellen besteht die bekannte Beziehung

$$\lambda = c/f. \tag{4.21}$$

Das Strahlungsfeld ist durch die elektrische Feldstärke E_0 und die magnetische Feldstärke H_0 gekennzeichnet. Beide Größen sind gerichtet und stehen senkrecht aufeinander. In der Nähe der Störquelle ($x \ll \lambda/2\pi$) überwiegt entweder E_0 oder H_0, je nachdem, ob die Störquelle hohe Spannungen und geringe Ströme oder hohe Ströme und geringe Spannungen führt. Die durch diese Nahfelder in Stromkreisen verursachten Beeinflussungen können, wie in den Abschnitten 4.3 und 4.4 dargelegt, mit den Modellvorstellungen der kapazitiven bzw. induktiven Kopplung behandelt werden. Im Fernfeld dagegen, d.h. in einer Entfernung $x \geq \lambda/2\pi$ von der Störquelle (s. auch Tafel 4.2), sind die Verhältnisse anders. Hier besteht zwischen den Beträgen von E_0 und H_0 die feste Beziehung

$$E_0/H_0 = 377 \; \Omega, \tag{4.22}$$

und E_0 kann überschläglich mit Hilfe von (4.23) ermittelt werden /3.17/:

$$E_0 / \frac{V}{m} = 0{,}3 \frac{\sqrt{P/kW}}{x/km};\qquad(4.23)$$

P Leistung der Störquelle (des Senders)
x Entfernung von der Störquelle.

Danach ergibt sich z. B. für ein Sprechfunkgerät mit $P = 10$ W, das im UHF-Bereich arbeitet ($f = 300 \ldots 3\,000$ MHz; $\lambda = 0{,}1 \ldots 1$ m; $\lambda/2\pi = 0{,}016 \ldots 0{,}16$ m), aus (4.23) im Abstand von $x = 3$ mm eine Feldstärke von $E_0 = 10$ V/m.

Zur raschen Entscheidungsfindung, inwieweit bei einem vorliegenden Beeinflussungsproblem Nahfeld- oder Fernfeldbedingungen vorherrschen, kann außer Tafel 4.2 Bild 4.35 herangezogen werden. Es beinhaltet die Grenzkurve $x = c/2\pi f$, die sich durch Einsetzen von (4.21) in die Beziehung $x = \lambda/2\pi$ ergibt.

Beim Auftreffen der elektromagnetischen Wellen auf elektrisch leitfähige Anordnungen entstehen durch Antennenwirkung HF-Spannungen, die sich in Signalstromkreisen direkt oder in gleichgerichteter Form als Störspannungen auswirken. Die elektrischen Eigenschaften

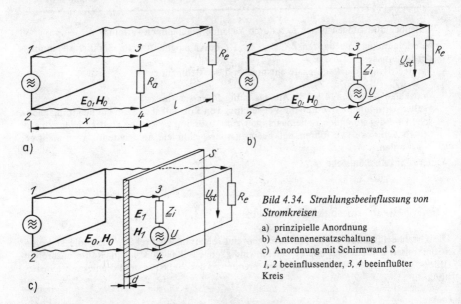

Bild 4.34. Strahlungsbeeinflussung von Stromkreisen

a) prinzipielle Anordnung
b) Antennenersatzschaltung
c) Anordnung mit Schirmwand S

1, 2 beeinflussender, *3, 4* beeinflußter Kreis

Tafel 4.2. *Entfernungsrichtwerte zwischen Sender und Empfänger, von denen ab Fernfeldverhältnisse vorliegen*

Frequenz f der elektromagnetischen Strahlung	Fernfeldverhältnisse liegen vor für $x \gtrapprox \lambda/2\pi$
1 MHz	$x \gtrapprox 50$ m
10 MHz	$x \gtrapprox 5$ m
100 MHz	$x \gtrapprox 0{,}5$ m
1 000 MHz	$x \gtrapprox 0{,}05$ m

4.6. Strahlungsbeeinflussungen

des als Antenne wirkenden Gebildes, z.B. des Leiterpaars *3, 4* im Bild 4.34a, lassen sich durch eine Spannungsquelle U mit der inneren Impedanz Z_i beschreiben. Unter der Voraussetzung, daß $R_a \ll R_e$ ist, ergibt sich damit für die Ersatzschaltung der Empfängerseite Bild 4.34b, wobei für die Beträge von U und Z_i grob überschläglich die folgenden Beziehungen gelten /3.2/ /4.2/:

$$U/V \; 3 \; E_0 \frac{V}{m} \cdot h_{\text{eff}}/m \tag{4.24}$$

$$Z_i/\Omega = 1\,580 \left(\frac{h_{\text{eff}}/m}{\lambda/m}\right)^2. \tag{4.25}$$

λ ist darin die Wellenlänge, und h_{eff} kennzeichnet die effektive Antennenhöhe. Sie kann grob angenähert der Länge l des Antennengebildes gleichgesetzt werden. Mit $E_0 = 10$ V/m, $h_{\text{eff}} = 20$ cm, $f = 500$ MHz folgt z. B. aus (4.24) und (4.25) unter Verwendung von (4.21): $U = 2$ V und $Z_i = 176 \; \Omega$.

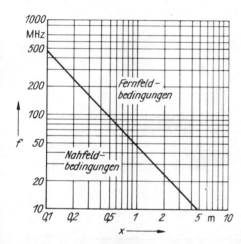

Bild 4.35. Grenzkurve $x = c/2\pi f$ zwischen Nahfeld- und Fernfeldbedingungen

Schutz gegen elektromagnetische Felder, und zwar sowohl gegen Einstrahlung als auch gegen Abstrahlung, bieten Schirmwände S, die zwischen Quelle und Senke angeordnet sind (Bild 4.34c). Durch eine solche Schirmwand werden die Feldstärken E_0, H_0 des ankommenden Feldes auf die Werte E_1, H_1 abgeschwächt. Diese Abschwächung entsteht durch Absorption der Feldenergie im Schirmmaterial (Absorptionsdämpfung a_{SA}) und durch Reflexion der anlaufenden Wellen (Reflexionsdämpfung a_{SR}). Das heißt, die Gesamtschirmdämpfung

$$a_s/\text{dB} = 20 \lg (E_0/E_1) = 20 \lg (H_0/H_1) \tag{4.26}$$

setzt sich aus zwei Komponenten zusammen:

$$a_S = a_{SA} + a_{SR}. \tag{4.27}$$

Die Absorptionsdämpfung

$$a_{SA} = \alpha_{SA} d \tag{4.28}$$

ist der Schirmwanddicke d direkt proportional. Darüber hinaus ist sie (Faktor α_{SA}) ebenso wie die Reflexionsdämpfung a_{SR} von der Leitfähigkeit und Permeabilität des Schirmmaterials sowie von der Frequenz f der eingestrahlten elektromagnetischen Wellen abhängig (Bild 4.36).

Als Schirmmaterialien zur Abschirmung von Fernfeldern ($x \gg \lambda/2\pi$) sowie elektrischen Nahfeldern ($x \ll \lambda/2\pi$, E überwiegt, kapazitive Beeinflussungen, s. Abschn. 4.3) werden vorzugsweise Kupfer und Aluminium und zur Abschirmung von magnetischen Nahfeldern ($x \ll \lambda/2\pi$, H überwiegt, induktive Beeinflussungen, s. Abschn. 4.4) Stahlblech und hochpermeables Material verwendet.

Auch durch Gebäude werden elektromagnetische Felder gedämpft, und zwar haben massive Gebäude ohne besondere EMV-Vorkehrungen gegenüber Fernfeldern einen Dämpfungseffekt von 6 bis 10 dB, während bei Stahlbetonbauten mit sorgfältig verschweißtem Stahlgittergeflecht mit einem Dämpfungsfaktor von 25 bis 35 dB gerechnet werden kann.

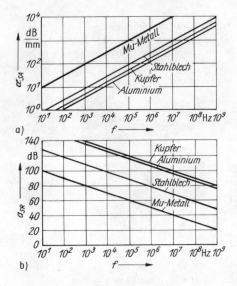

Bild 4.36. Fernfeld-Dämpfungsfaktoren verschiedener Schirmmaterialien /4.2/
a) spezifische Absorptionsdämpfung $\alpha_{SA} = a_{SA}/d$
b) Reflexionsdämpfung a_{SR}

Tafel 4.3. Schichtdicke und Oberflächenwiderstand von Abschirmschichten auf Kunststoffgehäusen /4.3/

Beschichtungs-verfahren	Oberflächenwiderstand (Ω/cm^2) bei einer Schichtdicke von			
	2 µm	5 µm	25 µm	75 µm

Leitlacke
  Graphit
  Kupfer
  Nickel
  Silber
			20 ... 30
			0,5
			2
			0,01 ... 0,04	

Metallspritzen
  Arc-Spray
  Metall-
  Flammspritzen
				0,01 ... 0,13
				
				0,01 ... 0,13

ELAMET-Prozeß Aluminium	0,018	0,007		

4.7. Reflexionserscheinungen auf Leitungen

Eine wirksame Schirmung elektronischer Geräte in Kunststoffgehäusen (Tischrechner, Sprechfunkgeräte, Tastaturen, Bildschirmterminals u. ä) wird durch die Verwendung von Kunststoff- Metallfaser-Verbundmaterialien oder durch Metallisieren der Gehäuseoberfläche erreicht. Tafel 4.3 gibt eine Übersicht über die mit gebräuchlichen Beschichtungsverfahren /4.3/ erzielbaren Oberflächenwiderstände, und Bild 4.37 zeigt als Beispiel den Störpegel eines Tischrechners mit beschichtetem bzw. unbeschichtetem Kunststoffgehäuse in Abhängigkeit von der Frequenz.

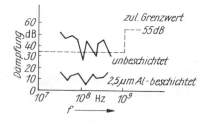

Bild 4.37. Störfeld eines Tischcomputers mit ungeschirmtem und mit 2,5 µm ELAMET beschichtetem Gehäuse /4.3/

Konkrete Hinweise für die Berechnung, Dimensionierung und Gestaltung von Abschirmungen findet man in /2.1/ /3.17/ /4.2/ /4.3/ /4.9/ bis /4.12/. Grundsätzlich ist zu beachten, daß die Wirksamkeit einer Abschirmung durch Unterbrechungen und Öffnungen (Türfugen, Ventilationsöffnungen, Durchbrüche für Bedien- und Anzeigeelemente) beeinträchtigt wird, daß eine doppelte Abschirmung aus weniger gutem Material in der Regel eine bessere Gesamtdämpfung ergibt als eine einfache Abschirmung aus hochwertigem Material und daß innerhalb von Abschirmungen Resonanzeffekte auftreten können, da jedes Gerätegehäuse mit leitfähigen Wänden als ein Hohlraumresonator aufgefaßt werden kann /3.1/.

4.7.   Reflexionserscheinungen auf Leitungen /4.2/ /4.13/

Ergänzend zu den Beeinflussungsmechanismen zwischen Stromkreisen seien im folgenden noch die Reflexionserscheinungen auf Leitungen betrachtet. Sie sind eine Folge nicht idealer Leitungseigenschaften und können bei Impulssignalen unter bestimmten Bedingungen zu Nutzsignalverzerrungen führen.

Reflexionserscheinungen auf Leitungen treten bei der Übertragung von Impulssignalen grundsätzlich in Erscheinung, wenn Fehlanpassung vorliegt, d.h. (Bild 4.38a) $Z_W \neq R_a$ und/oder $Z_W \neq R_e$ ist, wobei

$Z_W \approx \sqrt{L'/C'}$ Wellenwiderstand
$L' = L/l$ Induktivitätsbelag
$C' = C/l$ Kapazitätsbelag der Leitung,

und zwar wird ein Impulssignal am Leitungsende mit dem Faktor

$$r_e = \frac{R_e - Z_W}{R_e + Z_W} \tag{4.29}$$

und am Leitungsanfang mit dem Faktor

$$r_a = \frac{R_a - Z_W}{R_a + Z_W} \tag{4.30}$$

reflektiert. Deutlich wahrnehmbare Nutzsignalverfälschungen durch Reflexionserscheinungen sind jedoch erst dann zu beobachten, wenn

$$T_r < 2 t_L \tag{4.31}$$

ist. In (4.31) bedeuten:

T_r Anstiegszeit der Impulsflanken,

$t_L = l/v$ Laufzeit des Signals auf der Leitung, (4.32)

wobei

l Leitungslänge (Bild 4.38a),

$v = 1/\sqrt{\mu_0 \mu_{rel} \varepsilon_0 \varepsilon_{rel}} \approx 0{,}2$ m/ns Signalausbreitungsgeschwindigkeit. (4.33)

Den Gleichungen (4.31) bis (4.33) zufolge ist bei gegebenem T_r mit Reflexionsstörungen zu rechnen, wenn die Leitungslänge den kritischen Wert

$$l_K/\text{m} = 0{,}1 \, T_r/\text{ns} \tag{4.34}$$

überschreitet. Das ist z.B. für $T_r = 5$ ns der Fall, wenn die Leitungslänge l mehr als 50 cm beträgt. Für u_a und u_e ergeben sich dann bei sprunghafter Änderung der Quellenspannung U stufenförmige Spannungsverläufe, und zwar entsprechend den Beziehungen (4.35) für den Leitungsanfang

$u_{a0} = U Z_W / (R_a + Z_W)$

$u_{a2} = u_{a0} [1 + (1 + r_a) r_e]$

$u_{a4} = u_{a0} [1 + (1 + r_a) r_e (1 + r_a r_e)]$

. .
. .

$$u_{an} = u_{a0}[1 + (1 + r_a) r_e (1 + r_a r_e + \ldots + \{r_a r_e\}^{\frac{n-2}{2}})] \tag{4.35}$$

. .
. .

$u_{a\infty} = u_{a0}(1 + r_e)/(1 - r_a r_e) = U R_e/(R_a + R_e)$

und entsprechend den Beziehungen (4.36) für das Leitungsende

$u_{e1} = u_{a0} (1 + r_e)$

$u_{e3} = u_{a0} (1 + r_e) [1 + r_a r_e]$

$u_{e5} = u_{a0} (1 + r_e) [1 + r_a r_e + (r_a r_e)^2]$

. .
. .

$$u_{em} = u_{a0} (1 + r_e) [1 + r_a r_e + (r_a r_e)^2 + \ldots + (r_a r_e)^{\frac{m-1}{2}}]. \tag{4.36}$$

. .
. .

$u_{e\infty} = u_{a0} (1 + r_e)/(1 - r_a r_e) = U R_e/(R_e + R_a)$.

Die charakteristischen Zeitfunktionen der Spannungen u_a und u_e sind für $0 < R_a < Z_W$; $Z_W < R_e < \infty$ im Bild 4.38b dargestellt. Danach können Reflexionserscheinungen folgende Auswirkungen haben:

- verlängerte Übergangsvorgänge und dadurch bedingt kleinere mögliche Datenraten

4.7. Reflexionserscheinungen auf Leitungen

- Abflachung der Signalflanken und dadurch ggf. zu langes Verharren logischer Elemente im verbotenen Signalbereich
- schwingungsförmiges Einpendeln der Spannung u_e am Leitungsende, wodurch Nutzimpulse vorgetäuscht werden können.

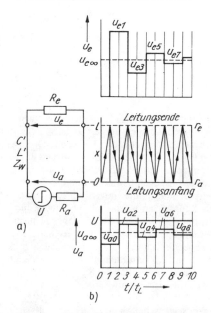

a)

b)

Bild 4.38. Verzerrung von Impulssignalen auf nichtangepaßten Leitungen
a) Leitungsmodell
b) Spannungsverläufe u_a und u_e entsprechend (4.35) und (4.36) bei sprungförmiger Änderung der Quellenspannung U

Wirksame Gegenmaßnahmen sind:

- kritische Leitungslänge l_K entsprechend (4.34) nicht überschreiten (i. allg. nur innerhalb kleiner Baugruppen möglich)
- Arbeitsgeschwindigkeit eines Logiksystems nicht höher und damit T_r nicht kleiner als zur Lösung der Verarbeitungsaufgaben erforderlich
- Verwendung angepaßter Leitungen ($R_a = Z_W$ und/oder $R_e = Z_W$) mit definiertem Wellenwiderstand (verdrillte Leitungen, Bandleitungen und Koaxialleitungen, Microstrip- und Dreibandleitungen auf Leiterplatten).

5. Stör- und Zerstörfestigkeit von Störsenken

5.1. Übersicht

Elektrische und elektronische Automatisierungsmittel sind beim industriellen Einsatz stets mehr oder weniger starken elektromagnetischen Beeinflussungen ausgesetzt (s. Abschn. 3 und Abschn. 4). Inwieweit diese Beeinflussungen zu vorübergehenden Funktionsstörungen führen bzw. bleibende Schäden verursachen, hängt von der Stör- bzw. Zerstörfestigkeit des betrachteten Betriebsmittels ab. Die Störfestigkeit kennzeichnet dabei die Widerstandsfähigkeit gegenüber Beanspruchungen, die reversible Funktionsstörungen bewirken, und die Zerstörfestigkeit die Widerstandsfähigkeit gegenüber Beanspruchungen, die irreversible Funktionsstörungen zur Folge haben (vgl. Abschn. 2.1). Beide Kenngrößen lassen sich quantitativ durch die Angabe von Beanspruchungsgrenzwerten (Spannungen, Spannungszeitflächen, Feldstärken, Energiemengen) beschreiben, denen die betreffenden Einrichtungen unter definierten nichtelektrischen Umgebungsbedingungen wie Temperatur, Luftfeuchte, Luftdruck u. a. funktionsstabil standhalten. Bild 5.1 sowie die Tafeln 5.1 und 5.2 vermitteln hierzu eine erste globale Übersicht. Darüber hinaus sind jedoch bei der Charakterisierung der Störfestigkeit analoger und diskreter Funktionseinheiten sowie damit konfigurierter Automatisierungseinrichtungen einige Besonderheiten zu beachten.

Im weiteren werden zunächst die Störfestigkeitseigenschaften analoger und diskreter Systemelemente gegenüber Störspannungen untersucht, die dem Eingangsnutzsignal additiv überlagert sind.

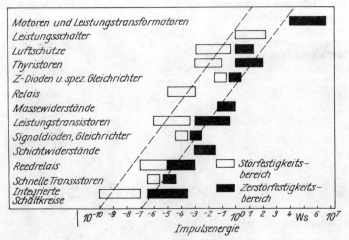

Bild 5.1. Richtwerte für die Stör- und Zerstörfestigkeit ausgewählter elektrotechnischer Betriebsmittel bei Impulsbeanspruchungen /3.9/ /3.15/ /3.17/

Tafel 5.1. Stoßüberschlag-/Stoßdurchschlagspannungen in elektrotechnischen Anlagen und Geräten bis 1 000 V /3.5/

Geräte/Kabel/Leitungen		
Gegen Gehäuse/Erde	Starkstromgeräte	5 ... 8 kV
	Fernmeldegeräte	1 ... 3 kV
Querspannungen zwischen den Eingangsklemmen von elektronischen Geräten/Schaltungen	Schaltungen mit diskreten Bauteilen (Widerstände, Kondensatoren usw.)	0,5 ... 5 kV
	integrierte Schaltungen, Bipolartechnik (TTL)	50 ... 100 V (energieabhängig)
	integrierte Schaltungen, Bipolartechnik, High-Level-TTL und Operationsverstärker	50 ... 100 V (energieabhängig)
	integrierte Schaltungen, MOS-Technik	70 ... 100 V
Fernmeldekabel		5 ... 8 kV
Signal- und Meßkabel, Starkstromleitungen		bis 20 kV
Starkstromkabel		bis 30 kV

Tafel 5.2. Zerstörfestigkeit von Halbleiterbauelementen gegenüber elektrostatischen Spannungen /3.7/

Halbleitertyp	Zerstörfestigkeit in V
V-MOS	80 ... 1 800
MOSFET	100 ... 200
EPROM	100 ... 500
Junction-FET	140 ... 1 600
Operationsverstärker (FET)	150 ... 500
Operationsverstärker (bipolar)	190 ... 2 500
CMOS	250 ... 2 000
Schottky-Dioden	300 ... 3 000
Schottky-TTL	300 ... 2 500
Transistoren, bipolar	380 ... 7 000
Thyristoren	680 ... 2 500

5.2. Störfestigkeit analoger Funktionseinheiten

Analoge Automatisierungsmittel, z. B. Meß- und Regeleinrichtungen, sind dadurch gekennzeichnet, daß sie mit Einheitssignalen mit Wertebereichen des Informationsparameters ± 10 V bzw. ± 20 mA arbeiten und ein einheitliches Bezugspotential haben, gegen das alle Signalspannungen gemessen werden. Ihre Arbeitsfrequenzen sind relativ niedrig, so daß in der Regel nicht mit funktionellen Störungen durch impulsförmige Störgrößen zu rechnen ist. Allerdings sind analoge Funktionseinheiten anfällig gegenüber niederfrequenten Störeinwirkungen im Frequenzbereich des Nutzsignals.

Da sich in analogen Systemen infolge des Fehlens einer diesbezüglichen Schwelle jedes dem Eingangsnutzsignal u_{en} überlagerte Störsignal u_{st} unmittelbar auf das Ausgangssignal u_a auswirken kann (Bild 5.2), ist störungsfreier Betrieb nur dann gewährleistet, wenn die absolute Abweichung

$$\Delta u_a = |\, u_a\,(u_{en},\,u_{st}) - u_a\,(u_{en},\,0)\,| \tag{5.1}$$

innerhalb definierter Grenzen bleibt bzw. ein bestimmtes Mindestverhältnis von ungestörtem Nutzsignal $u_a\,(u_{en},\,0)$ zur störungsbedingten Ausgangssignalabweichung Δu_a, ausgedrückt durch den Störabstand

$$s/\mathrm{dB} = 20\,\lg\left|\frac{u_a\,(u_{en},\,0)}{\Delta u_a}\right|, \tag{5.2}$$

eingehalten wird. Δu_a bzw. s sind für den jeweiligen Anwendungsfall festzulegen. Bekannte typische Werte für Mindeststörabstände sind:
Telefon 10 dB, Fernsehen 48 dB, Rundfunk 60 dB /2.1/.

In der Informationstechnik wird der Störabstand häufig auch durch das Verhältnis der mittleren Nutzleistung zur mittleren Störleistung ausgedrückt /5.1/.

u_{en}, u_{st} → | analoge Funktionseinheit | → $u_a(u_{en}, u_{st})$ Bild 5.2. Zur Störfestigkeit analoger Funktionseinheiten

5.3. Störfestigkeit diskreter Funktionseinheiten

Während in analogen Einrichtungen jedes Störsignal zu einer Nutzsignalverfälschung führt, kann sich in diskreten Funktionseinheiten eine Störspannung u_{stL} bzw. u_{stH} (Bild 5.3 a, b) erst auswirken, d. h. eine Änderung des logischen Signalzustandes, z. B. am Ausgang des logischen Gatters B im Bild 5.3c, herbeiführen, wenn sie einen bestimmten Schwellwert bzw. eine bestimmte Einwirkdauer überschreitet. Im Zusammenhang damit ist bei digitalen Schaltkreisen zwischen der statischen und der dynamischen Störfestigkeit zu unterscheiden.

Statische Störfestigkeit digitaler Schaltkreise

Die statische Störfestigkeit charakterisiert die Widerstandsfähigkeit von Schaltkreisen gegenüber Störspannungen auf den Signaleingängen, deren Einwirkdauer $\Delta t > t_{DLH}$ bzw. t_{DHL} ist, wobei t_{DLH} und t_{DHL} die Schaltverzögerungszeiten beim Übergang von L nach H bzw. von H nach L bezeichnen. Sie wird getrennt für den Low-Zustand und den High-Zustand, ausgehend von den für die Ein- und Ausgänge der Schaltkreise eines bestimmten Sortiments definierten H- und L-Potential-Bereichsgrenzen, durch folgende Spannungswerte ausgewiesen:

$$U_{SL} = U_{BI\text{-}Lmax} - U_{AO\text{-}Lmax} \tag{5.3}$$
Low-Zustand

$$U_{SH} = U_{BI\text{-}Hmin} - U_{AO\text{-}Hmin} \tag{5.4}$$
High-Zustand

Eine Signalzustandsänderung am Ausgang des Gatters B, d. h. eine Funktionsstörung tritt erst auf, wenn

$$u_{stH} > U_{SH} \quad \text{bzw.} \quad u_{stL} > U_{SL}. \tag{5.5}$$

Die nach (5.3) und (5.4) ermittelten Störfestigkeitswerte U_{SL}, U_{SH} repräsentieren den ungünstigsten Fall (Worst-case-Werte). Die für eine Schaltkreisfamilie typischen statischen Störfestigkeitswerte sind naturgemäß etwas höher. Tafel 5.3 gibt hierzu eine Übersicht.

5.3. Störfestigkeit diskreter Funktionseinheiten

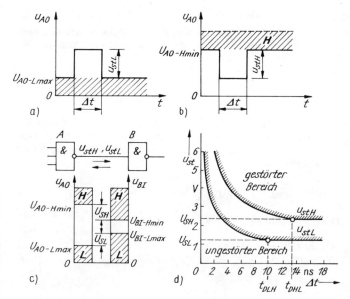

Bild 5.3. Zur Störfestigkeit digitaler Schaltkreise
H Potentialbereich des High-Pegels
L Potentialbereich des Low-Pegels
u_{AO} Ausgangsspannung, Schaltkreis A
u_{BI} Eingangsspannung, Schaltkreis B

$U_{\text{AO-Lmax}}$ bis $U_{\text{AO-Hmin}}$
$U_{\text{BI-Lmax}}$ bis $U_{\text{BI-Hmin}}$ } verbotene Bereiche

weitere Erläuterungen im Text

Tafel 5.3. Statische Störfestigkeitswerte ausgewählter Logikfamilien

Logikfamilie	Betriebsspannung in V	Signallaufzeit	Statische Störfestigkeit in V	
			worst case U_{SL}/U_{SH}	typisch U_{SL}/U_{SH}
TTL	5	8 ... 15 ns	0,4/0,4	1,2/2,6
LSL	11 ... 18	100 ... 400 ns	2,8/4,5	5/8
I²L	0,8	100 ... 200 ns	0,6/0,04	–
CMOS	5	35 ... 100 ns	1,5/1,5	2,2/3,4
	10	20 ... 35 ns	3,0/3,0	4,2/6,2
	15	8 ... 15 ns	4,5/4,5	6,3/9,0
ursalog 4000	24	20 ... 100 µs	4,5/3,5	–
		1,4 ... 14 ms	4,5/3,5	–

Dynamische Störfestigkeit digitaler Schaltkreise

Für den Fall, daß die Einwirkdauer der Störspannungsimpulse (Bild 5.3 a, b) $\Delta t < t_{DLH}$ bzw. t_{DHL} ist, sind höhere Spannungswerte als U_{SL} bzw. U_{SH} erforderlich, um die zur Auslösung einer Signalzustandsänderung am Schaltkreisausgang erforderliche Störenergie

$$W_{st} = \frac{u_{st}^2}{R_e} \Delta t; \; R_e \tag{5.6}$$

Eingangswiderstand

dem Schaltkreis zuzuführen. Die Störfestigkeit einer Logikfamilie wird für diesen Fall entweder durch Angabe der zur Herbeiführung einer Schaltzustandsänderung erforderlichen Mindestenergie (Bild 5.4) oder durch Grenzkurven entsprechend Bild 5.3d ausgewiesen, die für $\Delta t \leq t_{DLH}$, t_{DHL} angenähert den Beziehungen

$$u_{stL} = U_{SL} \sqrt{\frac{t_{DLH}}{t}} \quad \text{und} \quad u_{stH} = U_{SH} \sqrt{\frac{t_{DHL}}{t}} \tag{5.7}$$

folgen. Die Gleichungen (5.7) ergeben sich aus (5.6) mit

$$W_{st} = \frac{U_{SH}^2 \, t_{DHL}}{R_e} \quad \text{bzw.} \quad W_{st} = \frac{U_{SL}^2 \, t_{DLH}}{R_e}. \tag{5.8}$$

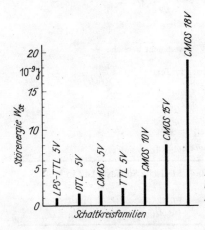

Bild 5.4. Störfestigkeit verschiedener Logikfamilien (Worst-case-Werte) gegenüber Störenergien /5.2/

5.4. Störfestigkeit von Automatisierungsgeräten /5.3/

Automatisierungsgeräte, wie z. B. Meß-, Überwachungs- und Regeleinrichtungen, programmierbare numerische und nichtnumerische Steuerungen, Prozeßrechner und deren periphere Einheiten, bestehen in der Regel aus einer Vielzahl aktiver und passiver Bauelemente, die unterschiedliches Frequenzverhalten zeigen, sowie analoger und diskreter Funktionseinheiten mit den in den Abschnitten 5.2 und 5.3 erläuterten Störfestigkeitseigenschaften. Die einzelnen Gerätekomponenten können sich gegenseitig störend beeinflussen (interne Beeinflussungen $z_{i,e}$), und sie unterliegen in ihrer Gesamtheit den Wirkungen von externen Störgrößen z_{em} (Bild 1.1), die über verschiedene Eintrittsstellen (Versorgungsleitungen, Informationseingänge und -ausgänge, Gehäusewände) leitungsgebunden oder feldgebunden in das Innere eines Automatisierungsgeräts eindringen können (vgl. Bild 3.1). Für die einzelnen Störgrößen treten dabei in Abhängigkeit von ihrer Erscheinungsform (Bild 3.9) unterschiedliche Ein-

5.4. Störfestigkeit von Automatisierungsgeräten

gangsimpedanzen in Erscheinung. Es ist damit grundsätzlich nicht möglich, die Störfestigkeit eines Automatisierungsgeräts durch die Angabe eines einzigen globalen Störfestigkeitswertes zu kennzeichnen, sondern sie läßt sich nur durch eine Gruppe von Kennwerten charakterisieren, die den möglichen Beeinflussungsarten (intern, extern), den möglichen Eintrittsstellen der Störgrößen in das Gerät sowie den verschiedenen möglichen Erscheinungsformen von Störgrößen zugeordnet sind. Bild 5.5 vermittelt hierzu in einem ersten Ansatz eine Übersicht. Danach ist bei der Charakterisierung der Störfestigkeit s eines Automatisierungsgeräts die Widerstandsfähigkeit gegenüber systemeigenen Beeinflussungen (Eigenstörfestigkeit s_E) und die Beständigkeit gegenüber externen, d. h. von außen einwirkenden Störgrößen (Fremdstörfestigkeit s_F) auszuweisen. Bezüglich der Fremdstörfestigkeit ist dabei die Funktionsbeständigkeit unter Bezugnahme auf Eintrittsstelle und Erscheinungsbild der Störgrößen zu determinieren. Geht man, zunächst grob schematisierend, davon aus, daß leitungsgebundene Störgrößen als Gleichtakt- und als Gegentaktstörungen und in beiden Fällen als transiente oder zeitlich periodische Vorgänge in Erscheinung treten können, so sind bereits, wie aus Bild 5.5 hervorgeht, zur vollständigen Charakterisierung der Störfestigkeit eines Automatisierungsgeräts 15 unterschiedliche Kennwerte in Form von Grenzwerten oder Grenzkurven in Amplituden- bzw. Amplitudendichtespektren erforderlich. Formal gilt unter Verwendung der im Bild 5.5 angegebenen Bezeichnungen für die einzelnen Störfestigkeitswerte:

$$s = (s_E, s_F), \qquad (5.9)$$

wobei

$$s_F = (s_{FV}, s_{FE}, s_{FA}, s_{FESD}, s_{FR}) \qquad (5.10)$$

und

$$s_{FV} = (s_{FVCT}, s_{FVCP}, s_{FVNT}, s_{FVNP}) \qquad (5.11)$$

$$s_{FE} = (s_{FECT}, s_{FECP}, s_{FENT}, s_{FENP}) \qquad (5.12)$$

$$s_{FA} = (s_{FACT}, s_{FACP}, s_{FANT}, s_{FANP}) \qquad (5.13)$$

Die Zahl der Kennwerte erhöht sich, wenn man beachtet, daß gemäß Bild 3.9 eine weitere Unterteilung der transienten und periodischen Störgrößen möglich ist und daß z. B. analoge

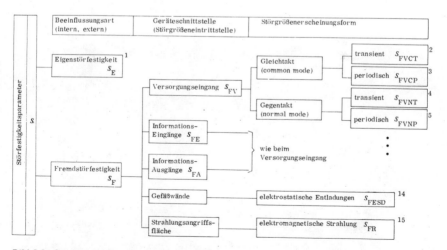

Bild 5.5. Störfestigkeitskennwerte bei Automatisierungsgeräten, systematisiert nach Beeinflussungsort, Geräteschnittstelle und Störgrößenerscheinungsform

und diskrete Informationseingänge bezüglich der verschiedenen einwirkenden Störgrößen unterschiedliche Störfestigkeitswerte aufweisen können. In der praktischen EMV-Arbeit wird man sich natürlich auf die Angabe und Prüfung der für einen bestimmten Einsatzfall relevanten Störfestigkeitskennwerte beschränken.

Zur Zeit werden in Ermangelung verbindlicher Standards, in denen für Automatisierungsgeräte der Nachweis der Störfestigkeit, insbesondere die anzugebenden und zu überprüfenden Störfestigkeitskennwerte einschließlich der dazu erforderlichen Prüfverfahren vorgeschrieben sind, die Störfestigkeitseigenschaften von Fertigerzeugnissen entweder gar nicht oder nur teilweise ausgewiesen, z. B. durch die Angabe bestimmter Verträglichkeitswerte gegenüber Versorgungsunregelmäßigkeiten, ferner durch Bezugnahme auf betriebsinterne Festlegungen /5.4/ oder auch indirekt, beispielsweise durch die Angabe von Signalleitungslängen, die ohne EMV-Sicherheitsvorkehrungen verlegt werden können. Dieses Bild wird sich mit der Schaffung entsprechender Standards wandeln. Grundlage hierfür sind die in /6.3/ bis /6.11/ gegebenen Empfehlungen sowie eine Prüftechnik, wie sie im nächsten Abschnitt beschrieben ist.

6. Prüfen der Störfestigkeit von Automatisierungsgeräten

6.1. Übersicht

Die Störfestigkeit charakterisiert als wesentliche Gebrauchseigenschaft von Störsenken (elektronische Baueinheiten, Funktionsmodule, Einschübe, Geräte, Anlagenteile) die Widerstandsfähigkeit (Funktionsbeständigkeit) gegenüber einwirkenden elektromagnetischen Störgrößen (Abschn. 2.1). Im Verlauf der Entwicklung und Fertigung elektronischer Betriebsmittel ist es deshalb in Verbindung mit dem zu erbringenden EMV-Qualitätsnachweis erforderlich, diese Beständigkeit gegenüber systemeigenen Beeinflussungen (Eigenstörfestigkeit) und gegenüber systemfremden Beeinflussungen (Fremdstörfestigkeit) am Funktionsmuster, am Fertigungsmuster und am fertigen Erzeugnis meßtechnisch zu überprüfen und quantitativ auszuweisen. Dies geschieht bei Automatisierungsgeräten in Abhängigkeit von den jeweiligen konkreten Bedingungen durch eine mehr oder weniger große Anzahl von Störfestigkeitskennwerten (vgl. Abschn. 5.4 und Bild 5.5). Das Ziel der Untersuchungen kann entweder darin bestehen, die Störfestigkeitsgrenzen für bestimmte Beanspruchungen zu ermitteln – hier wird die Intensität entsprechender Störgrößenparameter erhöht, bis der Prüfling Fehlfunktionen zeigt – oder darin, unter Beweis zu stellen, daß das Prüfobjekt beim Einwirken der im Pflichtenheft festgelegten Beanspruchungsgrenzwerte einwandfrei arbeitet. Es empfiehlt sich, beide Erprobungen in enger Zusammenarbeit mit dem Geräteentwickler vorzubereiten und durchzuführen, da dieser letztlich für die Einhaltung bzw. für die zielgerichtete Verwirklichung der geforderten EMV-Parameter zuständig ist.

Weiterführende Störfestigkeitsuntersuchungen haben insbesondere an Funktions- und Fertigungsmustern das Ziel, die Einhaltung und Wirksamkeit festgelegter EMV-Maßnahmen zu überprüfen /6.1/, und zwar (s. auch Abschn. 18.5)
– Zweckdienlichkeit des Schaltungs- und Mechanikaufbaus
– Zweckmäßigkeit der Verdrahtung und Kabelführung,
– Effektivität eingebauter Filter- und Trennstufen,
– ordnungsgemäße Schirmung und Massung,
– Wirksamkeit vorgesehener Überspannungsschutzmaßnahmen.

Im übrigen sind alle EMV-Prüf- und -Kontrollmaßnahmen so zu gestalten, daß sie sich in das eine Erzeugnisentwicklung und -fertigung begleitende Prüfgeschehen /6.2/ harmonisch einordnen. Die dabei zu berücksichtigenden prüftechnischen Besonderheiten werden im folgenden behandelt.

6.2. Prüfen der Eigenstörfestigkeit

Der Nachweis der Störfestigkeit eines Automatisierungsgeräts gegenüber internen Beeinflussungen ist nur auf indirektem Weg möglich. Es empfiehlt sich eine Funktionsprüfung bei extremen Umgebungsbedingungen, d. h. bei extrem tolerierten Versorgungsspannungsparametern in Verbindung mit den entsprechend der für das Gerät vorgesehenen Einsatzklasse vorgegebenen Grenztemperaturen, und zwar verringert sich bei niedrigen Temperaturen die Diodenschwelle der Halbleiterbauelemente und bei verminderter Versorgungsspannung darüber hinaus der Störabstand. Dadurch einsetzende Funktionsstörungen lassen Rückschlüsse auf EMV-Schwachstellen zu.

Um eindeutige Aussagen zu erhalten, ist das Prüfobjekt bei der Durchführung dieser Untersuchungen sorgfältig gegenüber unkontrollierten Fremdbeeinflussungen (Felder, Netzstörspannungen) zu schützen.

6.3. Prüfen der Fremdstörfestigkeit

6.3.1. Simulatoren für Prüfstörgrößen

Die Prüfung der Fremdstörfestigkeit hat zum Ziel, ein Gerät dahingehend zu testen, ob und inwieweit es Störgrößen einer bestimmten Art und Intensität ohne Fehlfunktionen erträgt. Sie wird durchgeführt, indem im Rahmen einer Funktionsprüfung die im Pflichtenheft als zulässig vereinbarten bzw. am Einsatzort zu erwartenden Störbeanspruchungen mittels geeigneter Störgrößensimulatoren nachgebildet und an den Geräteschnittstellen über definierte Koppeleinrichtungen zur Wirkung gebracht werden. Im einzelnen handelt es sich dabei (Bilder 3.1 und 5.5) um den Nachweis der Störfestigkeit gegenüber leitungsgebundenen Störgrößen, die über den Netzanschluß, über die Informationseingänge und -ausgänge oder über das Gehäuse eindringen können, sowie gegenüber feldgebundenen Störgrößen, die als elektromagnetische Störfeldstärken auf das Automatisierungsgerät einwirken.

Nachdem lange Zeit in Ermangelung ausreichender Erfahrungen und darauf gegründeter Vorschriften Störfestigkeitstests bei Automatisierungsgeräten, wenn überhaupt, nur mit behelfsmäßigen Mitteln durchgeführt wurden – als Störgrößengeneratoren kamen dabei unbeschaltete Relais und Luftschütze in Selbstunterbrecherschaltung oder im Reversierbetrieb arbeitende Kurzschlußläufermotoren zur Anwendung –, liegen nunmehr als Grundlage für objektivierte Störfestigkeitsuntersuchungen nationale und internationale Richtlinien vor, in denen repräsentative Prüfbeanspruchungen zur Anwendung empfohlen bzw. vorgeschrieben sind /6.3/ bis /6.11/. Tafel 6.1 gibt eine Übersicht über die zu ihrer Erzeugung notwendigen Prüfstörgrößengeneratoren. In bezug auf ihre Leistungsfähigkeit sind im wesentlichen die folgenden Gerätegruppen zu unterscheiden:

- Einrichtungen zur Simulation von Netzspannungsabsenkungen und -unterbrechungen (Tafel 6.1. Nr. 1, 2)
- Generatoren zur Simulation energiearmer und energiereicher transienter Störspannungen mit unterschiedlichen Kurvenformen (Tafel 6.1, Nr. 3 bis 6)
- Generatoren zur Erzeugung periodischer hochfrequenter Spannungen (Tafel 6.1, Nr. 7)
- Generatoren zur Simulation elektrostatischer Körperentladungen (Tafel 6.1, Nr. 8)
- Einrichtungen zur Simulation nieder- und hochfrequenter zeitlich sinusförmiger elektromagnetischer Felder im Frequenzbereich von 50 Hz bis 1 000 MHz (Tafel 6.1, Nr. 9, 10).

Darüber hinaus sind Störgrößengeneratoren zur Simulation transienter elektromagnetischer Felder mit NEMP-Eigenschaften bekannt (Abschn. 3.3.4) /3.11//3.15/ bis /3.17/.

6.3.2. Festlegung der Prüfbedingungen

Mit Hilfe der im vorangegangenen Abschnitt beschriebenen Störgrößengeneratoren werden Automatisierungsgeräte mit den in der Tafel 6.2 angegebenen Prüfstörgrößen hinsichtlich ihrer Fremdstörfestigkeit geprüft. Im konkreten Fall sind dabei im Rahmen der Vorbereitung

6.3. Prüfen der Fremdstörfestigkeit

Tafel 6.1. Simulatoren für Prüfstörgrößen, Übersicht

Nr.	Simulator für	Prinzipschaltung	Zeitverlauf der Prüfstörgrößen	Parameter	Quelle
1	Spannungsabsenkungen und Unterbrechungen			$x = 0 \ldots 1$ T Periodendauer $n = 1, 2, 3, \ldots, 500$ $nT = 10 \ldots 5\,000$ ms	/6.12/ /6.13/ /6.14/
2	Kommutierungseinbrüche			$x = 0 \ldots 1$ $\alpha = 30 \ldots 150°$ $\mu = 2 \ldots 90°$	/6.15/ /6.22/
3	Trapezimpulse			schnell, energiearm $W = 0{,}5 \ldots 5$ mJ $\hat{u} = \ldots 2$ kV $T_r, T_f = 5 \ldots 50$ ns $\tau = 50 \ldots 500$ ns $f_W = 1/T_W = 1 \ldots 50$ Hz (5 kHz)	/6.16/ /6.17/ /6.18/
4	Exponentialimpulse			schnell, energiearm $W = 0{,}5 \ldots 5$ mJ $\hat{u} = 0 \ldots 2$ kV $T_r = 5 \ldots 50$ ns $\tau = 100 \ldots 3\,000$ ns $f_W = 1/T_W = 1 \ldots 100$ Hz	langsam, energiereich $0{,}5 \ldots 10$ J $0 \ldots 5$ kV $0{,}5 \ldots 3$ µs $20 \ldots 1\,000$ µs $0{,}1 \ldots 15$ Hz	/6.4/ /6.13/ /6.14/ /6.16/ /6.17/ /6.18/ /6.19/

Tafel 6.1 (Fortsetzung)

Nr.	Simulator für	Prinzipschaltung	Zeitverlauf der Prüfstörgrößen	Parameter	Quelle
5	gedämpfte Kosinusschwingung	$R_L \gg R_E$; $Z_i \approx 1/2\pi \sqrt{L_E C_S}$ R_L, S, C_S, L_E, R_E, $Z_i = 50\dots 200\,\Omega$	$u/\hat u$	$W = 15\dots 100\text{ mJ}$ $\hat u = 0\dots 3\text{ kV}$ $T_r = 10\text{ ns}$ $f = 1/T = 0{,}1\dots 2\text{ MHz (1 MHz!)}$ $f_W = 1/T_W = 1\dots 400\text{ Hz}$ $u = 0{,}5\,\hat u$ nach $2\dots 6$ Perioden	/6.13/ /6.14/ /6.17/ /6.19/
6	Burstfolgen	$R_L \gg R_E$; $Z_i = 50\,\Omega$ GfS gastdauerte Funkenstrecke	$u/\hat u$ Exponentialimp. gemäß Nr. 4	$\hat u = 0\dots 4\text{ kV}$ $T_r = 5\text{ ns}$ $\tau = 50\text{ ns}$ $T_W = 100\dots 400\text{ µs}$ $f_W = 1/T_W = 2{,}5\dots 10\text{ kHz}$ $t_B = 15\text{ ms}$ $T_B = 100\dots 300\text{ ms}$	/6.13/ /6.19/ /6.20/
7	leitungsgebundene HF-Spannungen	G	$u/\hat u$	$\hat u = 0\dots 10\text{ V}$ $f = 1/T = 30\text{ kHz}\dots 400\text{ MHz}$ $P = 2\dots 10\text{ W}$	/6.4/ /6.21/
8	elektrostatische Entladungen	$R_L \gg R_E$ $C_S = 150\text{ pF}$	$i/\hat i$	$W = 2\dots 30\text{ mJ}$ $T_r = 5\dots 15\text{ ns}$ $\tau = 30\dots 150\text{ ns}$ $f_W = 1/T_W = 0{,}1\dots 5\text{ Hz}$ $\hat i = 5\dots 70\text{ A}$	/6.4/ /6.13/ /6.16/ /6.17/ /6.19/

6.3. Prüfen der Fremdstörfestigkeit

9	niederfrequente magnetische Felder	[50Hz Prüfspule diagram]	[sine wave H vs t, period T]	H je nach Stromstärke und Windungszahl /6.11/ /6.17/ $f = 1/T = 50$ Hz
10	hochfrequente elektrische Felder	[G generator, PO diagram with E field]	[modulated wave E vs t]	$E = 0 \ldots 300$ V/m /6.8/ /6.11/ /6.17/ $f = 1/T = 0{,}1 \ldots 1\,000$ MHz

C_B Belastungskapazität PO Prüfobjekt
C_S Stoßkondensator R_D Dämpfungswiderstand
E elektrische Feldstärke R_E Entladewiderstand
f Frequenz R_L Ladewiderstand
f_W Wiederholfrequenz S Schalter
G Sinuswellengenerator W Energie
H magnetische Feldstärke Z_i Quellenimpedanz
P Leistung Z_W Wellenwiderstand

Tafel 6.2. Prüfung der Fremdstörsicherheit von Automatisierungsgeräten, Übersicht (Bezeichnungen siehe Tafel 6.1)

Geräteschnittstelle	Prüfstörgrößen	Prüfstörgrößenparameter			Quelle
Netzanschluß (Abschn. 6.3.3)	statische Spannungsabweichungen	85 … 110 % der Nennspannung			/6.3/
	statische Frequenzabweichungen	± 2 % der Nennfrequenz			/6.3/
	Spannungsabsenkungen und Unterbrechungen (Tafel 6.1, Nr. 1)	100 %	für die Dauer von	10 ms, Abstand 10 s	/6.11/
		50 %		20 ms, 10 s	/6.17/
		20 %		50 ms, 10 s	
		>15 % (100 %)		20 ms (10 ms), $\geq$ 1 s	/6.3/
	Kommutierungseinbrüche (Tafel 6.1, Nr. 2)	$\leq$ 20 % ($\leq$ 5 %)	für die Dauer von	$\leq$ 1,5 ms (>1,5 ms)	/11.9/
		$\leq$ 30 % ($U_N \leq$ 1 kV)		$\leq$ 1,5 ms	
		$\leq$ 20 % ($U_N >$ 1 kV)		< 1,5 ms	
	netzspannungsüberlagerte Impulse				
	• Trapezimpuls (Tafel 6.1, Nr. 3)	$\hat{u} = 500$ V;	$T_r = 100$ ns;	$f_w = 10$ Hz	/6.17/
	• Exponentialimpuls (Tafel 6.1, Nr. 4)				
	– schnell, energiearm	$\hat{u} = 500$ V;	$T_r = 100$ ns;	$f_w = 10$ Hz	/6.11/
		$\hat{u} = 1\,500$ V;	$T_r = 1\,000$ ns;	$f_w = 10$ Hz	/6.11/ /6.17/
	– langsam, energiereich	$\hat{u} = 0,5$ kV;	$T_r = 1,2$ µs;	$\tau = 50$ µs;	/6.4/
		1 kV		$f_w = 0,2$ Hz	
		2 kV			
		3 kV	Klassenzuordnungskriterien		/6.10/
		speziell	siehe Tafel 6.3		
	• gedämpfte Schwingungen (Tafel 6.1, Nr. 5)	1 kV, 2,5 kV;	$f = 1$ MHz;	$f_w = 200$ Hz; $N = 3$ od. 6	/6.4/ /6.5/
		$\hat{u} = 1,5$ kV;	$f = 1$ MHz;	$f_w = 10$ Hz; $N = 2$	/6.17/
	• Burstfolge (Tafel 6.1, Nr. 6)	$T_r = 5$ ns;	$\tau = 50$ ns;	$t_B = 15$ ms; $T_B = 300$ ms	/6.4/
		Klasse 1: $\hat{u} = 0,5$ kV	$f_w = 5$ kHz		/6.9/
		2: 1 kV	5 kHz	Klassenzuordnungskriterien	/6.20/
		3: 2 kV	5 kHz		

6.3. Prüfen der Fremdstörfestigkeit

	netzspannungsüberlagerte HF-Spannungen (Tafel 6.1., Nr. 7)	$\hat{u} = 2\%$ der Netzspannung; $\hat{u} = 5\%$	$f = 10$ kHz ... 10 MHz /6.3/, /6.11/ $f = 30$ kHz ... 150 kHz /6.17/
		$\hat{u} = 1$ V	$f = 150$ kHz ... 400 MHz /6.11/, /6.17/
		$\hat{u} = 1$ V	$f = 50$ Hz ... 30 MHz /6.4/
Informationseingänge und -ausgänge (Abschn. 6.3.4)	Impulsspannungen • Trapezimpuls (Tafel 6.1, Nr. 3) • Exponentialimpuls (Tafel 6.1, Nr. 4) • gedämpfte Schwingung (Tafel 6.1, Nr. 5)	$\hat{u} = 60$ V; $T_r = 5$ ns; $\tau = 500$ ns; $f_w = 10$ Hz Festlegung der Prüfstörgrößenparameter durch Absprache zwischen Gerätehersteller und Anwender	/6.17/
	• Burstfolge (Tafel 6.1, Nr. 6)	Einkopplung über kapazitive Koppelzange (Abschn. 6.3.4)	/6.8/, /6.9/
	HF-Spannungen	$\hat{u} = 1$ V; $f = 150$ kHz ... 400	/6.17/
Gefäßwände (Abschn. 6.3.5)	elektrostatische Entladung (Tafel 6.1, Nr. 8)	$T_r = 5$ ns; $\tau = 30$ ns; $f_w = 1$ Hz Klasse 1: $\hat{u} = 2$ kV 2: $= 4$ kV 3: $= 8$ kV 4: $= 15$ kV Klassenzuordnungskriterien siehe Tafel 6.4	/6.4/, /6.7/, /6.17/
Angriffsraum für elektromagnetische Felder (Abschn. 6.3.6)	magnetische Felder (Tafel 6.1, Nr. 9)	$H = 60$ A/m; $f = 50$ Hz	/6.11/, /6.17/
	elektrische Felder (Tafel 6.1, Nr. 10)	$E = 10$ V/m; $f = 0.1 ... 500$ MHz $E = 1$ V/m; $f = 500 ... 1000$ MHz	/6.11/, /6.17/
		Klasse 1: $E = 1$ V/m 2: $= 3$ V/m 3: $= 10$ V/m 4: speziell $f = 27 ... 500$ MHz Klassenzuordnungskriterien siehe Tafel 6.5	/6.8/

der Prüfung, ausgehend von den zu erwartenden Einsatzbedingungen, folgende Schritte zu gehen:
- Die Geräteschnittstellen festlegen, die einem Test zu unterziehen sind.
- Die Prüfbeanspruchungen, insbesondere die Prüfklassen anhand der Tafeln 6.3 bis 6.5 vereinbaren und die dazu erforderliche Gerätetechnik bereitstellen.
- Die Betriebsweise des Prüfobjekts während der Testphase, z. B. die Belegung der Ein- und Ausgänge, die Realisierung bestimmter Funktionen bzw. in speicherprogrammierten Systemen die Abarbeitung eines bestimmten Programms vorbereiten und damit im Zusammenhang eindeutige Kriterien für die Bewertung der Funktionsfähigkeit des Prüfobjekts erarbeiten. Im einzelnen können dazu die Ergebnisse von Eigendiagnoseroutinen in Mikrorechnersystemen, die Reaktionen von Hardwarekomponenten zur Selbstüberwachung von Geräten, die Reaktionen von Ausgängen bei elektronischen Steuerungen bei definierter Belegung der Eingänge oder auch die Meldesignale speziell dafür vorgesehener Überwachungseinrichtungen herangezogen werden.
- Abschließend ist eine zweckmäßige, d. h. effektiv abwickelbare Prüfschrittfolge zu fixieren, aus der klar hervorgeht, in welcher Reihenfolge welche Geräteschnittstellen in welcher Weise mit bestimmten Prüfstörgrößen zu beaufschlagen sind.

Bezüglich der Sicherung der Reproduzierbarkeit und objektiven Vergleichbarkeit der Prüfergebnisse ist zu beachten, daß Störfestigkeitsprüfungen stets unter definierten Bedingungen erfolgen müssen. Diese betreffen
- die Einhaltung bestimmter klimatischer Umweltparameterbereiche,
- die Gewährleistung spezieller elektrischer Umgebungsbedingungen,
- die elektrischen Parameter des Störgrößengenerators, insbesondere seines Innenwiderstandes sowie die Toleranzbereiche der erzeugten Prüfstörgrößen,
- die elektrischen bzw. konstruktiven Parameter des Ankoppelnetzwerkes bzw. der Koppeleinrichtung,
- die geometrische Anordnung sowie die Verkabelung und Erdung der zur Prüfung erforderlichen Gerätetechnik einschließlich des Prüfobjekts.

Konkrete Hinweise hierzu findet man in den Vorschriften /6.4//6.7/ bis /6.10/.

Danach werden für die klimatischen Umgebungsbedingungen folgende Wertebereiche empfohlen:
- Umgebungstemperatur 15 ... 35 °C
- relative Luftfeuchte 45 ... 75 %
- Luftdruck 68 ... 106 kPa.

Im Hinblick auf die elektrischen Umgebungsbedingungen ist zu gewährleisten, daß vom Störgrößensimulator erzeugte Prüfstörgrößen die Umwelt nicht belasten und andere Störgrößen, z. B. Fremdfelder oder Netzstörspannungen, keinen Einfluß auf das Prüfergebnis haben.

Bei in Labors durchzuführenden Störfestigkeitstests mit leitungsgebundenen Prüfstörgrößen ist das Prüfobjekt in 0,1 m Abstand über einer Erdpotentialfläche anzuordnen. Für die Erdpotentialfläche wird 0,25 mm starkes Kupfer oder Aluminium bzw. 0,65 mm starkes anderes metallisches Material verwendet. Sie muß mindestens eine Fläche von 1 m × 1 m haben und das Prüfobjekt auf allen Seiten um 0,1 m überragen. Elektrisch wird sie mit dem Schutzleitersystem verbunden. Auftischgeräte werden zum Prüfen auf einem Holztisch in 1 m Abstand über der Erdpotentialfläche angeordnet (Bild 6.1c). Das Prüfobjekt wird stets, wie in der Installationsvorschrift angegeben, geerdet.

Die Prüfung der Störfestigkeit gegenüber Feldbeeinflussungen wird in der Regel in geschirmten Räumen durchgeführt /6.8/.

Die wichtigsten elektrischen Parameter der Störgrößensimulatoren gehen aus Tafel 6.1 hervor. Die Ausführung und Parametrierung der Ankoppelnetzwerke wird in den nächsten Abschnitten in Verbindung mit den jeweiligen speziellen Gegebenheiten behandelt.

6.3.3. Störfestigkeit des Versorgungseingangs

Am Hilfsenergieeingang (Netzanschluß) eines Automatisierungsgeräts können die im Abschnitt 3.4.4 beschriebenen Versorgungsunregelmäßigkeiten wie Netzspannungsabsenkungen und -unterbrechungen oder netzspannungsüberlagerte Impuls- und HF-Spannungen in Erscheinung treten. Zu ihrer Simulation werden die in der Tafel 6.1, Nr. 1 bis 7, beschriebenen Störgrößensimulatoren benutzt. Bild 6.1a zeigt die prinzipielle Schaltungsanordnung zur Störfestigkeitsprüfung gegenüber Spannungseinbrüchen und -unterbrechungen, Bild 6.1b die prinzipielle Prüfschaltung zur Ermittlung der Störfestigkeit gegenüber der Netzspannung überlagerten Impulsbeanspruchungen und HF-Spannungen und Bild 6.1c den Aufbau der Prüfanordnung. Alle Geräte sind 10 cm über einer geerdeten Metallplatte auf einem Holztisch angeordnet. Während bei der Prüfung mit Netzspannungsabsenkungen und -unterbrechungen der Störgrößensimulator direkt zwischen Netz und Prüfobjekt geschaltet wird (Bild 6.1a), ist bei der Beaufschlagung des Prüfobjekts mit Störspannungsimpulsen und HF-Störspannungen ein Ankoppelnetzwerk AKN erforderlich (Bild 6.1b), mit dessen Hilfe die Prüfstörgrößen dem Prüfling bei möglichst einsatzgerechtem Betrieb, jedoch unter Ausschluß fremder Störsignale, zugeführt werden. Das Ankoppelnetzwerk muß deshalb hinsichtlich seines Dämpfungsverhaltens folgende Anforderungen erfüllen: D_{GP} möglichst klein, D_{GN} möglichst groß, D_{NP} sehr klein für die 50-Hz-Speisespannung des Prüfobjekts, jedoch sehr groß für höherfrequente Netzstörspannungen. Bild 6.2 zeigt eine einfache Ausführung eines Ankoppelnetzwerkes und verdeutlicht gleichzeitig die drei verschiedenen Einkopplungsarten: symmetrisch, unsymmetrisch, asymmetrisch. Weitere Beispiele für Ankoppelnetzwerke findet man in /6.9//6.18/.

Die bei der Störfestigkeitsprüfung des Hilfsenergieeingangs von Automatisierungsgeräten zur Anwendung kommenden Prüfstörgrößen und die Wertebereiche der Prüfstörgrößenparameter gehen aus Tafel 6.2 hervor. Mit welchen Prüfbeanspruchungen im konkreten Fall zu arbeiten ist, wird in Abhängigkeit von den Einsatzbedingungen anhand der Tafeln 6.2 und 6.3 sowie geltender Vorschriften und Empfehlungen /6.3/ bis /6.10/ im Rahmen der Prüfungsvorbereitung festgelegt (Abschn. 6.3.2).

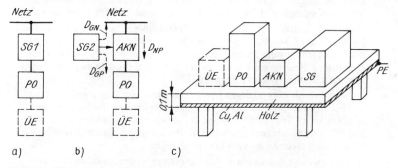

Bild 6.1. Störfestigkeitsprüfung des Versorgungseingangs
a) Prinzipschaltung zum Test mit Spannungsabsenkungen und -unterbrechungen
b) Prinzipschaltung zum Test mit Impulsspannungen und HF-Spannungen, die der Netzspannung überlagert werden
c) Prüfanordnung

AKN Ankoppelnetzwerk
PO Prüfobjekt
SG Störgrößengenerator
$SG1$ Störgrößengenerator entspr. Tafel 6.1, Nr. 1, 2
$SG2$ Störgrößengenerator entspr. Tafel 6.1, Nr. 3 bis 7
$ÜE$ Überwachungseinrichtung zur Signalisierung von Fehlfunktionen

AKN Ankoppelnetzwerk
PO Prüfobjekt
SG Störgrößengenerator

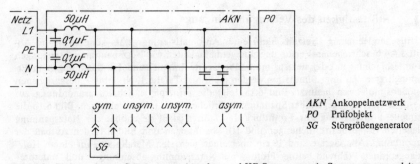

Bild 6.2. Einkoppeln von Störspannungsimpulsen und HF-Spannungen in Stromversorgungsleitungen

Tafel 6.3. Kriterien für die Wahl der Prüfklasse (Prüfstörgröße: Exponentialimpuls, langsam, energiereich entsprechend Tafel 6.1, Nr. 4 /6.10/, bzw. Burstfolge gemäß Tafel 6.1, Nr. 6 /6.9/)

Prüfklasse	Zuordnungskriterien
1	Gut geschützte Umgebung (typisch für Rechnerräume). Alle Störquellen in geschalteten Stromkreisen entstört. Räumliche Trennung zwischen Stromversorgungs-, Meß- und Steuerleitungen sowie zu anderen Einrichtungen mit höherem EMV-Schwierigkeitsgrad. Geschirmte Stromversorgungskabel, Schirm beiderseitig geerdet. Stromversorgung gefiltert.
2	Geschützte Umgebung (typisch für Wartenräume in technologischen Anlagen und Anlagen der Elektroenergietechnik). Teilweise Entstörung von Relaisstromkreisen. Trennung aller Stromkreise von anderen Systemen, die höheren EMV-Beanspruchungen unterliegen. Räumliche Trennung ungeschirmter Stromversorgungs- und Steuerleitungen von Signal- und Datenleitungen.
3	Normale Industrieumgebung (typisch für technologische Anlagen, Kraftwerke, Umspannwerke, Schaltanlagen). Keine Relais- und Schützentstörung. Ungenügende Trennung der Stromkreise von anderen mit höherem EMV-Schwierigkeitsgrad. Schlechte Trennung zwischen Versorgungs-, Steuer- und Datenleitungen. Erdungssystem vorhanden.
4	Schwere Industriebedingungen (typisch für Industrieanlagen außerhalb von Gebäuden ohne EMV-Schutzvorkehrungen wie Freiluft-Hochspannungsschaltanlagen). Schlechte Trennung der Stromkreise von anderen, die hohen EMV-Beanspruchungen unterliegen. Keine Trennung von Stromversorgungs-, Steuer-, Signal- und Kommunikationsleitungen.
5	Gilt für spezielle Bedingungen, d.h. für geringere oder schärfere Beanspruchungen, als unter 1 bis 4 dargestellt. Sie sind für den speziellen Fall zu vereinbaren.

6.3.4. Störfestigkeit der Informationseingänge und -ausgänge

Auf Signal- und Datenleitungen können sich infolge von Störbeeinflussungen transiente und periodisch veränderliche Gleichtakt- und Gegentaktstörspannungen den Signalspannungen überlagern (Abschn. 3.4.5). Zum Prüfen der Störfestigkeit werden sie mit den in der Tafel 6.1, Nr. 3 bis 7, aufgeführten Störgrößengeneratoren nachgebildet und, wie im Bild 6.3 prinzipiell

6.3. Prüfen der Fremdstörfestigkeit

dargestellt, auf die Eingangs- bzw. Ausgangsleitungen des Prüfobjekts gegeben. Die dabei zur Anwendung kommenden Prüfstörgrößenparameter sind in der Tafel 6.2 zusammengestellt. Um die Eindeutigkeit der Prüfergebnisse zu gewährleisten, ist ein Netzfilter NF zur Fernhaltung von Netzstörgrößen vorzusehen, die räumliche Anordnung der Geräte geordnet, z. B. wie im Bild 6.1c, zu treffen und die Prüfung unter definierten klimatischen u. a. Bedingungen, wie im Abschnitt 6.3.2 erläutert, durchzuführen.

Die Ausführung des Ankoppelnetzwerkes richtet sich danach, ob die Prüfstörgrößen den Informationsleitungen direkt oder indirekt aufgeprägt werden.

Bei direkter Einkopplung der Prüfstörgrößen wird der Störgrößensimulator unmittelbar, d. h. galvanisch mit den Informationseingängen bzw. den Informationsausgängen des Prüfobjekts verbunden. Die Bilder 6.4 und 6.5 zeigen hierzu zwei Beispiele. Als Ankoppelnetzwerk kann dieselbe Anordnung wie im Bild 6.2 verwendet werden. Bei der direkten Ankopplung des Störgrößengenerators ist die Anpassung seines Innenwiderstandes an den Wellenwiderstand Z_W der Signalleitung zweckmäßig. Aufgrund des praktisch möglichen weiten Streubereichs ($Z_W = 50 \ldots 1\,000\,\Omega$) werden daher Generatoren mit umschaltbarer Quellimpedanz verwendet.

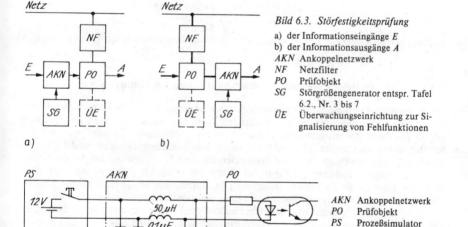

Bild 6.3. Störfestigkeitsprüfung
a) der Informationseingänge E
b) der Informationsausgänge A
AKN Ankoppelnetzwerk
NF Netzfilter
PO Prüfobjekt
SG Störgrößengenerator entspr. Tafel 6.2., Nr. 3 bis 7
ÜE Überwachungseinrichtung zur Signalisierung von Fehlfunktionen

AKN Ankoppelnetzwerk
PO Prüfobjekt
PS Prozeßsimulator
SG Störgrößengenerator entspr. Tafel 6.1, Nr. 3 bis 7

Bild 6.4. Prüfen der Störfestigkeit eines binären Eingangs gegenüber symmetrischen (Gegentakt-) Störspannungen

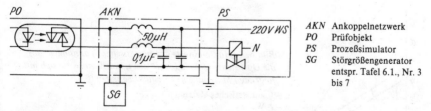

AKN Ankoppelnetzwerk
PO Prüfobjekt
PS Prozeßsimulator
SG Störgrößengenerator entspr. Tafel 6.1., Nr. 3 bis 7

Bild 6.5. Prüfen der Störfestigkeit eines binären Ausgangs gegenüber unsymmetrischen Störspannungen

Bei indirekter Einkopplung der Prüfstörgrößen erfolgt die Aufprägung der Störgrößen auf die Signalleitungen kapazitiv oder induktiv über eine definierte geometrische Koppelanordnung (kapazitive oder induktive Koppelzange /6.9//6.10//6.13//6.14/. Bild 6.6 zeigt hierzu ein Beispiel. Die Methode der Störgrößeneinkopplung mittels kapazitiver Koppelzange ist nicht nur bei einzelnen Leitungen, sondern auch bei Leitungsbündeln anwendbar. Der Vorteil dieser Methode besteht darin, daß sich die Wirkung von Schutzmaßnahmen wie Abschirmung, Massung, Erdung, Filterung u. ä. auf einfache Weise direkt überprüfen läßt.

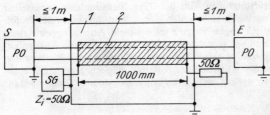

Bild 6.6. *Kapazitive Koppelzange, Prinzip*
1 Erdpotentialfläche
2 Koppelbereich mit definierten Abmessungen

E Empfänger von Daten
PO Prüfobjekt
S Sender von Daten
SG Störgrößengenerator entspr. Tafel 6.1, Nr. 3 bis 7

6.3.5. Störfestigkeit gegenüber elektrostatischen Entladungen

Die Entstehungsmechanismen elektrostatischer Aufladungen und die in betrieblicher Umgebung damit im Zusammenhang zu erwartenden Spannungsbeanspruchungen einschließlich der für elektronische Bauelemente und Geräte daraus resultierenden Erfordernisse sind ausführlich in den Abschnitten 3.3.2 und 8 dargestellt. Von besonderem Gewicht sind die bei Bedienhandlungen von Operateuren auf Bedienelemente und Gerätegehäuse möglichen elektrostatischen Körperentladungen, die zur Zerstörung elektronischer Komponenten oder über induktive Koppelwege zu Funktionsstörungen in Automatisierungsgeräten führen können. Die Bilder 3.5 und 4.29 veranschaulichen hierzu die physikalischen Verhältnisse, und Tafel 3.4 vermittelt eine Übersicht über die dabei auftretenden Werte der elektrischen Parameter. Letztere sind stark von den Umgebungsbedingungen abhängig (Bild 6.7).

Die elektrostatische Störfestigkeitsprüfung erfolgt gemäß /6.7/ mit dem in der Tafel 6.1, Nr. 8, angegebenen Störgrößensimulator und den in der Tafel 6.2 genannten Werten für die Prüfstörgrößenparameter. Die Prüfklasse wird entsprechend den Umgebungsbedingungen

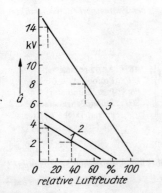

Bild 6.7. *Maximalwerte elektrostatischer Spannungen, auf die Operateure aufgeladen werden können, wenn sie sich mit folgenden Materialien in Kontakt befinden [6.7]:*
1 antistatisches Material
2 Wolle
3 synthetische Materialien

6.3. Prüfen der Fremdstörfestigkeit

nach Tafel 6.4 gewählt. Bild 6.8a zeigt die prinzipielle Prüfanordnung. Der Versorgungsteil N des Prüfstörgrößengenerators muß so beschaffen sein, daß sich keine leitungsgebundenen Störgrößen über die Netzzuleitungen ausbreiten können. Der Energiespeicherkondensator C_L und der Entladewiderstand R_E sind zusammen mit der Entladungselektrode, deren konstruktive Ausführung in /6.7/ festgelegt ist, in der Prüfpistole PP untergebracht. Das Prüfobjekt PO ist entsprechend den allgemeinen Prüfbedingungen (s. Abschn. 6.3.2) auf einer mit dem Schutzleitersystem verbundenen Erdpotentialfläche isoliert aufgestellt (Bild 6.8b, c). Gegenüber Netzstörspannungen ist es durch ein Netzfilter NF geschützt, und eine ggf. erforderliche Überwachungseinrichtung $ÜE$ dient dazu, die Funktionsfähigkeit des Prüfobjekts während der Prüfung zu überwachen.

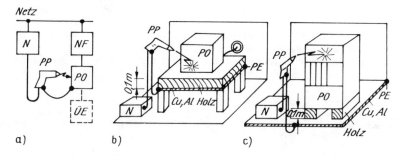

Bild 6.8. Prüfen der Störfestigkeit gegenüber elektrostatischen Entladungen
a) Prinzipschaltung
b), c) räumliche Anordnung der Geräte
N Netzteil PO Prüfobjekt
NF Netzfilter PP Prüfpistole
PE Schutzleiter $ÜE$ Überwachungseinrichtung

Die Prüfung erfolgt, indem die Prüfelektrode an das Prüfobjekt angenähert wird, bis die Entladung von C_L über die Prüfspitze zum Gerätegehäuse erfolgt. Danach wird die Prüfspitze wieder entfernt. Dieser Vorgang wird 10mal wiederholt. Die Entladungen werden an solchen Punkten ausgelöst, die dem Bediener normalerweise zugänglich sind (Gefäßwände, Schalter, Tasten u. ä.).

Durch Entladungen zur Erdpotentialfläche in 0,1 m Abstand vom Gerätegehäuse läßt sich kontrollieren, inwieweit das Prüfobjekt gegenüber elektrostatischen Entladungen zwischen in seiner Nähe befindlichen Objekten anfällig ist. Bei Geräten mit Schutzisolierung, z. B. mit Plastgehäuse, wird grundsätzlich in dieser Weise verfahren.

Tafel 6.4. Kriterien für die Wahl der Prüfklasse bei elektrostatischen Störfestigkeitsprüfungen /6.7/

Prüfklasse	Spannungsscheitelwert $\hat{u}$	Relative Luftfeuchte in %	Material, mit dem der Operator in Berührung kommt
1	2 kV	35	antistatisches Material
2	4 kV	10	antistatisches Material, außerdem Holz, Beton, Keramik, Vinyl, Metall
3	8 kV	50	synthetisches Material
4	15 kV	10	synthetisches Material

6.3.6. Störfestigkeit gegenüber elektromagnetischen Feldern

Elektronische Automatisierungsmittel sind in industrieller Umgebung je nach Einsatzgebiet und Aufstellort mehr oder weniger starken elektromagnetischen Feldern ausgesetzt, die von den Wechsel- und Drehstromkreisen starkstromtechnischer Betriebsmittel, von elektrotechnologischen Einrichtungen, von Rundfunk- und Fernsehsendern, Funkfernsteuerungen, Sprechfunkgeräten u. a. HF-Einrichtungen herrühren (Abschn. 3.3.3). Tafel 3.5 gibt eine Übersicht über die von stationären und transportablen Sendern verursachten Feldstärken in Gebäuden, und Tafel 3.7 vermittelt einen Überblick über die Frequenzspektren der von elektrotechnischen Geräten ausgehenden feldgebundenen Störgrößen. Für Fernfeldbedingungen (Bild 4.35 und Tafel 4.2) kann darüber hinaus die von einem Sender definierter Leistung an einem bestimmten Ort erzeugte Feldstärke mit Hilfe von (4.23) überschläglich berechnet werden.

Zum Prüfen der Störfestigkeit eines Geräts gegenüber netzfrequenten magnetischen Feldern genügt eine einfache Spule, in die das Prüfobjekt eingebracht wird (Tafel 6.1, Nr. 9). Die Prüfung erfolgt mit Feldstärken bis zu $H = 60$ A/m /6.11//6.17/.

Störfestigkeitsprüfungen mit Hochfrequenzfeldern werden grundsätzlich in geschirmten

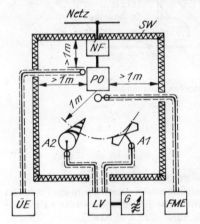

Bild 6.9. Prüfen der Störfestigkeit gegenüber elektromagnetischen Feldern

- A1 bikonische Antenne (27 ... 200 MHz)
- A2 konische logarithmische Spirale (200 ... 500 MHz)
- FME Feldstärkemeßempfänger
- G   HF-Generator
- LV Leistungsverstärker
- NF Netzfilter
- PO Prüfobjekt
- SW Schirmwand
- ÜE Überwachungseinrichtung und Prozeßsimulator

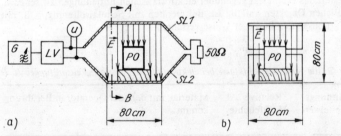

Bild 6.10. Testeinrichtung mit Streifenleitungen (SL1, SL2)
a) prinzipielle Anordnung
b) Schnitt A-B
- G   HF-Generator
- LV Leistungsverstärker
- PO Prüfobjekt

Räumen ausgeführt, um einerseits Funkstörungen der Umgebung auszuschließen und andererseits das Prüfpersonal sowie die Testdatenerfassungsgeräte vor den zu Prüfzwecken erzeugten HF-Feldern zu schützen. Zur Ausrüstung des Prüfplatzes gehören (/6.8/, Bild 6.9): ein HF-Generator (27 bis 500 MHz) mit automatischer Durchstimmung, Leistungsverstärker zur Speisung der Sendeantennen, und zwar einer bikonischen Antenne für den Frequenzbereich von 27 bis 200 MHz und einer konischen logarithmischen Spirale für den 200-MHz- bis 500-MHz-Bereich, sowie ein Feldstärkemeßempfänger, dessen Empfangsantenne in unmittelbarer Nähe des Prüfobjekts angeordnet ist. Zur Durchführung der Prüfung wird das Prüfobjekt in Raummitte (Bild 6.9) in 1 m Abstand von der Sendeantenne plaziert, und zwar Auftischgeräte auf einem Holztisch, Gestelle und Schränke werden isoliert auf den Boden gestellt. Dann wird eine der vorgesehenen Prüfklasse (Tafel 6.5) entsprechende Feldstärke eingestellt und der gesamte Frequenzbereich mit einer Durchstimmgeschwindigkeit von $1{,}5 \cdot 10^{-3}$ Dekaden je Sekunde durchfahren und über die Überwachungseinrichtung ÜE das funktionelle Verhalten des Prüfobjekts PO beobachtet.

Kleinere Prüfobjekte mit Abmessungen bis zu 25 cm × 25 cm × 25 cm können auch in einer Streifenleiteranordnung getestet werden (Bild 6.10). In einer solchen Anordnung entsteht zwischen den beiden Streifenleitern ein homogenes elektrisches Feld. Seine Feldstärke E ist der angelegten HF-Spannung u direkt proportional. Weitere Einzelheiten s. /6.8/.

Tafel 6.5. Kriterien für die Wahl der Prüfklasse beim Prüfen der Störfestigkeit gegenüber elektromagnetischen Feldern /6.8/

Prüfklasse	Feldstärke E	Zuordnungskriterien
1	1 V/m	niedrige elektromagnetische Strahlenbelastung, verursacht z.B. durch Radio- und Fernsehsender in mehr als 1 km Entfernung
2	3 V/m	mäßige elektromagnetische Strahlenbelastung, herrührend z.B. von transportablen Sendern (Sprechfunkgeräten) in mehr als 1 m Entfernung
3	10 V/m	schwere elektromagnetische Strahlenbelastung, z.B. verursacht durch Hochleistungssender in unmittelbarer Nähe der Automatisierungsgeräte
4	X	offene Klasse für sehr schwere elektromagnetische Umweltbedingungen. Pegel sind für den speziellen Fall zu vereinbaren.

6.4. Bewertung der Prüfergebnisse

Für den Fall, daß die Prüfung mit der Zielstellung durchgeführt wird, die Störfestigkeitswerte für bestimmte Prüfstörgrößen und Geräteschnittstellen zu ermitteln, stellt die Gesamtheit der Prüfergebnisse ein objektives Charakteristikum für die Fremdstörfestigkeit des Prüfobjekts dar. Davon ausgehend können im Sinne einer vergleichenden Bewertung die Abstände zwischen geforderten und erreichten Störfestigkeitswerten angegeben oder es kann ein Störfestigkeits-Gütevergleich mit anderen Geräten gleichen oder ähnlichen Typs durchgeführt werden.

Wird ein Gerät dahingehend geprüft, inwieweit es bestimmten einsatzbedingten Beanspruchungen oder im Pflichtenheft vereinbarten Störfestigkeitsforderungen entspricht, ist durch eine Bewertung der Prüfergebnisse eine Aussage darüber zu treffen, in welchem Umfang das

Prüfobjekt den Anforderungen genügt. Grob betrachtet sind dabei die folgenden drei Übereinstimmungsgrade zu unterscheiden:
1. Das Prüfobjekt ist absolut verträglich, d. h., es treten keinerlei Fehlfunktionen auf.
2. Das Prüfobjekt ist teilweise verträglich, d. h., es treten Fehlfunktionen auf, die die Brauchbarkeit des Geräts für den vorgesehenen Einsatzzweck einschränken.
3. Das Prüfobjekt ist absolut unverträglich, d. h., es werden entweder Bauteile zerstört, oder es treten kritische Fehlfunktionen auf, die das Gerät für den vorgesehenen Einsatzzweck untauglich machen.

Weitere Präzisierungen, insbesondere zu Punkt 2, sind möglich und im konkreten Fall auch erforderlich, d. h. zwischen Geräteentwickler und -anwender zu vereinbaren.

6.5. Dokumentation der Prüfergebnisse

Um die Reproduzierbarkeit von Störfestigkeitsprüfungen zu sichern, sind in einem Prüfprotokoll die konkreten Prüfbedingungen entsprechend Abschnitt 6.3.2, das Prüfprogramm, die gemäß den Abschnitten 6.3.3 bis 6.3.6 erhaltenen Prüfergebnisse sowie ihre Bewertung im Sinne von Abschnitt 6.4 festzuhalten. Bei der Prüfung von Labor- und Fertigungsmustern empfiehlt es sich darüber hinaus, unmittelbar erkennbare Möglichkeiten zur Erhöhung der Störfestigkeit zu vermerken.

6.6. Störfestigkeitsprüfeinrichtungen

Die praktische Durchführung der in den Abschnitten 6.3.3 bis 6.3.6 beschriebenen Fremdstörfestigkeitsprüfungen erfordert im wesentlichen die folgenden Aktivitäten:
A. Realisieren der gemäß Abschnitt 6.3.2 zu vereinbarenden Prüfbedingungen, z. B. Anschließen des Prüfobjekts entsprechend den diesbezüglich getroffenen Festlegungen
B. Einstellen der Prüfstörgrößenparameter (z. B. Amplitude, Impulsdauer, Frequenz, Wiederholfrequenz, Prüfzeit usw.) am Prüfstörgrößensimulator entsprechend den im Prüfprogramm fixierten Werten
C. Auslösen eines jeden Prüfschritts
D. Beobachten des Prüfobjekts sowie Erfassen und Bewerten seiner Reaktion unter dem Einfluß der einwirkenden Prüfstörgröße. In Abhängigkeit davon wird über Abbruch oder Weiterführung der Störfestigkeitsprüfung entschieden.
E. Protokollieren des Prüfablaufs
F. Bewerten der Prüfergebnisse, Erstellen eines Prüfberichts.

Bei der manuellen Abwicklung einer solchen Prüfung sind insbesondere die Handlungen B, C, D, und E sehr zeitintensive, in der Durchführung monotone und gegenüber subjektiven Fehlern anfällige Routinetätigkeiten, so daß sich die Anwendung automatisierter Testsysteme empfiehlt. Bild 6.11 zeigt zwei entsprechende CAT-Systeme (CAT computer-aided testing, rechnergestütztes Prüfen). Ausgeführte automatisierte Testsysteme siehe /6.22/ bis /6.26/.

Bild 6.11a zeigt die Grobstruktur eines rechnerautomatisierten Störfestigkeitsprüfplatzes mit einem Störgrößengenerator. Über die Bedien- und Eingabetastatur *BT* wird im Menübetrieb das Prüfprogramm erstellt oder ein eingespeichertes Standardprüfprogramm aufgerufen. Der Mikrorechner *MR* steuert danach den Störgrößengenerator *SG*. Er übernimmt ferner den Ausdruck des Prüfprotokolls, die Sammlung und Speicherung von Prüfergebnissen sowie die mathematisch-statistische Auswertung gesammelter Testdaten. Das Prüfobjekt wird während des Prüfablaufs visuell beobachtet, und beim Auftreten von Fehlfunktionen wird die Testfolge manuell gestoppt.

Ein vollautomatisch arbeitendes Testsystem ist im Bild 6.11b dargestellt. Es enthält mehrere mikrorechnergesteuerte Prüfplätze mit gleichen oder unterschiedlichen Störgrößengene-

6.6. Störfestigkeitsprüfeinrichtungen

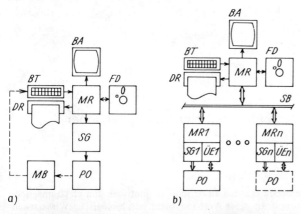

Bild 6.11. Beispiele für rechnerautomatisierte Störfestigkeitsprüfplätze
a) Prüfplatz mit einem mikrorechnergesteuerten Prüfstörgrößengenerator
b) hierarchisch strukturiertes Testsystem mit einem Zentralrechner und mehreren mikrorechnergesteuerten Prüfstörgrößengeneratoren

BA	Bildschirmanzeige	PO	Prüfobjekt
BT	Bedientastatur	SB	serielles Bussystem
DR	Drucker	SG	Prüfstörgrößengenerator
FD	Floppy-Disk-Speicher	ÜE	Überwachungseinrichtung und Prozeßsimulator
MB	menschlicher Beobachter		
MR	Mikrorechner		

ratoren *SG1* bis *SGn* und Überwachungseinrichtungen mit Prozeßsimulatoren *ÜE1* bis *ÜEn*, die von einem zentralen Rechner *MR* über ein serielles Bussystem *SB* mit Prüfprogrammen beschickt werden. Im übrigen obliegen dem zentralen Rechner *MR* die gleichen Aufgaben und Funktionen wie im Bild 6.11a.

7. Biologische Verträglichkeit elektromagnetischer Felder

7.1. Übersicht

Zur normalen Umwelt des Menschen gehören elektrische, magnetische und elektromagnetische Felder natürlichen Ursprungs. An deren Vorhandensein und biologische Wirksamkeit haben sich alle Organismen und selbstverständlich der Mensch im Laufe ihrer Entwicklung gewöhnt, so daß es beim Fehlen dieser Felder unter bestimmten Bedingungen zu Störungen in einigen Lebensfunktionen kommen kann.

Seit der zunehmenden Anwendung der Elektroenergie in allen Bereichen der Wirtschaft und insbesondere der Hochfrequenztechnik in Industrie, Forschung, Medizin und, wenn auch nur in kleinem Umfang, im Haushalt ist der Mensch elektromagnetischen Feldern ausgesetzt, deren Intensität um einige Größenordnungen über der der natürlichen Felder liegt. Zu Beginn und im Verlauf der 30er Jahre begannen Forscher in verschiedenen Ländern der Welt – in Deutschland eine Gruppe um *Rajewski* /7.1/ – sich mit der biologischen Wirkung der elektromagnetischen Felder zu befassen. Nach etwa 10 Jahren konnten die ersten grundlegenden Erkenntnisse veröffentlicht und gleichzeitig die ersten medizinischen Anwendungen vorgeschlagen werden (Diathermie, Hochfrequenztherapie, „Kurzwellenbestrahlung"). Direkte negative Auswirkungen waren zu dieser Zeit nicht erkennbar, obwohl es bereits Berichte über die sogenannte „Funkerkrankheit" gab, die in Form von Kopfschmerzen, Schwindelgefühl, Konzentrationsschwäche und allgemeinem Unwohlsein, besonders bei Funkern auf Kriegsschiffen, aufgetreten sein soll /7.2/. Diese Berichte wurden aber wenig ernst genommen und Nachprüfungen erfolgten nicht, zumal sie auch mit den damaligen Untersuchungsmethoden wenig erfolgversprechend waren.

In den Jahren bis 1945 brachte die Entwicklung der militärischen Funk- und Radartechnik eine enorme Steigerung der Senderleistungen und damit verbunden eine wesentlich stärkere Exposition des Prüf- und Bedienpersonals derartiger Geräte und Anlagen.

Als Folge davon wurden ab 1950 in den USA Berichte über erste schwere Unfälle publiziert /7.3/.

Diese Unfälle ereigneten sich meist durch direkte Mikrowellenbestrahlung an Hochleistungsradaranlagen. Daraufhin begann, vor allem in den USA, eine intensive Erforschung der biologischen Wirkungen und des Wirkungsmechanismus elektromagnetischer Felder, die bis zur Gegenwart noch keine abschließenden Erkenntnisse geliefert hat.

Seit Beginn der 80er Jahre wurden in den wichtigsten Industrieländern arbeitshygienische Normen, Richtlinien oder Standards erlassen, die höchstzulässige Werte der Feldstärke bzw. der Leistungsdichte für die Exposition von Menschen am Arbeitsplatz vorschreiben. Die ersten derartigen Grenzwerte gab es für den Höchstfrequenzbereich (Mikrowellen), dessen Beginn im elektromagnetischen Spektrum bei 300 MHz (Wellenlänge $\lambda = 1$ m) mehr oder weniger willkürlich festgelegt wurde. Als Bewertungsgröße wählte man die Leistungsdichte, als Maßeinheit W/m^2 oder mW/cm^2. Der Geltungsbereich wurde in einigen Ländern, z. B. in England, nach unten bis 10 MHz erweitert. Später kamen allgemein für den nach unten anschließenden Frequenzbereich als Maßeinheit der elektrischen Feldstärke V/m und der magnetischen Feldstärke A/m hinzu.

Nach dem gegenwärtigen Stand der Erkenntnisse sind Felder als biologisch wirksam anzusehen, deren Intensität, abhängig von der Frequenz, die in Tafel 7.1 aufgeführten Werte überschreitet.

Tafel 7.1. Schwellenwerte (elektrische Feldstärke bzw. Leistungsdichte) für die biologische Wirksamkeit elektromagnetischer Felder

Frequenzbereich	Elektrische Feldstärke/Leistungsdichte
50 Hz	500 V/m
60 kHz bis 3 MHz	10 V/m
3 MHz bis 30 MHz	4 V/m
30 MHz bis 300 MHz	2 V/m
über 300 MHz	1 µW/cm²

7.2. Expositionsmöglichkeiten gegenüber elektromagnetischen Feldern

7.2.1. Natürliche Feldquellen

In der natürlichen Umwelt existieren elektrische, magnetische und elektromagnetische Felder. Hauptursachen bzw. Ausgangspunkte dieser Felder sind der Erdmagnetismus, Ströme elektrisch geladener Teilchen in der Ionosphäre, extraterrestrische elektromagnetische Strahlungen sowie elektrische Ladungen und Entladungen in den unteren Schichten der Erdatmosphäre.

Das Magnetfeld der Erde wird im allgemeinen als konstant angesehen, obwohl dem langzeitlichen Mittelwert der magnetischen Flußdichte ($5 \cdot 10^{-5}$ T) kurzzeitige Schwankungen ($\pm 0{,}1 \cdot 10^{-5}$ T) überlagert sind.

Eine der Ursachen dieser Schwankungen sind starke, von der Sonne ausgehende Ströme geladener Teilchen in der Ionosphäre, die sich als „Geomagnetische Stürme" äußern.

Die extraterrestrische elektromagnetische Strahlung überdeckt den gesamten Bereich des elektromagnetischen Spektrums, wobei bestimmte Frequenzbänder stärker hervortreten (z. B. 21 cm – Wasserstoffstrahlung). Durch die Filter- und Schirmwirkung der Erdatmosphäre, insbesondere der Ionosphäre, werden breite Bereiche dieses Strahlungsspektrums gedämpft oder völlig unterdrückt.

Insgesamt ist die Intensität der elektromagnetischen Raumstrahlung (Feldstärke bzw. Leistungsdichte) aber so niedrig, daß ihr nach dem heutigen Stand des Wissens eine nachweisbare biologische Wirkung nicht zugeschrieben werden kann.

Elektrische und magnetische Felder, die bereits einen Einfluß auf biologische Objekte haben könnten, sind einmal das elektrostatische Feld der Erde, das einen Mittelwert von ungefähr 100 V/m (Extremwert 50 bis 500 V/m) /7.4/ aufweist, und die durch die Gewitterelektrizität verursachten Felder. Diese Felder können in Bodennähe und ebenem Gelände Feldstärkewerte bis zu 4 000 V/m und an herausragenden Einzelobjekten kurz vor dem als Blitz bekannten Ladungsausgleich um einige Größenordnungen höhere Intensitäten erreichen. Während der Blitzentladung kommt es in einer Entfernung von 5 km zu Feldstärkewerten von $E = 8$ V/m und $H = 0{,}02$ A/m für die Dauer von 40 bis 60 µs. In mittelbarer und unmittelbarer Nähe der Blitzentladung werden noch entschieden höhere Werte erreicht (s. Tafel 3.9). Das Frequenzspektrum der bei einer Blitzentladung entstehenden elektromagnetischen Felder beginnt bei einigen Kilohertz und reicht bis zu einigen 100 MHz.

7.2.2 Künstliche Feldquellen

Elektrische, magnetische und elektromagnetische Felder und Wellen entstehen in der Umgebung von Systemen und Anlagen, in denen hoch- und höchstfrequente Energie erzeugt, fortgeleitet und benutzt wird – s. auch Abschnitt 3.3.3 und Tafel 3.5. Es ist grundsätzlich zwischen zwei Gruppen von Quellen elektromagnetischer Felder an Arbeits- und Aufenthaltsplätzen zu unterscheiden:
- Anlagen und Systeme, bei denen die Wärmewirkung oder eine andere physikalische Wirkung (z. B. Spektroskopie, Teilchenbeschleuniger, Anlagen für nuklearmagnetische Resonanz) der elektromagnetischen Felder genutzt werden und die freie Abstrahlung der elektromagnetischen Energie unerwünscht ist. Ausgangspunkt der Streu- und Strahlungsfelder an derartigen Anlagen sind überwiegend die von Hochfrequenzströmen durchflossenen Werkzeuge (Plastschweißen) und Induktoren (Wirbelstromerwärmung). Weiterhin entstehen Streufelder an ungeschirmten HF-Leitungen, HF-Transformatoren sowie bei ungünstigen Erdverbindungen durch die Gehäuse der Geräte selbst. An Geräten und Anlagen, die mit Höchstfrequenzenergie arbeiten, ist die Ursache von Feldern am Arbeitsplatz die sog. Leckstrahlung, d. h., an undichten Verbindungen von Generator, Leitungen und Arbeitsraum werden Mikrowellen abgestrahlt. Eine Sonderstellung nehmen netzfrequente 50-Hz-Felder ein, die von allen ungeschirmten bzw. ungekapselten spannungs- und stromführenden Teilen von Geräten und Anlagen ausgehen
- Anlagen und Systeme, bei denen eine möglichst vollständige Abstrahlung der Hoch- und Höchstfrequenzenergie als elektromagnetische Wellen das Ziel ist. Dazu gehören alle drahtlosen Kommunikationssysteme, Radar, Funknavigationssender u. ä. Einrichtungen. Feldquellen sind überwiegend die Antennen und deren Zuleitungen. Nur in älteren Anlagen, z. B. bei großen Rundfunksendern in offener Bauweise, werden Baugruppen des Generators als Feldquellen wirksam.

Tafel 7.2. *Meßwerte der elektrischen Feldstärke bzw. Leistungsdichte an Arbeitsplätzen (AP)*

Art der Anlage	Betriebsfrequenz etwa	Meßwert am AP (von ... bis)
Rundfunksender (Mittelwelle 20 kW)	600 kHz	2 ... 17 V/m
Rundfunksender (Kurzwelle, 100 kW)	15 MHz	1 ... 25 V/m
Schiffs-Notsender (100 W)	410 kHz	1 ... 3 V/m
Epitaxieanlage (indukt. Erhitzen)	450 kHz	37 ... 400 V/m
FIAB-Schweißpresse 6002 (Plastfolienschweißen)	27,12 MHz	70 ... 85 V/m
Schiffs-Bordradar TRN 311	9,3 GHz	1 ... 30 $\mu W/cm^2$
Flugzeug-Bugradar	9,2 GHz	450 ... 2 800 $\mu W/cm^2$
Haushaltgeräte (30 cm Distanz)		
Kühlschrank	50 Hz	60 V/m
Handmixer	50 Hz	50 V/m

Bei den Antennenzuleitungen ist zwischen offenen (Lecherleitung, Gobauleitung) und geschlossenen (Koaxialkabel, Wellenleiter) zu unterscheiden. Bei offenen Leitungssystemen sind relativ starke Felder im Umkreis bis zu einigen Metern physikalisch bedingt; bei geschlossenen Leitungen entstehen Felder nur als Leckstrahlung an fehlerhaften Verbindungsstellen.
Einige typische Beispiele für Feldstärke- und Leistungsdichtewerte, die an Hoch- und Höchstfrequenzanlagen im Bereich der Arbeitsplätze gemessen wurden, sind in Tafel 7.2 dargestellt /7.6/.

7.3. Biologische Wirkung elektromagnetischer Felder

Wie im Abschnitt 7 einleitend bemerkt, wurde zu Beginn der Untersuchungen über die biologische Wirkung elektrischer, magnetischer und elektromagnetischer Felder und Wellen auf den Organismus besonders dem Aspekt der Erwärmung von Körpergeweben Bedeutung beigemessen, vor allem hinsichtlich der medizinisch-therapeutischen Einsatzmöglichkeiten. Die frequenz- und intensitätsabhängige Wärmewirkung hoch- und höchstfrequenter elektromagnetischer Felder gilt daher – im Gegensatz zu bisher nur zum Teil nachgewiesenen spezifisch-biologischen Wirkungen – im wesentlichen als erforscht. Wie bei der Einwirkung anderer physikalischer Faktoren auf den Organismus bekannt, läßt sich der Wirkungsmechanismus elektromagnetischer Felder nicht klar in eine reine Wärmewirkung und spezifisch-biologische Wirkungen differenzieren. International folgt man daher einer Einteilung der Antwortreaktionen des Organismus in Effekte, die *mit* und solche, die *ohne* meßbare Temperaturerhöhung einhergehen. Die früher gebräuchliche Klassifizierung in thermische und athermische Wirkung gilt daher nur eingeschränkt, zumal man sich auch dessen bewußt ist, daß bei dem dominant auf Energieabsorption beruhenden Wirkungsmechanismus elektromagnetischer Hoch- und Höchstfrequenzfelder die Definition „meßbare Temperaturerhöhung" entscheidend von der Empfindlichkeit des Meßverfahrens und seinen Applikationsmöglichkeiten, bezogen auf innere Zell- und Körperstrukturen, abhängt.

7.3.1. Wärmewirkung

Bekanntlich absorbiert jedes Dielektrikum und damit auch der Organismus mit seinen Geweben unterschiedlicher Dielektrizitätskonstanten und Leitfähigkeiten Energie aus dem elektromagnetischen Feld. Die Absorption resultiert aus Relaxationsschwingungen der Ionen und dipolaren Wassermoleküle und ist als Erwärmung („Reibungsverluste") nachweisbar. Ein Maß der absorbierten Energie ist die *Spezifische Absorptions-Rate (SAR)*, gemessen in W/kg. Theoretisch könnte auf diese Maßeinheit die Wärmewirkung elektromagnetischer Felder bezogen werden, wenn zugleich folgende Einflußgrößen berücksichtigt werden: Frequenz, Stärke und Einwirkdauer des Feldes, die Position und die geometrischen Abmessungen des biologischen Objekts sowie Resonanzerscheinungen, die zum Beispiel zur Ausbildung stehender Wellen mit lokalen Energieabsorptionsmaxima im Organismus führen können. Frequenz und damit Wellenlänge des elektromagnetischen Feldes sind ferner von besonderer Bedeutung für die Eindringtiefe. So erfolgt z. B. die Absorption von Mikrowellen mit einer Wellenlänge von $\lambda < 3$ cm nahezu vollständig an der Körperoberfläche, während langwelligere Anteile in tieferen Geweben, etwa der Muskulatur, zu stärkerer Erwärmung führen. Besonders gegenüber Mikrowellen gefährdete Organe sind die Augen und die Hoden, wobei die fehlende konvektive Wärmeabfuhr durch das Blut in der Augenlinse und im Glaskörper bei vergleichbarer Leistungsdichte besonders schnell zu lokalen thermischen Schäden führen kann. Linsentrübungen (grauer Star) und eine schnellere Alterungsrate der Linse können die Folge sein. Abgesehen von seltenen, bei besonders ungünstiger Konstellation auftretenden Resonanzverhältnissen (z. B. im Kopf durch Reflexion an der Schädelkalotte bei $\lambda \approx 20$ cm) ist mit thermischen Schäden im Organismus bei Leistungsdichten oberhalb von 10 mW/cm² im Frequenzbereich von 300 MHz bis 300 GHz und bei elektrischen Feldstärken oberhalb von 1 500 V/m bei Frequenzen im Bereich von etwa 10 kHz bis 300 MHz zu rechnen /7.6/. Die Temperaturregulation des Körpers wird bei diesen Expositionen überfordert.

7.3.2. Spezifisch-biologische Wirkungen

Die spezifisch-biologische Wirkung elektrischer und magnetischer Felder wird seit einigen Jahrzehnten insbesondere im Zusammenhang mit den sogenannten Sferics und dem ihnen nachgesagten Einfluß auf den Biorhythmus und die Wetterfühligkeit des Menschen diskutiert /7.7//7.8//7.9/. Aber auch für künstlich erzeugte elektrische, magnetische und elektromagnetische Felder wurde schon frühzeitig ein Kausalzusammenhang zwischen niedrigen auf den Organismus einwirkenden Feldstärken oder Leistungsdichten und biologischen Reaktionen vermutet und teilweise bewiesen. In der Literatur beschriebene Symptome unspezifischen Charakters sind beim Menschen u. a. Kopfschmerzen, Schlafstörungen, Konzentrationsschwäche, leichte Ermüdbarkeit und funktionelle Störungen der Herz-Kreislauf-Regulation. Diese Symptome treten individuell unterschiedlich stark ausgeprägt auf, fehlen oft gänzlich und sind in der Regel reversibel nach Beendigung der Exposition. Außerdem setzen sie mehrwöchige oder -monatige Feldeinwirkung voraus. Klare Dosis-Wirkung-Beziehungen, analog der Wärmewirkung mit meßbarer Temperaturerhöhung, ließen sich bisher experimentell nicht sichern, obwohl gerade in den letzten zwei Jahrzehnten auf diesem Gebiet intensive Forschungsarbeit geleistet wurde /7.4//7.6//7.7/.

Ausgangspunkt für mehrere Hypothesen zur Erklärung von Mechanismen spezifisch-biologischer Wirkungen sind auch hier die bis in die Molekularebene reichenden elektrophysikalischen und elektrochemischen Prozesse innerhalb von Körperzellen und Gewebestrukturen. Bei konstanten und niederfrequenten elektrischen Feldern können drei Mechanismen als bekannt angesehen werden:

- die Reizung von Oberflächenrezeptoren der Haut, z. B. über die Haare (sog. elektrischer Wind auf der behaarten, unbedeckten Hautoberfläche bei elektrostatischen Aufladungen oder in der Nähe von Höchstspannungsanlagen),
- eine mögliche Beeinflussung von Zell- und Membranfunktionen durch elektrische Verschiebungs- und Wirbelströme, die im Körper durch von außen einwirkende elektrische und magnetische Felder induziert werden, und
- die Reizwirkung von Entladungsströmen, wenn der Mensch oder das Tier im elektrischen Feld Gegenstände unterschiedlichen Potentials berührt.

Im Frequenzbereich von 60 bis 120 GHz wird dagegen unter anderem die direkte Beeinflussung von Makromolekülen in biologischen Systemen diskutiert, die ihrerseits z. B. Einfluß auf die Zellteilung und das Immunsystem haben könnte. Zahlreiche Untersuchungen an Tieren, deren Ergebnisse jedoch nicht uneingeschränkt auf den Menschen übertragbar sind, beschäftigen sich daher mit der biologischen Wirkung elektromagnetischer Felder unterschiedlicher Frequenzbereiche auf das Nerven-, Blut- und Drüsensystem, prüfen genetische und andere Effekte am Gesamtorganismus und an Zellkulturen und versuchen Aussagen über feldbedingte Verhaltensänderungen zu gewinnen. Bei allen diesen Untersuchungen zeichnet sich ab, daß impulsförmige Felder biologisch wirksamer sind als sinusförmige, kontinuierlich einwirkende. Da sich die Ergebnisse verschiedener Untersuchungskollektive oft widersprechen, auch sehr differente Auffassungen zwischen einzelnen Autoren bestehen, soll auf eine auch auszugsweise Darstellung oder Interpretation einzelner Ergebnisse an dieser Stelle verzichtet werden, da sie die Gefahr einer falschen Wichtung in sich birgt. Der an dieser Thematik im Detail interessierte Leser wird auf die einschlägige Literatur verwiesen, wobei die von der WHO herausgegebenen Kriteriendokumente „Radiofrequency and Microwaves" /7.6/ und „Extremely Low Frequency (ELF) Fields" /7.7/ bei straffer Gliederung den derzeitigen Erkenntnisstand international gewichtet zusammenfassen. Mit großer Sicherheit kann aber festgestellt werden, daß funktionelle Störungen oder gar bleibende gesundheitliche Schäden bei Expositionen unterhalb oder in der Nähe der gesetzlich verbindlichen Grenzwerte auszuschließen sind. Daß die Einhaltung dieser Grenzwerte mit zumutbaren technischen, ökonomischen oder organisatorischen Maßnahmen möglich ist, konnte in der DDR in den unterschiedlichsten Anwendungsbereichen unter Beweis gestellt werden.

Abschließend zu diesem Kapitel soll auf ein in den letzten Jahren bewiesenes und als Dosis-Wirkung-Beziehung darstellbares Phänomen im Sinne der spezifisch-biologischen Wirkung von Mikrowellen hingewiesen werden. Es handelt sich um das Hören von Mikrowellenimpulsen in Form von Zisch-, Summ- oder Klicklauten. Bereits eine mittlere Leistungsdichte von 0,4 bis 2,1 mW/cm^2 löst bei Radarimpulsen der Wellenlänge zwischen 10 und 70 cm einen derartigen akustischen Reiz aus /7.10/.

7.4. Grenzwerte

Zum Schutz der Gesundheit der gegenüber elektromagnetischen Feldern exponierten Menschen und zur Gewährleistung einer arbeitshygienisch unbedenklichen Arbeitsumwelt sind in den meisten Industrieländern spezielle Standards, sanitärhygienische Vorschriften oder Richtlinien erlassen worden. In diesen Vorschriftenwerken sind höchstzulässige Werte der Feldstärke bzw. der Leistungsdichte festgelegt, die entweder von der Zeit der Exposition und der Frequenz abhängen oder auf die volle Arbeitsschicht (8 Stunden) bezogen und somit zeitunabhängig sind. Als Folge der Tatsache, daß sowohl über die Wirkungen als auch über die Wirkungsmechanismen elektrischer, magnetischer und elektromagnetischer Felder bisher nur wenige gesicherte Erkenntnisse vorliegen und die Forschungen in vielen Bereichen dieses Phänomens noch im Gange sind oder gerade begonnen haben, weisen die Grenzwerte in der absoluten Höhe sowie der Frequenz- und Zeitabhängigkeit gegenwärtig eine Streuung bis zu zwei Zehnerpotenzen auf. Entsprechend dem jeweiligen Erkenntnisstand werden sie daher in relativ kurzen Zeitabständen verändert und im allgemeinen präziser, z. B. in der Frequenzabhängigkeit. Dabei ist festzustellen, daß sich die Standpunkte der auf diesem Gebiet führenden Nationen UdSSR und USA im Verlauf der letzten 10 Jahre angenähert haben, wenn auch nach wie vor die in den RGW-Ländern geltenden Grenzwerte im Mittel um mehr als den Faktor 10 niedriger sind. So liegen die 8-Stunden-Grenzwerte der Leistungsdichte für den Höchstfrequenzbereich ($f > 300$ MHz) zwischen 25 µW/cm^2 (UdSSR) und 1 bis 10 mW/cm^2 (USA, Kanada); die 8-Stunden-Grenzwerte der Feldstärke für den Hochfrequenzbereich zwischen 10 und 500 V/m in Abhängigkeit von Frequenz und Einwirkdauer /7.11/7.12//7.13/. Für Mitgliedsländer des RGW ist ein gemeinsamer Standard in Vorbereitung. Über die Bestimmungen und Grenzwerte der bisher genannten Vorschriftenwerke hinausgehend, sind in fast allen sozialistischen Ländern und in der DDR zum Schutz des werdenden Lebens für

Tafel 7.3. Grenzwerte für Hochfrequenz- und Mikrowellenexposition für Schwangere und Stillende am Arbeitsplatz

Frequenzbereich	Elektrische Feldstärke bzw. Leistungsdichte
60 kHz $\leq$ f $<$ 3 MHz	10 V/m
3 MHz $\leq$ f $<$ 30 MHz	4 V/m
30 MHz $\leq$ f $<$ 300 MHz	1 V/m
300 MHz $\leq$ f $\leq$ 300 GHz	1 µW/cm^2

Schwangere und Stillende in der Arbeitsschutzanordnung Nr. 5 und ergänzend in den Verfügungen und Mitteilungen des Ministeriums für Gesundheitswesen besondere Grenzwerte festgelegt worden /7.14/ (Tafel 7.3). Zum Schutz der allgemeinen Bevölkerung vor der Einwirkung elektromagnetischer Felder sind seit 1.1.1983 in TGL 37816 gleichfalls Grenzwerte festgelegt, die mit den vorhergehend genannten und in Tafel 7.3 gezeigten identisch sind. Für „nicht besonders zu schützende Gebiete" sind 100 % höhere Grenzwerte zulässig /7.15/.

7.5. Meßmethoden

Die meßtechnische Untersuchung elektrischer, magnetischer und elektromagnetischer Felder für die arbeitshygienische Bewertung von Arbeitsplätzen erfordert eine speziell für diesen Zweck entwickelte Meßtechnik. Nachrichtentechnische Feldstärkemesser sind für diese Aufgabenstellung nicht geeignet, wie das nachfolgende Anforderungsschema zeigt:
- dynamischer Meßbereich
  elektrische Komponente $\quad E = 1 \ldots 2\,000$ V/m
  magnetische Komponente $\quad H = 0{,}1 \ldots 100$ A/m
  Leistungsdichte $\quad \bar{S} = 1\ \mu\mathrm{W/cm^2} \ldots 10\ \mathrm{mW/cm^2}$
- Frequenzbereich $\quad$ 50 Hz, Industriesonderfrequenzen
  60 kHz bis 300 MHz
  300 MHz bis 30 GHZ
- breitbandiger bzw. aperiodischer Eingang der Geräte; keine Abstimmung
- Messung innerhalb von Gebäuden sowie in der Nähe ($d > 0{,}25$ m) von Anlagenteilen
- leicht handhabbar, batteriegespeist
- direkte Ablesung der Meßwerte.

Bei Anlagen mit Betriebsfrequenzen bis 300 MHz befinden sich die Arbeitsplätze fast ausschließlich im Nahbereich, so daß die elektrische und magnetische Feldstärke getrennt gemessen und bewertet werden müssen. Die für die meßtechnische Untersuchung derartiger Felder verwendeten Geräte, wie z. B. das NFM-1 /7.16/, sind mit aperiodischen Sonden für elektrische und magnetische Felder ausgerüstet. Das Funktionsprinzip beruht auf der frequenzunabhängigen kapazitiven bzw. induktiven Auskopplung einer der Feldstärke proportionalen Hochfrequenzspannung aus dem Feld, der Gleichrichtung dieser HF-Spannung im Kopf der Sonde sowie der nachfolgenden Verstärkung und Anzeige dieser Richtspannung als Maß für die Feldstärke. Das Prinzip ist im Bild 7.1 dargestellt.

Für höchstfrequente elektromagnetische Felder (Mikrowellen) ist dieses Prinzip nur insoweit anwendbar, als die Bedingung für die Frequenzunabhängigkeit – Abmessungen des Sondenkopfes klein gegenüber der Wellenlänge – erfüllt ist. Geräte für Frequenzen bis 18 GHz

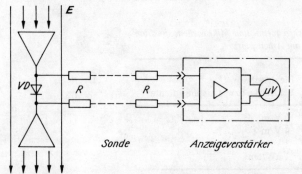

Bild 7.1. Prinzipschaltung eines Nahfeldstärkemeßgeräts
VD Gleichrichterdiode
R Entkopplungswiderstände

7.5. Meßmethoden

werden sowohl mit Diodensonden als auch mit thermoelektrischen Wandlern mittels einer hochspezialisierten Technologie hergestellt. Diese Sonden reagieren auf die elektrische Komponente des Strahlungsfeldes; die Anzeige erfolgt jedoch in mW/cm^2.

Eine andere, allerdings nur unter Fernfeldbedingungen korrekte Meßmethode ist die Verwendung von Horn- und anderen geeigneten Antennen als Empfangseinrichtung, gekoppelt mit Höchstfrequenzleistungsmessern. Der vom Leistungsmesser abgelesene Meßwert $P_{meß}$ ist durch die bekannte elektrische Wirkfläche der verwendeten Antenne A_W zu dividieren, um den Wert der Leistungsdichte zu erhalten:

$$\bar{S} = \frac{P_{meß}}{A_W}. \tag{7.1}$$

Dieses Meßverfahren ist von den drei verbreitet angewendeten – Diodensonde, Thermokopplersonde, Leistungsmessung – das empfindlichste und genaueste; es erfordert aber auch den größten apparativen Aufwand und Erfahrung in der Handhabung von Höchstfrequenzantennen, da Polarisation und Richtung der zu messenden Strahlung exakt beachtet werden müssen. Demgegenüber existieren bereits Geräte mit Dioden oder Thermokopplungssonden, die isotrope Empfangseigenschaften haben und demzufolge einfach in der Handhabung sind.

Beispiele dafür sind die RAHAM-Serie von General Microwaves, die HI 1 000-Serie von Holaday Industries und die BIRM-8 000-Serie von NARDA (USA).

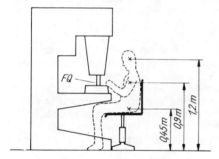

Bild 7.2. Standardmeßpunkte an einem Arbeitsplatz mit Hochfrequenzexposition (Hochfrequenz-Plastschweißen)
FQ Feldquelle

Die meßtechnische Untersuchung erfolgt grundsätzlich am unbesetzten Arbeitsplatz, da durch die Anwesenheit des Menschen die Felder mehr oder weniger stark verzerrt werden. An Dauerarbeitsplätzen sind dann in den standardgemäß festgelegten Meßpunkthöhen (0,45 m, 0,9 m und 1,2 m bei Sitzarbeitsplätzen und 0,9 m, 1,25 m und 1,55 m bei Steharbeitsplätzen) die Feldstärken bzw. Leistungsdichten in der Körperebene des Menschen zu messen (siehe Bild 7.2). Zusätzlich ist der Maximalwert am Arbeitsplatz zu bestimmen und die Lage dieses Meßpunktes zu protokollieren. An nicht ständig besetzten bzw. räumlich ausgedehnten Arbeitsplätzen genügt es, an einigen repräsentativen Meßorten nur den Maximalwert im Höhenbereich zwischen 0,45 und 1,8 m zu bestimmen.

Die so erhaltenen Meßwerte sind für die nachfolgende arbeitshygienische Bewertung zu protokollieren.

7.6. Schutzmaßnahmen

Die in den Abschnitten 2.4 und 2.5 dargelegten zwei grundsätzlichen Prinzipien zum Erreichen der EMV-Zielstellungen gelten sinngemäß auch für die Realisierung des Schutzes von Menschen vor der negativen Einwirkung elektromagnetischer Felder am Arbeitsplatz.

An bestehenden, in Betrieb befindlichen Anlagen ist durch Nachbesserung und Nachentwicklung für die Einhaltung der in den arbeitshygienischen Standards festgelegten Grenzwerte zu sorgen, was in der Regel kosten- und zeitaufwendig ist und in vielen Fällen nicht ohne Produktionsausfall vonstatten gehen kann. Besser ist in jedem Fall eine planmäßige, kontinuierliche Arbeit, d. h. die Berücksichtigung der Forderungen nach möglichst geringer Exposition, beginnend mit dem Pflichtenheft für ein System oder eine Anlage über die Entwicklung bis zur Inbetriebnahme.

Die Verringerung der Expositionsbelastung durch hoch- und höchstfrequente elektrische, magnetische und elektromagnetische Felder am Arbeitsplatz kann durch eine Reihe technischer, objektgebundener Maßnahmen erreicht werden.

Bei den zur Gruppe 1 gehörenden Anlagen, Systemen und Geräten (industrielle, medizinische und wissenschaftliche Anwendung sowie Nutzung im Haushalt, vgl. Abschn. 7.2.2) wird vom Grundprinzip der Emissionsverringerung ausgegangen. Das heißt, in erster Linie ist die Entstehung und Ausbreitung freier elektromagnetischer Felder zu verhindern und erst an zweiter Stelle der Arbeitsplatz abzuschirmen. Von Fall zu Fall kommen folgende Verfahren und Maßnahmen zum Einsatz:

- Schirmung von Feldquellen, vor allem bei Anlagen und Systemen, die im Höchstfrequenzbereich arbeiten. Für Thermoplast-Schweißmaschinen mit 27,12 MHz Betriebsfrequenz ist dies z. B. die wichtigste Schutzmethode. Es ist dabei anzumerken, daß die Montage derartiger Abschirmungen bei den Maschinenbedienern zunächst auf Ablehnung stößt, da sie annehmen, durch die Abschirmvorrichtungen bei ihrer Tätigkeit behindert zu werden. Erfahrungen aus der Untersuchung von etwa 100 Arbeitsplätzen zeigen aber, daß dieser Effekt bei entsprechendem konstruktivem Aufwand fast immer zu vermeiden ist. Wo eine visuelle Beobachtung des Werkstücks während des Arbeitsvorgangs unerläßlich ist, können in Abschirmvorrichtungen Sichtfenster aus speziell behandeltem Glas eingebaut werden. Nur in wenigen Ausnahmefällen ist eine Abschirmung der Feldquelle aus technologischen Gründen nicht möglich. Einzelheiten dieser Verfahren sind in der Literatur /7.17//7.18/ genannt. Bei Anlagen, die im Höchstfrequenzbereich arbeiten, ist die Ursache der Exposition des Bedienpersonals fast ausschließlich die sog. Leckstrahlung. Die in diesem Fall zur Emissionsverringerung erforderlichen Maßnahmen umfassen das Abdichten von Flansch- und Steckverbindungen, von Beschickungstüren und -klappen sowie von Ein-/Auslaufkanälen.
- HF-gerechte Erdung. Diese Methode ist in Abhängigkeit von der Betriebsfrequenz bei Anlagen bis 30 MHz wirksam. Dazu gehören großflächige Verbindungen sowohl zwischen den Teilen einer Anlage (z. B. Schweißpresse und Generator) als auch mit einer niederohmigen HF-Erde auf kürzestem Weg.
- Kapselung oder gegebenenfalls zusätzliche Verdrosselung von Versorgungsleitungen, da über diese häufig ein „Verschleppen" der Hochfrequenzenergie in den Bereich anderer Arbeitsplätze erfolgt.
- Ist eine Emissionsverringerung nur mit unvertretbarem technologischem Aufwand zu erreichen, sollte die Anlage auf Fernbedienung umgerüstet werden, so daß über einen größeren Abstand von der Feldquelle eine Verringerung der Exposition am Arbeitsplatz erreicht wird.
- Wirken Teile einer Anlage durch große Abmessungen ungewollt als Antenne, z. B. Längen von 3 bis 10 m bei 27,12 MHz Betriebsfrequenz, so ist die daraus resultierende starke Abstrahlung durch die gezielte Verschlechterung der antennentypischen Eigenschaften zu verringern (z. B. starke Bedämpfung).
- Bei Fertigungslinien mit mehreren HF-Maschinen kann die Exposition an benachbarten Arbeitsplätzen dadurch verringert werden, daß schirmende Zwischenwände in Leichtbauweise aufgestellt werden. Deren Funktion kann häufig durch ohnehin erforderliche Metallregale übernommen werden, wenn diese zweckmäßig aufgestellt sind.
- Bei der Projektierung und Installation neuer Hochfrequenzanlagen sollten diese, wenn

7.6. Schutzmaßnahmen

möglich, im Keller- oder Erdgeschoß der Gebäude auf gut leitendem Fußboden, d. h. armiertem Beton oder Stahlblechbelag, aufgestellt werden.

Gegenüber den bisher besprochenen Anlagen (Gruppe 1) muß bei Systemen der Gruppe 2 (vgl. Abschn. 7.2.2) meist im Bereich ausgedehnter Strahlungsfelder der Schutz der Menschen an ihrem Arbeits- oder Aufenthaltsplatz sichergestellt werden. Es wird folgendes Vorgehen empfohlen:

- Im Stadium der Planung und der Projektierung Wahl eines günstigen Standortes (mindestens 3 km von bewohnten Gebieten entfernt) und
- Wahl einer Antenne mit geringer Nahfeldbelastung
- Ausblendung bzw. Abschwächung der Strahlung für bestimmte Sektoren (speziell bei Radaranlagen)
- Schirmung nicht benötigter Teile von Antennen (Beispiel: Schiffssendeanlagen) /7.19/
- Schirmung von Räumen, Gebäudeteilen oder ganzen Gebäuden (speziell zutreffend im Gelände von Rundfunkgroßsendern)
  Um dieses Verfahren mit geringstem Aufwand durchführen zu können, sollten die Eigendämpfung und deren Frequenzabhängigkeit bei verschiedenen Baumaterialien, wie Mauerwerk, Beton, Glas, bekannt sein. Nach vorliegenden Erfahrungen wird z. B. Höchstfrequenzstrahlung von 2,4 GHz durch trockenes Mauerwerk (ohne Stahlarmierung) und doppeltes normales Fensterglas nur um 1 bis 2 dB abgeschwächt. Unter gleichen Bedingungen beträgt der Abschwächungsfaktor für 10 GHz Höchstfrequenzstrahlung 8 bis 10 dB. Ergebnisse umfangreicher Untersuchungen dazu findet man in der Literatur /7.20//7.21/.
- Schaffung von Schattenzonen durch Baumbepflanzungen (Hochleistungs- und Weitbereichsradaranlagen).
  Auf diese Art ist es möglich, z. B. Kinderspielplätze, Erholungsgebiete und auch niedrige Wohngebäude zu schützen. Beim Einsatz schnell wachsender Arten kann die Wirkung bereits nach 3 bis 5 Jahren erreicht werden. Bei Messungen im Umfeld eines Hochleistungsradars (Frequenz etwa 1,3 GHz) wurden an einem Streifen von 5 Baumreihen Dämpfungswerte der Leistungsdichte von 8 bis 12 dB ermittelt.

Durch Anwendung eines oder mehrerer dieser Verfahren konnten in den zurückliegenden 10 bis 12 Jahren in der DDR etwa 80 % der Arbeitsplätze mit Hochfrequenz- und Mikrowellenexposition so umgestaltet werden, daß die Grenzwerte der geltenden Standards nicht überschritten werden. An den restlichen 20 % wurden wesentliche Verringerungen erreicht. In den Fällen, in denen mit objektgebundenen Schutzmaßnahmen die Einhaltung der Grenzwerte nicht zu erreichen ist, muß der Schutz der Menschen am Arbeitsplatz durch organisatorische und subjektgebundene Schutzmaßnahmen realisiert werden.

Zu den organisatorischen Maßnahmen zählen das Verändern der Arbeitszeit an derartigen Arbeitsplätzen und das örtliche Verlegen der Dienst- und Aufenthaltsbereiche des Wach- und Schutzpersonals von Großsendeanlagen.

Die subjektgebundenen Schutzmaßnahmen schließen die Anwendung von Körperschutzmitteln, Tauglichkeit des Werktätigen und aktuell schützendes Verhalten ein.

An Körperschutzmitteln kommen in der DDR vollständige Anzüge oder Teilbekleidung aus leitfähigem Material (Faradaykäfig-Prinzip) und Schutzbrillen mit metallierten Spezialgläsern zur Anwendung.

Die Anwendung der Tauglichkeitskriterien verhindert, daß Personen, für die starke elektromagnetische Felder ein erhöhtes Gesundheitsrisiko bedeuten (Herzschrittmacherträger, Schwangere), an derartigen Arbeitsplätzen eingesetzt werden.

Das aktuell schützende Verhalten des Werktätigen erreicht die Verminderung der Einwirkung der elektromagnetischen Felder durch Befolgen von Geboten und Verboten im Arbeitsvollzug.

Maßnahmen

8. Maßnahmen gegen elektrostatische Beanspruchungen /8.1/ bis /8.27/

8.1. Übersicht

Die Funktion elektronischer Geräte, Baugruppen und Bauelemente kann durch elektrostatische Entladungsvorgänge beeinflußt werden.

Die Anforderungen der modernen Automatisierungs- und Rechentechnik nach Erhöhung der Schnelligkeit sowie Reduzierung des Energieverbrauches lassen sich nur durch leistungsarme und sehr empfindliche Schaltungstechniken realisieren. In den letzten Jahren haben sich deshalb elektronische Bauelemente durchgesetzt, die nach MOS- und CMOS-Technologien hergestellt werden. Die kritischste Stelle von MOS- und CMOS-Bauelementen und damit der Angriffspunkt für elektrostatische Entladungen ist das Gateoxid. Das Gateoxid (SiO_2) ist ein hochaufladbarer Isolator mit begrenzter Kapazität. Bei den kleinen Strukturbreiten von CMOS-Schaltkreisen beträgt die Kapazität des Gateoxids etwa 1 bis 5 pF. Leistungs-MOS-FET besitzen Gatekapazitäten bis 3 000 pF.

Die dünnen Gateoxidschichten schlagen schon bei geringen elektrostatischen Entladungen durch. Sie bestimmen die Spannungsfestigkeit der elektronischen Bauelemente und damit im wesentlichen die der elektronischen Geräte, sofern keine entsprechenden Vorkehrungen getroffen werden.

Die unzweckmäßige Gestaltung von Warten, Rechenstationen, Büroräumen, Bildschirmarbeitsplätzen usw. sowie unbedachte Verhaltensweisen des Personals sind die Ursachen für elektrostatische Aufladungen, deren Größe weit über den zulässigen Grenzwerten für elektro-

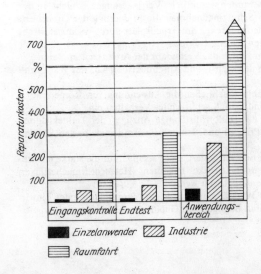

Bild 8.1. Durch Bauelementedefekte verursachte Reparaturkosten

nische Geräte liegt. Die Tafel 3.3 im Abschnitt 3.3.2 gibt hierzu eine Übersicht. Der sich vollziehende umfassende Einsatz der Mikroelektronik in der Automatisierungstechnik sowie der Einsatz von Personalcomputern, Terminals, Kleinrechnern in allen Büroräumen und die weite Verbreitung von Heimcomputern in allen Bereichen des täglichen Lebens erfordert daher von den Herstellern und Anwendern die besondere Berücksichtigung elektrostatischer Probleme, um dadurch bedingte Funktionsstörungen in Geräten bzw. den Totalausfall hochwertiger Baugruppen zu vermeiden.

Je eher Maßnahmen dazu in einem technologischen Prozeß ergriffen werden, um so geringer sind die ökonomischen Verluste. Im Bild 8.1 wird der Reparaturaufwand in verschiedenen Fertigungsabschnitten und Einsatzgebieten verglichen.

Der vorliegende Abschnitt soll neben der Vermittlung einiger physikalischer Grundlagen, die zum Verständnis der Schutzmaßnahmen erforderlich sind, vorrangig als Anleitung dienen, elektrostatische Aufladungen zu vermeiden.

Die aufgeführten Schutzmaßnahmen sind in der Praxis erprobt und in verschiedenen Elektronikbereichen der Industrie realisiert. Ein für alle Fälle gültiges Grundrezept kann allerdings nicht vermittelt werden, da die verschiedensten Umweltparameter eine wichtige Rolle bei der Ausführung von elektrostatischen Schutzmaßnahmen spielen. Eine optimale Lösung läßt sich nur durch gezielte Experimente finden. In diesem Zusammenhang hat sich gezeigt, daß nicht immer die maximale Anzahl an Maßnahmen den größten Effekt bewirkt, sondern bereits spezielle und gezielte Sicherheitsvorkehrungen genügen, um ein elektrostatisches Problem zufriedenstellend zu lösen. Ein wesentlicher Grundsatz dabei ist, daß in einem Fertigungsabschnitt, in einer Servicestation oder in einem ähnlichen Projekt die Schutzmaßnahmen durchgängig verwirklicht werden.

8.2. Entstehung elektrostatischer Aufladungen

8.2.1. Physikalische Mechanismen

Elektrostatische Aufladungen sind Ansammlungen positiver und negativer elektrischer Ladungen auf Leitern und Nichtleitern infolge von mechanischen oder von Influenzvorgängen /8.21/. Aus dieser Definition gehen die zwei grundlegenden Mechanismen für die Entstehung elektrischer Aufladungen hervor.

Der erste Entstehungsmechanismus beruht auf mechanischer Trennarbeit, d. h., die Reibung oder Berührung zweier Gegenstände mit gleichen oder unterschiedlichen Oberflächeneigenschaften und die nachfolgende Trennung dieser Gegenstände führen zur Veränderung der Ladungskonzentrationen an deren Oberfläche. Sie werden höher bzw. niedriger, und damit werden die Körper negativ oder positiv aufgeladen. Im Bild 8.2 ist die Entstehung von elektrostatischen Aufladungen am Beispiel einer Person, die über einen synthetischen Teppich geht, veranschaulicht. Bild 8.3 zeigt den Spannungsaufbau zwischen dem Körper und der Erde /8.7/.

In der Literatur wird die Entstehung elektrostatischer Aufladungen durch Trennarbeit in der Regel durch mechanische Vorgänge wie Reibung, Berührung, Trennung begründet. Entsprechende Vorgänge sind: Zerreißen, Deformieren, Verspritzen, Versprühen, Vermischen, Verdampfen, Kristallisieren. Allgemein kann man sagen, daß bei der Relativbewegung zweier miteinander in Kontakt befindlicher Stoffe elektrostatische Aufladungen entstehen.

Die Polarität der auftretenden Ladungen läßt sich nach der Coehnschen Aufladungsregel bestimmen. Sie besagt, daß derjenige Stoff positiv geladen ist, dessen Dielektrizitätskonstante größer ist. Die Stoffe werden je nach Polarität und Höhe der Spannung, die sie nach dem Kontakt angenommen haben, in eine Spannungsreihe eingeordnet (Tafel 8.1).

Für die Betrachtung der Gefahren, die durch elektrostatische Aufladungen entstehen, und

116 8. Maßnahmen gegen elektrostatische Beanspruchungen

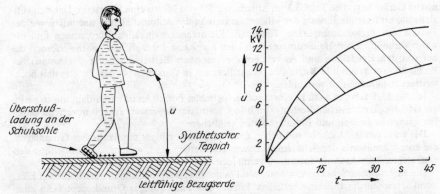

Bild 8.2. Aufladevorgang bei einem Menschen

Bild 8.3. Spannungsaufbau beim Aufladevorgang zwischen menschlichem Körper und Erde

Tafel 8.1. Elektrostatische Spannungsreihe (nach **Coehn**)

| Positives Ende |
| Haare |
| Elfenbein |
| Bergkristall |
| Flintglas |
| Baumwolle |
| Papier |
| Seide |
| Kautschuk |
| Harze |
| Lack |
| Siegellack |
| Hartgummi |
| Bernstein |
| Schwefel |
| Negatives Ende |

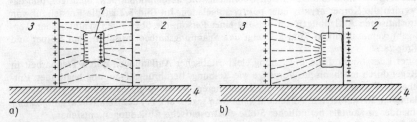

Bild 8.4. Aufladevorgang durch Influenz
a) Ladungstrennung auf einem Körper durch Einwirkung eines elektrischen Feldes
b) Abfluß der positiven Ladungen durch kurzzeitige Berührung mit dem Erdpotential

1 neutraler Körper 3 Feldplatte
2 Erdpotential 4 Isolator

der Möglichkeiten, diese abzubauen oder zu vermeiden, wird die Polarität im weiteren nicht berücksichtigt.

Das zweite Grundprinzip zur Bildung elektrostatischer Aufladungen ist die Influenz. Wird ein neutraler Körper, der gegen Erde gut isoliert ist, in ein elektrisches Feld gebracht, werden die Ladungen auf diesem Körper verschoben. Ist die Feldstärke genügend groß, kommt es zur Ladungstrennung (Bild 8.4a). Wird der in das Feld gebrachte Körper kurzzeitig geerdet, so können die dort befindlichen positiven Ladungen abfließen (Bild 8.4b). Entfernt man nunmehr den Körper wieder aus dem Feld, ist dieser elektrisch geladen.

Die Größe der elektrostatischen Aufladung hängt von den Eigenschaften des Gegenstandes (Dielektrizitätskonstante) und seiner Oberfläche ab. Da die elektrostatische Aufladung auch sehr stark von den Umweltparametern beeinflußt wird, ist ihre Ermittlung sehr schwierig.

8.2.2. Elektrostatische Spannungsquellen in betrieblicher Umgebung

In den Tafeln 3.2 und 3.3 des Abschnittes 3.3.2 wurden bereits diejenigen betrieblichen Bereiche genannt, in denen elektronische Bauelemente, Baugruppen und Geräte durch elektrostatische Aufladungen gefährdet sind. Wie aus Bild 3.5 sowie den Tafeln 3.4 und 5.2 hervorgeht, sind insbesondere elektrostatische Körperentladungen eine große Gefahr für elektronische Bauelemente. Arbeiten an Baugruppen und Geräten, die vorrangig mit MOS- und CMOS-Schaltkreisen bestückt sind, erfordern daher stets entsprechende Sicherheitsvorkehrungen, besonders wenn Schaltungseingänge offenliegen.

8.3. Messung elektrostatischer Aufladungen

Die Größe der Ladung wird durch die Eigenschaften des Materials sowie durch die geometrischen Abmessungen des aufgeladenen Gegenstandes bestimmt (Bild 8.5). Für einen homogenen Körper läßt sich die Ladung nach folgender Gleichung berechnen:

$$Q = C \cdot U \qquad (8.1)$$

mit $\qquad C = \varepsilon_0 \varepsilon_r \dfrac{A}{d},\qquad (8.2)$

Q elektrische Ladung
C Kapazität
U Spannung
ε_0 absolute Dielektrizitätskonstante
ε_r relative Dielektrizitätskonstante
d Abstand der Elektroden
A Fläche der Elektroden.

In den meisten praktischen Fällen handelt es sich jedoch um unregelmäßige Körper, so daß die Bestimmung der elektrischen Ladung nicht so einfach ist.

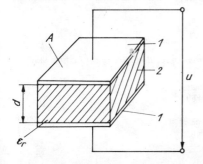

Bild 8.5. Aufbau eines homogenen Körpers (Plattenkondensator)

A Fläche
d Plattenabstand
ε_r relative Dielektrizitätskonstante des Mediums zwischen den Platten
U Spannung
1 Feldelektroden
2 Körper

Drei dafür geeignete Verfahren werden im folgenden beschrieben.

Die einfachste Methode besteht darin, den Zeitverlauf des Entladestroms mit Hilfe eines empfindlichen Galvanometers zu messen (Bild 8.6). Die Entladezeitkonstante wird dazu mit Hilfe des Vorwiderstandes R_V in geeigneter Weise vergrößert. Die Ladungsmenge Q läßt sich sodann aus dem Zeitverlauf des Entladestroms (Bild 8.7) nach folgender Beziehung bestimmen:

$$Q = \int_{t_1}^{t_2} i \, dt ; \qquad (8.3)$$

Q elektrische Ladung
t_1 Beginn des Entladevorgangs
t_2 Ende des Entladevorgangs
i Entladestrom.

Eine weitere Möglichkeit besteht darin, die Spannung und die Kapazität zu messen und die Ladungsmenge nach (8.1) zu bestimmen /8.2/.

Die dritte Methode ist die Ladungsmessung durch Influenz. Diese bildet das Grundprinzip für die meisten industriell gefertigten Ladungsmeßgeräte, wie z. B.

– Statimeter (VEB Statron Fürstenwalde)
– Coulombmeter (Elektronik-Labor Frommhold Dresden)

Bild 8.8 zeigt die entsprechende Meßanordnung. Der mit Q geladene Körper wird in den gut isolierten inneren Meßbehälter gebracht. Zur Vermeidung äußerer elektrischer Felder befindet sich der Meßbehälter in einem größeren geerdeten Gefäß. Beide Behälter sind gut voneinander isoliert. Aus der Kapazität C der Meßanordnung und der mit einem Quadrantelektro-

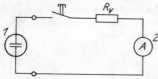

Bild 8.6. Anordnung zur Bestimmung der elektrischen Ladung aus der Messung der Zeitdauer des Entladestroms

1 geladener Körper
2 Galvanometer
R_V Vorwiderstand

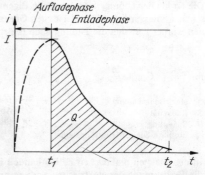

Bild 8.7. Zeitlicher Verlauf des Entladestroms i

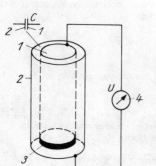

Bild 8.8. Meßanordnung zur Bestimmung der Ladung durch Influenz

1 innerer Metallbehälter
2 äußerer Metallbehälter
3 Isolierschicht
4 Quadrantelektrometer
C Kapazität zwischen
  1 u. *2*

8.4. Schutzmaßnahmen

meter gemessenen Spannung U zwischen innerem und äußerem Behälter wird die Ladung nach (8.1) ermittelt. Die Spannung am Elektrometer ergibt sich aus den Ladungen, die durch Influenz an den inneren Metallbehälter abgegeben werden. Diese Meßmethode ist besonders für unregelmäßige Körper geeignet.

Die mit den obengenannten Meßmethoden bestimmten Ladungsmengen sind stark von den Umweltbedingungen abhängig. Besonders die Luftfeuchtigkeit und die Umgebungstemperatur verfälschen die Meßergebnisse. Bild 8.9 zeigt die Abhängigkeit des Entladevorgangs von der relativen Luftfeuchtigkeit. Für reproduzierbare Meßwerte ist die Kenntnis dieser Parameter unbedingt erforderlich.

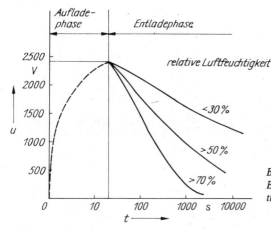

Bild 8.9. Abhängigkeit des Entladevorgangs von der relativen Luftfeuchtigkeit

8.4. Schutzmaßnahmen

Die Zielstellung zu realisierender Schutzmaßnahmen ist darauf gerichtet, die Entstehung elektrostatischer Aufladungen von vornherein zu verhindern bzw. unvermeidliche elektrostatische Aufladungen gefahrlos abzubauen. Im einzelnen sind schaltungstechnische, technologische sowie organisatorische und materielle Maßnahmen zu unterscheiden.

8.4.1. Schaltungstechnische Maßnahmen

Tafel 8.2 zeigt drei Grundschaltungen zum Schutz gefährdeter MOS- bzw. CMOS-Transistoren. Die Schaltungen sind so ausgelegt, daß die Transistoren sowohl vor positiven als auch negativen Ladungen geschützt werden /8.13/ /8.19/ /8.20/.
Die Variante 3 erreicht eine zehnmal größere Schutzwirkung als die Variante 1. Die Eingangskapazität des Transistors hat sich bei der Variante 3 etwa verdoppelt.

In praktischen Schaltungen werden meist mehrere Varianten zusammengefügt. Es ergeben sich dann solche Schaltungen, wie sie in der Tafel 8.3 für CMOS-Transistoren dargestellt sind. Die angegebenen Schaltungen werden in integrierten Schaltkreisen eingesetzt, können aber sinngemäß auch für externe Schutzbeschaltungen von empfindlichen Transistoren genutzt werden. Sie sichern die Bauelemente gegen elektrostatische Beanspruchungen bis etwa 4 kV.

Der Nachteil jeder Schutzschaltung ist die Erhöhung der Eingangskapazität und die Verschlechterung des dynamischen Verhaltens der nachfolgenden Schaltung.

Tafel 8.2. Grundschaltungen zum Schutz von MOS-/CMOS-Transistoren vor elektrostatischen Aufladungen

Schutzschaltungen	Kenngrößen/Forderungen
1 (Schaltung mit V_{D1}, V_{D2}, V_T)	$C_E \sim 1...5$ pF $U_R > U_{DD}$
2 (Schaltung mit V_{D1}, R, V_{D2}, V_T)	$C_E \sim 1...5$ pF $R = 200\,\Omega...1\,k\Omega$ $U_R > U_{DD}$
3 (Schaltung mit V_{D1}, V_{D2}, R, V_{D3}, V_T)	$C_E \sim 5...7,5$ pF $R = 200\,\Omega...1\,k\Omega$ $U_R > U_{DD}$

E Eingang
A Ausgang
C_E Eingangskapazität
U_{DD} Betriebsspannung
U_{SS} Masse

V_T Transistor
$V_{D1...3}$ Schutzdioden
R Schutzwiderstand
U_R Durchbruchspannung der Dioden $V_{D1...}$

8.4.2. Technologische Maßnahmen

Die Optimierung der technologischen Parameter bildet bei der Herstellung der integrierten Schaltkreise die Basis für den Einsatz innerer Schutzschaltungen.

Die Gateoxidqualität beeinflußt dabei besonders die Spannungsfestigkeit des integrierten Schaltkreises (Bild 8.10). In den nächsten Jahren wird die Strukturbreite weiter reduziert. Das hat zur Folge, daß die Gateoxiddicke kleiner wird und sich die Gefahr des Durchschlages infolge elektrostatischer Spannungen erhöht. Bezüglich weiterer Einzelheiten sei hier der Leser auf das Schrifttum verwiesen /8.3/ /8.4/.

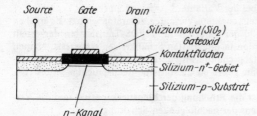

Bild 8.10. Schichtaufbau eines MOS-Planar-Transistors

8.4. Schutzmaßnahmen

Tafel 8.3. Praktisch realisierte Schutzschaltungen bei CMOS-Schaltkreisen

Schutzschaltungen von CMOS-Schaltkreisen	Grenzwerte
1	Schutz vor elektrostatischen Aufladungen bis etwa 1 kV
2	Schutz vor elektrostatischen Aufladungen bis etwa 4 kV

E Eingang	V_T Transistor
A Ausgang	$V_{D1...9}$ Schutzdioden
U_{DD} Betriebsspannung	R, R_1, R_2 Schutzwiderstände
U_{SS} Masse	

8.4.3. Organisatorische und materielle Maßnahmen

Um den umfassenden Schutz elektronischer Bauelemente im Zuge der Fertigung und Montage elektronischer Geräte und Automatisierungsmittel zu gewährleisten, sind eine Reihe weiterer Maßnahmen organisatorischer und materieller Art erforderlich /8.10/ /8.11/ /8.27/. Sie betreffen

- die Gestaltung der Maschinen, Geräte, Werkzeuge und Transportmittel,
- das Verhalten des Menschen im Umgang mit elektronischen Elementen, Halbzeugen und Geräten,
- die Gestaltung der Arbeitsplätze und -räume.

Drei wesentliche Hinweise sind bei der Gestaltung der Geräte, Maschinen, Werkzeuge und Transportmittel zu berücksichtigen:

- Geräte, die an statisch freien Arbeitsplätzen eingesetzt werden, sollten so konstruiert sein, daß die Möglichkeit eines Potentialausgleiches zwischen Gerätegehäuse und Arbeitsplatzauflage besteht. Sinnvoll ist der Einsatz eines Metallgehäuses.
- Alle Werkzeuge, Manipulationshilfen usw. müssen aus Metall bestehen.
- Die Transportmittel sind so auszuführen, daß keine elektrostatischen Aufladungen entstehen können. Vorhandene Aufladungen müssen gefahrlos abgeleitet werden.

Die größte und gefährlichste Quelle für elektrostatische Aufladungen ist der Mensch (vgl. Bild 8.2 und Tafel 3.4). Nur durch hohe Disziplin und sachgemäßes Verhalten des Personals an elektronischen Geräten, in Servicestationen usw. können elektrostatische Aufladungen vermieden werden. In der Praxis hat sich das folgende Reglement bewährt:

- Alle Manipulationen und Servicearbeiten werden nur an „statisch freien Arbeitsplätzen" ausgeführt.
- Vor jeder Manipulation ist ein geerdetes Armband anzulegen, sofern die Arbeitskraft nicht durch antistatische Schuhe mit dem leitfähigen Fußboden Kontakt hat.

8. Maßnahmen gegen elektrostatische Beanspruchungen

- Alle Werkzeuge und Manipulationshilfen müssen vor jeder Manipulation kurz auf der leitenden Arbeitsplatzauflage abgelegt werden. Voraussetzung ist, daß die Werkzeuge aus elektrisch leitfähigem Material bestehen.
- Die Entnahme von Leiterkarten mit empfindlichen Bauelementen aus elektronischen Geräten darf nur an statisch freien Arbeitsplätzen erfolgen.
- Bestückte Leiterkarten sind weitgehend geschützt, wenn die nach außen geführten Anschlüsse kurzgeschlossen und nach Möglichkeit geerdet sind.
- Bei der Prüfung und Inbetriebnahme von Geräten müssen der Schutzleiteranschluß und die Betriebsspannung stets vor allen anderen Spannungen anliegen.

Definierte antistatische Bedingungen lassen sich am besten an kompletten Arbeitsplätzen schaffen. Entsprechend ausgerüstete Servicestationen werden als „statisch freie Arbeitsplätze"

Tafel 8.4. Ausrüstung eines „statisch freien Arbeitsplatzes"

Elektrostatische Spannungsquelle/ Gegenstand	Materialien, die zu elektrostatischen Aufladungen führen können	Auftretende elektrostatische Spannung in kV	Materialien, die Aufladungen vermeiden bzw. die Entladung gefahrlos machen/Maßnahmen
1	2	3	4
Arbeitstisch	Plaste, Holz; lackierte oder gewachste Oberfläche	5	leitfähiger Tischbelag, Anstrich mit leitfähiger PVC-Farbe
Arbeitsstühl	lackierte Holzoberfläche; Dederonbezüge; Kunststoffpolsterung (Schaumgummi), Plaste	5	Bezüge aus Baumwollstoff oder antistatischem Dederonstoff; geerdetes Metallstuhlgestell
Fußboden	lackierter Beton; gewachstes Holz; Kunststoff, Fliesen, Teppich	10	leitfähiger Fußbodenbelag, Anstrich mit leitfähiger PVC-Farbe
Kleidung	Bekleidung aus synthetischen Stoffen; Schuhe mit Krepp-, Schaumgummisohle o. ä.	bis 30	Bekleidung aus Baumwollstoff oder antistatischem Dederonstoff; Schuhe mit leitfähiger Sohle (Handgelenkband siehe Abschn. 8.4.3)
Werkzeuge	eloxierte Werkzeuge; Holz- oder Kunststoffgriff	10	Metallwerkzeuge
Verpackungs- und Transportmittel	Kunststofftabletts, -behälter, Aluminiumbehälter usw.	5	Transportmittel aus antistatischem Plastmaterial oder Metall
Lötkolben Schwallötanlagen Lötflußmittel	verzunderte, ungeerdete Lötspitzen, isolierte Transportschlitten bei Schwallötanlagen, gebräuchliche Lötflußmittel	bis 80 (Verdampfen von Lötflußmitteln)	Lötkolbenspitze direkt erden, Lötbäder erden, Verwendung von leitfähigen Lötflußmitteln
Dokumentationen	Papier in jeder Verarbeitungsform, Fotokopien, Folien	5	Vermeidung dieser Materialien am Arbeitsplatz

bezeichnet /8.12/ /8.17/. Die Tafel 8.4 enthält alle Bestandteile eines solchen Arbeitsplatzes. In der Spalte 4 werden geeignete Materialien zur Beseitigung elektrostatischer Aufladungen genannt. Im Vergleich dazu sind in der Spalte 2 die am häufigsten eingesetzten, allerdings ungeeigneten Materialien aufgeführt, die zu hohen elektrostatischen Aufladungen führen. Alle antistatischen Produkte, die in der Tafel 8.4, Spalte 4, erwähnt werden, sind volumenleitfähige Materialien. Neben antistatischen Geweben kann auch Baumwollstoff eingesetzt werden. Schutz gegen elektrostatische Aufladungen bietet darüber hinaus die Behandlung von Materialien, die sich aufladen können, mit äußeren Antistatika (Volturin vom VEB Fettchemie Karl-Marx-Stadt; Neostatic von der Firma Ohainski, Westberlin).

Zusätzlich zu den Angaben in der Tafel 8.4 sind die folgenden Punkte an einem statisch freien Arbeitsplatz zu berücksichtigen:

- Erdung aller Geräte, Arbeitsauflageflächen, Armbänder, Beläge usw. so, daß zwischen jedem beliebigen Punkt im Raum oder am Arbeitsplatz und dem gemeinsamen Erdpunkt ein Widerstand zwischen 50 kΩ und 10 MΩ gemessen wird.
- Die relative Luftfeuchtigkeit in den Arbeitsräumen muß mindestens 40 % betragen.
- Ist eine sichere Ableitung der elektrostatischen Aufladungen durch die geerdeten Teile am Arbeitsplatz nicht gewährleistet, bietet die lokale Ionisation der Luft einen sicheren Schutz.

8.5. Vorschriften und Standards

Wesentliche Vorschriften und Standards zur Beherrschung elektrostatischer Beanspruchungen findet man in /8.21/ bis /8.27/. Sie betreffen einschlägige Prüf- und Meßverfahren, die entsprechende Ausstattung von Räumen sowie den Umgang mit gegenüber elektrostatischen Aufladungen empfindlichen Einrichtungen.

9. Maßnahmen gegen induktive Abschaltüberspannungen

9.1. Übersicht

Über den Wicklungen elektrischer Betriebsmittel, z. B. über den Erregerwicklungen von Motoren oder elektromagnetisch betätigten Geräten wie Relais, Luftschützen, Magnetventilen und ähnlichen Einrichtungen, und damit gleichzeitig auf den zu diesen Betriebsmitteln führenden Versorgungs- bzw. Ansteuerleitungen entstehen insbesondere beim Abschalten (jedoch auch beim Einschalten) Überspannungen, die mit hohen Anstiegsgeschwindigkeiten ein Vielfaches der Nennbetriebsspannung erreichen und deren zeitlicher Verlauf je nach den Leitungs- und Lastimpedanzwerten des Stromkreises sowie den Eigenschaften der Schaltstrecke durch mehr oder weniger hochfrequente Anteile gekennzeichnet ist. Geschaltete induktive Stromkreise zählen deshalb zu den intensivsten Störquellen. Für den Fall, daß sie in dichter räumlicher Anordnung mit Elektronikbaugruppen, z. B. innerhalb eines Geräts, eines Steuerschranks oder einer Anlage betrieben werden, ist es unerläßlich, die zu erwartenden Überspannungen durch geeignete Maßnahmen auf einen für die Elektronik verträglichen Pegel zu reduzieren.

Im vorliegenden Abschnitt werden die physikalischen Ursachen, die Größenordnungen und die prinzipiellen Zeitverläufe dieser Schaltüberspannungen betrachtet sowie die Auswahl, Bemessung und Anordnung entsprechender Mittel zu ihrer Begrenzung beschrieben.

9.2. Physikalische Grundlagen /3.1//9.1/

Bild 9.1 zeigt in vereinfachter Form das Beeinflussungsmodell zwischen dem Erregerstromkreis eines elektromagnetisch betätigten Geräts (Bild 9.1 a) und einem Logikstromkreis (Bild 9.1b). Beide Kreise sind aus Gründen der Störsicherheit galvanisch getrennt, jedoch über die praktisch stets vorhandenen parasitären Kapazitäten C_{13}, C_{14}, C_{23}, C_{24} miteinander verkoppelt. Darüber hinaus besteht über die Flußverkettung beider Kreise eine induktive Kopplung, charakterisiert durch die Gegeninduktivität M. Infolge der von Entladungserscheinungen zwischen den Kontakten des Schalters S ausgehenden HF-Abstrahlung ist außerdem eine Beanspruchung des Logikstromkreises im Sinne einer Fernfeldbeeinflussung möglich.

9.2.1. Physikalische Vorgänge beim Einschalten

Beim Einschalten des Geräts Y wird die Kapazität C_S (Bild 9.1a) über die Impedanz R, L (Innenwiderstand der Spannungsquelle und Leitungsimpedanz) aufgeladen. Das hat bei einem ideal schnell schließenden Schalter bezüglich u_S einen Ausgleichsvorgang zur Folge, der im wesentlichen durch die Parameter L und C_S festgelegt ist. Er verläuft periodisch gedämpft mit

9.2. Physikalische Grundlagen

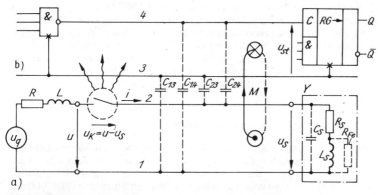

Bild 9.1. Beeinflussungsmodell
a) Erregerstromkreis eines elektromagnetisch betätigten Geräts Y
b) beeinflußter Logikstromkreis

R_S Wirkwiderstand der Erregerspule (1 bis 10^4 Ω)
L_S Induktivität der Erregerspule (1 mH bis einige 10 H)
C_S Eigenkapazität der Erregerspule (pF bis nF, Messung s. /9.2/)
R_{Fe} Ersatzwiderstand für die Verluste im Magnetkreis
S Kontakt- oder Halbleiterschaltstrecke
M Gegeninduktivität
$C_{13}, C_{14}, C_{23}, C_{24}$ Koppelkapazitäten zwischen den Stromkreisen a) und b)
E_0, H_0, elektrische und magnetische Feldstärke (vergl. Abschn. 4.6)

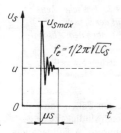

Bild 9.2. Typischer zeitlicher Verlauf der Spulenspannung u_S beim Einschalten

der Frequenz $f_e = 1/2\pi\sqrt{L\,C_S}$ (Bild 9.2). Bezüglich $u_{S\,max}$ werden Werte zwischen 300 V und mehreren Kilovolt erreicht, die Spannungsänderungsgeschwindigkeiten weisen Werte zwischen 1 und 1 000 V/ns auf, die Dauer des Gesamtvorgangs liegt im Bereich von Mikrosekunden und die Frequenz f_e in den Grenzen von 10^6 bis 10^8 Hz.

Die Störerscheinungen werden dadurch abgeschwächt, daß beim Schließen realer Schalter die Spannung über der Schaltstrecke nicht unendlich schnell zusammenbricht, sondern dafür eine endliche Zeit benötigt wird. Sie ergibt sich z. B. beim einem Thyristor aus der Zeit, die nötig ist, um hinreichend große Zonen des Halbleitermaterials mit Ladungsträgern zu überschwemmen, und bei Schaltern mit bewegten Kontakten, die Spannungen $\geq$ 300 V schalten, aus der Zeit, in der die Leitfähigkeit der der Kontaktberührung vorangehenden Funkentladung aufgebaut wird. Typische Schließzeitwerte sind /3.1/

- bei Leistungsthyristoren (0,2 bis 4 kV): 5 bis 200 µs,
- bei Relais- und Schützkontakten: 3 ns.

Bei Kontaktschaltgeräten ist in der Regel damit zu rechnen, daß der Schließvorgang infolge von Prellerscheinungen und anderen physikalischen Vorgängen /9.1/ aus einer Reihe aufeinanderfolgender Schließ- und Öffnungszyklen besteht. Es ist deshalb stets damit zu rechnen, daß während der Schließperiode mehrere der im Bild 9.2 dargestellten Ausgleichsvorgänge, gemischt mit Ausgleichserscheinungen, wie sie für Abschaltvorgänge typisch sind (s. u.), in Erscheinung treten. Insgesamt gesehen ist daher auch jeder Einschaltvorgang eines elektromagnetisch betätigten Geräts als potentielle Störungsursache zu werten.

9.2.2. Physikalische Vorgänge beim Abschalten

Beim Abschalten des elektromagnetischen Geräts, d. h. bei plötzlicher Unterbrechung des stationären Erregerstroms i_0, spielt sich in dem durch R_S, L_S und C_S gebildeten Schwingkreis ein elektrischer Ausgleichsvorgang ab, in dessen Verlauf die im Abschaltzeitpunkt in L_S und C_S gespeicherte Energie in R_S in Wärme umgesetzt wird. Setzt man im Stromkreis (Bild 9.1a) zunächst wieder einen schnellen, nahezu idealen Schalter voraus, so verläuft dieser Ausgleichsvorgang entweder schwingend mit der Frequenz $f_s \approx 1/2 \pi \sqrt{L_s\, C_s}$ (Bild 9.3a) oder stark überperiodisch gedämpft (Bild 9.3b). Der Zeitverlauf der Spulenspannung u_S nach Bild 9.3a ist dabei typisch für Geräte mit geblechtem und der Verlauf nach Bild 9.3b für Geräte mit massivem magnetischem Kreis. Der stark gedämpfte Verlauf im Bild 9.3b erklärt sich durch den Einfluß von R_{Fe}, der in bekannter Weise den Eisenverlustwiderstand des massiven Magnetkreises repräsentiert.

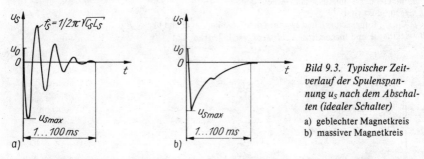

Bild 9.3. Typischer Zeitverlauf der Spulenspannung u_S nach dem Abschalten (idealer Schalter)

a) geblechter Magnetkreis
b) massiver Magnetkreis

Ohne besondere Vorkehrungen sind die Ausgleichsvorgänge in beiden Fällen von hohen Spulenüberspannungen $u_{S\,max}$ und von großen Spannungsänderungsgeschwindigkeiten du_S/dt begleitet. Der theoretisch mögliche Höchstwert der Spulenüberspannung $u_{S\,max}$ läßt sich aus der Energiebilanz

$$C_S \frac{u_{S\,max}^2}{2} \approx L_S \frac{i_0^2}{2} \tag{9.1}$$

und der maximal mögliche Wert für die zeitliche Spulenspannungsänderung $(du_S/dt)_{max}$ über die den Ausgleichsvorgang beschreibende Differentialgleichung abschätzen. Legt man die praktisch stets erfüllte Bedingung $C_S R_S \ll L_S/R_S$ zugrunde und vernachlässigt man den Einfluß von R_S, ergeben sich für die Beträge der beiden Größen die in der Tafel 9.1, Spalte 1, aufgeführten einfachen Beziehungen. Für ein konkretes Beispiel lassen sich damit die in der Spalte 2 der Tafel 9.1 angegebenen Werte berechnen. Der theoretische Wert $u_{S\,max}$ wird jedoch praktisch nicht erreicht, da

- ein Teil der im Abschaltzeitpunkt in L_S gespeicherten Energie $W_S = L_S \frac{i_0^2}{2}$ während des Umladevorgangs von L_S auf C_S im Wicklungswiderstand R_S in Wärme umgesetzt wird,
- Wirbelstrom- und Hystereseverluste im Magnetkreis, insbesondere bei massiver Ausführung, einen Teil der Energie W_S aufzehren,

9.2. Physikalische Grundlagen

Tafel 9.1. Theoretische und praktisch meßbare Werte für $U_{S\,max}$, $(du_S/dt)_{max}$ und f_S beim Abschalten

0	1	2	3
	Näherungsbeziehungen	Nach Spalte 1 berechnete Werte für $L_S = 25$ H $C_S = 100$ pF $i_O = 10$ mA	Praktisch meßbare Werte
$u_{S\,max}$	$\approx i_O \sqrt{\dfrac{L_S}{C_S}}$	5 000 V	100 V...4 kV
$\left(\dfrac{du_S}{dt}\right)_{max}$	$\approx \dfrac{i_O}{C_S}$	0,1 V/ns	0,1...20 V/ns
f_S	$\approx \tfrac{1}{2}\pi \sqrt{L_S C_S}$	3,18 kHz	1 kHz...10 MHz

- beim Abschalten mit einem Kontaktschaltgerät zwischen den Schalterkontakten in der Regel ein Entladungsvorgang einsetzt, der ebenfalls einen Teil von W_S absorbiert.

Die in ausgeführten Anlagen praktisch meßbaren Werte für $u_{S\,max}$, $(du_S/dt)_{max}$ liegen in den in der Spalte 3 der Tafel 9.1 angegebenen Grenzen und haben folgende Auswirkungen:

- Da $u_{S\,max} \gg u$ ist, wird die Wicklungsisolation des elektromagnetisch betätigten Geräts überbeansprucht.
- Bei Kontaktschaltgeräten treten wegen $u_{K\,max} = u - u_{S\,max}$ und demzufolge $|u_{K\,max}| \gg u$ je nach der möglichen Stromstärke Glimm-, Funken- oder Bogenentladungen zwischen den Kontaktelementen auf. Im einzelnen wird dadurch während des Schalteröffnungsvorgangs die Schaltstrecke mehrfach hintereinander geöffnet und durch den dabei infolge von $u_{K\,max}$ jeweils einsetzenden Entladungsvorgang wieder geschlossen. Dies führt zu den bekannten Bursterscheinungen im zeitlichen Verlauf der Spulenspannung (Bild 9.4). Die Burstfolgefrequenz liegt im Bereich von $f_B = 10^4 ... 10^7$ Hz. In ihrer Gesamtheit sind daher die Entladungserscheinungen einerseits Quelle intensiver HF-Störungen und andererseits, besonders in Gleichstromerregerkreisen mit großen Induktivitäten, die Ursache für einen starken Kontaktverschleiß.
- Bei der Verwendung von Transistoren, Thyristoren oder Triacs als Schalter wird durch $u_{K\,max}$ die Spannungsfestigkeit der Schaltstrecke überbeansprucht.
- In benachbarten Logikstromkreisen treten zeitweilige Funktionsstörungen auf, oder es werden Logikelemente zerstört, wenn die über C_{13}, C_{14}, C_{23}, C_{24} oder M eingekoppelte Störspannung u_{st} (Bild 9.1b) oder die eingestrahlte Störenergie die Störfestigkeitswerte bzw. die Zerstörfestigkeit des Logiksystems überschreiten.

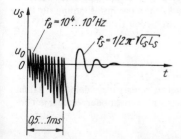

Bild 9.4. Abschaltvorgang mit Bursterscheinungen

Tafel 9.2. Beschaltungsmaßnahmen in den Erregerstromkreisen elektromagnetisch betätigter Geräte

Beschaltungsmaßnahmen	Zielstellungen	Anordnung der Beschaltungselemente
Schutzbeschaltungen von Erregerwicklungen	Schutz der Wicklungsisolation vor Spannungsüberbeanspruchungen	parallel zur Erregerspule
Funkentstörungs- und Kontaktschutzbeschaltungen	Unterdrückung von Glimm-, Funken- und Bogenentladungen zwischen den Schaltstücken zur Vermeidung von HF-Kippschwingungen und zwecks Herabsetzung des Kontaktabbrands	Funkentstörschaltungen parallel zu den Kontakten, um den Einfluß der Leitungsinduktivität mit auszuschalten, Kontaktschutzbeschaltungen (vorzugsweise RC-Glieder) parallel zur Erregerspule
Schutzbeschaltungen von Halbleiterschaltstrecken	Schutz der Halbleiterbauelemente vor unzulässigen Spannungsbeanspruchungen und Spannungsänderungsgeschwindigkeiten	bei Thyristoren parallel zur Schaltstrecke, bei Transistoren auch parallel zur Last, wenn keine langen Verbindungsleitungen zwischen Erregerspule und Transistor bestehen
Störschutzbeschaltungen	$u_{S\,max}$ und du_S/dt möglichst klein, um Funktionsstörungen in benachbarten Elektroniksystemen zu vermeiden bzw. die Zerstörung von Logikelementen zu verhindern	möglichst unmittelbar an der Betätigungsspule

In den Erregerstromkreisen elektromagnetisch betätigter Geräte sind deshalb stets Vorkehrungen für eine Bedämpfung der zu erwartenden Abschaltüberspannungen zu treffen. Das geschieht durch Beschaltungskombinationen aus passiven oder auch aktiven Elementen. Ihre Strukturierung, Bemessung und Anordnung richtet sich dabei danach, mit welcher Zielstellung eine Beschaltungsmaßnahme zu realisieren ist. Tafel 9.2 gibt hierzu eine Übersicht.

Im weiteren werden ausschließlich Störschutzbeschaltungen betrachtet.

9.3. Bewertungskriterien für Störschutzbeschaltungen

Für gleichstrom- und wechselstrombetätigte Geräte gibt es eine Vielzahl möglicher Beschaltungsvarianten (s. Tafeln 9.3 und 9.5 und Bilder 9.9 und 9.10). Über ihre Eignung für konkrete Einsatzfälle wird anhand der folgenden Kriterien entschieden (Auflistung ohne Wichtung der Reihenfolge):
- Ansprechzeit,
- Stoßstrombelastbarkeit und Energieabsorptionsvermögen,
- Wirksamkeit hinsichtlich der Begrenzung von $u_{S\,max}$ und du_S/dt,
- zeitlicher Verlauf der Spulenspannung u_S und des Erregerstroms i nach dem Abschalten (schwingend oder aperiodisch) und damit für Geräte mit Anker mehr oder weniger gut geeignet,
- Strombelastung des Schalters beim Einschalten,

9.4. Störschutzbeschaltungen für gleichstrombetätigte Geräte

- stationärer Verluststrom (kein oder zusätzlicher Strombedarf und damit Vergrößerung der Stromversorgung und zusätzliche thermische Belastung der Umgebung),
- Beeinflussung der Reaktionszeit des beschalteten Geräts (Diodenbeschaltung: 10- bis 20fache Verlängerung der Rückgangszeit),
- Beeinflussung der Zuverlässigkeit des Gesamtsystems (Ausfallraten der Beschaltungselemente und der zusätzlichen Verbindungsstellen),
- Alterungsverhalten (Parameterdrift),
- Ausfallverhalten (Kurzschluß oder Unterbrechung mit den sich daraus ergebenden Konsequenzen, d. h., Sicherung spricht an oder Ausfall bleibt unerkannt),
- Schwierigkeitsgrad der treffsicheren Dimensionierung,
- Platzbedarf bzw. gerätemäßige Ausführung und damit die Möglichkeit der unmittelbaren Unterbringung an der Erregerwicklung,
- Preis.

Als günstig ist eine Störschutzbeschaltung anzusehen, die
- kostenmäßig vertretbar,
- bei raumsparendem Aufbau eine ausreichende Dämpfung der Abschaltüberspannungen möglichst unmittelbar an der Erregerspule zuläßt,
- sich durch sehr kurze Ansprechzeiten auszeichnet,
- möglichst keine stationären Energieverluste verursacht,
- die Gesamtzuverlässigkeit einer Anlage nicht beeinträchtigt,
- Kurzschlußausfallverhalten aufweist,
- die Reaktionszeiten des beschalteten Geräts möglichst wenig verändert und
- nach einfachen Regeln treffsicher zu dimensionieren ist.

9.4. Störschutzbeschaltungen für gleichstrombetätigte Geräte

Tafel 9.3 vermittelt eine Übersicht über die wichtigsten Eigenschaften der bei Gleichstromgeräten anwendbaren Störschutzbeschaltungen.

9.4.1. Dioden /9.3/ bis /9.7/

Die radikalste Bedämpfung der Abschaltüberspannungen erlaubt die reine Diodenbeschaltung (Tafel 9.3, Spalte 1). Unter der Voraussetzung, daß die Schaltgeschwindigkeit der Diode wesentlich größer als die der Schaltstrecke ist, tritt keine Spulenabschaltüberspannung in Erscheinung.

Die Sperrspannung der Diode wird $U_R > 1,5\ U_n$ und der Durchlaßstrom $I_F > 1,5\ I_n$ gewählt. Die Sperrerholzeit t_{rr} sollte unter 100 ns liegen, damit Prellvorgänge an den Schalterkontakten die Diode nicht zerstören /4.2/. Beim Anschluß ist auf richtige Polarität zu achten. Bei Geräten mit Anker wird die Anzugszeit des beschalteten Geräts nicht beeinträchtigt, die Rückgangszeit gegenüber dem unbeschalteten Zustand jedoch um das 10- bis 20fache erhöht. Diese Eigenschaft kann vorteilhaft genutzt werden, wenn z. B. kurzzeitige Spannungseinbrüche im Bereich einiger Millisekunden zu überbrücken sind. Insgesamt gesehen bieten Diodenbeschaltungen bei kleinen Abmessungen und vernachlässigbarem Verluststrom eine sehr gute Entstörwirkung. Sie werden eingesetzt, wenn eine Verlängerung der Rückgangsverzugszeit des beschalteten Geräts keine nachteiligen Folgen für die Funktion der Gesamtanlage hat.

Tafel 9.3. Übersicht über die Eigenschaften der wichtigsten Störschutzbeschaltungen für gleichstrombetätigte Geräte

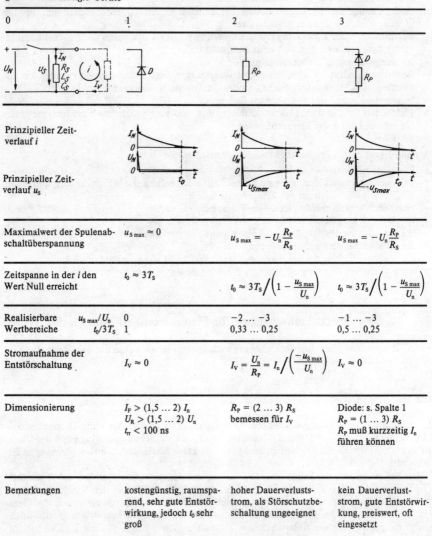

	0	1	2	3
Maximalwert der Spulenabschaltüberspannung	$u_{S\,max} \approx 0$		$u_{S\,max} = -U_n \dfrac{R_P}{R_S}$	$u_{S\,max} = -U_n \dfrac{R_P}{R_S}$
Zeitspanne in der i den Wert Null erreicht		$t_0 \approx 3T_S$	$t_0 \approx 3T_S \Big/ \left(1 - \dfrac{u_{S\,max}}{U_n}\right)$	$t_0 \approx 3T_S \Big/ \left(1 - \dfrac{u_{S\,max}}{U_n}\right)$
Realisierbare $u_{S\,max}/U_n$ Wertbereiche $t_0/3T_S$		0 1	$-2 \ldots -3$ $0{,}33 \ldots 0{,}25$	$-1 \ldots -3$ $0{,}5 \ldots 0{,}25$
Stromaufnahme der Entstörschaltung		$I_V \approx 0$	$I_V = \dfrac{U_n}{R_P} = I_n \Big/ \left(\dfrac{-u_{S\,max}}{U_n}\right)$	$I_V \approx 0$
Dimensionierung		$I_F > (1{,}5 \ldots 2)\, I_n$ $U_R > (1{,}5 \ldots 2)\, U_n$ $t_{rr} < 100$ ns	$R_P = (2 \ldots 3)\, R_S$ bemessen für I_V	Diode: s. Spalte 1 $R_P = (1 \ldots 3)\, R_S$ R_P muß kurzzeitig I_n führen können
Bemerkungen		kostengünstig, raumsparend, sehr gute Entstörwirkung, jedoch t_0 sehr groß	hoher Dauerverluststrom, als Störschutzbeschaltung ungeeignet	kein Dauerverluststrom, gute Entstörwirkung, preiswert, oft eingesetzt

R_S, L_S, C_S, $T_S = L_S/R_S$ Wirkwiderstand, Induktivität, Kapazität und Zeitkonstante der Erregerwicklung
I_n, U_n Nennstrom und Nennspannung der Erregerwicklung
$I_{e,zul}$ zulässiger Einschaltstrom des Schalters
I_F Diodendurchlaßstrom
I_V Verluststrom
$I_{Z\,max}$ maximal zulässiger Z-Strom
MOV Metalloxid-Varistor
$P_{V\,max}$ maximal zulässige Verlustleistung
R_E Entladewiderstand
t_{rr} Dioden-Sperrerholzeit
U_{Ch} Kondensatornennspannung

9.4. Störschutzbeschaltungen für gleichstrombetätigte Geräte

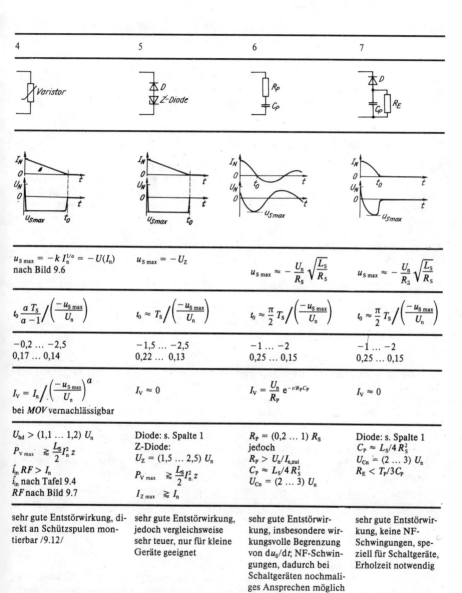

4	5	6	7
Varistor	D / Z-Diode	R_P, C_P	D, C_P, R_E
$u_{S\,max} = -k\,I_n^{1/a} = -U(I_n)$ nach Bild 9.6	$u_{S\,max} = -U_Z$	$u_{S\,max} \approx -\dfrac{U_n}{R_S}\sqrt{\dfrac{L_S}{R_S}}$	$u_{S\,max} \approx -\dfrac{U_n}{R_S}\sqrt{\dfrac{L_S}{R_S}}$
$t_0 \dfrac{a\,T_S}{a-1}\Big/\left(\dfrac{-u_{S\,max}}{U_n}\right)$	$t_0 \approx T_S\Big/\left(\dfrac{-u_{S\,max}}{U_n}\right)$	$t_0 \approx \dfrac{\pi}{2}T_S\Big/\left(\dfrac{-u_{S\,max}}{U_n}\right)$	$t_0 \approx \dfrac{\pi}{2}T_S\Big/\left(\dfrac{-u_{S\,max}}{U_n}\right)$
$-0,2\ldots-2,5$ $0,17\ldots 0,14$	$-1,5\ldots-2,5$ $0,22\ldots 0,13$	$-1\ldots-2$ $0,25\ldots 0,15$	$-1\ldots-2$ $0,25\ldots 0,15$
$I_V = I_n \Big/\left(\dfrac{-u_{S\,max}}{U_n}\right)^a$ bei *MOV* vernachlässigbar	$I_V \approx 0$	$I_V = \dfrac{U_n}{R_P}\,e^{-t/R_P C_P}$	$I_V \approx 0$
$U_{hd} > (1,1\ldots 1,2)\,U_n$ $P_{V\,max} \gtrsim \dfrac{L_S}{2}I_n^2\,z$ $\hat{i}_{in}\,RF > I_n$ $\hat{i}_{in}$ nach Tafel 9.4 RF nach Bild 9.7	Diode: s. Spalte 1 Z-Diode: $U_Z = (1,5\ldots 2,5)\,U_n$ $P_{V\,max} \gtrsim \dfrac{L_S}{2}I_n^2\,z$ $I_{Z\,max} \gtrsim I_n$	$R_P = (0,2\ldots 1)\,R_S$ jedoch $R_P \geq U_n/I_{e,zul}$ $C_P \approx L_S/4R_S^2$ $U_{Cn} = (2\ldots 3)\,U_n$	Diode: s. Spalte 1 $C_P \approx L_S/4R_S^2$ $U_{Cn} = (2\ldots 3)\,U_n$ $R_E < T_P/3C_P$
sehr gute Entstörwirkung, direkt an Schützspulen montierbar /9.12/	sehr gute Entstörwirkung, jedoch vergleichsweise sehr teuer, nur für kleine Geräte geeignet	sehr gute Entstörwirkung, insbesondere wirkungsvolle Begrenzung von du_S/dt; NF-Schwingungen, dadurch bei Schaltgeräten nochmaliges Ansprechen möglich	sehr gute Entstörwirkung, keine NF-Schwingungen, speziell für Schaltgeräte, Erholzeit notwendig

U_{hd} obere Betriebsgleichspannung eines Varistors (Bild 9.5)
U_R Diodensperrspannung
U_Z Z-Spannung (Bild 9.8a)
z Zahl der Abschaltungen je Zeiteinheit
a Varistorkonstante

9.4.2. Ohmsche Widerstände

Ein Parallelwiderstand R_P zur Erregerwicklung (Tafel 9.3, Spalte 2) ist eine zwar mögliche, jedoch nur bedingt geeignete Störschutzbeschaltung. Er darf im Hinblick auf die Höhe der Abschaltüberspannung $u_{S\,max}$ nicht zu groß, andererseits aber, damit der Abschaltvorgang nicht zu lange dauert und der Verluststrom $I_V = U_n/R_P$ innerhalb vertretbarer Grenzen bleibt, nicht zu klein bemessen sein. Er wird in den Grenzen $R_P = (2 \ldots 3)\,R_S$ gewählt und für den Verluststrom I_v dimensioniert. Parallelwiderstände werden gelegentlich zur Beschaltung von Maschinenwicklungen verwendet. Zur Störschutzbeschaltung ist ihr Einsatz nicht zu empfehlen.

9.4.3. Ohmsche Widerstände mit Dioden

Verbesserte Eigenschaften ergeben sich, wenn man zu R_P eine Diode in Reihe schaltet (Tafel 9.3, Spalte 3). Bei eingeschalteter Erregerspule fließt in diesem Fall, abgesehen vom Diodenrückstrom, der vernachlässigbar klein ist, kein Strom durch R_p. Demzufolge wird die Spannungsquelle nicht zusätzlich belastet, eine zusätzliche Wärmeentwicklung vermieden und R_p thermisch geringer beansprucht, so daß er hinsichtlich seiner Belastbarkeit ggf. kleiner dimensioniert werden kann. Die Bemessung der Diode erfolgt wie in Spalte 1 der Tafel 9.3. Auch hier ist auf richtige Polung zu achten.

9.4.4. Varistoren /9.8/ bis /9.16/

Varistoren (Tafel 9.3, Spalte 4) sind spannungsabhängige Widerstände mit symmetrischer, stark nichtlinearer Strom-Spannungs-Kennlinie (Bild 9.5). Sie wird im Bereich $i > 0$ durch die Gleichung

$$I = k \cdot U^a \tag{9.2}$$

beschrieben. k ist darin eine Konstante und a ein Exponent, der die Nichtlinearität der U-I-Kennlinie charakterisiert. Die Werte von a liegen bei den konventionellen Siliziumkarbid-Varistoren im Bereich von 3 bis 5, bei den Metalloxid-Varistoren auf Zinkoxidbasis dagegen im Bereich von 20 bis 30. Letztere sind daher, da sie außerdem sehr kurze Ansprechzeiten haben (20 bis 50 ns), hervorragend als Überspannungsbegrenzungselemente geeignet. Sie gewährleisten bei vergleichbaren Spulenabschaltüberspannungen $u_{S\,max}$ kleinere Zeiten t_O als die vorher beschriebenen Beschaltungsmöglichkeiten.

Die Auswahl eines geeigneten Metalloxid-Varistors erfolgt im wesentlichen nach drei Aspekten:
- erstens nach der oberen Betriebsspannung U_{hd} des Varistors (vgl. Bild 9.5). Sie wird unter Berücksichtigung der für die Gerätenennspannung U_n möglichen Plus-Toleranz ΔU_n ermittelt:

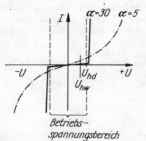

Bild 9.5. Strom-Spannungs-Kennlinie eines Siliziumkarbid-Varistors ($a = 5$) und eines Zinkoxid-Varistors (Metalloxid-Varistor, $a = 30$)

U_{hd} obere Betriebsgleichspannung (höchste, dauernd zulässige Gleichspannung, die an den Varistor gelegt werden darf)

U_{hw} obere Betriebswechselspannung (Effektivwert der höchsten sinusförmigen 50-Hz- oder 60-Hz-Wechselspannung, die dauernd an den Varistor gelegt werden darf)

9.4. Störschutzbeschaltungen für gleichstrombetätigte Geräte

$$U_{hd} \gtrless U_n \left(1 + \frac{\Delta U_n}{U_n}\right) = (1{,}1 \ldots 1{,}2)\, U_n \cdot \quad (9.3)$$

- zweitens nach der maximal zulässigen Verlustleistung $P_{V\,max}$ des Varistors. Sie wird gemäß der Beziehung

$$P_{V\,max} \gtrless \frac{L_S}{2} I_n^2 z \quad (9.4)$$

bestimmt, wobei L_S die Wicklungsinduktivität, I_n den Spulennennstrom und z die Zahl der Abschaltungen je Zeiteinheit bezeichnen.

Mit U_{hd} nach (9.3) und $P_{V\,max}$ entsprechend (9.4) liegt der Varistortyp vorerst fest. Die beim Abschalten auftretende Abschaltüberspannung $u_{S\,max}$ kann man auf einfache Weise mit I_n seiner U, I-Kennlinie entnehmen (Bild 9.6) oder auf der Grundlage einer normierten U, I-Kennlinie berechnen /9.4/.

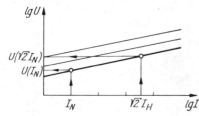

Bild 9.6. Varistor-U, I-Kennlinienfeld in doppeltlogarithmischer Darstellung

- drittens schließlich ist zu prüfen, ob der maximal zulässige Ableitimpulsstrom $\hat{i}_{i\,max}$ des gewählten Varistors nicht überschritten wird, d. h., inwieweit die Einhaltung der Bedingung

$$\hat{i}_{i\,max} = \hat{i}_{in} RF \geq I_n \quad (9.5)$$

gewährleistet ist.

$\hat{i}_{in}$ ist darin die maximal zulässige Impulsamplitude eines 8/20-µs-Standardimpulses entsprechend TGL 16428 (8 µs Anstiegszeit, 20 µs Impulsdauer). Sie wird in den Firmenkatalogen für bestimmte Schaltspielzahlen m angegeben (Tafel 9.4). Danach verträgt z. B. ein Varistor

Tafel 9.4. Nennableitimpulsstrom $\hat{i}_{in}$ von Metalloxid-Varistoren in Abhängigkeit von der Schaltspielzahl m

Varistornenndurchmesser	U_{hw}	U_{hd}	Nennableitimpulsstrom $\hat{i}_{in}$ für verschiedene Schaltspielzahlen m (8/20-ns-Standardimpuls)			
			$m = 10^0$	10^2	10^4	10^6
mm	V	V	A	A	A	A
5	95	125	200	50	20	10
7	95	125	500	125	50	25
10	95	125	500	125	50	25
10	95	125	1 000	250	100	50
14	95	125	1 000	250	75	25
14	95	125	2 000	500	175	50
20	95	125	4 000	1 000	200	50
30	250	320	10 000	2 000	250	60

U_{hw} obere Betriebswechselspannung (Effektivwert)
U_{hd} obere Betriebsgleichspannung /9.8/

mit 5 mm Scheibendurchmesser insgesamt 10^6 10-A-Standardimpulse. Für den Fall, daß die Impulsbreite > 20 µs ist, vermindert sich die zulässige Impulsamplitude. Dies wird durch den Reduktionsfaktor RF berücksichtigt, der in Abhängigkeit von der Impulsbreite τ Bild 9.7 entnommen werden kann. Beispielsweise erhält man für $\tau = 5$ ms bei $m = 10^6$ Schaltspielen einen Reduktionsfaktor von $RF = 0{,}06$. Für den genannten 5-mm-Varistor lautet somit die Beziehung (9.5)

$$\hat{I}_{i,\max} = 10 \text{ A} \cdot 0{,}06 \geq I_n.$$

Das heißt, der vorausgewählte Varistor ist verwendbar, wenn der Nennstrom I_n des beschalteten Gerätes $\leq 0{,}6$ A ist. Ist das nicht der Fall, muß ein höher belastbarer Varistor mit größerem Scheibendurchmesser eingesetzt werden.

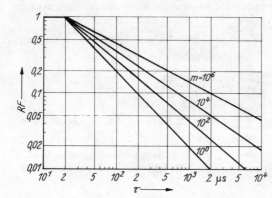

Bild 9.7. Reduktionsfaktor RF für Impulsbreiten $\tau > 20$ µs /9.4/

Der zur Bestimmung von RF erforderliche Wert für die Impulsbreite τ kann mit Hilfe der Beziehung (9.6)

$$\tau \approx t_0 \approx L_S I_n / u_{S\,\max} \tag{9.6}$$

abgeschätzt werden. L_S ist darin die Spuleninduktivität, I_n der Spulennennstrom und $u_{S\,\max}$ die unter zweitens aus Bild 9.6 ermittelte Spulenabschaltüberspannung.

Gleichung (9.6) ergibt sich durch Vereinfachung der in Tafel 9.3, Spalte 4, für t_0 angegebenen Beziehung.

9.4.5. Z-Dioden /9.18/ /9.19/

Z-Dioden haben eine asymmetrische U-I-Kennlinie (Bild 9.8a). Damit bei eingeschaltetem Gerät kein Strom durch das Entstörglied fließt, ist eine Diode D gegengeschaltet (Tafel 9.3, Spalte 5). Die Größe des erforderlichen U_Z-Wertes der Z-Diode (Bild 9.8a) richtet sich nach dem gewünschten Wertepaar $u_{S\,\max}/U_n$; $t_0/3T_S$. Er wird gewöhnlich in den im Bild 9.8b markierten Grenzen $U_Z = (1{,}5 \ldots 2{,}5)\,U_n$ gewählt. Im übrigen muß die Z-Diode kurzzeitig den Nennstrom I_n des beschalteten Geräts führen können, d. h.

$$I_{Z\,\max} \geq I_n \tag{9.7}$$

gewählt werden und für eine Verlustleistung

$$P_{V\,\max} \gtrless \frac{L_S}{2} I_n^2 \cdot z \tag{9.8}$$

9.4. Störschutzbeschaltungen für gleichstrombetätigte Geräte

ausgelegt sein. L_S ist die Induktivität der Erregerwicklung und z die Zahl der Abschaltungen je Zeiteinheit. Die Dimensionierung der Diode erfolgt wie in Spalte 1 der Tafel 9.3.

Z-Diodenbeschaltungen haben zwar kurze Ansprechzeiten und gewährleisten eine wirksame Begrenzung der Abschaltüberspannungen ohne nennenswerte Beeinträchtigung der Rückgangszeit des beschalteten Geräts, jedoch sind sie vergleichsweise sehr teuer. Ihre Stoßstrombelastbarkeit und ihr Energieabsorptionsvermögen sowie die Höhe von U_Z sind begrenzt, so daß sie nur für kleine, über Halbleiter angesteuerte Geräte mit niedrigen Nennspannungen, $U_n \leq (0{,}4 \ldots 0{,}8)\, U_Z$, in Frage kommen. Bessere Eigenschaften in dieser Hinsicht haben die speziell für den Abbau transienter Überspannungen entwickelten TAZ-Dioden *(Transient Absorption Zener-Dioden)* /9.16/ /9.28/.

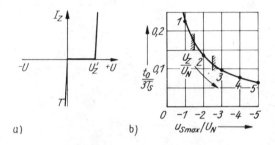

Bild 9.8. Z-Diode
a) Strom-Spannungs-Kennlinie
b) $t_0/3T_S = f(u_{S\,\text{max}}/U_n)$
gemäß Tafel 9.3, Spalte 5

9.4.6. RC-Glieder /4.2/ /9.20/

Sehr gute Eigenschaften bezüglich der Begrenzung der Abschaltüberspannungen, der Herabsetzung der Spannungsänderungsgeschwindigkeiten sowie der Gewährleistung kurzer Abschaltzeiten haben zweckentsprechend dimensionierte RC-Glieder. Sie bestehen im einfachsten Fall aus einem Widerstand R_P und einem Kondensator C_P, die parallel zur Erregerspule angeordnet sind (Tafel 9.3, Spalte 6). Beim Einschalten wird C_P innerhalb kurzer Zeit (Ladezeitkonstante $T_L = C_P \cdot R_P$) auf die Erregernennspannung U_n aufgeladen. Danach fließt durch das Entstörglied nur der Verluststrom des Kondensators, der im allgemeinen zu vernachlässigen ist.

Das RC-Glied wird so bemessen, daß es sich nach dem Abschalten gedämpft schwingend entlädt. Es gelten folgende Dimensionierungsregeln /4.2/:

$$R_P = (0{,}2 \ldots 1)\, R_S, \qquad (9.9)$$

wobei jedoch ein unterer Widerstandswert $R_P = U_n/I_{e,\,\text{zul}}$ nicht unterschritten werden darf, damit beim Einschalten die Schalterkontakte nicht verschweißen, und

$$C_P \approx L_S/4\, R_S^2, \qquad (9.10)$$

wobei R_S und L_S den Wirkwiderstand bzw. die Induktivität der Erregerwicklung bezeichnen. Das Störschutzglied muß kurzzeitig den Strom I_n führen können und der Kondensator für den 2- bis 3fachen Wert der Spulennennspannung U_n ausgelegt sein. Da beim Entladevorgang die Stromrichtung wechselt, werden in der Regel nur Metallpapierkondensatoren eingesetzt.

9.4.7. RCD-Glieder /4.2/ /9.21/

Eine weitere Störschutzkombination, bestehend aus einer Dioden-Kapazitäts-Widerstandsanordnung ist in der Spalte 7 der Tafel 9.3 dargestellt. Der Kondensator wird nach dem Abschalten der Erregerwicklung bis zum Zeitpunkt t_0 aufgeladen. Durch die Diode ist eine Stromum-

kehr nicht möglich. C_P wird über R_E entladen. Da keine Niederfrequenzschwingungen auftreten, ist diese Beschaltungsvariante speziell für Schaltgeräte geeignet. Ein ggf. nochmaliges Anziehen des Ankers entfällt. Es gelten folgende Bemessungsgrundsätze:
Diode: entsprechend Tafel 9.3, Spalte 1

Kondensator:

$$C_P \approx \frac{L_S}{(2 \ldots 4)R_S^2} \tag{9.11}$$

mit R_S und L_S als Wirkwiderstand und Induktivität der Erregerwicklung

Kondensatornennspannung:

$$U_{Cn} = (2 \ldots 3)\, U_n \tag{9.12}$$

Entladewiderstand:

$$R_E < \frac{T_P}{3\, C_P}, \tag{9.13}$$

wobei T_P die Pausenzeit zwischen zwei Abschaltungen bezeichnet.

9.4.8. Einsatzempfehlungen

Vergleicht man die einzelnen Störschutzbeschaltungen anhand der im Abschnitt 9.3 angegebenen Bewertungskriterien, lassen sich folgende Einsatzempfehlungen ableiten:
- Für den Fall, daß die Größe der Rückgangsverzugszeit des beschalteten Geräts keine Rolle spielt, ist eine Diodenbeschaltung günstig (Tafel 9.3, Spalte 1).
- Sollen die Reaktionszeiten des zu beschaltenden Geräts möglichst wenig beeinträchtigt werden, sind Entstörkombinationen mit Metalloxid-Varistoren (Tafel 9.3, Spalte 4) oder RC-Glieder (Tafel 9.3, Spalten 6 und 7) vorteilhaft; für kleine Geräte auch Z-Dioden- oder TAZ-Diodenbeschaltungen (Tafel 9.3, Spalte 5).
- Lineare Widerstände (Tafel 9.3, Spalte 2) sind als Störschutzbeschaltung ungeeignet.

9.5. Störschutzbeschaltungen für wechselstrombetätigte Geräte

Beim Abschalten einer wechselstromdurchflossenen Wicklung sind zwei Grenzfälle zu unterscheiden: das Öffnen des Stromkreises zum Zeitpunkt des Stromnulldurchgangs und das Unterbrechen des Stromkreises, während der Strom gerade seinen Maximalwert $\sqrt{2 I_H}$ innehat (I_H = Effektivwert des Haltestroms). Der zweite Fall repräsentiert die ungünstigsten Abschaltverhältnisse für Wechselstromkreise. Es können dabei wie in Gleichstromkreisen hohe Abschaltüberspannungen entstehen. Er wird im weiteren ausschließlich betrachtet und der Dimensionierung der Beschaltungsmittel zugrunde gelegt. Mögliche Störschutzbeschaltungen für einphasige Wechselstromgeräte zeigt Tafel 9.5.

9.5.1. Ohmsche Widerstände

Die einfachste, für eine wirksame Entstörung jedoch nicht sonderlich geeignete Variante einer Störschutzbeschaltung ist ein ohmscher Widerstand R_P parallel zur Erregerwicklung (Tafel 9.5, Spalte 1). Er kommt in Einzelfällen, ggf. als Provisorium, zum Einsatz. Sein Widerstandswert wird in den Grenzen

$$R_P = (2 \ldots 4) \frac{U_n}{I_H}$$ (9.14)

gewählt und für den Dauerstrom $I_V = U_n/R_P$ dimensioniert.

9.5.2. Varistoren /9.8/ bis /9.16/

Entschieden besser geeignet als Wirkwiderstände sind Varistoren (Tafel 9.5, Spalte 2), insbesondere Metalloxid-Varistoren (MOV), die gegenüber herkömmlichen SiC-Varistoren einen erheblich höheren Nichtlinearitätskoeffizienten ($a = 20 \ldots 30$) und sehr kurze Ansprechzeiten ($20 \ldots 50$ ns) haben (Bild 9.5). Die Abschaltüberspannung $u_{S\,max}$ läßt sich damit auf einen Schutzpegel von etwa dem 2- bis 3fachen Wert der Gerätenennspannung U_n begrenzen.

Die Auswahl eines geeigneten Metalloxid-Varistors erfolgt analog zu Abschnitt 9.4.4.

- Erstens wird unter Berücksichtigung der für die Gerätenennspannung U_n möglichen Plus-Abweichung ΔU_n die obere Betriebswechselspannung U_{hw} des Varistors (Bild 9.5) ermittelt:

$$U_{hw} \gtrsim U_n \left(1 + \frac{\Delta U_n}{U_n}\right) = (1{,}1 \ldots 1{,}2)\, U_n.$$ (9.15)

- Zweitens wird die maximal zulässige Verlustleistung $P_{V\,max}$ des Varistors bestimmt (Bedeutung der Formelzeichen s. Tafel 9.5):

$$P_{V\,max} \gtrsim \frac{U_n I_H}{2\,\pi f}\, z.$$ (9.16)

Mit U_{hw} nach (9.15) und $P_{V\,max}$ entsprechend (9.16) wird ein entsprechender Varistortyp vorausgewählt. Die beim Abschalten zu erwartende Überspannung $u_{S\,max}$ läßt sich für $\sqrt{2}I_H$ seiner U, I-Kennlinie entnehmen (Bild 9.6).

- Drittens schließlich ist in gleicher Weise, wie im Abschnitt 9.4.4 erläutert, zu überprüfen, ob der maximal zulässige Ableitimpulsstrom $\hat{\imath}_{i\,max}$ des vorausgewählten Varistors nicht überschritten wird, d. h., inwieweit die Einhaltung der Bedingung

$$\hat{\imath}_{i\,max} = \hat{\imath}_{in} RF \geq \sqrt{2}\, I_H$$ (9.17)

gewährleistet ist. $\hat{\imath}_{in}$ und RF können der Tafel 9.4 bzw. Bild 9.7 entnommen werden. Der zur Bestimmung von RF erforderliche Wert für die Impulsbreite τ kann mit Hilfe der Beziehung

$$\tau \approx t_0 \approx \frac{\sqrt{2}\, U_n}{2\,\pi f} / u_{S\,max}$$ (9.18)

überschläglich errechnet werden. Gleichung (9.18) entspricht einer vereinfachten Form der in Tafel 9.5, Spalte 2, für t_0 angegebenen Beziehung. Es bezeichnen: U_n die Gerätenennspannung (Effektivwert), f die Netzfrequenz und $u_{S\,max}$ den unter zweitens aus Bild 9.6 für $\sqrt{2}\, I_H$ ermittelten Wert der Abschaltüberspannung.

Tafel 9.5. Übersicht über die Eigenschaften der wichtigsten Störschutzbeschaltungen für wechselstrombedingte Geräte

0	1	2
(Schaltung mit U_N, S, I_H, R_S, L_S, C_S, u_S, i, I_V)	R_p	Varistor
Prinzipieller Zeitverlauf i Prinzipieller Zeitverlauf u_S	(Diagramm: $\sqrt{2}\,I_H$ abklingend, u_{Smax} bei t_0)	(Diagramm: $\sqrt{2}\,I_H$ linear fallend, u_{Smax} bei t_0)
Maximalwert der Spulenabschaltüberspannung	$u_{S\,max} = -\sqrt{2}\,R_p \cdot I_H$	$u_{S\,max} = -k(\sqrt{2}\,I_H)^{1/\alpha}$ $= -U(\sqrt{2}\,I_H)$ nach Bild 9.6
Zeitspanne, in der i den Wert Null erreicht	$t_0 \approx 3\,T_S \bigg/ \left(1 - \dfrac{u_{S\,max}/U_n}{\sqrt{2}\,\cos\varphi_H}\right)$	$t_0 \approx \dfrac{aT_S}{a-1} \bigg/ \left(\dfrac{-u_{S\,max}/U_n}{\sqrt{2}\,\cos\varphi_H}\right)$
Realisierbare Wertebereiche $\quad u_{S\,max}/U_n$ $\quad t_0/3T_S$	$-3\ldots-5$ $0{,}3\ldots 0{,}05$	$-2\ldots-3$ $0{,}2\ldots 0{,}05$
Stationäre Stromaufnahme der Entstörschaltung	$I_V = \dfrac{U_n}{R_p} = \dfrac{\sqrt{2}\,I_H}{(-u_{S\,max}/U_n)}$	bei *MOV* vernachlässigbar, SiC-Varistoren s. /9.17/
Dimensionierung	$R_p = (2\ldots 4)\dfrac{U_n}{I_H}$ bemessen für I_V	$U_{hW} > (1{,}1\ldots 1{,}2)U_n$ $P_{V\,max} \gtrsim \dfrac{U_n I_H}{2\pi f} \cdot z$ $\hat{i}_{in} \cdot RF > \sqrt{2}\,I_H$ $\hat{i}_{in}$ nach Tafel 9.4 RF nach Bild 9.7
Bemerkungen	hoher Verluststrom, ab Störschutzbeschaltung ungeeignet	sehr gute Entstörwirkung, direkt an Schützspulen montierbar /9.12/

R_S, L_S, C_S, $T_S = L_S/R_S$ Wirkwiderstand, Induktivität, Kapazität und Zeitkonstante der Erregerwicklung
I_H, U_n Haltestrom und Nennspannung des beschalteten Geräts (Effektivwerte)
$\cos\varphi_H = I_H R_S / U_n$ Leistungsfaktor des beschalteten Geräts
f Netzfrequenz
$I_{e,\text{zul}}$ zulässiger Einschaltstrom des Schalters S
I_V Verluststrom (Effektivwert)

9.5. Störschutzbeschaltungen für wechselstrombetätigte Geräte

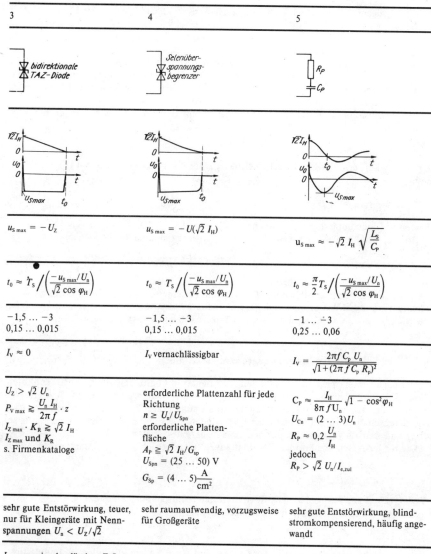

3	4	5
bidirektionale TAZ-Diode	Selenüberspannungsbegrenzer	R_P, C_P
$u_{S\,max} = -U_Z$	$u_{S\,max} = -U(\sqrt{2}\,I_H)$	$u_{S\,max} \approx -\sqrt{2}\,I_H \sqrt{\dfrac{L_S}{C_P}}$
$t_0 \approx T_S \Big/ \left(\dfrac{-u_{S\,max}/U_n}{\sqrt{2}\cos\varphi_H}\right)$	$t_0 \approx T_S \Big/ \left(\dfrac{-u_{S\,max}/U_n}{\sqrt{2}\cos\varphi_H}\right)$	$t_0 \approx \dfrac{\pi}{2} T_S \Big/ \left(\dfrac{-u_{S\,max}/U_n}{\sqrt{2}\cos\varphi_H}\right)$
$-1{,}5 \ldots -3$ $0{,}15 \ldots 0{,}015$	$-1{,}5 \ldots -3$ $0{,}15 \ldots 0{,}015$	$-1 \ldots -3$ $0{,}25 \ldots 0{,}06$
$I_V \approx 0$	I_V vernachlässigbar	$I_V = \dfrac{2\pi f\,C_p\,U_n}{\sqrt{1+(2\pi f\,C_p\,R_p)^2}}$
$U_Z > \sqrt{2}\,U_n$ $P_{V\,max} \gtrless \dfrac{U_n I_H}{2\pi f} \cdot z$ $I_{Z\,max} \cdot K_R \gtrless \sqrt{2}\,I_H$ $I_{Z\,max}$ und K_R s. Firmenkataloge	erforderliche Plattenzahl für jede Richtung $n \geq U_n/U_{Spn}$ erforderliche Plattenfläche $A_P \gtreqless \sqrt{2}\,I_H/G_{Sp}$ $U_{Spn} = (25 \ldots 50)$ V $G_{Sp} = (4 \ldots 5)\dfrac{A}{cm^2}$	$C_P \approx \dfrac{I_H}{8\pi f U_n}\sqrt{1-\cos^2\varphi_H}$ $U_{Cn} = (2\ldots 3)U_n$ $R_P \approx 0{,}2\,\dfrac{U_n}{I_H}$ jedoch $R_P > \sqrt{2}\,U_n/I_{e,zul}$
sehr gute Entstörwirkung, teuer, nur für Kleingeräte mit Nennspannungen $U_n < U_Z/\sqrt{2}$	sehr raumaufwendig, vorzugsweise für Großgeräte	sehr gute Entstörwirkung, blindstromkompensierend, häufig angewandt

$I_{Z\,max}$ maximal zulässiger Z-Strom
MOV Metalloxid-Varistor
$P_{V\,max}$ maximal zulässige Verlustleistung
U_{Cn} Kondensatornennspannung
U_{hw} obere Betriebswechselspannung des Varistors (Bild 9.5)
U_Z Z-Spannung (Bild 9.8a)
z Zahl der Abschaltungen je Zeiteinheit
a Nichtlinearitätsexponent des Varistors

9.5.3. Z-Dioden und Suppressordioden

Sehr gute Eigenschaften haben Störschutzbeschaltungen aus zwei gegeneinander geschalteten Z-Dioden oder einer bidirektionalen TAZ-Diode (Tafel 9.5, Spalte 3). Letztere sind speziell für den Abbau transienter Überspannungen ausgelegt und gegenüber normalen Z-Diodensystemen mit einer erhöhten Stoßstromfestigkeit ausgestattet /9.16/ /9.28/. Der Vorteil von Z-Diodenbeschaltungen besteht darin, daß sie bei scharfer Begrenzung der Abschaltüberspannungen die Rückgangsverzugszeiten der beschalteten Geräte kaum beeinträchtigen. Ihr Preis ist allerdings sehr hoch. Sie sind außerdem nicht für beliebig hohe Ströme und Spannungen verfügbar, so daß sich ihr Einsatz auf kleine und kleinste Geräte beschränkt.

Die Dimensionierung ist einfach. Die Z-Spannung U_Z (Bild 9.8a) wird entsprechend der Beziehung

$$U_Z > \sqrt{2}\, U_n \tag{9.19}$$

gewählt und die erforderliche Belastbarkeit $P_{V\,max}$ der Z-Diodenanordnung mit Hilfe der Gleichung

$$P_{V\,max} \gtrsim \frac{U_n I_H}{2\pi f}\, z \tag{9.20}$$

bestimmt (Bedeutung der Formelzeichen s. Tafel 9.5).

Anschließend wird wie bei den Metalloxid-Varistoren anhand der Beziehung

$$I_{Z\,max} K_R \gtrsim \sqrt{2}\, I_H \tag{9.21}$$

geprüft, ob die zulässige Strombelastbarkeit der nach (9.19) und (9.20) ausgewählten Z-Diodenanordnung nicht überschritten wird. $I_{Z\,max}$ ist die bei einer definierten Impulsform zulässige Maximalamplitude des Stroms und K_R ein Reduktionsfaktor, der andere Impulsbreiten berücksichtigt. $I_{Z\,max}$ und K_R sind stets in den Firmenkatalogen ausgewiesen.

9.5.4. Selenüberspannungsbegrenzer /9.22/ bis /9.26/

Selenüberspannungsbegrenzer sind Selengleichrichter mit besonders steilen Sperrkennlinien, die in Sperr- und Durchlaßrichtung kurzzeitig mit sehr hohen Stromdichten (bis 5 A/cm²) belastet werden können. In gegengeschalteter Anordnung (Tafel 9.5, Spalte 4) haben sie ähnliche Eigenschaften wie Varistoren oder TAZ-Dioden. Sie sind jedoch erheblich raumaufwendiger und deshalb vorzugsweise für den Einsatz bei Großgeräten geeignet.

Die für jede Richtung erforderliche Plattenzahl n ergibt sich aus der Gerätenennspannung U_n zu

$$n \geq U_n / U_{Spn}. \tag{9.22}$$

$U_{Spn} \approx (25 \ldots 50)$ V ist dabei der Effektivwert der Nennspannung einer Platte.

Die erforderliche Plattenfläche errechnet sich zu

$$A_P \geq \sqrt{2}\, I_H / G_{Sp}. \tag{9.23}$$

I_H ist der Haltestrom des beschalteten Gerätes und $G_{Sp} = 5\,\text{A/cm}^2$ die zulässige Impulsstromdichte.

9.5.5. RC-Glieder

Gute Eigenschaften in bezug auf die Begrenzung der Abschaltüberspannungen und Gewährleistung kurzer Rückgangsverzugszeiten, verbunden mit einer Reduktion der Spannungsänderungsgeschwindigkeiten, zeigen auch bei Wechselstromgeräten einfache RC-Glieder (Tafel 9.5, Spalte 5). Ihre Dimensionierung erfolgt so, daß beim Abschalten eine gedämpfte Schwingung entsteht. Dies ist gewährleistet für /4.2/

$$R_p \approx 0{,}2 \frac{U_n}{I_H}, \text{ jedoch } > \frac{\sqrt{2}\, U_n}{I_{e,zul}}, \tag{9.24}$$

um ein Verschweißen der Schalterkontakte zu vermeiden, und

$$C_P \approx \frac{1}{8\,\pi f} \cdot \frac{I_H}{U_n} \sqrt{1 - \left(\frac{R_S \cdot I_H}{U_n}\right)^2}. \tag{9.25}$$

R_P muß den Dauerverluststrom

$$I_V = 2\pi f C_P U_n / \sqrt{1 + (2\pi f C_P R_P)^2} \tag{9.26}$$

führen können und C_P dem 2- bis 3fachen Wert der Nennspannung U_n standhalten. Bedeutung der Formelzeichen in (9.24) bis (9.26) s. Tafel 9.5.

Ein Dauerverluststrom durch das RC-Glied wird vermieden, wenn zusätzlich ein Hilfsgleichrichter verwendet wird (Bild 9.9).

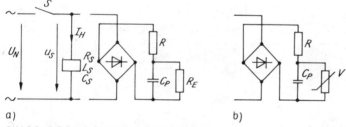

Bild 9.9. RC-Beschaltungen mit Hilfsgleichrichter
a) mit linearem Entladewiderstand R_E
b) mit Varistor als Entladewiderstand /9.27/

9.5.6. Einsatzempfehlungen

Für den praktischen Einsatz der Entstörmittel gelten bei Wechselstromgeräten auf der Grundlage der im Abschnitt 9.3 aufgeführten Kriterien folgende Empfehlungen:
- Sehr vorteilhaft, insbesondere für 220-V- und 380-V-Geräte sind RC-Glieder (Tafel 9.5, Spalte 5). Sie sind kostengünstig, nicht sonderlich raumaufwendig, wirken gleichzeitig blindstromkompensierend und garantieren auch im ungünstigsten Schaltaugenblick bei guter Dämpfung der Abschaltüberspannungen Rückfallverzugszeiten wie im unbeschalteten Zustand.
- Ähnlich gute Eigenschaften haben Metalloxid-Varistoren (Tafel 9.5, Spalte 2). Für Schaltschütze existieren extrem raumsparende Ausführungen /9.12/. Des weiteren sind Selenüberspannungsbegrenzer (Tafel 9.5, Spalte 4), insbesondere für Großgeräte und bidirektio-

nale Z-Diodenanordnungen (Tafel 9.5, Spalte 3), speziell für kleine und kleinste Geräte geeignet.
Wirkwiderstände (Tafel 9.5, Spalte 1) sind bei Wechselstromgeräten als Störschutzbeschaltungen ungeeignet.

9.6. Störschutzbeschaltungen für drehstrombetätigte Geräte

Für Drehstrommagnete und andere drehstrombetätigte Stellglieder, wie Klemmvorrichtungen, Bremslüfter, Drehstrom-Asynchronmotoren usw., lassen sich ähnliche Spannungsbegrenzungsschaltungen wie für Einphasen-Wechselstromgeräte verwenden und nach den gleichen Gesichtspunkten wie im Abschnitt 9.5 dimensionieren.

Sehr vorteilhaft sind auch hier Beschaltungen mit Elementen, die eine stark nichtlineare Strom-Spannungs-Kennlinie haben, d. h. Beschaltungen mit Metalloxid-Varistoren (Bild 9.10a) oder mit Z-Dioden bzw. TAZ-Dioden und mit Selenüberspannungsbegrenzern (Bild 9.10b, c). Der stationäre Verluststrom ist in allen drei Fällen vernachlässigbar klein.

Sehr gute Entstörwirkung haben jedoch auch RC-Glieder, die in Dreieckschaltung (Bild 9.10d) oder auch in Sternschaltung mit den Anschlüssen des Drehstromgeräts verbunden werden. Der besondere Vorteil von RC-Beschaltungen besteht darin, daß sie sowohl die Amplitude wie auch die Änderungsgeschwindigkeit der Abschaltüberspannungen reduzieren.

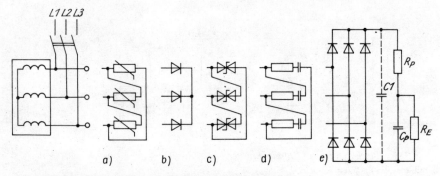

Bild 9.10. *Störschutzbeschaltungen für drehstrombetätigte Geräte*
a) Varistoren
b) Z-Dioden bzw. Selenüberspannungsbegrenzerdioden
d) bidirektionale TAZ-Dioden oder Selenüberspannungsbegrenzer
d) RC-Glieder
e) RC-Glieder mit Hilfsgleichrichter

Ähnliche Eigenschaften wie die symmetrische RC-Beschaltung haben Störschutzglieder, die aus nur einem RC-Glied und einer Hilfsgleichrichterbrücke bestehen (Bild 9.10e). Stationäre Leistungsverluste werden hier fast vollständig vermieden. Störschutzglieder dieser Art sind insbesondere für Geräte großer Leistung geeignet. In der Regel wird dem Kondensator C_P ein linearer oder nichtlinearer (Varistor) Entladewiderstand R_E zugeordnet und zur Unterdrückung sehr hochfrequenter Überspannungsanteile dem RC-Glied ein kleiner, extrem induktionsarmer Kondensator C_1 parallelgeschaltet.

Die Auslegung der Störschutzeinrichtungen kann in Anlehnung an /9.22/ /9.29/ bis /9.32/ erfolgen.

9.7. Störschutzbeschaltungen für Leuchtstofflampen

Niederdruck-Leuchtstofflampen (Bild 9.11), sehr häufig als Arbeitsplatzleuchten in unmittelbarer Nähe von elektronischen Einrichtungen installiert, treten sowohl beim Einschalten wie auch beim Ausschalten oft als unangenehme Störquellen in Erscheinung /9.33/ /9.34/. Insbesondere beim Abschalten im ungünstigen Schaltaugenblick (Unterbrechung im Strommaximum) ist mit intensiven Störerscheinungen zu rechnen (Bild 9.12a und Tafel 9.6). Abhilfe schafft hier, ähnlich wie bei den elektromagnetisch betätigten Geräten, eine RC-Entstörkombination gemäß Bild 9.11, die in unmittelbarer Nähe der Lampe angebracht wird. Die Störerscheinungen lassen sich damit auf ein verträgliches Maß reduzieren (Bild 9.12b und Tafel 9.6). Auch der Einsatz von Metalloxid-Varistoren ist möglich (Tafel 9.3, Spalte 4).

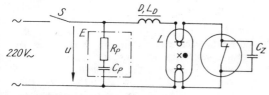

Bild 9.11
Leuchtstofflampen-Stromkreis

C_P Kapazität des Entstörglieds E (MP-Kondensator 0,47 µF/630 V)
C_Z Entstörkapazität des Glimmzünders
D Vorschaltdrossel (TGL 28 164/06)
E Entstörkombination
L Leuchtstofflampe (TGL 8624)
L_D Induktivität der Vorschaltdrossel D
R_P Wirkwiderstand der Entstörkombination E (Drahtwiderstand 470 Ω, 250 V, 4 W, 5 %)
S Schalter; Z Glimmzünder

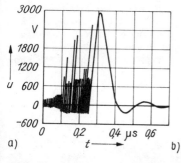
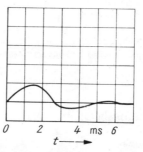

Bild 9.12. *Abschaltvorgang einer 40-W-Leuchtstofflampe /9.34/*
a) unkompensiert, nicht entstört   b) entstört gemäß Bild 9.11

Tafel 9.6. *Parameter des Abschaltvorgangs einer 40-W-Leuchtstofflampe /9.34/*

Niederdruck-Leuchtstofflampe LS 40	u_{max}	$(du/dt)_{max}$	f_a	f_B
Unkompensiert, nicht entstört	3 000 V	111 V/µs	5 kHz	100 ... 500 kHz von Frequenzen bis 10 MHz überlagert
Mit Schutzbeschaltung gemäß Bild 9.11	600 V	0,77 V/µs	200 Hz	–

u_{max} maximale Abschaltüberspannung
$(du/dt)_{max}$ maximale Spannungssteilheit
f_a Ausschwingfrequenz;
f_B Burstfrequenz

10. Maßnahmen zur Gewährleistung des Blitz- und Überspannungsschutzes

10.1. Übersicht

Überspannungen und Überströme belasten elektrotechnische Anlagen und Systeme so, daß bei bestehender Unverträglichkeit Betriebsmittel beschädigt oder zerstört, Signalverläufe verfälscht und als Folge davon, z. B. in Automatisierungssystemen, Fehlfunktionen mit oft schwerwiegenden Konsequenzen ausgelöst werden /3.20/ 3.31/ /4.2/ /10.1/ /10.2/ /10.6/ /10.7/ /14.12/. Um den zuverlässigen und wirtschaftlichen Einsatz elektrotechnischer und insbesondere elektronischer Systeme in allen Bereichen der Volkswirtschaft zu gewährleisten, muß deshalb diesen möglichen Folgen vorbeugend, also bereits im Planungsstadium beginnend und in Abstimmung mit der Realisierung anderer EMV-Maßnahmen wirksam begegnet werden (vgl. Abschn. 2.5).

Die Planung des Überspannungsschutzes beginnt mit der Abschätzung der auftretenden Beanspruchungen wie Höhe und Steilheit der Überspannungen und der zu erwartenden Impulsstrombelastung. Davon ausgehend erfolgen die Vorauswahl und Dimensionierung der Überspannungsschutzbauelemente. Allen voran steht jedoch der vorbeugende Überspannungsschutz durch Maßnahmen der Schirmung von Störquellen und Störsenken und die Anwendung des Potentialausgleichs. Die damit im Zusammenhang stehenden Fragen werden im vorliegenden Abschnitt behandelt.

10.2. Überspannungsbeanspruchungen

10.2.1. Blitzentladungen

Durch komplizierte Vorgänge in der Atmosphäre werden im Zusammenwirken freier Ladungsträger und Wassertröpfchen in der Luft mit dem Schwerefeld und dem Magnetfeld der Erde durch die Windbewegung große Ladungsmengen in der Gewitterwolke angehäuft /10.3/. Aus positiven oder negativen Ladungszentren der Wolke entsteht zunächst eine Feldbeeinflussung auf der Erde, bevor es zur eigentlichen Entladung kommt. Durch Feldstärkewerte von 1 bis 2 kV/m werden Influenzladungen an Gegenständen und Bauwerken unterhalb der Wolke erzeugt, die nach dem Verschwinden der Wolkenladung als Störquelle wirken. Sehr viel stärker ist selbstverständlich die direkte Blitzentladung unmittelbar auf das Objekt oder in seiner mittelbaren Umgebung. Gemessene Blitzströme und -steilheiten sind Abschnitt 3.3.1 zu entnehmen.

10.2.1.1. Spannungen und Ströme bei Naheinschlägen

Bei einem Naheinschlag berührt der Blitzkanal das zu schützende Objekt direkt oder wirkt über das sich aufbauende elektromagnetische Feld aus der unmittelbaren Umgebung auf das Objekt ein. Beispiele sind in Tafel 10.1 angegeben.

10.2. Überspannungsbeanspruchungen

Die Gefahr des Funkenüberschlages besteht bei getrennten Erdungsanlagen, die z. B. aus Gründen des Korrosionsschutzes oder wegen der Anwendung von bestimmten Schutzmaßnahmen gegen elektrischen Schlag nicht zusammengeschlossen werden dürfen, s. Beispiele 1 und 2 in Tafel 10.1.

Durch die Potentialanhebung der Erdungsanlage kommt es zum Aufbau großer Spannungsunterschiede zu isoliert in das Objekt hinein- oder herausgeführten elektrischen Leitungen, die schließlich den rückwärtigen Überschlag und die galvanische Einkopplung von Überspannungen auslösen, s. Beispiele 3 und 4, Tafel 10.1.

10.2.1.2. Spannungen und Ströme bei Ferneinschlägen

Von der Gewitterwolke werden auf Übertragungsleitungen oder anderen metallenen Systemen Influenzladungen erzeugt, die im Fall der Entladung der Wolke plötzlich frei werden und sich als Stromwelle zur Erde hin ausbreiten. Über den wirksamen Wellenwiderstand der Leitungen entstehen so Überspannungen, die sich als Wanderwellen fortbewegen. Auf der anderen Seite wird diese Wirkung infolge des den Blitzkanal umgebenden magnetischen Feldes durch das Induzieren einer Spannung in Leiterschleifen noch verstärkt. Alle Einflußgrößen können schließlich in der Verteilungsfunktion von Überspannungen auf Freileitungen, s. Bild 10.1, ihren Ausdruck finden. Beispiele und die rechnerische Abschätzung der Impulsströme sind Tafel 10.2 zu entnehmen.

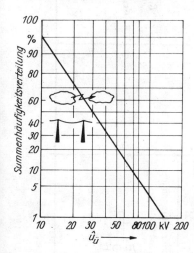

Bild 10.1. Summenhäufigkeitsverteilung gemessener induzierter Überspannungen auf Freileitungen /10.4/

10.2.1.3. Spannungseinkopplung in Signalleitungen

Fremdströme, die parallel zu Signalleitungen fließen, sei es über Schirmleiter oder auch durch Gebäudekonstruktionsteile oder Schutzleiter elektrischer Systeme, können Ursache von Überspannungen sein, s. Tafel 10.1, Beispiel 4. Diese beanspruchen als sogenannte Längsspannungen $u_{ül}$, hervorgerufen durch die galvanische Beeinflussung über den Kabelmantel, oder als Querspannung $u_{üq}$, hervorgerufen durch die induktive Beeinflussung vom inneren magnetischen Feld, die Aderisolierung und die angeschlossenen Betriebsmittel /14.12/.

Tafel 10.1. *Überspannungs- und Überstrombeanspruchung durch Nahblitzeinschläge und die Begrenzung durch Ableiter (Trennfunkenstrecken, Schutzfunkenstrecken, Feinspannungsableiter oder Ventilableiter gestrichelt eingetragen)*

Bei-spiele	Überspannungsursache	Abschätzung der Höhe der Überspannung $u_ü$	Vereinfachtes Ersatzschaltbild und Berechnung der Strombelastung der Ableiter	Schutzwirkung
1	2	3	4	5
1.	Spannungsanhebung zwischen getrennten Erdungsanlagen bei Blitzeinschlag in das Objekt			
	a) bei Korrosionsschutzmaßnahmen	$\hat{u}_ü = \hat{\imath}_s R_{E1}$ bei Einschlag auf der Seite mit „R_{E1}" $\hat{u}_ü = \hat{\imath}_s R_{E2}$ bei Einschlag auf der Seite mit „R_{E2}"	$\hat{\imath}_i = \hat{\imath}_s \dfrac{R_{E2}}{R_{E1} + R_{E2}}$ bei einem Einschlag auf der Seite mit „R_{E1}" $\hat{\imath}_i = \hat{\imath}_s \dfrac{R_{E1}}{R_{E1} + R_{E2}}$ bei einem Einschlag auf der Seite mit „R_{E2}"	Herstellung der Potentialtrennung im Normalbetrieb; Zusammenschluß beider Erdungsanlagen bei Blitzeinschlag und Schutz der am Tank installierten MSR-Technik
	b) bei Rohrleitungs- oder Schienenauftrennung mittels Isolierflansch			Schutz des Isolierflansches vor einem Isolationsdurchbruch

10.2. Überspannungsbeanspruchungen

c) Potentialtrennung zum Fundamenterder wegen Korrosionsgefahr	$\hat{u}_{\ddot{u}}$ wie oben bei a) und b)	$\hat{i}_i$ wie oben bei a) und b)	Herstellung der Potentialtrennung (elektrochemische Potentiale) im Normalfall; Zusammenschluß der Erdungsanlagen bei Blitzeinschlag und Reduzierung der Blitzüberspannung
2. Spannungsanhebung zwischen geerdeten und nicht geerdeten Anlagenteilen a) bei Dachaufbauten, die als Blitzauffangeinrichtung wirken, aber nicht geerdet werden dürfen, z.B. Spanndraht für Luftkabel im nicht nullungsfähigen Netz	$\hat{u}_{\ddot{u}} = \hat{i}_s R_E$	$\hat{i}_i = \hat{i}_s$	Schutz vor zu hohen Berührungsspannungen bei Körperschluß; Ableitung des Blitzstroms und Schutz der Betriebsmittelisolierung bei Blitzeinschlag
b) bei Anwendung des Schutzleitungssystems am Transformatorsternpunkt		$\hat{i}_i = \dfrac{\hat{u}_{\ddot{u}}}{Z_F + R_E}$	Schutz vor dem Übertritt der Spannung von der Mittelspannungsseite auf die Niederspannungsseite bei Körperschluß; Schutz vor Überspannungen auf der Niederspannungsseite

Tafel 10.1 (Fortsetzung)

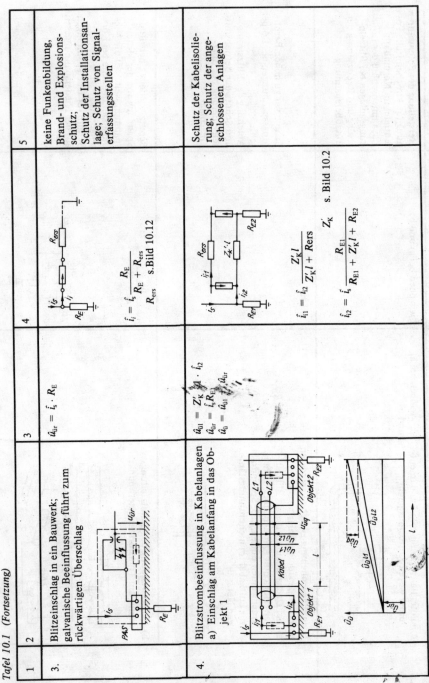

1	2	3	4	5
3.	Blitzeinschlag in ein Bauwerk; galvanische Beeinflussung führt zum rückwärtigen Überschlag	$\hat{u}_{\text{ür}} = \hat{\imath}_s \cdot R_E$	$\hat{\imath}_i = \hat{\imath}_s \dfrac{R_E}{R_E + R_{\text{ers}}}$ s. Bild 10.12	keine Funkenbildung, Brand- und Explosionsschutz; Schutz der Installationsanlage; Schutz von Signalerfassungsstellen
4.	Blitzstrombeeinflussung in Kabelanlagen a) Einschlag am Kabelanfang in das Objekt 1	$\hat{u}_{\text{ü1}} = Z'_K \, l \cdot \hat{\imath}_2$ $\hat{u}_{\text{ür}} = \hat{\imath}_s R_{E1}, \hat{u}_{\text{ür}}$ $\hat{u}_{\text{ü}} = \hat{u}_{\text{ü1}} + \hat{u}_{\text{ür}}$	$\hat{\imath}_{i1} = \hat{\imath}_{i2} \dfrac{Z'_K l}{Z'_K l + R_{\text{ers}}}$ $\hat{\imath}_{i2} = \hat{\imath}_s \dfrac{R_{E1}}{R_{E1} + Z'_K l + R_{E2}}$ Z'_K s. Bild 10.2	Schutz der Kabelisolierung; Schutz der angeschlossenen Anlagen

10.2. Überspannungsbeanspruchungen

	b) Einschlag in das Kabel	wie a) s. o. für $\hat{u}_{ü1}$ und $\hat{u}_{üq} = \hat{\imath}_s R_{E3} \parallel \frac{1}{2} Z'_K l$	$\hat{\imath}_{i2} = \frac{1}{2} \hat{\imath}_s \dfrac{R_{E3}}{R_{E3} + {}^{1}\!/_{2} Z'_K l}$ $\hat{\imath}_{i1} = \hat{\imath}_{i2} \dfrac{R_{E1}}{R_{E1} + R_{ers}}$ gilt für Objekt 1 (für Objekt 2: statt R_{E1} ist R_{E2} einzusetzen)	Schutz der Kabelisolierung; Schutz der angeschlossenen Anlagen
5.	Blitzeinschlag in die Niederspannungsfreileitung a) Übergang Freileitung – Kabel bei Naheinschlag	$\hat{u}_{ü} = \hat{\imath}_s R_{ers}$ R_{ers} Werte nach Bild 10.12 (Freileitung)	$\hat{\imath}_i = \hat{\imath}_s \dfrac{R_{ers}}{R_{ers} + R_E}$ R_{ers} Werte nach Bild 10.12 (Kabel)	
	b) Naheinschlag am Transformator bei Freileitungsanschluß		$\hat{\imath}_i = \hat{\imath}_s$	Schutz der Transformatorisolierung, Schutz der Niederspannungsschaltanlage

Tafel 10.1 (Fortsetzung)

1	2	3	4	5
	c) Naheinschlag bei einem Objekt mit Freileitungsanschluß analog Fall 1.3 b			Schutz der Abnehmeranlage
6.	Blitzeinschlag in Fahrleitungen a) Einschlag in Lokomotivnähe 	$\hat{u}_{\ddot{u}} = L\dfrac{\mathrm{d}i_s}{\mathrm{d}t}$	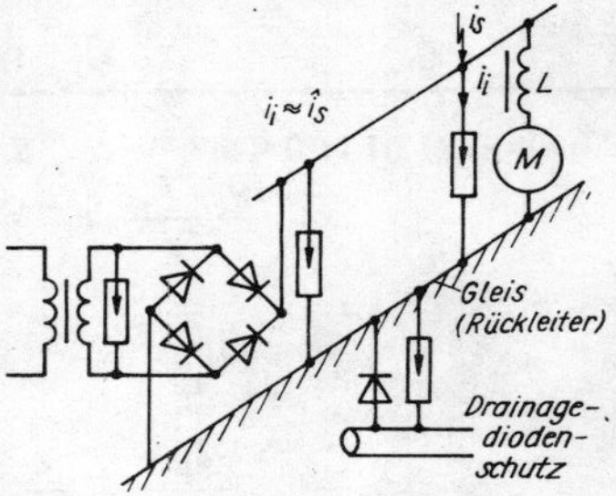	Schutz der Antriebsmotoren; Schutz der Bordanlage der Lokomotive
	b) Einschlag in Stationsnähe	wie 5		Schutz der Einrichtungen des Unterwerkes zur Stromversorgung
7.	Blitzeinschläge in hohe Objekte 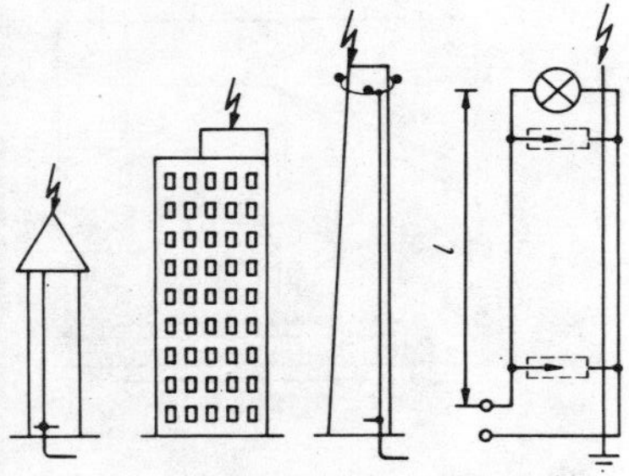	$\hat{u}_{\ddot{u}} = \hat{\imath}_s (R_E \| R_{\mathrm{ers}} + Z'_K \cdot l)$	$\hat{\imath}_i = \hat{\imath}_s \dfrac{Z'_K l + R_{\mathrm{ers}}}{Z'_K l}$ Z'_K s. Bild 10.2 Kurve 1 R_{ers} s. Bild 10.12	Schutz von Beleuchtungseinrichtungen; Schutz von elektrischen Antrieben; Schutz der Signalerfassungsglieder

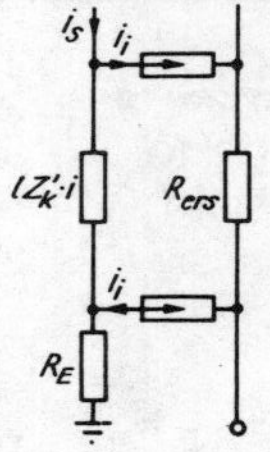

10.2. Überspannungsbeanspruchungen

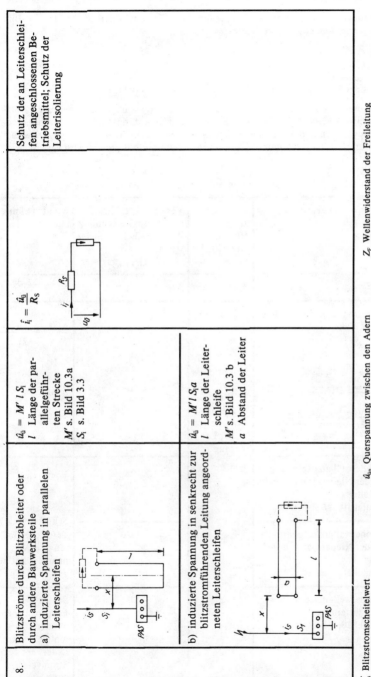

8.	Blitzströme durch Blitzableiter oder durch andere Bauwerksteile a) induzierte Spannung in parallelen Leiterschleifen	$\hat{u}_0 = M' \, l \, \hat{S}_i$ l Länge der parallelgeführten Strecke M' s. Bild 10.3a $\hat{S}_i$ s. Bild 3.3	$i_i = \dfrac{\hat{u}_0}{R_S}$	Schutz der an Leiterschleifen angeschlossenen Betriebsmittel; Schutz der Leiterisolierung
	b) induzierte Spannung in senkrecht zur blitzstromführenden Leitung angeordneten Leiterschleifen	$\hat{u}_0 = M' \, \hat{S}_i \, a$ l Länge der Leiterschleife M' s. Bild 10.3 b a Abstand der Leiter		

$\hat{\imath}_i$ Blitzstromscheitelwert
i_i Teilblitzstrom
$\hat{S}_i$ Blitzstromsteilheit
$\hat{u}_0$ Überspannungsscheitelwert
$\hat{u}_{ar}$ Potentialanhebung der Erdungsanlage
$\hat{u}_{qll}$ Längsspannung am Schirmmantel

$\hat{u}_{qp}$ Querspannung zwischen den Adern
PE Schutzleiter
L1, L2, L3 aktive Leiter
R_{E1}, R_{E2} Erdungswiderstände des Bauwerkes
R_{ers} Ersatzwiderstand des vorgelagerten Netzes
R_s Schleifenwiderstand

Z_F Wellenwiderstand der Freileitung
Z_K Wellenwiderstand des Kabels
Z_4 auf die Länge bezogene Koppelimpedanz
M Gegeninduktivität
l Länge der beeinflußten Leitung
PAS Potentialausgleichsschiene

Längsspannungen werden über die Koppelimpedanz Z_K gemäß den Meßwerten im Bild 10.2 nach folgender Gleichung berechnet:

$$\hat{u}_{ül} = Z'_K \cdot l \cdot \hat{i}_i; \qquad (10.1)$$

Z_K bezogener Wert der Koppelimpedanz
l Länge des beeinflußten Teiles der Signalleitung
$\hat{i}_i$ Scheitelwert des Störstroms, z. B. Blitzstromanteil über den Schirmleiter.

Die Blitzstromwelle besitzt eine für die Bestimmung der Koppelimpedanz benötigte Ersatzfrequenz von etwa 1 MHz. Neben Kupferschirmungen weisen dünnwandige Stahlrohre niedrige Koppelimpedanzen und damit kleine Längsspannungen auf. Größere Probleme treten bei der Beherrschung von Querspannungen auf, wenn Störströme mit großen Anstiegsgeschwin-

Tafel 10.2. Überspannungs- und Überstrombeanspruchung durch Fernblitzeinschläge

Beispiele	Überspannungsursache	Abschätzung der Höhe der Überspannung	Vereinfachtes Ersatzschaltbild; Berechnung der Strombelastung der Ableiter	Schutzwirkung
1	2	3	4	5
1.	Blitzentladungen über oder in der Nähe von Freileitungen	s. Bild 10.1 $\hat{u}_ü = f(Z_F, \hat{i}_s, x)$ x Entfernung der Einschlagstelle von der Leitung		
2.	Wanderwellenausbreitung auf der Niederspannungsfreileitung s. Tafel 10.1, Beispiel 5a		$\hat{i}_i = \dfrac{\hat{u}_ü \, Z_K}{Z_F \, Z_K + R_E}$	
3.	Wanderwellenausbreitung auf der Niederspannungsfreileitung s. Tafel 10.1, Beispiel 5b		$\hat{i}_i = \dfrac{\hat{u}_ü}{Z_F}$	Schutz von Transformatoren und Abnehmeranlagen
4.	Wanderwellenausbreitung auf Fahrleitungen s. Tafel 10.1, Beispiel 6		$\hat{i}_i = \dfrac{\hat{u}_ü}{Z_F}$	Schutz der Elektroanlage auf der Lokomotive und im Unterwerk der Stromversorgung

10.2. Überspannungsbeanspruchungen

Tafel 10.2 (Fortsetzung)

1	2	3	4	5
5.	Wanderwellenausbreitung auf Mittelspannungsfreileitungen mit der Besonderheit der Trennung der Hochspannungsschutzerder (R_{ES}) von dem Niederspannungsbetriebserder (R_{EB})	$\hat{u}_{ü} = f(Z_F, \hat{i}_s, \chi)$ s. Bild 10.1	$\hat{i}_i = \ddot{u} \dfrac{\hat{u}_0}{Z_F}$ $\ddot{u}$ Impulsübersetzungsverhältnis des Einspeisetransformators, in Näherung gleich dem Nennübersetzungsverhältnis $\hat{i}_i = \dfrac{\hat{u}_{ü}}{Z_F} \dfrac{R_{ES}}{R_{ES} + R_{EB}}$	Schutz der Transformatorwicklung auf der Niederspannungsseite; Reduzierung der Erderspannung in der Transformatorstation und Schutz der Abnehmer für den Fall des Körperschlusses vor Spannungsübertritt

R_{ES} Hochspannungsschutzerdungswiderstand
R_{EB} Niederspannungsbetriebserdungswiderstand
Z_K Wellenwiderstand des Kabels
Z_F Wellenwiderstand der Freileitung
$\hat{u}_{ü}$ Überspannung

$\ddot{u}$ Spannungsübersetzungsverhältnis des Transformators
$\hat{i}_s$ Blitzstromscheitelwert
$\hat{i}_i$ Teilblitzstromscheitelwert
χ Entfernung bis zur Einschlagstelle

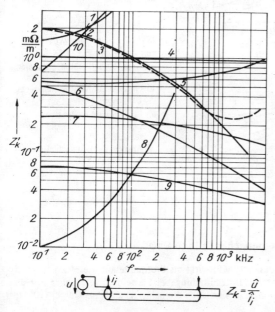

Bild 10.2. Koppelimpedanz Z'_K als Funktion der Frequenz /10.5/

① Stahldraht, 10 mm⌀, parallel zu einer isolierten Leitung im Abstand von 10 cm
② Fernmeldekabel mit Kupferfolie unter der Abschirmung
③ Fernmeldekabel mit zwei Abschirmungen
④ Kabel mit Bleimantel, 35 mm⌀
⑤ Koaxialleitung mit Kupferschirm, 8 mm⌀
⑥ Stahlrohr, 64 mm⌀, 1,3 mm Wandstärke
⑦ Kabel mit Aluminiummantel, 35 mm⌀
⑧ Stahlrohr, 600 mm⌀, 8 mm Wandstärke in 10 cm Abstand von der isolierten Leitung
⑨ Kupferrohr, 64 mm⌀, 1,3 mm Wandstärke in 10 cm Abstand von der isolierten Leitung
⑩ Leitung in Stahlbetonkanal

digkeiten über die Gegeninduktivität nach (10.2) Spannungen induzieren:

$$\hat{u}_{\text{üq}} = M' \cdot l \cdot \hat{S}_i; \tag{10.2}$$

M' bezogener Wert der Gegeninduktivität
l Länge des beeinflußten Teiles der Signalleitung
$\hat{S}_i$ Stromanstiegssteilheit; für Blitzentladungen s. Abschnitt 3.3.1.

Der Wert der Gegeninduktivität kann für Leiterschleifen in konzentrischen Schirmen nach (10.3) berechnet werden:

$$M' = \frac{\mu_0}{2\pi}\left(\ln \frac{d_2}{d_1} - \ln \frac{d_3}{d_1}\right) \tag{10.3}$$

$$M'/_{\mu H/m} \approx 0{,}2 \ln \frac{d_2}{d_3}; \tag{10.4}$$

d_1, d_3 Durchmesser des Signalleiters
d_2 Innendurchmesser des konzentrischen Schirmes
μ_0 Permeabilitätskonstante.

Für nicht konzentrische Schirmleiter kann die Gegeninduktivität für zwei typische Anordnungen Bild 10.3 entnommen werden. Die Adern in Signalleitungen sind zur Reduzierung der Querspannungen paarweise verdrillt.

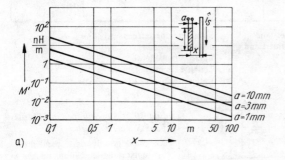

a)

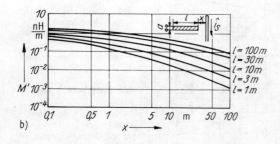

b)

Bild 10.3. Gegeninduktivitäten von Leiterschleifen /3.5/
a) Gegeninduktivität M' paralleler Leitungen
b) Gegeninduktivität M' senkrechter Leitungen
$\hat{i}_s$ Blitzstromscheitelwert
l Länge der beeinflußten Leiterschleife
x Abstand der Leiterschleife von der Störquelle
a Breite der Leiterschleife

10.2.2. Nuklearer elektromagnetischer Puls (NEMP)

Der nukleare elektromagnetische Puls (NEMP) wirkt als Störquelle auf die elektrischen Systeme in ähnlicher Weise ein wie eine Blitzentladung bei Ferneinschlägen, aber mit dem Unterschied, daß eine Atomexplosion in großer Höhe ein sehr viel größeres Gebiet (10^8 km^2)

erfaßt. Es treten im Mittel magnetische Feldstärken von 130 A/m auf, die wegen ihrer hohen Frequenz von über 500 MHz schon in kleinen Leiterschleifen hohe Spannungen induzieren können; Einzelheiten s. Abschnitt 3.3.4.

10.2.3. Schaltvorgänge im Hoch-, Mittel- und Niederspannungsnetz

Häufigste Ursache von Überspannungen in Niederspannungsanlagen sind Schaltvorgänge in den elektrischen Systemen /3.8/ /3.11/ /3.33/ /10.6/ bis /10.12/. Der maximale Scheitelwert der Überspannung $\hat{u}_\text{ü}$ und die Frequenz f des Ausgleichsvorgangs können überschläglich berechnet werden:

$$\hat{u}_\text{ü} = \hat{i}_{ab}\sqrt{L\,C} \tag{10.5}$$

$$f = \frac{1}{2\pi\sqrt{L\,C}} \tag{10.6}$$

$\hat{i}_{ab}$ abzuschaltender induktiver Leerlaufstrom einer Spule, eines Transformators
L Induktivität der Spule
C wirksame Kapazität des Spulenstromkreises.

Zur Bestimmung der genauen Überspannungsbeanspruchung sind jedoch Messungen unerläßlich /3.6/ /3.30/ /3.31/. Orientierungswerte für die Abschätzung der in konkreten Fällen zu erwartenden Beanspruchung findet man in Tafel 10.3.

10.2.4. Elektrostatische Entladungen

Elektrostatische Entladungen als Ursache von Überspannungen werden durch ihre besonders hohe Stromanstiegssteilheit induktiv in die elektrotechnischen und elektronischen Systeme eingekoppelt /10.13/. Die Gesamtproblematik sowie die zu erwartenden Überspannungshöhen sind in den Abschnitten 3.3.2 und 8 ausführlich dargestellt.

Tafel 10.3. Überspannungen bei Schaltvorgängen und ihre Begrenzung durch Dioden und Varistoren (gestrichelt eingetragen)

Bei-spiele	Überspannungsursache/Schaltung mit der Angabe der erforderlichen Begrenzer	Orientierungswerte für die Abschätzung der Beanspruchung (ohne Begrenzer)		
		$k_\text{LE} = \dfrac{\hat{u}_\text{ü}}{\sqrt{2}\,U_\text{n}}$	Steilheit S kV/µs	Dauer t_d µs
1	2	3		
1.	Ausschalten eines leerlaufenden Transformators Einschalten eines leerlaufenden Transformators 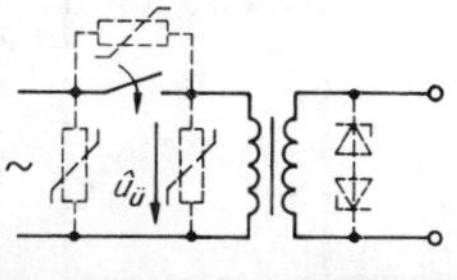	4...15	0,5	100

Tafel 10.3 (Fortsetzung)

1	2	3		
2.	Ausschalten eines Relais, eines Schützes, sonstiger Spulen			
2.1.	Schalten mit mech. Schalter	15 ... 20	0,2	100
2.2.	Schalten mit Glimmstarter bei Leuchtstofflampen	5 ... 10	0,5	100
2.3.	Schalten mit Transistor	3 ... 5		
2.4.	Schalten mit Thyristor	3 ... 5		
2.5.	Bürstenfeuer beim Kollektor	3 ... 5		
2.6.	Ein- und Ausschalten eines Antriebsmotors Ausschalten im Leerlauf Ausschalten bei Normalbetrieb Ausschalten im Hochlauf Einschalten Einschalten im Auslaufen	 3 ... 8 3 ... 10 2 ... 3 2 ... 3	 0,5 0,2 1 5	10 bis 1000

10.2. Überspannungsbeanspruchungen

Tafel 10.3 (Fortsetzung)

1	2		3	
3.	Ein- und Ausschalten von Leitungen			
3.1.	Einspeisung mit Leistungsschalter	Ausschalten Einschalten	2 … 4,5 bis 2	1
3.2.	Abgang mit Lastschalter und Sicherung	Einschalten im Leerlauf Ausschalten durch Kurz- und Erdschlüsse	bis 2 2 … 3	2 … 3 (100-kHz-Schwingung)	1 000
3.3	Einkopplung durch Schalthandlungen in Hochspannungsanlagen	beim Trennerschalten in Umspannwerken	(1…5 kV) (bis 15 kV)	(gedämpfte Schwingungen mit 100 kHz)	

k_{LE} Leiter-Erde-Überspannungsfaktor; S Spannungssteilheit; t Dauer des Ausgleichsvorgangs

10.3. Überspannungsschutzeinrichtungen

10.3.1. Übersicht

Die Grenzen des vorbeugenden Überspannungsschutzes in Form der Schirmung und Entkopplung von Störquellen und Störsenken und die Forderung nach zuverlässigem Betrieb eines elektrischen Systems in elektromagnetisch verseuchter Umgebung machen den Einsatz von Überspannungsschutzeinrichtungen unumgänglich. Sie haben die Aufgabe, eine aufgetretene Überspannung zwischen einem Leiter und der Erde oder zwischen Leitern auf den für das System und seine Isolierung zulässigen Wert zu begrenzen. Ihre Wirkung beruht auf dem Prinzip des Zuschaltens eines niedrigen Widerstandes zwischen die beanspruchten Leiter, noch bevor der Scheitelwert der Überspannung erreicht ist. Dabei steuert die Überspannung selbst den Schaltvorgang. Es werden zwei Arten von Überspannungsschutzeinrichtungen unterschieden (Einzelheiten sind der Tafel 10.4 zu entnehmen):

Überspannungsableiter (mit Funkenstrecke)	Trennfunkenstrecken (TFS) Schutzfunkenstrecken (SFS) Feinspannungsableiter (FSA) Ventilableiter (VA)
Überspannungsbegrenzer (ohne Funkenstrecke)	Metalloxid-Varistoren (MOV) Z-Dioden (Z-D) Dioden (D), Suppressordioden Thyristoren (T)

Eine Vorauswahl kann nach Bild 10.4 erfolgen. Meist ist der geforderte Schutzpegel bekannt und damit bereits eine Einschränkung auf das Anwendungsgebiet Starkstromtechnik, Fernmeldetechnik oder Elektronik vorgegeben.

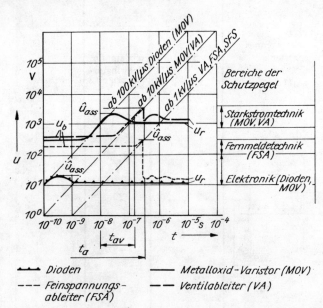

Bild 10.4. Schutzpegel und Ansprechverhalten unterschiedlicher Überspannungsschutzeinrichtungen

u_b Betriebsspannung $\quad u_r$ Restspannung $\quad t_{av}$ Ansprechverzögerungszeit
$\hat{u}_{ass}$ Stirnansprechblitzspannung $\quad t_a$ Ansprechzeit

10.3. Überspannungsschutzeinrichtungen

Tafel 10.4 Überspannungsschutzeinrichtungen, Übersicht

1	2	3	4		5
Bezeichnung	Schalt-zeichen	Eigenschaften	Kennwerte		Anwendung
Trennfunkenstrecke – TFS – /10.14/	(Symbol)	besitzt die Eigenschaften einer homogenen Funkenstrecke unter atmosphärischen Bedingungen	$\hat{u}_{as}$ 10...50 kV	$\hat{\imath}_{ns}$ 100 kA t_a 0,5 µs	sie findet ihre typische Anwendung für den zeitweiligen Zusammenschluß isoliert betriebener Anlagenteile bei Blitzeinschlag, s. Tafel 10.1, Beispiele 1a,1b,1c,1d; sie schützt die Isolierstrecken und verteilt Blitzströme
Schutzfunkenstrecke – SFS – /10.15/	(Symbol)	als Luftfunkenstrecke oder als Glimmlampe ausgebildet, besitzt sie ähnliche Eigenschaften wie die TFS mit nur geringer Belastbarkeit	$\hat{u}_{as}$ 1 kV	$\hat{\imath}_{ns}$ 1 kA t_a 0,5 µs	Hauptanwendung im Antennenblitzschutz /10.26/ zum Schutz von Sender und Empfänger; schützt vorrangig dünne Antennenzuleitungen vor dem Verdampfen durch Blitzströme; Schutz vor Brandgefahr
Feinspannungsableiter (auch Gasentladungsableiter) – FSA – /10.16/ /10.17/ /10.25/	(Symbol)	besitzt die Eigenschaften einer sehr homogenen Funkenstrecke in einem hermetisch abgeschlossenen und mit Edelgas gefüllten Gefäß (flache Ansprechkennlinie, hohe Langzeitstabilität und Ansprechgenauigkeit)	$\hat{u}_{as}$ 0,5...2 kV je nach Typ Schutzkennlinie s. Bild 10.7; Eigenkapazität: 4...7 pF; geringe Einbaudämpfung bis zum MHz-Bereich	$\hat{\imath}_{ns}$ 10 kA t_a 0,2 µs	vorwiegend zum Schutz von Fernmeldesignalleitungen und der daran angeschlossenen Betriebsmittel. Vielfache Verwendung in Kombination mit Begrenzern, s. Abschnitt 10.3.4 und Tafel 10.1, Beispiel 4, liefert gute Schutzkonzeption unter NEMP-Bedingungen

Tafel 10.4 (Fortsetzung)

1	2	3	4	5
Ventilableiter – VA – /10.14/ /10.18/		durch die Kombination von Funkenstrecke und Varistor im gasdichten Gehäuse gutes Löschverhalten gegenüber nachfließender Kurzschlußströme aus dem Netz, hohe Ansprechgenauigkeit	$\hat{u}_{as}$ 2...4 kV je nach Typ $\hat{i}_{ns}$ 10 kA t_a 0,5 µs Schutzkennlinie s. Bild 10.7, und Ansprechkennlinie s. Bild 10.5	ausschließlich zum Schutz von Energieübertragungs- und Verteilungsanlagen einschließlich der Hausinstallationen, s. Tafel 10.1, Beispiele 3, 5, 6, 7 und 8, sowie Tafel 10.2
Metalloxid-Varistor – MOV – /10.19/ Gleich- und Wechselstromstrom /10.20/ /9.8/		Eigenschaften eines spannungsabhängigen Widerstandes mit stark gekrümmter, symmetrischer Strom-Spannungs-Kennlinie und hoher Impulsstrombelastbarkeit; der Nichtlinearitätskoeffizient a ist größer als 40: $$i = K \cdot u^a$$	U_M 18...1800 V der Reihe 18; 22; 27; 33; 39; 47; 56; 68; 82; $\hat{i}_{ns}$ 0,2...4 kA (Scheibentyp) 10 kA (Blocktyp) t_{av} 0,1 µs Eigenkapazität: 1...10 nF; Schutzkennlinie s. Bild 10.11	Einsatz zum Schutz elektronischer Betriebsmittel vor Schalt- und Blitzüberspannungen, s. Tafel 10.3, bei Gleich- und Wechselstrombetrieb auch in Kombination mit Ableitern, s. Abschnitt 10.3.4; für Steilheiten bis zu 10 kV/µs geeignet
Z-Diode – Z-D – /10.21/		Eigenschaften eines spannungsabhängigen Widerstandes mit sehr stark gekrümmter unsymmetrischer Strom-Spannungs-Kennlinie und mittlerer Impulsstrombelastbarkeit ($a > 100$); sie ist in Sperrichtung zu polen (Minus an Anode, oder bei Wechselstrombetrieb Reihenschaltung nach Bild 10.10 c erforderlich); oberhalb der Zündspannung wirkt sie als Span-	U_Z 1...200 V $\hat{i}_{ns} \approx 4\, I_{FSM}$ t_{av} <10 ns Schutzkennlinie entspricht Strom-Spannungs-Kennlinie nach Herstellerangabe, z. B. /10.22/	Einsatzgebiete wie für MOV, wenn Strombelastung geringer und bei höheren Steilheiten (bis 100 kV/µs) kleinerer Schutzpegel gefordert werden

10.3. Überspannungsschutzeinrichtungen

1	2	3	4	5
Dioden; TAZ-Suppressordioden (Transient Absorption Zener) – D –	⧫	TAZ-Dioden sind in der Lage, hohe Impulsleistungen (bis 1 500 W) bei 1 ms Dauer innerhalb weniger ps zu absorbieren; Sie sind in Durchlaßrichtung zu polen und begrenzen alle Überspannungen oberhalb der Schleusenspannungen	U_{SL} $\hat{i}_{ns}$ t_{av} <10 ps 0,35 V/Schicht Ge I_{FSM} 0,45 V/Schicht Se 0,7 V/Schicht Si Schutzkennlinie entspricht Strom-Spannungs-Kennlinie nach Herstellerangabe, z. B. /10.22/	Einsatzgebiete wie für MOV, aber bei sehr viel größeren Steilheiten (über 100 kV/μs); liefern gute Schutzkonzeption in Kombination mit FSA (vgl. Abschn. 10.3.4)
Thyristoren; Thyristordioden – T – /10.34/	⧫⧫	als steuerbarer Siliziumgleichrichter besitzt der Thyristor gleiche Eigenschaften wie Dioden; er muß über das Gitter gezündet werden; Thyristordioden triggern sich selbst	U_Z $\hat{i}_{ns}$ t_{av} 50...250 V 0,5 kA <50 ns Eigenkapazität: < 200 pF	besonders geeignet zur Begrenzung zeitweiliger Spannungsüberhöhungen mit Betriebsfrequenz und nachfolgender Abschaltung des Kurzschlußstroms über eine Sicherung

$\hat{u}_{as}$ Ansprechblitzspannung
U_M Varistorspannung bei 1 mA
U_Z Zünd- oder Knickspannung
U_{SL} Schleusenspannung
u Spannung über dem Ableiter oder Begrenzer nichtperiodischer Spitzen-Durchlaßstrom
I_{FSM}

i Strom durch den Ableiter oder Begrenzer
$\hat{i}_{ns}$ Nennableitungsimpulsstrom (meist für Welle 8/20)
K Varistorkonstante in A/V, wenn u in V und i in A
α Nichtlinearitätskonstante des Varistors oder von Dioden
t_a Ansprechzeit
t_{av} Ansprechverzögerungszeit

10.3.2. Dimensionierung von Überspannungsableitern /3.6/ /10.18/

Ableiter haben dann eine wirksame Schutzwirkung und können die gewünschte Zuverlässigkeit erreichen, wenn sie nach folgenden Kriterien, die sich auf das Prinzip der Isolationskoordination stützen, ausgewählt werden:

- Erstens, Überspannungsschutzeinrichtungen müssen immer dann eingesetzt werden, wenn die auftretende Überspannung $\hat{u}_\text{ü}$ den Wert der Nennstehblitzspannung $\hat{u}_\text{nsts}$ überschreitet /10.23/ /10.24/;

$$\hat{u}_\text{ü} < \hat{u}_\text{nsts}. \tag{10.7}$$

Sie müssen diese auf den Wert der Nennbegrenzungsblitzspannung $\hat{u}_\text{n begr s}$ am Einbauort begrenzen.

- Zweitens, die Ansprechspannung $\hat{u}_\text{as}$ muß kleiner sein als die Nennbegrenzungsspannung $\hat{u}_\text{n begr s}$ nach

$$\hat{u}_\text{as} \leq \hat{u}_\text{n begr s}. \tag{10.8}$$

- Drittens, um den Ableiter nach dem Zünden wieder sicher zu löschen, darf die obere Betriebsspannung U_h des Stromkreises folgende Werte nicht überschreiten.

$U_\text{h} < 30$ V für TFS und SFS

$U_\text{h} < 70$ V ... 150 V für FSA (je nach Typ)

$U_\text{h} < U_\text{ln}$ für VA.

- Viertens, Ableiter müssen nach ihrem zulässigen Arbeitsvermögen ausgewählt werden. Dazu ist zu überprüfen, ob der auftretende Impulsstrom $\hat{i}_\text{i}$ den Nennableitimpulsstrom $\hat{i}_\text{in}$ bzw. $\hat{i}_\text{sn}$ nicht überschreitet.
- Fünftens, die notwendige Anzahl der Ableiter für die Anlage ist so festzulegen, daß die vom Ableiter ausgehenden Schutzbereiche sich überdecken.

Steile Spannungsimpulse können einen Ableiter „unterlaufen" und beanspruchen zusätzlich die Isolierungen. Deshalb ist zu kontrollieren, ob die Ansprechkennlinie stets unterhalb der Stoßkennlinie der zu schützenden Isolierung verläuft, s. Bild 10.5. Überschläglich genügt es, zu kontrollieren, ob das Verhältnis der Ansprechwerte kleiner 1,3 nach (10.9) ist:

$$\frac{\hat{u}_\text{ass}}{\hat{u}_\text{as}} \leq 1{,}3 \tag{10.9}$$

$$\hat{u}_\text{ass} = t_\text{a} S; \tag{10.10}$$

S Steilheit des Spannungsimpulses.

Ein Ableiter erfüllt seine Aufgabe der Überspannungsbegrenzung besser, je flacher seine Ansprechkennlinie ist.

Werden Ableiter ohne Begrenzungswiderstand mit Betriebsspannungen über 100 V betrie-

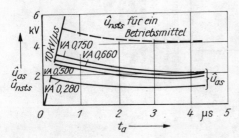

Bild 10.5. Ansprechkennlinien für Ventilableiter und Stoßkennlinie eines Betriebsmittels

$\hat{u}_\text{nsts}$ Nennstehblitzspannung
$\hat{u}_\text{as}$ Ansprechblitzspannung
VA Ventilableiter
t_a Ansprechzeit

10.3. Überspannungsschutzeinrichtungen

ben, müssen sie über Sicherungen vor zu hohen Belastungsströmen I_F geschützt werden, s. Bild 10.6.

Das Begrenzungsverhalten eines Ableiters wird durch die Schutzkennlinie nach Bild 10.7 beschrieben. Dabei ist die Restspannung $\hat{u}_r$ immer der Maximalwert des unmittelbar an den Ableiteranschlußklemmen bei Impulsstrombelastung $\hat{i}_i$ als Folge des Innenwiderstandes auftretenden Spannungsabfalls. Bei unmittelbar geschützten Betriebsmitteln befinden sich die Ableiter im oder am Betriebsmittel oder Gerät, s. Bild 10.8. Beim Anlagenschutz sind sie in einiger Entfernung von diesen angebracht.

Wichtig ist, daß die Ableiter so gegen Erde geschaltet werden, daß der Impulsstrom keinen Umweg über die Gerätemasse nehmen muß, s. Bild 10.9. Der zur Erde fließende Impulsstrom $\hat{i}_i$ (s. Anwendungsbeispiele, Tafeln 10.1 und 10.2) erzeugt zusätzlich zur Restspannung einen Spannungsabfall an der Induktivität L_E der Erdungsleitung, der die Schutzwirkung herabsetzt:

$$\hat{u}_E = L_E \dot{S}_i; \qquad (10.11)$$

L_E für eine einadrige Leitung: 1 µH/m
$\dot{S}_i$ Stromanstiegssteilheit.

Die Gesamtrestspannung $\hat{u}_{r\,ges}$ ist aus der Addition beider Spannungsteile zu ermitteln, weil die Phasenlage oft so ist, daß auch im Stromscheitelwert die maximale Anstiegssteilheit auftritt:

$$\hat{u}_{r\,ges} = \hat{u}_r + \hat{u}_E. \qquad (10.12)$$

Die zulässige Überspannung darf nicht überschritten werden.

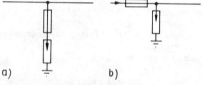

Bild 10.6. Ableiterbeschaltung zur Begrenzung des Folgestroms

a) Variante der unterbrechungsfreien Stromversorgung, die aber eine regelmäßige Kontrolle der Sicherung voraussetzt
b) Variante der unterbrochenen Stromversorgung nach der Überspannungsbegrenzung

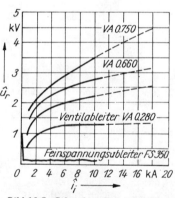

Bild 10.7. Schutzkennlinien der Ableiter

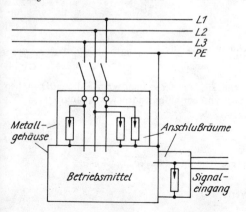

Bild 10.8. Überspannungsschutz unmittelbar geschützter Betriebsmittel

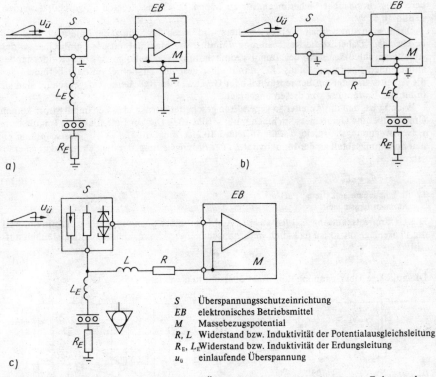

S	Überspannungsschutzeinrichtung
EB	elektronisches Betriebsmittel
M	Massebezugspotential
R, L	Widerstand bzw. Induktivität der Potentialausgleichsleitung
R_E, L_E	Widerstand bzw. Induktivität der Erdungsleitung
$u_ü$	einlaufende Überspannung

Bild 10.9. *Möglichkeiten des Anschlusses von Überspannungsschutzeinrichtungen an Erdungsanlagen /3.5/*

a) und b) falscher Anschluß
c) richtiger Anschluß

Für Variante *a* nach Bild 10.9 ist

$$\hat{u}_{ü\,zul} = \hat{u}_{r\,ges}. \tag{10.13}$$

Für Variante *c* ergibt sich die bessere Schutzwirkung zu

$$\hat{u}_{ü\,zul} = \hat{u}_{r}. \tag{10.14}$$

Der Schutzbereich l_s eines Ableiters errechnet sich aus der verbleibenden Differenz zwischen der Nennstehblitzspannung $\hat{u}_{nsts}$ der Anlage und der auftretenden Restspannung $\hat{u}_{r\,ges}$. Am Ableiter an der durchgehenden Leitung:

$$l_s = \frac{(\hat{u}_{nsts} - \hat{u}_{r\,ges})\,v}{S}; \tag{10.15}$$

v Ausbreitungsgeschwindigkeit im Kabel 150 m/µs und auf der Freileitung 300 m/µs
S Steilheit der Überspannung.

Bei Kopfstationen halbiert sich dieser Wert.

10.3.3. Dimensionierung von Überspannungsbegrenzern /3.6/ /10.19/

Bei der Erfüllung der gleichen Aufgabe unterscheiden sich die Auswahlkriterien für Begrenzer unwesentlich von denen der Ableiter. Im einzelnen ist zu beachten:
- Anwendungsgebot bei

$$\hat{u}_\text{ü} > \hat{u}_\text{nsts} \tag{10.16}$$

- Auswahl nach der oberen Betriebsspannung U_h

$$U_\text{h} < U_\text{RRM} \tag{10.17}$$

U_RRM nichtperiodische Spitzensperrspannung

bei Dioden als Überspannungsschutzelement im Sperrichtungsbetrieb (s. Bild 10.10a)

$$U_\text{h} < U_\text{SL} \tag{10.18}$$

U_SL Schleusenspannung,

bei Dioden als Überspannungsschutzelement im Durchlaßrichtungsbetrieb (s. Bild 10.10d)

$$U_\text{h} < U_\text{Z} \tag{10.19}$$

U_Z Zündspannung,

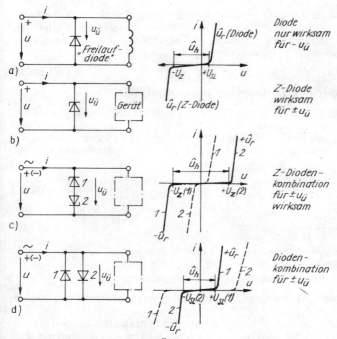

Bild 10.10. Diodenschaltungen zur Überspannungsbegrenzung

- $\hat{u}_\text{h}$ Scheitelwert der oberen Betriebsspannung
- $\hat{u}_\text{r}$ Restspannung
- U_z Zünd-, Knick- oder Zenerspannung
- U_SL Schleusenspannung
- $\hat{u}_\text{ü}$ Überspannung

bei Z-Dioden (s. Bild 10.10b u. c)

$$U_h < 0{,}8\, U_M = U_{hw} \tag{10.20}$$

U_M Bezugsspannung (lt. Herstellerangabe)
U_{bw} zulässige obere Betriebsspannung.

- Auswahl nach dem Arbeitsvermögen

Dioden:
$$\hat{i}_i < I_{FSM} \tag{10.21}$$
$$P_v < P_{v\,max} \tag{10.22}$$

I_{FSM} nichtperiodischer Spitzendurchlaßstrom
$P_{v\,max}$ zulässige Verlustleistung,

MOV:
$$\hat{i}_i < \hat{i}_{in} \tag{10.23}$$
$$P_v < P_{v\,max}$$

$\hat{i}_{in}$ Nennableitimpulsstrom. \hfill (10.24)

- Auswahl nach der Restspannung

$$u_r < u_{n\,begr\,s}. \tag{10.25}$$

Dioden, Z-Dioden und MOV können zum Zweck der Erhöhung der zulässigen oberen Betriebsspannung U_h in Reihe geschaltet werden, wobei sich die Einzelwerte addieren. Das durch die Ansprechverzögerungszeit t_{av} verursachte Überschwingen der Begrenzungsspannung, s. Bild 10.9, ist nach (10.26) zu berechnen:

$$\hat{u}_{ass} = \hat{u}_{as} + t_{av} \cdot S \tag{10.26}$$

(Werte für $\hat{u}_{as}$ entsprechend U_M, U_Z, U_{SL} je nach Begrenzertyp).

$\hat{u}_{ass}$ sollte nur 30 % über $\hat{u}_{as}$ liegen, anderenfalls muß ein Begrenzer mit einer geringeren Ansprechverzögerungszeit gewählt werden.

Bei der Begrenzung innerer Überspannungen im Fall geschalteter Induktivitäten, s. Tafel 10.3, müssen sie in der Lage sein, die gespeicherte Energie W der Spule aufzunehmen, vgl. Abschnitt 9:

$$P_{v\,max} = \frac{W}{t_d} \tag{10.27}$$

$$t_d = \frac{3\,L}{R_{Spule} + R_{Begrenzer}} \approx 1\ldots 10\ \text{ms}; \tag{10.28}$$

t_d ist die Impulsdauer; sie kann aus der Abklingzeitkonstanten berechnet werden,
$P_{v\,max}$ zulässige Verlustleistung.

Bemerkung:
- Bei zu hohen Impulsbelastungsströmen zerplatzt der Begrenzer, der Strom durch ihn wird unterbrochen.
- Bei Dauerüberlastung wird der pn-Übergang zerstört. Es bilden sich Brücken, und es fließt der Kurzschlußstrom. Bei mäßiger Überlastung wird die u-i-Kennlinie bleibend verändert und die Schutzwirkung beeinträchtigt, bis der Begrenzer zerstört ist.

Das Begrenzungsverhalten eines MOV wird durch die normierte Strom-Spannungs-Kennlinie bestimmt (s. Bild 10.11):

$$\hat{u}_r = \frac{\hat{u}_r(i)}{U_M}\, U_M. \tag{10.29}$$

10.3. Überspannungsschutzeinrichtungen

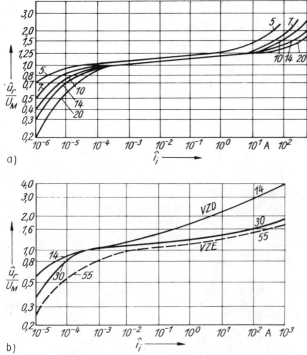

Bild 10.11. Schutzkennlinien der Metalloxid-Varistoren /9.14/ /9.15/
Parameter: Nenndurchmesser in mm
a) Typen VZD 95/10–20 bis VZD 680/10–10
b) Typen VZD 25/10–40 und VZE 10–30 bis VZE 550/10–30

$\hat{u}_r$ Restspannung
U_M Bezugsspannung bei $\hat{\imath}_i = 1$ mA
$\hat{\imath}_i$ Impulsstrom durch den MOV

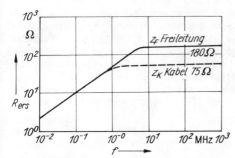

Bild 10.12. Ersatzwiderstand des vorgelagerten Niederspannungsversorgungsnetzes /10.20/

Bei Spulen, die durch Schaltvorgänge Überspannungen verursachen (s. Tafel 10.3), ist für $\hat{\imath}_i$ der Spulennennstrom $\hat{\imath}_n$ bzw. bei Transformatoren der Leerlaufstrom $\hat{\imath}_{ab}$ für die Ermittlung von $\hat{u}_r$ einzusetzen. Laufen die Überspannungen von außen, z. B. aus dem Netz, auf das Betriebsmittel ein, dann wird über den vorgelagerten Widerstand R_{ers} nach Bild 10.12 ein Teil der Überspannung bereits abgebaut.

Für den aktiven Zweipol „Netz" gilt:

$$\hat{u} = \hat{u}_{\ddot{u}} - \hat{i}_i R_{ers} \tag{10.30}$$

und für den passiven Teil des Zweipols die Begrenzungskennlinie gemäß (10.29). Im Bild 10.13 werden beide Spannungsverläufe (Kurven *1* und *2*) eingetragen. So ist es möglich, am Schnittpunkt der Kurven die Restspannung $\hat{u}_r$ und den tatsächlich fließenden Strom $\hat{i}_i$ abzulesen.

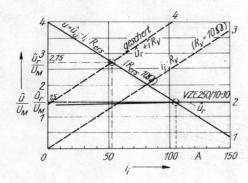

Bild 10.13. Grafisches Verfahren zur Berechnung der Restspannung von Metalloxid-Varistoren (Erläuterungen s. Text)

Wird der Begrenzer an eine separate Erdungsanlage angeschlossen, vergrößert sich auch hier die resultierende Restspannung auf $\hat{u}_{r\,ges}$. Für diesen Fall gilt am passiven Teil des Zweipols:

$$\hat{u} = \hat{u}_r(\hat{i}) + \hat{i}_i R_E \tag{10.31}$$

Der Kurvenverlauf wird durch Scherung punktweise durch die Addition der Kurven *2* und *3* erhalten.

10.3.4. Dimensionierung von Überspannungsschutzbarrieren

Ableiter und Begrenzer können in Kombinationen als Überspannungsschutzbarrieren verwendet werden. Bekannt sind *Blitzductoren*/3.5/ in 3 Grundtypen, s. Tafel 10.5.

Der *R*-Typ zeichnet sich durch seinen Längswiderstand *R* vor den Begrenzern aus. Dieser bewirkt, daß Überspannungen zwischen den Adern (Querspannungen) nach Passieren der Begrenzer sehr stark gedämpft werden, weil der Ersatzwiderstand des vorgelagerten Netzteiles durch ihn erhöht [vgl. (10.30)] und damit die Restspannung kleiner als ohne Längswiderstand wird. Die im Dauerbetrieb auftretenden Verluste und Spannungsabfälle müssen kontrolliert und bei festgestellten unzulässigen Überschreitungen durch Wahl der nächsten Typen (z. B. *L*-Typ) vermindert werden. Selbstverständlich erhöht sich dadurch die Begrenzungsspannung. Im Falle des Schutzes elektronischer Bauelemente dürfen folgende Werte nicht überschritten werden:

diskrete elektronische Bauelemente	0,5 … 3 kV
TTL-Schaltkreise zwischen den Anschlüssen (PIN)	50 … 100 V
HTTL-Schaltkreise (high level)	50 … 300 V
MOS-Schaltkreise	70 … 100 V

Bei hohen Längsüberspannungen sprechen die Ableiter an, wenn die Summe der Spannungsabfälle über *R* bzw. *L* und dem Begrenzer über dem Wert der Ansprechspannung des Ableiters liegt. Sie gefährden aber die Bauelemente nicht, wenn diese gut gegen Erde isoliert sind (z. B. Ausführung Schutzisolierung bei erdfreier symmetrischer Betriebsweise).

10.3. Überspannungsschutzmaßnahmen

Tafel 10.5. Kombinierte Überspannungsschutzeinrichtungen (Überspannungsschutzbarrieren) /3.5/

Lfd. Nr.	Schaltung	Nennbegrenzungsspannung $\hat{u}_{n\,begr\,s}$ Längsspannung	Querspannung	Anwendung
1.	R-Typ	1 000 V	10 V	zum Schutz elektronischer Schaltungen an den nach außen führenden Leitungen und zum Schutz der Signalerfassungsstellen in Automatisierungsanlagen, wenn der zusätzliche Längswiderstand nicht stört (Stromkreis mit eingeprägtem Strom)
2.	L-Typ	1 000 V	50 V	zum Schutz der Stromkreise elektrotechnischer Anlagen, in denen eine nennenswerte Widerstandserhöhung nicht zulässig ist, z. B. Stromversorgungsleitungen; Leitungen mit Widerstandsabgleich zur Signalerfassung
3.	A-Typ	1 000 V	1 000 V	zum Schutz elektrotechnischer Anlagen, die keine Längsimpedanzen wegen der auftretenden Verlustleistung oder der Spannungsabsenkung erlauben, z. B. an Netztransformatoren, Schaltgeräten, Relais, Meßfühlern, Thermoelementen, Potentiometern

Folgende Regeln sind bei der Kombination von Funkenstrecken (Ableitern) und Begrenzern zu beachten:

Reihenschaltung von Funkenstrecke und Begrenzer
(entspricht Ventilableiter)
- Die Nennableitimpulsströme müssen gleich sein.
- Die Gesamtrestspannung ergibt sich aus der Addition der einzelnen Restspannungen entsprechend der jeweiligen Schutzkennlinie.
- Für das Überschwingen der Restspannung ist die Ansprechzeit der Funkenstrecke bestimmend.
- Zur sicheren Löschung der Funkenstrecke darf bei Erreichen der oberen Betriebsspannung der Begrenzer nicht mehr als 1 mA Strom führen.

Parallelschaltung von Funkenstrecke und Begrenzer

- Die Ansprechblitzspannung der Funkenstrecke muß unterhalb des Wertes der Restspannung des Begrenzers beim Erreichen des Nennableitimpulsstroms liegen.
- Bis zum Ansprechen der Funkenstrecke gilt der Wert der Restspannung des Begrenzers, darüber der der Funkenstrecke.
- Für das Überschwingen der Restspannung im ns-Bereich ist die Ansprechverzögerungszeit des Begrenzers bestimmend.
- Die Funkenstrecke muß eventuell über eine Sicherung gelöscht werden (s. Abschn. 10.3.2).

Aufgrund der guten Anpassungsfähigkeit der Parallelschaltung von Funkenstrecke und Begrenzer dient diese Kombination zur Auslegung eines Schutzes unter NEMP-Bedingungen mit Feinspannungsableiter und Suppressordioden (vgl. Tafel 10.4) /10.25/.

Reihenschaltung von Funkenstrecken

Es gelten die Hinweise wie bei Reihenschaltung von Funkenstrecke und Begrenzer mit Ausnahme des letzten Punktes, da Funkenstrecken nicht selbst löschen. Die Reihenschaltung dient zur Erhöhung der Ansprechblitzspannung, indem überschläglich die Einzelwerte addiert werden können.

Reihenschaltung von Begrenzern

Beliebige Reihenschaltung von Begrenzern mit gleichem Nennableitimpulsstrom ist zur Erhöhung der zulässigen oberen Betriebsspannung möglich, ohne daß sich die anderen Grundeigenschaften ändern.

Parallelschaltung von Funkenstrecken oder Begrenzern

Es handelt sich um eine untaugliche Methode, da immer der schwächere Typ die Begrenzung allein übernimmt (Ausnahme: Parallelschaltung von Dioden, s. Bild 10.10).

10.4. Blitz- und Überspannungsschutzmaßnahmen

10.4.1. Übersicht

Alle Blitzschutzmaßnahmen erstrecken sich auf die Abwendung der Gefahren, die im Zusammenhang mit einer Blitzentladung entstehen. Dazu zählen die unmittelbare Gefährdung von Mensch und Tier infolge der elektrischen Durchströmung des Organismus, die mechanische Beschädigung von Objekten und die thermische Beschädigung elektrisch leitender Materialien infolge hoher Ströme (kalte Schläge), die Zündung brennbarer und explosibler Medien durch die Lichtbogenwirkung und schließlich die Fülle der Beeinflussungswirkungen, wie sie im Abschnitt 10.2.1 beschrieben sind. Die Wirkungen treten natürlich nicht einzeln, sondern in sehr mannigfaltiger Kombination auf. Es hat sich im Laufe der Entwicklung des Blitzschutzes eine sinnvolle Unterteilung der Blitzschutzmaßnahmen ergeben: /10.27/ /10.28/.

Der *äußere Blitzschutz* umfaßt alle Maßnahmen an der äußeren Bauhülle des Objekts zum Auffangen und Ableiten des Blitzstroms in die Erdungsanlage.

Der *innere Blitzschutz* umfaßt die Maßnahmen der Beseitigung oder Minderung der Blitzstrombeeinflussung auf metallene Installationen (vorrangig Maßnahmen des Potentialausgleiches zwischen inaktiven Teilen) und auf elektrische Ausrüstungen (Weiterführung des Potentialausgleiches durch das Einbeziehen aktiver Leiter mittels Überspannungsschutzeinrichtungen) innerhalb des Objekts. Das Beseitigen von Potentialunterschieden in diesem Umfang wird auch als *Blitzschutzpotentialausgleich* bezeichnet.

Um den Aufwand für Blitzschutzmaßnahmen dem Grad der Gefährdung des zu schützenden Objekts anzupassen, wird das Objekt in Blitzgefährdungsbereiche eingestuft, denen ein

10.4. Blitz- und Überspannungsschutzmaßnahmen

Tafel 10.6. Graduierung der Blitzschutzmaßnahmen nach Blitzgefährdungsgraden /10.30/

Blitzgefährdungsgrad	Standardisiertes Gefährdungskriterium	Anforderungen an die Blitzschutzmaßnahme	Einordnungsbeispiele
BlG 3	ab Brandgefährdungsgrad 3 /10.29/	Vermeidung thermischer, mechanischer und elektrischer Wirkungen am und im Bauwerk einschließlich Schutz des Menschen und der Nutztiere (Begrenzung der Temperatur blitzstromführender Leiter, keine Zündung von Stoffen geringer Zündbereitschaft, keine unzulässigen Berührungs- und Schrittspannungen)	öffentliche Gebäude mit starkem Besucherverkehr bzw. für den ständigen Aufenthalt von Personen; Stallungen zur industr. Tierhaltung, Speicher, Silos, Bergeräume, Großgerätehallen; Türme, Seilbahnen; elektrotechnische Anlagen
BlG 2	Explosivstoffgefährdung; Explosionsgefährdungsgrad 1 bis 3; Brandgefährdungsgrad 1 und 2 /10.29/	Anforderungen wie bei BlG 3 *und* Vermeidung von Funken und Sprüherscheinungen bzw. abtropfender, abspritzender glühender Metallteile	Arbeitsstätten mit Explosivstoffgefährdung, Gasexplosionsgefährdung, hoher Brandgefährdung, Staubexplosionsgefährdung
BlG 1	–	Anforderungen wie bei BlG 3 *und* Vermeidung unzulässiger galvanischer, induktiver und kapazitiver Blitzbeeinflussung	elektronische Datenverarbeitungsanlagen und Prozeßsteuerungsanlagen von volkswirtschaftlicher Bedeutung

Blitzgefährdungsgrad (BlG) zugeordnet wird. Bewährt haben sich drei Gefährdungsgrade (entsprechend Tafel 10.6) /10.30/ oder auch die Einteilung nach Zonen für die explosionsgefährdeten Bereiche und die Bereiche für die Explosivstoff- und Feuergefährdung nach /10.28/.

10.4.2 Äußerer Blitzschutz

Der äußere Blitzschutz wird nach dem Prinzip der Schirmung des Gebäudes oder des Bauwerks realisiert. Es handelt sich um einen großmaschigen Faradaykäfig, bestehend aus Auffang- und Ableiteinrichtungen sowie einer Erdungsanlage, dessen Maschenweiten und Materialabmessungen nach /10.27/ Tafel 10.7 entnommen werden können. Wird eine solche Blitzschutzanlage aus Bauteilen des Bauwerkes, wie z. B. Stahlarmierung, Stahlkonstruktionsteile, Rohrleitungssysteme, aufgebaut, erübrigt es sich, eine gesonderte, dem Bauwerk nach der Fertigstellung angelegte Blitzschutzanlage zu errichten. Unter Verwendung ausreichender Querschnitte, geeigneter Verbindungen und notwendiger Korrosionsschutzmaßnahmen wird so eine interne Blitzschutzanlage verwirklicht /10.31/, die ohne Instandhaltungsmaßnahmen auskommt und durch die vielseitige Vermaschung der Metallteile eine gute Schirmwirkung und niedrige Erdungswiderstände bietet. Solche Anlagen sind besonders geeignet, Blitzgefährdungsbereiche mit BlG 1 aufzunehmen. Wie für die Gebäude ohne natürliche Schirmwirkung sind die Abstände der vom Auffangbereich zur Erdungsanlage geführten Ableitungen

Tafel 10.7 Auffang- und Ableiteinrichtungen nach /10.27/, Klammerwerte ()* beziehen sich auf BIG 1 bzw. BIG 2

Dachform	Dachabmessungen in m	Maschengröße in m	Ableitungen	Material für Auffang- und Ableiteinrichtung
Flachdach mit $h \leq 1$ m	bis 12 × 24 über 12 × 24	12 × 24 24 × 24 (12 × 24)*	2 Ableitungen an den diagonalen Eckpunkten, wenn ihr Abstand kleiner als 24 m (12 m)*, sonst alle 24 m (12 m)*	**Bleche** aus Aluminium, Zink: 100 mm², 0,5 mm dick (0,8 mm)*; aus Kupfer: 100 mm², 0,3 mm dick; aus Stahl 100 mm², 0,5 mm dick; **Stahldraht**, verzinkt: 8 mm ∅;
Sattel- oder Walmdach mit $h > 1$ m	bis 12 × 24 bis 24 × 24 über 24 × 24	Z-Form H-Form (bei $a < 45°$ mit Traufleitung) maschenförmig 24 × 24 (12 × 24)*	am Umfang alle 24 m (12 m)*	**Aluminiumdraht:** 8 mm ∅ **Kupferdraht:** 8 mm ∅ **Stahldraht**, korrosionsträge (KTS): 8 mm; **Stahlseil:** 50 mm² **Aluminiumseil:** 50 mm²; **Stahl-Aluminium-Seil:** 50/30 mm²; **Rundstahl**, verzinkt: 10 mm ∅ und 16 mm ∅ für frei stehende Essen

auf weniger als 10 m zu reduzieren /10.27/ /10.28/, um eine gleichmäßige Stromaufteilung und eine Minderung der Feldstärke im Innern zu erreichen.

Abweichend vom Faradayprinzip, werden heute auch wieder Auffangstangen und Auffangleitungen auf oder neben Gebäuden angebracht, die einen kegel- bzw. zeltförmigen Schutzraum mit einem Schutzraumwinkel von 45° bilden /10.28/, weil sie oft die einzig mögliche Schutzkonzeption darstellen (*Franklin*-Prinzip).

10.4.3. Innerer Blitzschutz

10.4.3.1. Potentialausgleich zu inaktiven Teilen

Sind in einem Bauwerk Niederspannungsanlagen installiert, erfordern Schutzmaßnahmen gegen elektrischen Schlag bereits den Zusammenschluß der inaktiven Teile zum Potentialausgleich /10.32/ und /10.33/. Dadurch werden alle metallenen Rohrleitungssysteme, Kabelmäntel, metallene Konstruktionsteile des Gebäudes und die Gebäudeausrüstungen einschließlich der Schutzleiter des Elektrosystems erfaßt. Die zum Zusammenschluß verwendeten Potentialausgleichsleitungen müssen mindestens aus 10 mm² Kupfer, 16 mm² Aluminium oder 50 mm² Stahl (bei Schutzleiteranschluß querschnittsgleich zum Schutzleiter) bestehen. Ist der Potentialausgleich für das gesamte Gebäude bestimmt und an einer Stelle, z. B. an der Potentialausgleichsschiene, oder an mehreren Stellen im Bereich der Häufung inaktiver Teile durchgeführt worden, so handelt es sich um den zentralen Potentialausgleich. Er vermeidet Potentialunterschiede zwischen den inaktiven Teilen auch bei einem Blitzeinschlag, weil die Blitzschutzanlage in den Potentialausgleich einbezogen werden muß. Die Leiterquerschnitte erfüllen die Forderungen des Blitzschutzes. Zusätzlich wird aber nach /10.27/ noch gefordert, daß bei Explosionsgefährdung der Potentialausgleich im Dachbereich und in Abständen von 30 m in horizontalen Ebenen bei Gebäuden über 30 m Höhe vorzunehmen ist. Diese Ergänzung schafft Bezugsebenen gleichen Potentials und bietet damit die besten Voraussetzungen für den Überspannungsschutz. Weiterhin lassen sich dadurch alle Näherungsprobleme leichter beherrschen. Funkenüberschläge werden als Folge induzierter Spannungen vermieden, wenn der Abstand a der folgenden Bedingung genügt:

$$a \geq 0{,}05 \frac{l}{c}; \qquad (10.32)$$

a Abstand zwischen der metallenen Gebäudeausrüstung, z. B. Schutzleiter, zu Teilen der Blitzschutzanlage
l Entfernung der Näherungsstelle von der Ebene des Potentialausgleiches
c = 1 für Luft, Mauerwerk
c = 5 für Isolierstoffe, z. B. Plaste.

Anderenfalls muß die Näherungsstelle überbrückt werden.

10.4.3.2. Potentialausgleich über Schirmleiter

Leitungen zwischen räumlich getrennt aufgestellten elektrotechnischen Einrichtungen sind einer besonderen Blitzstrombeeinflussung ausgesetzt, vgl. Abschnitt 10.2.1.3. Das Grundprinzip des Potentialausgleiches über Schirmleiter zeigt Bild 10.14. Schirmleiter sind am System l und 2 in den dort vorgenommenen örtlichen oder zentralen Potentialausgleich einzubeziehen. Die über den Schirmleiter fließenden Teilströme sind im wesentlichen von der Qualität der Erdungsanlage abhängig, s. Tafel 10.1, Beispiel 4. Bei getrennten Erdungsanlagen, die mehr als 100 m entfernt sind, sind die Wanderwellenvorgänge über die wirksamen Wellenwi-

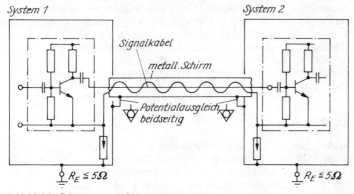

Bild 10.14. Schirmung von Leitungen

derstände zu berücksichtigen. Beim Verzicht auf Überspannungsschutzeinrichtungen darf die Erderspannung die Nennstehblitzspannung $\hat{u}_{nsts}$ des elektrischen Systems nicht überschreiten /10.23/. Daraus folgt:

$$R_E \leq \frac{\hat{u}_{nsts}}{\hat{i}_s - \hat{i}_i};$$

R_E Erdungswiderstand des vom Blitz getroffenen Objekts
$\hat{i}_s$ Blitzstromscheitelwert
$\hat{i}_i$ Teilblitzstrom durch den Erder.

Falls Überspannungsschutzeinrichtungen notwendig werden, muß der Teilblitzstrom $\hat{i}_i$ nach Tafel 10.1, Beispiel 4, kleiner als der für eine Ader zulässige thermische Grenzstrom sein. In der Regel ist das der Fall, wenn $R_{E1} \approx R_{E2} \leq 5\ \Omega$ beträgt.

Potentialausgleich und Schirmung bilden so ein geschlossenes System des Schutzes der Leitungen und elektrotechnischen Einrichtungen, die vollständig im Nebenschluß des Blitzstroms liegen, wenn dafür gesorgt wird, daß das Massebezugspotential isoliert gegen das Gehäuse betrieben wird *(Bypasstechnik)*.

10.4.3.3. Potentialausgleich zu aktiven Leitern

Zum vollständigen System des inneren Blitzschutzes /10.35/ gehört der zeitweilige Zusammenschluß aller betriebsmäßig unter Spannung stehenden Leiter über die im Abschnitt 10.3 angegebenen Überspannungsschutzeinrichtungen. Diese stellen unmittelbar nach Beginn der Überspannung eine gut leitfähige Verbindung zwischen den aktiven Leitern und der Erde bzw. der Ebene des Potentialausgleichs nach Abschnitt 10.4.3.1 her. Nach dem Überspannungsvorgang muß der Erdschlußstrom abgeschaltet und das vollständige Isoliervermögen wiederhergestellt sein. Bei richtiger Auswahl und Dimensionierung der Überspannungseinrichtungen gemäß Abschnitt 10.3 werden die Überspannungen auf die zulässigen Werte begrenzt. Sie können aber nicht verhindern, daß Überströme die Leiterbahnen belasten, vgl. Angaben in den Tafeln 10.1 bis 10.2.

Geeignete Einbauorte für Überspannungseinrichtungen sind der Anschlußkasten des zu schützenden Betriebsmittels (s. Bild 10.8) oder des überspannungerzeugenden Betriebsmittels und für den Schutz einer Anlage die Stelle, an der die meisten Leitungsabzweige zusammentreffen (Haupt- und Unterverteilungen), s. Bild 10.15.

Der Einbau darf nur vom Fachmann vorgenommen werden. Es ist darauf zu achten, daß in Innenräumen ein genügender Sicherheitsabstand zu brennbaren Materialien wegen der Möglichkeit des Ausblasens des Lichtbogens bei Überbeanspruchung eingehalten wird. Der vollständige Berührungsschutz ist zu gewährleisten. In explosionsgefährdeten Arbeitsstätten dürfen nur zugelassene Typen verwendet werden, z. B. nach /10.14/, anderenfalls sind Überspannungsschutzeinrichtungen vor dem Explosionsgefährdungsbereich zu installieren und die hineinführenden Leitungen zu schirmen. Bei Hausanschlüssen sollte der Einbau nach dem Verrechnungszähler, aber vor den Sicherungen der Abzweige erfolgen.

Ungeschirmte Signalleitungen sind im höchsten Maße überspannungsgefährdet und durch Überspannungsschutzbarrieren nach Abschnitt 10.3.4 zu schützen.

10.4.3.4. Weitere Maßnahmen

Zu den weiteren Maßnahmen, die den inneren Blitzschutz gewährleisten, zählen die im Zuge der Sicherstellung der EMV auch noch aus anderen Gründen erforderliche Schirmung von Baugruppen und Geräten durch Gefäße aus ferromagnetischen oder gut leitenden Materialien bzw. metallbeschichteten Plastgehäusen (vgl. Abschn. 4.3, 4.4, 4.6, 14.3.5.2 und 18.2.4) sowie die konsequente Potentialtrennung zwischen den Logikstromkreisen eines Automatisierungs-

10.4. Blitz- und Überspannungsschutzmaßnahmen

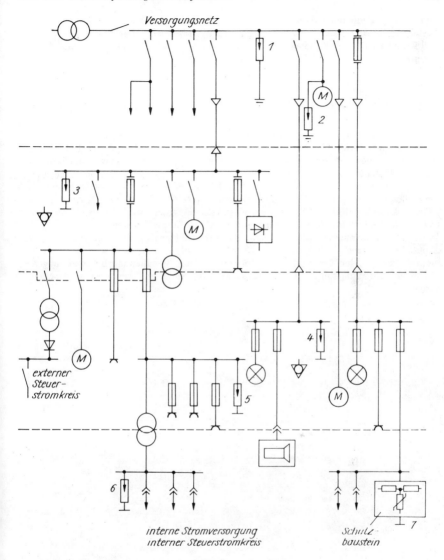

Bild 10.15. *Einsatz von Überspannungsschutzeinrichtungen in der Elektroanlage /10.23/*
① Ableiter im Netz
② Ableiter am unmittelbar geschützten Betriebsmittel
③ Ableiter in einer Schwerpunktlaststation
④ ⑤ Ableiter im Hausanschlußkasten einer Abnehmeranlage
⑥ Ableiter in einer Hilfsstromversorgungsanlage elektronischer Einrichtungen

geräts von den äußeren Stromkreisen (Bedienungs-, Meß- und Meldestromkreise, Hilfsenergiestromkreise) durch den Einsatz von Trenntransformatoren, Relais, Optokopplern /10.34/ und Lichtwellenleitern. Beispiele hierzu sind in den Abschnitten 4.2, 4.3.3, 13 und 18.22 enthalten.

10.5. Blitz- und Überspannungsschutz in Automatisierungsanlagen

Notwendige Maßnahmen des äußeren und inneren Blitzschutzes, wie sie in einer Automatisierungsanlage anzuwenden sind, sind grundsätzlich im Bild 14.12 dargestellt. Es handelt sich um eine zentrale Warte und Arbeitsstätten vor Ort mit elektronischen Meß- und Steuerungsanlagen. Weitergehende Erläuterungen sind dem Abschnitt 14.3.5.2 zu entnehmen. Bei der Wahl der Überspannungsschutzbarrieren ist so zu entscheiden, daß vor Ort wegen der erhöhten Gefahr von Direkteinschlägen in hohe, einzeln stehende Objekte und der meist ungünstigeren Erdungsverhältnisse der Typ A nach Tafel 10.5 eingesetzt wird. Die elektronische Zentraleinheit in der Warte muß von einem guten äußeren Blitzschutz umgeben sein, so daß die Beeinflussungsspannungen geringer, dafür aber der Schutzpegel auf sehr niedrige Werte zum Schutz hochwertiger elektronischer Prozeßsteuerungsanlagen abgesenkt werden muß. Hierfür empfiehlt es sich, den Typ R oder den Typ L einzusetzen. Signalleitungen und Leitungen zur Hilfsstromversorgung sollten geschirmt und beide in einem größeren Abstand voneinander verlegt sein.

11. Maßnahmen gegen Stromrichter-Netzrückwirkungen

11.1. Übersicht /11.1/ bis /11.7/

Stromrichter werden in Stromrichtergeräten und -anlagen als verlustarme, zuverlässige und dynamisch hochwertige Stellglieder zur Stromversorgung, für Elektroantriebe, in der Elektrochemie und -technologie im Leistungsbereich von Kilowatt bis Megawatt eingesetzt. Konstruktiv sind auf engstem Raum der Leistungsteil, Schalt- und Schutzeinrichtungen mit der stromrichternahen Elektronik vereinigt, welche die Funktionen Ansteuerung der Ventile, Regelung von Ausgangsgrößen sowie Überwachung und Schutz gewährleistet.

Probleme der EMV, insbesondere die Beherrschung der Störfestigkeit der Elektronik, gehörten in der Geschichte der Leistungselektronik unter den Bedingungen wechselnder Bauelementegenerationen ständig zur Aufgabe der Entwicklungsingenieure. Auch sind Angaben zur Störfestigkeit seit vielen Jahren in den Standards über Einsatzbedingungen von Stromrichtern zu finden. Daß die EMV-Arbeit stets auf der Höhe der Anforderungen war und ist, beweisen Analysen der Hersteller anhand von Störungsstatistiken /11.8/.

Da die notwendigen Grundlagen und Maßnahmen zur Sicherung der Störfestigkeit von Stromrichtergeräten und -anlagen mit den in den anderen Kapiteln dieses Buches dargelegten übereinstimmen, kann sich dieser Teil auf ein den Stromrichtern eigenes Problem konzentrieren: die Beeinträchtigung der Elektroenergiequalität (EEQ) durch leitungsgebundene, energetische Wechselwirkungen zwischen dem Stromrichter (SR), dem speisenden Netz und anderen am gleichen Anschlußpunkt (AP) (im englischen Schrifttum PCC – *point of common coupling*) angeschlossenen Abnehmern.

Die Qualitätsminderung kann alle Merkmale der Spannung (Effektivwert, Kurvenform, Symmetrie) und die Verschiebung zwischen Spannung und Strom im Speisezweig (Blindleistung) betreffen und muß wegen der im Netz und bei den Abnehmern auftretenden Folgen (Zusatzverluste, Überbeanspruchung, Fehlauslösungen, Anhebung des Störklimas) auf ein volkswirtschaftlich sinnvolles Niveau begrenzt werden. Die Lage des Optimums ist wesentlich von der Netzart und der Spannungsebene abhängig.

Ursache der Qualitätsminderung sind periodische Ausgleichsvorgänge, die in den beteiligten Zweigen durch die diskontinuierliche Arbeitsweise der Stromrichterventile ausgelöst werden. Im Unterschied zu den für andere EMV-Erscheinungen ausreichenden Quelle-Senke-Modellen hat sich bei der Beschreibung der Stromrichter-Netzrückwirkungen (SR-NRW) die Berücksichtigung geschlossener energetischer Wirkungskreise als notwendig erwiesen. Als mathematische Basis zur Berechnung der Vorgänge dient die Zustandsbeschreibung. Die meist durch Simulation gewonnenen Zeitfunktionen können im quasistationären Betrieb in ein Linienspektrum umgeformt werden, womit frequenzorientierte Aussagen möglich werden. Als obere Frequenzgrenze energetischer Störwirkungen werden einige Kilohertz angenommen.

Als charakteristische Harmonische von Drehstrom-SR treten die ungeradzahligen, nicht durch drei teilbaren auf. Geradzahlige Harmonische entstehen bei halbgesteuerten Schaltungen und Pulszahlen unter drei. In einigen Fällen (Einsatz von Direktumrichtern und bei untersynchronen Stromrichterkaskaden) entstehen neben den charakteristischen Harmonischen noch Seitenbänder, die auch zu Subharmonischen führen können.

Ähnlich wie beim Problemkreis Zuverlässigkeitsarbeit sind bei der Gewährleistung der

EEQ die Hersteller der SR, die Energieversorgungsbetriebe und die Betreiber beteiligt. Die Verantwortung für die Koordination der unterschiedlichen Interessen trägt der Errichter der Anlage. Durch seine Kenntnisse und Erfahrungen, in Projektierungsvorschriften und Standards niedergelegt, gelingt es ihm, die Anschlußstruktur so zu entwerfen, daß die festgelegte oder vereinbarte EEQ eingehalten wird und die Verträglichkeit der Abnehmer nötigenfalls durch Maßnahmen zur Kompensation störender SR-NRW hergestellt wird /11.7/. Die Stromrichterhersteller tragen durch die Entwicklung netzrückwirkungsarmer SR ebenso zur Vergrößerung der möglichen Anschlußleistung von SR bei wie die Anlagenbaubetriebe mit dem Angebot passiver und aktiver Kompensationsanlagen.

Tafel 11.1 zeigt schematisch, welche Problemkreise bearbeitet werden müssen, wenn ein Stromrichtergerät im Rahmen einer automatisierten Anlage verträglich arbeiten soll. Die Verweise auf weitere Hauptabschnitte dieses Buches ermöglichen dabei die Einordnung der SR-NRW in die Gesamtproblematik EMV.

Tafel 11.1. EMV für Stromrichtergeräte und -anlagen

Sicherung der Elektromagnetischen Verträglichkeit (EMV) heißt Beherrschung der ...	
Störfestigkeit (SF) (Abschn. 4 und 13)	Störwirkungen (SW) (Abschn. 3 und 4)

• Eigenstörfestigkeit (Abschn. 11.4.1) gegenüber inneren Störgrößen
  – leitungsgebunden
  – feldgebunden
• Fremdstörfestigkeit (Abschn. 11.4.2) gegenüber äußeren Störgrößen
 	
durch
  – Verminderung der SW
  – Beeinflussung des Koppelmechanismus
  – Vergrößerung der SF von Komponenten
	• energetische SW (Abschn. 11.2) (Minderung der EEQ durch SR-NRW, leitungsgebunden, geschlossene Wirkungskreise, $f < 2$ kHz)
	• leitungsgebundene SW (Abschn. 4.2) ($f > 2$ kHz, verursacht durch Schaltflanken)
	• feldgebundene SW (Abschn. 12.3) (Funkstörungen)
	
	durch
	  – SR mit verringerten NRW
	  – gezielte Auslöschung von NRW
	  – Kompensation von NRW
	  – Netzverstärkung

11.2. Minderung der Elektroenergiequalität durch Stromrichter

11.2.1. Kenngrößen der Elektroenergiequalität /11.9/ /11.10/

Die Gesamtheit der Merkmale, welche die Brauchbarkeit der Elektroenergie für Lieferer und Abnehmer kennzeichnet, wird als EEQ bezeichnet. In üblichen Anschlußstrukturen mit SR werden alle Abnehmer parallelgeschaltet (vgl. Bild 11.1), so daß zur Quantifizierung der EEQ vorrangig die Merkmale der Anschlußspannung, ergänzt durch Angaben über die Frequenzkonstanz und zur Phasenverschiebung zwischen Strom und Spannung an der Übergabestelle der Elektroenergie, verwendet werden müssen. Zur Übersicht über die Bewertung der Spannungsqualität dient Tafel 11.2. Die meisten Qualitätsfaktoren sind auch auf verzerrte Wechselströme anwendbar.

Frequenzänderungen und -schwankungen werden wie für Spannung üblich definiert. Eine Rückwirkung durch Abnehmer ist nur in sehr leistungsschwachen Netzen (Inselbetrieb, Bord-

11.2. Minderung der Elektroenergiequalität durch Stromrichter

Tafel 11.2. Zur Qualitätsbewertung der Anschlußspannung

Qualitätsfaktoren, die aus der Kurvenform abgeleitet werden

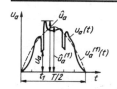

$$U_\text{a} = \sqrt{\frac{1}{T}\int_0^T u_\text{a}^2(t)\,\mathrm{d}t}$$ Effektivwert

$$a = \frac{|u_\text{a}(t_1) - u_\text{a}^{(1)}(t_1)|}{\hat{u}_\text{a}^{(1)}}$$ Augenblickswertabweichung

$$k_\text{s} = \frac{\hat{u}_\text{a}}{U_\text{a}}$$ Scheitelfaktor

u_a Strangspannung am AP $T = 20$ ms für $f_\text{N} = 50$ Hz Netzfrequenz

Qualitätsfaktoren, die aus dem Spektrum abgeleitet werden

$$U_\text{a} = \sqrt{\sum_{v=1}^{\infty} U_\text{a}^{(v)2}}$$ Effektivwert

$k_\text{a}^{u(v)} = U_\text{a}^{(v)}/U_\text{a}$ diskreter Klirrfaktor oder Pegel der Harmonischen

$$k_\text{a}^u = \sqrt{\sum_{v=2}^{n} \lambda^{(v)} k_\text{a}^{u(v)2}}$$ Klirrfaktor

$\lambda^{(v)} = 1, n = \infty$ totaler Klirrfaktor

Spektrum der Strangspannung am AP $\lambda^{(v)} = 1, n = 25$ begrenzter Klirrfaktor

v Ordnungszahl der Harmonischen $\lambda^{(v)} \neq 1, n = \infty$ gewichtete Klirrfaktoren

$k_\text{a}^{u(1)} = U_\text{a}^{(1)}/U_\text{a}$ Verzerrungsfaktor

Qualitätsfaktoren, die Änderungen ($t > 1$ min) oder Schwankungen ($T < t < 1$ min) erfassen

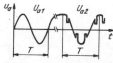

$$\Delta u' = \frac{U_\text{a1} - U_\text{a2}}{U_\text{a1}}$$ Effektivwertänderung oder -schwankung

$$\Delta u'^{(1)} = \frac{U_\text{a1}^{(1)} - U_\text{a2}^{(1)}}{U_\text{a1}^{(1)}}$$ Grundschwingungsänderung oder -schwankung

U_a Strangspannung am AP
1 vor Betrieb   2 bei Betrieb von SR
– mit Angaben über Dauer und/oder Häufigkeit
– als Bezugswert auch Nenngrößen möglich
  FD Flickerdosis (Dosis für einen Beobachter bei 1 % Spannungsschwankung und 10 Hz)

Qualitätsfaktoren, die Unsymmetrien erfassen

U_Nn (verkettete) Netznennspannung $a_2^u = \sqrt{3}\,U_2/U_\text{Nn}$ Gegenspannungsunsymmetrie

U_1, U_2, U_0 Effektivwerte des Haupt-, Neben- und Nullsystems der Strangspannung $a_0^u = \sqrt{3}\,U_0/U_\text{Nn}$ Nullspannungsunsymmetrie

$U^{(0)}$ Gleichglied $n^u = \sqrt{3}\,U^{(0)}/U_\text{Nn}$ Spannungsverlagerung

netze) zu erwarten. Als Kenngrößen für die Phasenverschiebung dienen (Grundschwingungs-)Verschiebungs- und Leistungsfaktoren, wobei im Falle verzerrter Ströme *und* Spannungen eine Vielzahl von Leistungsdefinitionen zu beachten ist, auf die aber in diesem Rahmen nicht eingegangen werden kann /11.11/ /11.12/.

11.2.2. Mechanismus energetischer Netzrückwirkungen /11.7/

Eine Rückwirkung der Abnehmer auf die Anschlußspannung und damit normalerweise Minderung der EEQ ist an die endliche innere Impedanz des Speisenetzes gebunden. Im Bild 11.1 ist eine typische Anschlußstruktur in verschiedener Weise dargestellt. Betrachtet wird ein Gleichstromantrieb mit Stromrichterstellglied, der am Niederspannungs-(NS-)Netz parallel mit weiteren Drehstromantrieben und Blindleistungs-Kompensationskondensatoren arbeitet. Am AP verzweigen sich die Leistungsflüsse in die NS-Abnehmer. Die juristische

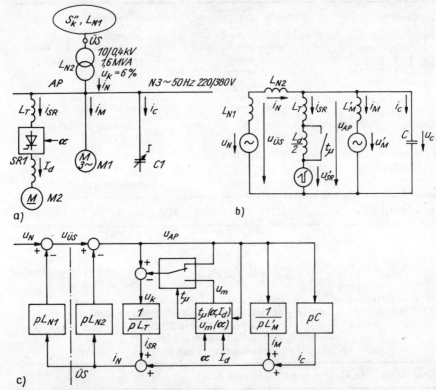

Bild 11.1. *Wirkmechanismus energetischer Netzrückwirkungen*
a) Anschlußstruktur mit Stromrichter, Asynchronmotor und Kompensationskondensator
b) einsträngiges Ersatzschaltbild (Index a für Strang a weggelassen)
c) Signalflußbild

ÜS Übergabestelle der Elektroenergie; *AP* Anschlußpunkt;
u'_{SR} transiente Spannung des Stromrichters
u'_M transiente Spannung der Asynchronmaschine
L_{N1}, L_{N2} Netzersatzinduktivitäten
L'_M transiente Motorinduktivität
L_T Abzweiginduktivität des Stromrichters
u_k Kommutierungsspannung des Stromrichters

11.2. Minderung der Elektroenergiequalität durch Stromrichter

Grenze zwischen Betreiber und Energieversorgungsbetrieb besteht als Übergabestelle (ÜS) im übergeordneten Mittelspannungs-(MS-)Netz.
Bei Vernachlässigung von Resistanzen gilt die Spannungsgleichung

$$u_{APa} = u_{Na} - L_N \frac{di_{Na}}{dt}, \qquad (11.1)$$

in der sich die Netzinduktivität L_N aus der subtransienten Ersatzinduktivität des speisenden MS-Netzes und der Streuinduktivität des Transformators zusammensetzt. Nach dem Knotenpunktsatz wird am AP der Netzstrom aus den Abnehmerströmen gebildet, wobei der Stromrichterstrom i_{SR} aufgrund des diskontinuierlichen inneren Mechanismus des netzgelöschten SR auch bei sinusförmiger Speisespannung nicht sinusförmig ist. Die Kurvenform hängt wesentlich vom Steuerwinkel α, vom geforderten Gleichstrom und seiner Glättung sowie von der wirksamen Kommutierungsinduktivität ab. Die Ströme i_M und i_C sind bei sinusförmiger Anschlußspannung sinusförmig, werden aber infolge des geschlossenen Wirkungskreises ebenfalls verzerrt.

$$i_{Na} = i_{SRa} + i_{Ma} + i_{Ca} \qquad (11.2)$$

Die Systemgleichungen können bei angenommener Symmetrie des Drehstromsystems und der Schaltelemente durch ein einsträngiges Ersatzschaltbild (b) oder einen Signalflußplan (c) veranschaulicht werden. Insbesondere im Signalflußplan sind die geschlossenen Wirkungskreise deutlich sichtbar. Aktive Zweige werden durch eine Spannungsquelle mit der transienten Spannung u' und transienter innerer Impedanz dargestellt. Während diese Vorgehensweise für Drehstromnetz und -maschinen als bekannt vorausgesetzt werden kann, soll diese Modellvorstellung für den Stromrichter in Drehstrombrückenschaltung erläutert werden /11.13/.

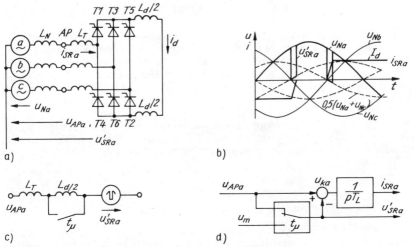

Bild 11.2. *Netzseitige Wirkungsweise einer netzgelöschten Drehstrombrückenschaltung bei Steuerwinkel 90 Grad*
a) Struktur
b) Liniendiagramme von u_{Na}, u'_{SRa} und i_{SRa}
c) Ersatzschaltbild mit transienter Stromrichterspannung
d) Signalflußplan des Stromrichters

u_N	Netzspannung	u_k	Kommutierungsspannung (während $t\mu$)
u_{AP}	Anschlußspannung	i_d	Gleichstrom (bei idealer Glättung I_d)
u'_{SR}	transiente Stromrichterspannung	i_{SR}	netzseitiger Stromrichterstrom
u_m	Mittelwertverlauf für Kommutierungskurzschluß		Index a, b, c Stranggrößen

Von der im Bild 11.2 gezeigten Schaltung wird Arbeit auf einen Kurzschluß bei Steuerwinkel 90° angenommen. Der gesuchte Verlauf des Stroms i_{SRa} wird bei idealer Glättung und Beschränkung auf Einfachkommutierung durch die Zustände

- Konstantstrom, d. h., i_d fließt durch $T1$ oder $T4$ und nur ein anderes Ventil ($i_{SRa} = \pm I_d$) oder weder durch $T1$ noch durch $T4$ ($i_{SRa} = 0$),
- Kommutierung, d. h., i_{SRa} verändert seinen Wert zwischen 0 und $\pm I_d$, wobei drei Ventile leitfähig sind,

beschrieben. Während der Konstantstromphasen hat bei vernachlässigten Resistanzen der Strom i_{SRa} keine Rückwirkungen auf u_{APa} oder u'_{SRa}, so daß gilt

$$u_{Na} = u_{APa} = u'_{SRa}. \tag{11.3}$$

Die als unendlich angenommene Induktivität L_d koppelt den SR praktisch vom Netz ab.

Im Augenblick der Zündung von $T1$ bei leitendem $T5$ ($i_{SRa} = 0$) springt das Potential am SR (u'_{SRa}) auf den Mittelwert u_m zwischen Strang c und Strang a (gestrichelte Kurve). Die impulsförmige Kommutierungsspannung

$$u_{ka} = u_{Na} - 0{,}5\,(u_{Na} + u_{Nc}) = u_{Na} - u_m \tag{11.4}$$

verursacht die kurzschlußartige Stromänderung in beiden beteiligten Strängen, die beim Nulldurchgang von i_{SRc} beendet ist. Die Impulsamplitude ist von sin α abhängig und im gegebenen Fall maximal. Bei unverzweigter Kommutierung ist die strombegrenzende wirksame Kommutierungsinduktivität $L_k = L_N + L_T$, bei der Parallelschaltung anderer Abnehmer ergeben sich Veränderungen durch die Stromteilerregel (vgl. Abschn. 11.2.4).

Die Kommutierungsdauer t_μ kann bei bekannten Werten für I_k, I_d und U_N analytisch bestimmt werden:

$$t_\mu = \frac{10\text{ ms}}{180°} \left[\arccos\left(\cos\alpha - \frac{\sqrt{2}\,I_d\,L_k}{U_N}\right) - \alpha\right]; \tag{11.5}$$

und die Kommutierungsflanken des Stroms i_{SRa} sind Ausschnitte aus dem Kurzschlußstrom in der Kommutierungsmasche, die ebenfalls analytisch formuliert werden können, solange die Eigenfrequenzen im Netz so niedrig sind, daß der Kommutierungsvorgang kurz gegenüber der Periodendauer der angeregten Schwingungen ist. Anderenfalls muß die Lösung auch während der Kommutierung über die vollständigen Zustandsgleichungen erfolgen, bis das Ende der Kommutierung durch den Stromnulldurchgang des abkommutierenden Ventils erreicht wird (schwingende Kommutierung).

Der SR wirkt demnach physikalisch nur während der Kommutierung als eine Impulsspannungsquelle und schaltet sich danach vom Netz ab. Als Ersatzschaltbild und Signalflußplan ergeben sich die sehr aussagekräftigen Modelle von Bild 11.2 c und d.

11.2.3. Beschreibungsmethoden /11.7/

Dem im Zeitbereich diskontinuierlichen Mechanismus der Energiestellung im SR wird die Zustandsbeschreibung des Gesamtsystems am besten gerecht /11.14/. Jedem Energie- und Signalspeicher wird eine Komponente des Zustandsvektors zugewiesen, deren zeitlicher Verlauf durch eine Zustandsdifferentialgleichung als Anfangswertproblem beschrieben wird. Für den SR gelten abschnittsweise unterschiedliche Zustandsgleichungen, deren Umschaltung durch logische Bedingungen erfolgt /11.15/.

Die Anzahl der Zustandsgleichungen (Ordnung des Systems) kann durch vereinfachende Annahmen wesentlich reduziert werden. Mit dieser direkten Methode ist das Systemverhalten im stationären Normal-, aber auch im dynamischen und Havariebetrieb hinreichend zu beschreiben. Die praktische Ausführung ist an die Verfügbarkeit analoger, hybrider oder digita-

11.2. Minderung der Elektroenergiequalität durch Stromrichter

ler Rechner und entsprechender Simulationsprogramme oder die Benutzung physikalischer Modelle gebunden.

Da in bezug auf SR-NRW nur eingeschwungene quasistationäre Kurvenformen interessieren, kommt auch den indirekten Beschreibungsmethoden erhebliche Bedeutung zu. Sie beruhen auf einer Zerlegung der Zeitfunktionen im Zeitbereich in partielle Zeitfunktionen (z. B. Sinusfunktionen plus Impulsfunktionen, vgl. Abschn. 11.2.2) oder im Frequenzbereich in Harmonische (Grund- und Oberschwingungen). Durch das in linearen Systemen gültige Superpositionsgesetz ist eine (meist auch manuell noch ausführbare) Analyse des Systemverhaltens mit bekannten stationären Beschreibungsmethoden (komplexe Rechnung, Übertragungsfunktion) möglich. Beachtet werden muß, daß das Vorhandensein geschlossener Wirkungskreise nur durch Iterationen berücksichtigt werden kann, wozu dann meist auch Rechenprogramme eingesetzt werden müssen. Eine Übersicht über einsetzbare Beschreibungsmethoden gibt Tafel 11.3.

Alle Ergebnisse dieses Hauptabschnittes beruhen auf der Beschreibung im Zeitbereich, wobei für qualitative Aussagen die Zustandsersatzschaltbilder und für quantitative Aussagen Simulationsprogramme benutzt werden. Bild 11.3 gibt das Prinzip verschiedener Simulationsprogramme an und ermöglicht die Auswahlentscheidung. Während Programme nach A und B auf der direkten Methode beruhen, verwenden Programme nach C und D für die SR indirekte Beschreibungen. Programme nach C gehen vom iterativen Gebrauch des Zustandsmodells (vgl. Bild 11.2c) aus, während Programme nach D auf dem iterativen Gebrauch des Oberschwingungsmodells beruhen /11.16/.

Tafel 11.3. Übersicht über Beschreibungsmethoden für Anschlußstrukturen mit Stromrichter

Methode	Darstellung der Eigenschaften durch		Bemerkungen
	für SR-Zweige	für Nicht-SR-Zweige	
Direkte Zustandsbeschreibung	Zustandsdifferentialgleichungen und Ausgabegleichungen mit abschnittsweiser Gültigkeit und logischen Umschaltbedingungen (Zündimpulse, Stromnulldurchgang)		praktisch nicht manuell lösbar, gültig für dynamischen und stationären Betrieb
Indirekte Beschreibung im Zeitbereich	Zerlegung der transienten Stromrichterspannung in Sinusspannung und Kommutierungsimpuls	Impedanzwerte für Grundschwingung, Übertragungsfunktionen für Impulsspannung	manuelle Lösung für abgerüstete Strukturen und offene Wirkungskreise möglich, nur für ideale Glättung, gut für qualitative Erläuterungen geeignet
	Überlagerung von Sinus- und Impulsantworten (Zustandsersatzschaltbilder)		
Indirekte Beschreibung im Frequenzbereich	Zerlegung des Stromrichterstroms in Harmonische	Impedanz-Frequenz-Charakteristik der Struktur, vom SR aus gesehen	manuelle Lösung für abgerüstete Strukturen und offene Wirkungskreise möglich, bei Resonanz stark fehlerbehaftet
	Ersatzstromquelle		
	Überlagerung von harmonischen Wirkungen (Oberschwingungsersatzschaltbilder)		

Beispiel für eine behandelbare Struktur	Annahmen + Bemerkungen

A 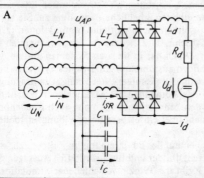	• ideale Ventile (Schaltermodell)
	+ Ordnung: $13+3 \cdot$ (Anzahl $[L+C]$)
	+ Ergebnisse für:
	  – a beliebig
	  – L_d beliebig
	  – I_d Steuerung/Regelung
	  – Mehrfachkommutierung
	  – Unsymmetrien
	  – Havarievorgänge
	+ Rechner: digitale Großrechner
	  (z. B. Programm *SIMNRW* /11.41/)
	  Hybridrechner
	  Analogrechner

B 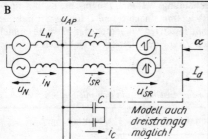 Modell auch dreisträngig möglich!	• ideale Ventile
	• Symmetrie a, b, c und Elemente
	• ideale Glättung ($L_d \to \infty$)
	+ Ordnung: $4+2$ (Anzahl $[L+C]$)
	+ Ergebnisse für:
	  – a beliebig
	  – I_d für Einfachkommutierung
	+ Rechner: Analog-, Hybridrechner
	  (z.B. Programm *REMOS*)
	  Netzanalysator
	  digitale Großrechner

C 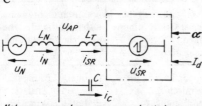 Netzspannung kann vorverzerrt sein!	• ideale Ventile
	• Symmetrie
	• ideale Glättung
	• alle C wirken als Kurzschluß während der Kommutierung
	+ Ordnung: $2+$ Anzahl $(L+C)$
	+ Ergebnisse für:
	  – a beliebig
	  – mehrere SR-Abzweige
	  – C hinreichend groß
	+ Rechner: digitale Kleinrechner
	  (z.B. Programm *BAPSI*)

D 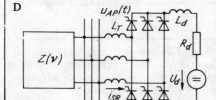 Spektrum I_{SR}
iterative Berechnung von i_{SR} über Zustandsgleichungen bis zum stationären Zustand und Variation von u_{AP} durch Harmonische von I_{SR} über $Z(v)$
	• ideale Ventile
	• Symmetrie
	• Einfachkommutierung
	+ Ordnung: $13+$ Harmonische
	+ Ergebnisse für: Analyse + komplexe Rechnung
	  – a beliebig
	  – L_d beliebig
	+ Rechner: digitale Großrechner
	  (z.B. Programm *VIGLU* /11.16/)

◀ **Bild 11.3.** Möglichkeiten zur direkten und indirekten Zustandssimulation mit Rechnerunterstützung
A direkte Netzwerksimulation
B direkte Netzwerksimulation mit vereinfachtem Stromrichtermodell für ideale Glättung des Gleichstroms
C direkte einsträngige Netzwerksimulation mit indirektem vereinfachtem Zustandsmodell des Stromrichters
D iterative direkte Simulation des Stromrichterabzweigs, gekoppelt mit frequenzorientierter iterativer Berechnung der Kurvenform der Anschlußspannung

Wegen des großen erfaßbaren Systemumfangs bei gutem Verhältnis von Aufwand (Rechenzeit, Vorbereitungsaufwand) zu Nutzen (Treffsicherheit) konzentrieren sich die Bemühungen auf den weiteren Ausbau des Programms *BAPSI* für kleine und mittlere Rechner /11.17/. Eine Übersicht über den gegenwärtig verfügbaren Umfang der Struktur bei Simulation mit *BAPSI* gibt Bild 11.4.

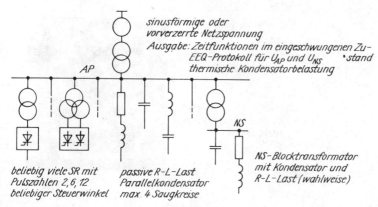

Bild 11.4. Möglicher Strukturumfang für Programm *BAPSI* zur vereinfachten einsträngigen Zustandssimulation

11.2.4. Beispiele typischer Netzrückwirkungen

Typische SR-NRW äußern sich durch das Auftreten von Kommutierungseinbrüchen und/oder der Grundschwingung überlagerten Ausgleichsvorgängen, die im stationären Betrieb durch eine Verzerrung der Sinusform sichtbar werden. Die vorgestellten Beispiele werden wegen der Häufigkeit des Einsatzes auf netzgelöschte SR beschränkt. Weitere Beispiele für Wechselstromsteller und selbstgelöschte SR finden sich in der Literatur /11.6/ /11.7/. Es erfolgt eine qualitative Begründung der Verläufe mit Zustandsersatzschaltbildern.

Die Art der SR-NRW hängt wesentlich von der Kompensationsart in der Anschlußstruktur ab, wobei Kondensator- und Saugkreiskompensation zu unterscheiden sind. Für einige ausgewählte Strukturen enthält Bild 11.5 die Ersatzschaltbilder, eine verbale Beschreibung und ein Foto von Anschlußspannung und Stromrichterstrom für den Worst-case-Steuerwinkel 90 Grad.

Wird die Kapazität eines parallel betriebenen Kondensators so weit verkleinert, daß die Periodendauer der Eigenschwingungen in die Größe der Kommutierungsdauer gerät, dann entsteht eine schwingende Kommutierung und eine typische Kurvenformverzerrung mit höheren Frequenzen (Kabelschwingungen). In ähnlicher Weise, jedoch mehr gedämpft, wirken die Trägerstaueffektbeschaltungen der Thyristoren. Bild 11.6 zeigt zwei gedehnte Ausschnitte aus

Oszillogrammen von Kabelschwingungen, wobei einmal ein Anstoß der Schwingungen in Mitphase (große Schwingamplituden) und einmal mit Phasensprung (kleine Amplituden) erfolgt /11.18/.

Das gleiche Bild enthält noch ein Oszillogramm vom Anschluß eines ungesteuerten Gleichrichters, welcher den Gleichspannungs-LC-Zwischenkreis eines Umrichters speist. Die Kurvenform der Anschlußspannung wird hier sowohl durch die Kommutierung als auch durch den wesentlich welligen Gleichstrom beeinflußt. Vereinfachte Zustandsersatzschaltbilder sind hier zur Beschreibung nicht ausreichend.

Der Erwähnung bedarf auch noch der Anschluß von Direktumrichtern und untersynchronen Stromrichterkaskaden. In beiden Fällen entstehen in bezug auf die Netzfrequenz keine

---

Anschlußstruktur ohne Kompensation

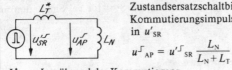

Zustandsersatzschaltbild für Kommutierungsimpulsanteil in u'_{SR}

$$u^{\frown}_{AP} = u'^{\frown}_{SR} \frac{L_N}{L_N + L_T}$$

$L^*_T = L_T$ während der Kommutierung
$L^*_T \to \infty$ außerhalb der Kommutierung
- Abbau der Kommutierungseinbrüche durch Spannungsteilung
- $L_K = L_N + L_T$ unverzweigte Kommutierung
- keine Verzerrung außerhalb der Kommutierung
- Drehstrommaschine parallel zum SR

$$L^*_N = \frac{L'_M L_N}{L'_M + L_N}$$

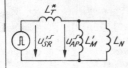

$L^*_T < L_N!$

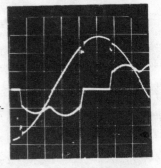

$\alpha \approx 90°$ $s_d = 3\%$ $I_d = 0{,}3$

$k^u_{AP} = 8\%$ $a_{max} = 24\%$

Anschlußstruktur mit Kondensatorkompensation

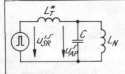

C wirkt als Kurzschluß
$u^{\frown}_{AP} = 0$

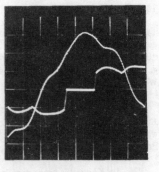

- keine Kommutierungseinbrüche durch Kurzschluß
- Kommutierung ohne Netzbeteiligung
- $L_k = L_T$
- Stromänderung $0 \to I_d$ belastet voll den Kondensator (thermische Überbelastung)
- Schwingkreis $L_N C$ wird durch Stromsprung angeregt (große Verzerrung, Resonanzgefahr!)

$s_C = 3{,}5\%$
$k^u_{AP} = 16\%$ $a_{max} = 20\%$

Zu Bild 11.5.

11.2. Minderung der Elektroenergiequalität durch Stromrichter

---

Anschlußstruktur mit Saugkreiskompensation

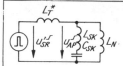

C wirkt als Kurzschluß

$$L_N^* = \frac{L_N L_{SK}}{L_N + L_{SK}}$$

$$u^{\frown}_{AP} = u'^{\frown}_{SR} \frac{L_N^*}{L_N^* + L_T}$$

– verstärkter Abbau von Kommutierungseinbrüchen wegen $L_N^* < L_N$
– Kommutierung verzweigt
– durch Stromteilung verringerte thermische Beanspruchung von C_{SK}
– Schwingkreis $L_N + L_{SK}$ und C_{SK} wird durch Stromsprung angeregt
  (geringe Verzerrung, Resonanzgefahr kann vermieden werden)

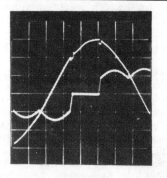

$s_{CSK} = 5{,}7\ \%$
$k_{AP}^u = 2\ \%$ $a_{max} = 6\ \%$

Bild 11.5. *Typische Netzrückwirkungen netzgelöschter Stromrichter*
(aufgenommen mit einem SR bei $\alpha \approx 90°$ an der Laborstromrichteranlage der TU Dresden)

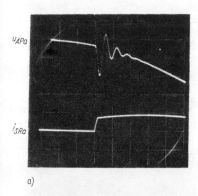

a)

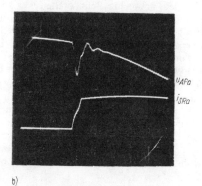

b)

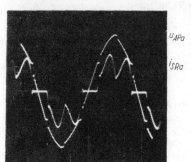

c)

Bild 11.6. *Typische Netzrückwirkungen netzgelöschter Stromrichter (Laborstromrichteranlage)*

a) Kondensatorkompensation mit kleiner gedämpfter Kapazität (Kabelschwingungen) $s_C = 0{,}03\ \%$, $s_d = 2{,}0\ \%$, Resonanz!
b) dgl. mit größerem Gleichstrom $s_C = 0{,}03\ \%$, $s_d = 3{,}6\ \%$, keine Resonanz!
c) unkompensierter, ungesteuerter Stromrichter, auf einen LC-Gleichspannungs-Zwischenkreis speisend

stationären Zeitfunktionen, da sich infolge der Frequenzmodulation und -transformation von der Ausgangsfrequenz bzw. vom Schlupf abhängige nichtcharakteristische Harmonische ausbilden, die auch zu Subharmonischen werden können /11.19/.

11.3. Mindestwerte der Elektroenergiequalität

11.3.1. Standardisierungskonzeptionen /11.7/ /11.20/ /11.24/

Die hohen Zuwachsraten bei der Anwendung der Leistungselektronik sind notwendigerweise von Standardisierungsbemühungen begleitet, wobei im Rahmen von IEC die Technischen Komitees TC 77 (Electromagnetic Compatibility) und TC 22 (Power Electronics) zuständig sind. Für die RGW-Länder werden Standardisierungsfragen von der Vereinigung INTERELEKTRO wahrgenommen, und im westeuropäischen Rahmen entstehen die CENELEC-Normen. In der DDR ist der FUA 0.7 „Elektroenergiequalität" für die Qualitätsseite und der FUA 1.10 „Stromrichter" für die Störfestigkeit der SR zuständig.

Aus der Analyse internationaler und ausländischer Vorschriften und Empfehlungen gehen deutlich zwei unterschiedliche Wege zur Standardisierung von SR-NRW hervor:
1. Gewährleistung zulässiger SR-NRW durch Begrenzung der Anschlußleistung von SR
2. Festlegung von Grenzwerten der EEQ am AP ohne Begrenzung des Anschlusses von SR.

Um auf dem ersten Weg eine volkswirtschaftlich optimale Situation zu erreichen, sind vielfältige Zusatzangaben über Netzart, Spannungsebene, Kompensationsart, SR-Art und Art des Parallelbetriebs notwendig. Beim zweiten Weg können sich diese Angaben auf Aussagen zur Netzart und Spannungsebene beschränken, weil der SR-Anschluß und der Entwurf der Anschlußstruktur nebst den möglicherweise erforderlichen Kompensationsmaßnahmen dem Errichter der Anlage zugewiesen werden. Außerdem gilt der EEQ-Standard dann nicht nur für SR-Abnehmer.

Wegen dieser Allgemeingültigkeit verfolgt der FUA 0.7 seit 1980 eine Konzeption mit folgenden Stufen:
1. Erarbeitung eines EEQ-Standards für öffentliche Netze /11.9/
2. Harmonisierung der für die Störfestigkeit der Abnehmer und Betriebsmittel geltenden Standards mit der Orientierung an der Standard-EEQ
3. Schaffung eines Systems von Projektierungsvorschriften für die Auslegung aller Arten von Anschlußstrukturen mit SR und anderen wesentliche NRW hervorrufenden Abnehmern (Lichtbogenöfen, Schweißumformer) /11.21/ bis /11.23/

11.3.2. Internationale und ausländische Richtlinien

Das Fehlen eines internationalen Vorlaufs auf dem Gebiet der EEQ-Richtlinien hat eine große Vielfalt nationaler Standards zur Folge gehabt, wobei erst in jüngster Vergangenheit von der Näherungsbeschreibung des SR als Oberschwingungsstromquelle abgegangen wird und Zustandsmodelle bevorzugt werden. Auszüge aus drei Vorschriften, die als repräsentative Vertreter unterschiedlicher Konzeptionen gelten können, sind in Tafel 11.4 zusammengefaßt worden.

Das vom TC 77 vorgelegte Papier /11.28/ analysiert die Vorgehensweise bei der Behandlung von SR-NRW, ohne bereits Grenzwerte festzulegen. Es kann erwartet werden, daß es die weitere Standardisierungsarbeit, insbesondere auch bei der Überarbeitung der IEC-Publikation über Stromrichter, im Sinne moderner Beschreibungskonzepte beeinflussen wird. Für den Einsatz von SR im nichtindustriellen Bereich (Haushaltgeräte, Bürotechnik) bestehen sowohl internationale als auch national verbindliche Vorschriften und Richtlinien /11.29/ /11.31/. Auf ihre Besonderheiten kann hier nicht eingegangen werden.

11.3. Mindestwerte der Elektroenergiequalität

11.3.3. Standardentwurf der DDR /11.9/ /11.10/

In Abstimmung mit den im FUÁ 0.7 zusammengefaßten Interessenten am Problemkreis EEQ wurde 1981 vom Institut für Energieversorgung Dresden die vorläufige „Richtlinie Elektroenergiequalität" erarbeitet. Sie berücksichtigt die Standardisierungskonzeption des FUA 0.7, bezieht erste Erfahrungen mit vorher geschaffenen Projektierungsrichtlinien (z. B. /11.21/, Ausg. 1979) ein und ist durch die Trennung in einen Teil 1, Begriffe, Grenzwerte und Bedingungen, und einen Teil 2, Erläuterungen und Anwendungshinweise, auf die Bedürfnisse der Errichter von Stromrichteranlagen, der Betreiber und der Energieversorgungsbetriebe so abgestimmt, daß nach dem gegenwärtigen Erkenntnisstand ein volkswirtschaftliches Optimum entsteht. Dazu gehören neben den quantitativen Aussagen auch Angaben über Vorgehensweisen, wie z. B. die Anwendung der Vereinbarungsklausel und die Durchsetzung des Verursacherprinzips. Eine Zusammenstellung der wesentlichen Aussagen für öffentliche Netze enthält Tafel 11.5.

Im praktischen Umgang mit den EEQ-Grenzwerten hat es sich bewährt, für Industrienetze niedrigere EEQ-Werte zuzulassen. Abstriche an der Qualität verschieben das Optimum zwi-

Tafel 11.4. Aussagen ausländischer EEQ-Vorschriften (Auszüge)

1. EEQ-Aussage in GOST 13 109-67, Ausgabe 1979 /11.25/ Öffentliche Netze

Kenngröße	Grenzwerte	Bemerkungen
Frequenzabweichung Δf	± 0,1 Hz	gemittelt auf 10 min, dauernd
	± 0,2 Hz	gemittelt auf 10 min, zeitweilig
Frequenzschwankung $\Delta f'$	0,2 Hz	
Spannungsabweichung ΔU	− 5 %, + 10 %	für Motoren
	− 5 %, + 5 %	für sonstige Abnehmer
	− 2,75 %, + 5 %	für Beleuchtungsanlagen
	zuzüglich − 5 % für Ausgleichsvorgänge	an den Geräteklemmen
Spannungsschwankung $\Delta u'$	Flickerkurve	
Gegenspannungsunsymmetrie a_2^u	2 %	dauernd
Spannungsklirrfaktor σ^u	5 % (ν unbegrenzt)	$\sigma^u = k^u/k^{u(1)}$
Pegel von Harmonischen	nicht festgelegt	Alle Grenzwerte sollen mit einer Integralwahrscheinlichkeit von
Augenblickswertabweichung	nicht festgelegt	95 % eingehalten werden!

2. Aussagen in DIN 57160/ VDE 0160 11.81 Teil 2 /11.26/

Spannungsabweichung ΔU	− 10 %, + 10 %	− 15 % für max. 0,5 s
Gegenspannungsunsymmetrie a_2^u	2 %	praktisch symmetrische Spannung
Spannungsklirrfaktor k^u	10 %	$k^{u(1)}$ 99,5 %
Pegel von Harmonischen $k^{u(\nu)}$	(bis ν = 13) 5 %	von 5 % (ν = 13) auf 1 % (ν = 100) fallend
Scheitelfaktor k_s	1,2	
max. Augenblickswertabweichung a_{max}	20 %	für Zeiten, die $k^{u(\nu)}$ gewährleisten

Tafel 11.4 (Fortsetzung)

3. EEQ-Aussagen in BEC Rec. G. 5/3 /11.27/ Öffentliche Netze

	0,4 kV	6 bis 1-1 kV	30 bis 66 kV	110 bis 132 kV	
Spannungsklirrfaktor k_{AP}^u ($v \leq 19$)	5 %	4 %	3 %	1,5 %	SR-Anlagen großer Leistung
Pegel von Harmonischen $k_{AP}^{u(v)}$					
ungeradzahlig	4 %	3 %	2 %	1 %	
geradzahlig	2 %	1,75 %	1 %	0,5 %	
SR-Anschluß ohne Vereinbarung möglich bis kVA:					SR-Geräte kleiner Leistung bei Drehstromanschluß
netzgelöschte SR $p = 3$	8	85	–	–	
$p = 6$	12	130	–	–	
$p = 12$	–	250	–	–	
Drehstromsteller vollgest.	14	150	–	–	
halbgest.	10	100	–	–	
SR-Anschluß mit Nachweis EEQ möglich bis kVA:					SR-Anlagen mittlerer Leistung ($p = 3$ nur ungesteuert!) Reduktionsfaktoren für Parallelarbeit von Teilstromrichtern sind angegeben
netzgelöschte SR $p = 3$	–	400	1 200	1 800	
$p = 6$	100	800	2 400	4 700	
ungesteuert $p = 6$	150	1 000	3 000	5 200	
$p = 12$	150	1 500	3 800	7 500	
ungesteuert $p = 12$	300	3 000	7 600	15 000	
Drehstromsteller vollgest.	100	900	–	–	

schen dem Aufwand zur Kompensation von NRW und auftretenden Folgekosten für geminderte EEQ zugunsten niedrigerer Investitionen oder verstärkten SR-Anschlusses. Vergrößerte Verluste, z.B. in Drehfeldmotoren, werden auch wegen der ohnehin reichlichen Dimensionierung dieser Antriebe akzeptiert. Grenzwerte für Industrienetze sind bisher nirgendwo vorgeschrieben, ihre Empfehlung in Projektierungsrichtlinien hat daher nur orientierenden Charakter und soll vorrangig zur Anwendung einheitlicher Entwurfsmethoden bei der Auslegung von Anschlußstrukturen dienen. In /11.21/ festgelegte Grenzwerte für Industrienetze enthält Tafel 11.6.

11.3.4. Meßtechnik /11.32/ /11.33/

Zur Kontrolle der Einhaltung der EEQ müssen die in Tafel 11.2 definierten Qualitätsfaktoren gemessen werden können. Während für Betriebsmessungen billige Einzwecklösungen bevorzugt werden, sind für Inbetriebsetzungsmessungen möglichst bedienfreundliche universelle

11.3. Mindestwerte der Elektroenergiequalität

Tafel 11.5. Übersicht über Grenzwerte der EEQ in öffentlichen Netzen nach /11.9/

Qualitätsfaktor	Grenzwerte	Bemerkungen
Spannungsabweichung ΔU	$\pm 5\%$ für $U_{Nn} \leqq 1$ kV n. Vereinbarung für $U_{Nn} > 1$ kV	Wiederholdauer > 1 min ELW /4.26/
Spannungsschwankung $\Delta u'$	5% bis 5 s für $U_{Nn} \leqq 1$ kV 3% bis 5 s für $U_{Nn} > 1$ kV 7% für alle U_{Nn} s. Flickerkurven Flickerdosis $= 0{,}3$ $(\%)^2$min	einmalige Vorgänge (Anlauf) seltenes Ereignis (Havarie) periodisch mit konstanter Amplitude veränderl. Amplitude
Spannungskurvenform- verzerrung	diskrete Klirrfaktoren $k_{AP}^{u(n)}/\%$ (Pegel v. Harmonischen)	die Grenzwerte sind unabhängig voneinander einzuhalten

Harmonische	1	3	5	7	9	11	13	15	17	19	21	23	25	2 bis 25 $k_{AP}^{u(<25)}$
$U_{Nn} \leqq 1$ kV	99,87	2,5	3,0	3,0	0,2	2,0	2,0	0,2	1,0	1,0	0,25	0,5	0,5	5,0
$U_{Nn} > 1$ kV	99,95	1,0	2,0	2,0	–	1,0	1,0	–	0,5	0,5	–	0,2	2,0	4,0

maximale Augenblickswertabweichung a_{max}	für geradzahlige Harmonische $0{,}2\%$ für $U_{Nn} \leqq 1$ kV $\leqq 20\%$ bis 1,5 ms $\leqq 5\%$ über 1,5 ms	$k_{AP}^{u(1)}$ Verzerrungsfaktor $k_{AP}^{u(<25)}$ begrenzter Klirrfaktor
Spannungssymmetrie d_2^u, d_0^u	$U_2/U_{Nn} = d_2^u \leqq 1\%$ für $U_{Nn} \leqq 1$ kV $\leqq 3\%$ $U_0/U_{Nn} = d_0^u \leqq 0{,}5\%$ für $U_{Nn} > 1$ kV $\leqq 3\%$ für $U_{Nn} \leqq 1$ kV	in Netzen mit Drehstrommotoren in sonstigen Netzen Nullspannungsunsymmetrie

Tafel 11.6. *Übersicht über Grenzwerte der EEQ in Industrienetzen (Empfehlungen nach /11.21/)*

Qualitätsfaktor	Grenzwerte	Bemerkungen
Spannungsabweichung ΔU Spannungsschwankung $\Delta u'$	s. Tafel 4.3 7 % bis 5 s für $U_{Nn} \leq 1$ kV 5 % bis 5 s für $U_{Nn} > 1$ kV sonst gilt Tafel 4.3.	einmalige Vorgänge (Anlauf)

Spannungskurvenformverzerrung — diskrete Klirrfaktoren $k_{AP}^{u(\nu)}/\%$ (Pegel v. Harmonischen)

Grenzwerte sind unabhängig voneinander einzuhalten

ν	1	3	5	7	9	11	13	15	17	19	21	23	25	2 bis 25 $k_{AP}^{u(<25)}$
$U_{Nn} \leq 1$ kV	99,50	5	8	8	1	5	5	0,5	1,5	1,5	0,2	1,5	1,5	10
$U_{Nn} > 1$ kV	99,82	3	5	5	0,5	3	3	0,2	1,5	1,5	0,2	1,2	1,2	7

Qualitätsfaktor	Grenzwerte	Bemerkungen
maximale Augenblickswertabweichung a_{max}	0,5 % für geradzahlige Harmonische ≤ 30 % für $U_{Nn} \leq 1$ kV ≤ 20 % für $U_{Nn} > 1$ kV ≤ 50 % für Stromrichternetze	$t \leq 1{,}5$ ms
Spannungsunsymmetrie	$U_2/U_{Nn} = a_2^u \leq 2$ % $U_0/U_{Nn} = a_0^u \leq 3$ %	in Netzen mit Drehstrommotoren in sonstigen Netzen

11.3. Mindestwerte der Elektroenergiequalität

Meßsysteme notwendig. Meßaufgaben des hier beschriebenen Umfangs für zeitliche und frequenzorientierte Meßgrößen werden heute fast ausnahmslos digital realisiert /11.33/, wobei ein EEQ-Meßsystem mit Mikrorechner durch folgende Merkmale gekennzeichnet ist:
- netzsynchrone ein- oder mehrkanalige Erfassung von 2^n ($n = 8 \ldots 11$) Stützstellen je Netzperiode der verzerrten Anschlußspannung (oder von Strömen)
- Auflösung 8 bis 12 bit
- FFT – (Fast Fourier Transformation) Analyse der Abtastwerte
- Ausgabe eines EEQ-Protokolls über Bildschirm oder Drucker
- intelligente Zusatzfunktionen, wie Grenzwertalarm, periodische Messung
- Leistungsberechnungen, wenn Spannungen und Ströme erfaßt werden.

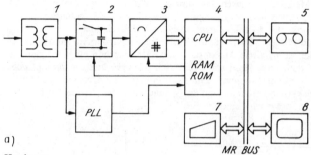

a) Hardware

PLL – Synchronisation der Abtastfrequenz $f_A = 2^n \cdot f_N$ ($n = 8,9,10$)
Abtastung und Zwischenspeicherung
Datentransfer in Hauptspeicher des Mikrorechners

Software

Soll Zeitfunktion dargestellt werden?	
UP ZEITFUNKTION	
UP EFFEKTIVWERTBERECHNUNG	
UP FFT – HARMONISCHE ANALYSE	
UP KLIRRFAKTORBERECHNUNG	
UP AUGENBLICKSWERTABWEICHUNG	
Soll Histogramm dargestellt werden?	
UP HISTOGRAMM $C(\nu)$	
Sind alte Meßwerte gespeichert?	
UP SCHWANKUNGSBERECHNUNG	
UP AUSGABE	EEQ-PROTOKOLL

b)

Bild 11.7. *Messung der Elektroenergiequalität mit Hilfe eines netzsynchronisierten Mikrorechnermeßsystems*
a) Struktur eines Labormeßsystems mit 8-bit-Mikrorechner; b) Struktur der Software

Eine besonders hochwertige Lösung mit mehreren Rechnern wird in /11.34/ beschrieben, wobei die spektrale Auswertung bis 5 kHz und einer 12 bit entsprechenden Auflösung in nur 8 ms für den Zweck einer oberschwingungsverhindernden Stromrichtersteuerung erreicht wird.

Aber auch wesentlich einfachere Strukturen mit 8-bit-Mikrorechnern gestatten die Analyse der Größen bis 2,5 kHz in einigen Sekunden, was für Inbetriebsetzungsmeßgeräte ausreichend ist. Ein Zusatzeffekt der abgespeicherten Kurvenform besteht in der Berechnung von Leistungskenngrößen und in der Ausgabe der Abtastwerte als stehendes Bild auf dem Bildschirm oder x,y-Schreiber.

Die Struktur eines zur EEQ-Messung entwickelten Meßsystems der TU Dresden zeigt Bild 11.7. Im gleichen Bild ist auch der Aufbau des zugehörigen Meßprogramms dargestellt, wie es für die einkanalige Messung der Anschlußspannung zur Anwendung kommt. Ein industriell hergestelltes Meßgerät zur Oberschwingungsanalyse wird in /11.35/ beschrieben.

Als Beispiel für ein vereinfachtes digitales Oberschwingungsmeßgerät, das ohne Mikrorechner auskommt, wird im Bild 11.8 eine Struktur vorgestellt, die je nach der Anzahl der vorhandenen gleichartigen Kanäle die parallele Auswertung der Harmonischen eines Vorgangs ermöglicht. Der zeitliche Verlauf ihrer Pegel kann gemessen oder geschrieben werden, wobei die Ordnungszahl der Harmonischen an einem Ziffervorwahlschalter eingestellt wird. Die automatische Nachführung der Analysefrequenz auf das Vielfache der Netzfrequenz erfolgt mittels PLL /11.36/.

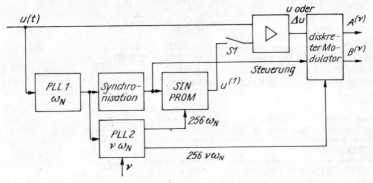

Bild 11.8. *Digitale Hardwarestruktur für das Oberschwingungsmeßgerät (nach Drechsler und Hertel /11.35/)*

11.4. Störfestigkeit von Stromrichtern /11.37/ /11.38/

11.4.1. Beherrschung der Eigenstörfestigkeit

Schwerpunkt der EMV-Arbeit bei der Entwicklung von SR ist die Beherrschung der Störfestigkeit der stromrichternahen Elektronik (Ansteuerung, Strom-, Spannungs- oder Drehzahlregelung), die trotz geringer räumlicher und elektrischer Entfernungen zu den geschalteten Ventilen in jeder zulässigen Anschlußstruktur störungsfrei arbeiten muß. Neben Problemen der Eigenstörfestigkeit innerhalb der Elektronik, die hier nicht behandelt werden sollen, müssen vorrangig Maßnahmen gegen Beeinflussungen aus dem Leistungsteil durch feldgebundene und vom Leistungsteil im Zusammenwirken mit der Anschlußstruktur verursachte energetische Störgrößen getroffen werden, die aus der Sicht der Elektronik zwar die Fremdstörfestigkeit, aus der Sicht des SR aber die Eigenstörfestigkeit betreffen. Angepaßt an das jeweilige Arbeitsprinzip der Informationskreise, sind das Entstörmaßnahmen, die

11.4. Störfestigkeit von Stromrichtern

- eine Abschwächung der aus dem Leistungsteil kommenden Störwirkungen,
- eine Verringerung der Kopplungsmöglichkeiten zwischen Leistungs- und Informationsteil,
- eine Anhebung der Fremdstörfestigkeit der Informationskreise

bewirken. Die Beschreibung dieser Entstörmaßnahmen ist Gegenstand der Hauptabschnitte 4 und 13 dieses Buches. Der zusätzliche Schaltungsaufwand steht dabei oft im Widerspruch zur ebenfalls qualitätsbestimmenden Ausfallsicherheit im Sinne der technischen Zuverlässigkeit, die möglichst einfache Strukturen erfordert /11.39/. Mit der gegenwärtig stattfindenden Ablösung der analogen Ansteuer- und Regelungstechnik bei SR durch mikrorechnerorientierte Lösungen ergibt sich die Möglichkeit, bei steigender Zuverlässigkeit auch neue Konzepte zur Vergrößerung der Störfestigkeit zu verwirklichen (z. B. Antihavariereaktionen, Fehlertoleranz, redundante Strukturen).

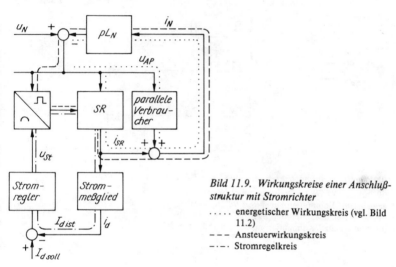

Bild 11.9. Wirkungskreise einer Anschlußstruktur mit Stromrichter

..... energetischer Wirkungskreis (vgl. Bild 11.2)
– – – Ansteuerwirkungskreis
–·–·– Stromregelkreis

Bei den am weitesten verbreiteten netzgelöschten SR ist die Netzsynchronisation der Zündimpulse eine wesentliche Schwachstelle, die besonderes Augenmerk verdient /11.40/. Über den Synchronisationseingang des Ansteuergeräts schließt sich ein Wirkungskreis, der Ursache von Instabilitäten, Zündversagern oder Fehlimpulsen sein kann, vor allem wenn die Anschlußspannung durch den im Abschnitt 11.2.2 beschriebenen energetischen Wirkungskreis erheblich verzerrt ist. Bild 11.9 zeigt die dazugehörige Struktur. Der ungünstigste Fall ist der Anschluß des Synchronisationseingangs an die transiente Stromrichterspannung, d. h. direkt an die Ventile des SR. Nach modernen Gesichtspunkten konzipierte Ansteuerlösungen beherrschen auch diesen Fall sicher (PLL-Synchronisation), so daß der Ansteuerwirkungskreis als offen betrachtet werden kann. Geringe Phasenverschiebungen der Zündimpulse kann die Stromregelung als Störgrößen ausregeln.

11.4.2. Mechanismus und Folgen der Fremdstörung

Beherrschte Eigenstörfestigkeit innerhalb der SR heißt in der Regel auch, daß ein hohes Maß an Fremdstörfestigkeit besteht. Fremdstörfestigkeit heißt aus energetischer Sicht, daß SR an Anschlußpunkten uneingeschränkt betreibbar sein müssen, solange deren EEQ-Faktoren die Grenzwerte für öffentliche und Industrienetze einhalten. Eine Besonderheit stellen die sogenannten Stromrichternetze dar. Das sind von einem Blocktransformator aus dem vorgeordneten Netz gespeiste Teilnetze, an denen nur SR parallel betrieben werden. Da hier keine Rücksicht auf andere Abnehmer genommen werden muß, ist ein Ausschöpfen der Störfestigkeitsreserven der SR möglich und üblich. In diesem Sonderfall ist auch die Begründung zu suchen, daß die Grenzwerte der Störfestigkeit teilweise erheblich über den Grenzwerten der EEQ liegen.

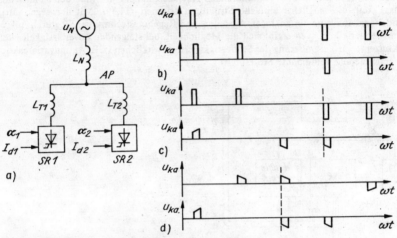

Bild 11.10. Beeinflussungsmöglichkeiten beim Parallelbetrieb zweier Stromrichter
a) Anschlußstruktur SR1, SR2 – Drehstrombrückenschaltung
b) Fall 1: gemeinsame Kommutierungen, $\alpha_1 = 90°$, $\alpha_2 = 95°$
c) Fall 2: um 60° versetzte Kommutierungen, $\alpha_1 = 90°$, $\alpha_2 = 30°$
d) Fall 3: um 120° versetzte Kommutierungen, $\alpha_1 = 150°$, $\alpha_2 = 30°$

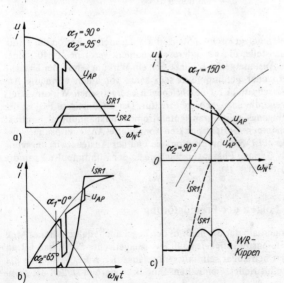

Bild 11.11. Auswirkungen von Fremdstörungen bei der Kommutierung
a) Fall 1 – Überlagerung zweier gleicher Kommutierungen
b) Fall 2 – Zündverzug durch 60° versetzte Kommutierungen
c) Fall 2 – Wechselrichterkippen durch 60° versetzte Kommutierungen

11.4. Störfestigkeit von Stromrichtern

Während die Störfestigkeit des Elektronikteiles der SR mit heute verfügbaren analogen und digitalen Signalverarbeitungen beherrscht wird, muß auf ein Problem der Störbeeinflussung des Kommutierungsvorganges netzgelöschter SR besonders eingegangen werden, das hin und wieder durch Nichtbeachtung zu Schwierigkeiten beim Parallelbetrieb von SR führt /11.8/ /11.41/ /11.42/.

Bild 11.10 zeigt drei Möglichkeiten der gegenseitigen Beeinflussung, die sich beim Parallelbetrieb zweier SR am gleichen AP ergeben. Die Überlagerung von Kommutierungsvorgängen führt zur Verlängerung der Kommutierungsdauer der Teilstromrichter bei vergrößertem Kommutierungseinbruch in der Anschlußspannung (Fall 1, Bild 11.11a) oder zur Verkürzung der Kommutierungsdauer durch entgegengerichtete Kommutierungsspannungen, die ohne Folgen bleiben oder zur einmal je Periode vorkommenden Verlängerung der Kommutierung, die zu Zündaussetzern (Fall 2, Bild 11.11b) oder am anderen Ende des Ansteuerbereichs sogar zum Wechselrichterkippen führen kann (Fall 2, Bild 11.11c) /11.42/. Die im Bild 11.10 aufgeführten Vorgänge müssen im Sinne der Fremdstörfestigkeit so gestaltet werden, daß sie keine Havarien verursachen können. Quantitative Angaben zur Länge der Zündimpulse (Bild 11.11b) oder zur Festlegung der Wechselrichtertrittgrenze enthalten die Projektierungsrichtlinien /11.21/ und die Monographie /11.7/.

11.4.3. Standardisierung

Während der Betreiber von SR die Eigenstörfestigkeit als gegeben betrachten kann und ihn daher interne Pegel von Störgrößen nicht interessieren, ist es in bezug auf die Fremdstörfestigkeit notwendig, möglichst aufgeschlüsselte, nachprüfbare Grenzwerte zu kennen. Diese

Tafel 11.7. *Grenzwerte der Störfestigkeit von Stromrichtern (nach Neuentwurf IEC 146, Teil 1 /11.43/)*

Kenngröße	Störfestigkeitsklasse		A		B		C	
	Störfestigkeitspegel		F	T	F	T	F	T
Frequenzschwankung $\Delta f'$		%	±2	–	±2	–	±1	–
Änderungsgeschwindigkeit		% s^{-1}	±2	–	±1	–	±1	–
Phasenunsymmetrie		°el.	–	15	–	5	–	5
Spannungsabweichung ΔU		%	±10	–	+10, –5	–	+10, –5	–
Spannungsschwankung (0,1 ... 0,6) s $\Delta u'$ GR		%	–	±15	–	±10	–	±10
desgl. bei WR-Betrieb		%	–	±10	–	±5	–	±5
Gegenspannungsunsymmetrie a_2^u		%	2	–	2	–	1	–
desgl. kurzzeitig ≤ 0,5 s GR		%	–	5	–	2	–	1
bei WR-Betrieb		%	–	2	–	2	–	1
Spannungsklirrfaktor k_{AP}^u		%	10	–	10	–	5	–
Pegel von Harmonischen, geradzahlig		%	2	–	2	–	1	–
desgl. ungeradzahlig		%	5	–	5	–	2	–
Augenblickswertabweichung a_{max}		%	–	100	–	40	–	20
Kommutierungswinkel μ		°el.	–	60	–	30	–	10
Kommutierungsfläche $a_{max} \cdot \mu/10$	%	°el.	–	420	–	120	–	20

sind entweder in den Standards über SR festgelegt /11.43/, oder sie sind Gegenstand von Vereinbarungen zwischen Hersteller und Errichter der Anlage. Im Rahmen der Typprüfung von SR erbringt der Hersteller den Nachweis der Störfestigkeit.

Im Zusammenhang mit neuen Erkenntnissen über die EMV von SR wird die seit 1973 gültige IEC-Publikation 146 für Halbleiter-Stromrichter zur Zeit neu bearbeitet. Im bisher vorliegenden Entwurf für den Teil 1 /11.44/ befindet sich auch die in Tafel 11.7 dargestellte Tabelle zur Fremdstörfestigkeit von SR, die mit Sicherheit in dieser oder einer präzisierten Form in die nationalen Standards eingehen wird.

Die Störfestigkeit eines SR-Geräts oder einer -Anlage wird demzufolge durch drei Störfestigkeitspegel (immunity levels) angegeben:

- F (Functional) Funktionsgrenzwert, bis zu dessen Höhe der SR uneingeschränkt funktionsfähig sein muß
- T (Tripping) Abschaltgrenzwert, bis zu dessen Höhe der SR arbeitsfähig ist, bei dessen Erreichen aber die Abschaltung durch Schutzeinrichtungen (einschließlich des Abschmelzens von Sicherungen) erfolgt
- D (Damage) Zerstörungsgrenzwert, bei dessen Überschreitung der SR zerstört wird (Sicherungen ausgeschlossen).

Die genannten Grenzwerte werden für eine Reihe von Eigenschaften der EEQ angegeben, wobei je nach dem Anwendungsbereich des SR unterschiedliche Störfestigkeitsklassen (immunity classes) unterschieden werden. Die Grenzwerte meinen die unter Betriebsbedingungen resultierend auftretenden Werte, die im Prüffeld oder Labor durch entsprechende Prüfverfahren nachgebildet werden können. Zur Störfestigkeitsprüfung genügt es, die SR mit den durch sie selbst verursachten SR-NRW zu beaufschlagen. Die Struktur einer Prüfanlage zeigt Bild 11.12.

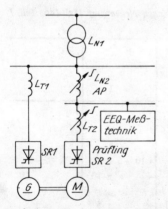

Bild 11.12. Schaltung zur Störfestigkeitsprüfung eines Stromrichters

SR1 Rückspeisegleichrichter
SR2 Prüfling
L_{N2}, L_{T2} in Stufen veränderbare Drosseln

Werden die Zahlenwerte der Tafel 11.7 untersucht, so kann erkannt werden, daß die SR der Klasse A zum Anschluß auch an SR-Netze, die SR der Klasse B zum Anschluß an Industrienetze und die SR der Klasse C zum Anschluß an öffentliche Netze bestimmt sind. Elektromagnetische Verträglichkeit wird aus energetischer Sicht erreicht, wenn die Störfestigkeitspegel der Klasse über den Grenzwerten der EEQ liegen.

11.5. Wege zur Beherrschung von Netzrückwirkungen

11.5.1. Übersicht /11.45/

Beherrschung von SR-NRW heißt, die zur Versorgung technologischer Prozesse notwendige SR-Leistung an vorhandene AP anzuschließen und durch eine optimale Strategie beim Auswahl- und Entwurfsprozeß für die Komponenten der Anlage die leitungsgebundene energetische EMV zu gewährleisten. Betrachtungseinheit für das Verträglichkeitsproblem ist der aus dem Gesamtnetz herauszulösende, nach außen praktisch als rückwirkungsfrei zu betrachtende Netzausschnitt, zu dem neben allen am gleichen AP angeschlossenen SR, Nicht-SR-Verbrauchern und Blindleistungskompensationsmitteln auch unterlagerte Blöcke gezählt werden müssen, wenn diese SR oder auch Leistungskondensatoren enthalten (vgl. Bild 11.4). Ob vor- oder nebengeordnete Teilnetze mit betrachtet werden müssen, ist von Fall zu Fall zu überprüfen. In der Regel entkoppelt die große Kurzschlußleistung vorgeordneter Netze die Wechselwirkungen zwischen benachbarten Blöcken.

Eine Übersicht über Wege zur Beherrschung zeigt Tafel 11.8. Im mittleren Leistungsbereich dominiert gegenwärtig eindeutig der Weg der Kompensation, wobei entsprechende Mittel möglichst gleichzeitig für Blindleistungs- und Verzerrungskompensation sorgen sollen. Der Weg einer Netzverstärkung ist wegen der begrenzten Kurzschlußfestigkeit der Anlagen und aus ökonomischen Erwägungen meist ausgeschlossen. Als perspektivisch bedeutsam sind die Wege der Entwicklung NRW-armer SR und die Steuerung von Anlagen mit dem Ziel der gegenseitigen Auslöschung oder Vergleichmäßigung von NRW zu betrachten.

Tafel 11.8. Wege zur Beherrschung von Stromrichter-Netzrückwirkungen

Weg	Bemerkung
Anschluß an leistungsstärkeren Anschlußpunkt	Netzverstärkung ist teuer Kurzschlußfestigkeit der Betriebsmittel ist begrenzt, höchste mögliche Anschlußspannung wählen
Kompensation	
– mit Stromrichtern	Blindstromrichter zur dynamischen Kompensation Kompensationsstromrichter zur Verzerrungskompensation
– mit Leistungskondensatoren	Parallelkondensatoren Saugkreise (häufigster Einsatzfall)
NRW-orientierte Steuerung von SR	geht nur für SR-Anlagen mit mehreren SR und einem Freiheitsgrad zur gezielten Überlagerung von NRW (Vergleichmäßigung oder Auslöschung)
SR mit verminderten NRW	
– höherpulsige SR ($p = 12$)	nur für Leistungen > 1,5 MW
– halbgesteuerte SR	geringe Steuerblindleistung, aber nichtcharakteristische Harmonische (nur für $p = 2$, < 20 kW)
– folgegesteuerte SR	geringere Steuerblindleistung (nur für Leistungen im MW-Bereich)
– Pulsstromrichter	großer Ventilaufwand

11.5.2. Kompensation von Netzrückwirkungen /11.46/

Alle Bestandteile einer Anschlußstruktur, die zum Zwecke der Kompensation induktiver Blindleistung und zur Sicherung der Verträglichkeit von SR, Netz und parallelen Abnehmern vorgesehen werden, gehören zur Kompensationseinrichtung, deren voll ausgebaute Struktur im Bild 11.13 dargestellt ist. Während Einrichtungen zur Festkompensation und zur variablen Kompensation als Erzeugnisse bis in den Grenzleistungsbereich und sowohl für Nieder- als auch für Mittelspannung verfügbar sind, befinden sich Schaltungsstrukturen zur Verzerrungskompensation erst im Stadium der Laborerprobung /11.7/.

Für Abnehmer mit nur wenig veränderlichem oder durch den Effekt der statistischen Überlagerung vieler Verbraucherströme vergleichmäßigtem Blindleistungsbedarf genügen Einrichtungen zur Festkompensation. Die möglichen Strukturen, ihre Vor- und Nachteile sind in Tafel 11.9 zusammengestellt. Zur Festkompensation werden hier auch alle Anordnungen gezählt, deren Leistung durch das Zu- und Abschalten von Schalteinheiten über elektromechanische Schalter dem Tagesgang des Blindleistungsbedarfs angepaßt wird.

Mit wachsendem Anteil dynamischer Abnehmer wird der Einsatz dynamischer Stellglieder zur schnellen Kompensation der Blindleistungsschwankungen erforderlich. Da der resultie-

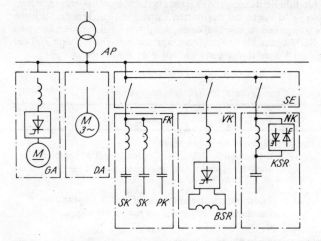

Bild 11.13. Struktur und Elemente einer Kompensationseinrichtung (vollständig aufgerüstet)

GA	Gleichstromantrieb } als Verbraucher	
DA	Drehstromantrieb	
SE	Schalteinrichtung	
FK	Festkompensation	
BSR	Blindstromrichter	

KSR	Kompensationsstromrichter	
SK	Saugkreis	
PK	Parallelkondensator	
VK	variable Kompensation	
NK	gesteuerter Saugkreis zur Verzerrungskompensation	

vorhandene Elemente				
PK	SK	VK	NK	Bezeichnung der Kompensationsstruktur
×				Kondensatoranlage (Parallelkompensation)
	×			Saugkreisanlage (Saugkreiskompensation)
×	×			Stromresonanzanordnung
(×)	×	×		dynamische Kompensation
×		(×)	×	Verzerrungskompensation

11.5. Wege zur Beherrschung von Netzrückwirkungen

Tafel 11.9. Anordnungen zur Festkompensation

	Kondensatoranlage	Filterkreisanlage		Stromresonanzanordnung
		verdrosselte Kondensatoren	Saugkreise	
Prinzipschaltbild	(Schaltbild mit L_N, AP, Verbraucher, C C, PK1 PK2)	(Schaltbild mit L_N, AP, Verbraucher, L_S, C C; $v_S = \frac{1}{\omega_N \sqrt{L_S C_{min}}} \leq 3$)	(Schaltbild mit L_N, AP, Verbraucher, L_{S1} L_{S2}, C_{S1} C_{S2}, SK1 SK2, v_{S1} v_{S2}; $v_{Sn} = \frac{1}{\omega_N \sqrt{L_{Sn} C_{Sn}}}$)	(Schaltbild mit L_N, AP, Verbraucher, L_{S1} L_{S2}, C_{S1} C_{S2} C, SK1 SK2 PK, v_{S1} v_{S2})
Vorteile	• einfach und billig • vollständiger Abbau von Kommutierungseinbrüchen	• keine Resonanzgefahr	• praktisch keine Resonanzgefahr • gute Filterwirkung	• hohe Spannungsqualität
Nachteile	• Parallelresonanzgefahr $L_N // C$ (therm. Überlast., große Verzerrung)	• großer Drosselaufwand • wenig Filterwirkung	• unvollständiger Abbau von Kommutierungseinbrüchen	• Resonanzgefahr hoch
Bemerkungen	• Serienerzeugnisse für NS und MS verfügbar	• hohe Spannungsbeanspruchung des Kondensators bei geringer therm. Auslastung	• Saugkreis für charakteristische Harmonische vorsehen • Ordnungszahl induktiv verstimmen	• möglichst 4 Saugkreise vorsehen • C_{min} beachten
Einsatzgebiet	bei geringem Stromrichter-Leistungsverhältnis ($s_d < 1 \dots 2\%$)	in Sonderfällen	bei großen Stromrichter-Leistungsverhältnissen	bei hohem Blindleistungsbedarf und hohen Qualitätsforderungen

Tafel 11.10. *Anordnungen zur schnellen variablen Kompensation*

	Direkte Kompensation		Kompensation mit Richtungsumkehr		Indirekte Kompensation		
Prinzipschaltbild							
Benennung	thyristorgeschaltete Saugkreise	gesteuerter Saugkreis	kapazitiver Blindstromrichter	rotierender Phasenschieber	induktiver Blindstromrichter	spannungsgesteuerte Drossel	Transduktor
Vorteile	• unsymmetrische Steuerung möglich • geringere Verluste	• stufenlose Steuerung	• halbe Bauleistung durch Richtungsumkehr • extrem schnell		• normaler Stromrichter (B6C)	• unsymmetrische Steuerung möglich • keine Verzerrung	• Freiluftaufstellung
Nachteile	• nicht extrem schnell • Stufigkeit • für MS mit Trafo	• Aufwand für Pulstechnik hoch		• Wartungsaufwand hoch • mäßig schnell	• höchster Ventilaufwand • nur symmetrisch	• erfordert Umbau normaler Stromrichter (W3C, P3C)	• mäßig schnell
Bemerkung	• seit 15 Jahren bewährt	• Versuchsstadium	• seit 5 Jahren bewährt	• Einsatz geht zurück	• keine Betriebserfahrungen	• Weiterentwicklung für MS-Anschluß absehbar • Betriebserfahrungen vorhanden	• Betriebserfahrungen vorhanden
Einsatzgebiet	E-Stahlwerke		große und schnelle Antriebe (Walzwerke)		große und schnelle Antriebe (Walzwerke) E-Stahlwerke		

11.5. Wege zur Beherrschung von Netzrückwirkungen

rende Mittelwert stets induktiv ist, müssen Anlagen zur dynamischen Kompensation auch Elemente zur Festkompensation (Saugkreise) enthalten. Tafel 11.10 vermittelt eine Übersicht über verfügbare Stellverfahren. Weitere Aussagen über die Auslegung dynamischer Kompensationsanlagen befinden sich in /11.46/ bis /11.50/.

Die konstruktive Gestaltung von Kompensationseinrichtungen wird auf dem NS-Gebiet durch fabrikgefertigte, in Schränken untergebrachte Anlagen gekennzeichnet. MS-Anlagen werden sowohl als in die Schaltanlage einreihbare Zellen als auch in offener Montagebauweise errichtet, was insbesondere wegen der von den Saugkreisdrosseln abzuführenden Verluste geschieht.

11.5.3. Netzrückwirkungsorientierte Steuerung

Bei der Beschreibung von SR-NRW (Abschn. 11.2.2) ist erläutert worden, daß sie die von verschiedenen SR verursachten Kommutierungseinbrüche und die damit im Zusammenhang stehenden Harmonischen am AP überlagern und dabei eine gegenseitige Auslöschung möglich ist. Die geringeren NRW zwölfpulsiger SR beruhen z. B. auf der Auslöschung der charakteristischen sechspulsigen Harmonischen.

Besteht nun in Anlagen mit mehreren SR aus der Situation der technologischen Aufgabe und der Struktur der Regelung ein Freiheitsgrad für einen Teil der SR, so können diese mit dem Ziel der Verringerung der SR-NRW beeinflußt werden. Als Beispiel zeigt Bild 11.14 eine Struktur, die aus einem geregelten Gleichstromantrieb und einem mit steuerbarem Gleichrichter eingespeisten Drehstrom-Wechselrichterantrieb besteht. Dadurch, daß die Frequenz-Spannungs-Zuordnung über die Aussteuerung der Pulsbreite des Wechselrichters erreicht wird, besteht für den Steuerwinkel des netzseitigen SR der Freiheitsgrad, ihn so zu beeinflussen, daß der am AP gemessene Klirrfaktor minimal wird (quasi-zwölfpulsige NRW).

Ein zweites Beispiel veranschaulicht Bild 11.15. Bei Pressenantrieben mit Gleichstrommotor übernimmt ein Schwungrad die Vergleichmäßigung der impulsförmigen Belastung. Trotzdem wird ein zwischen Leerlauf- und Strombegrenzungsstrom schwankender Netzstrom auftreten, und bei mehreren Pressen ergeben sich im ungünstigen Fall Schwankungsbreiten, die u.U. zum Einbau einer dynamischen Kompensationsanlage zwingen. Wird nun über eine ein-

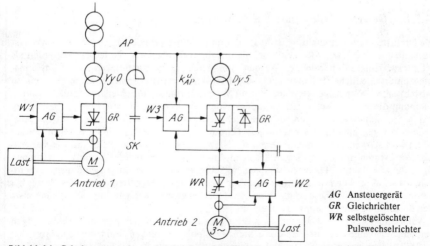

Bild 11.14. Schaltungsanordnung zur Quasi-Zwölfpulssteuerung einer Stromrichteranlage

AG Ansteuergerät
GR Gleichrichter
WR selbstgelöschter Pulswechselrichter

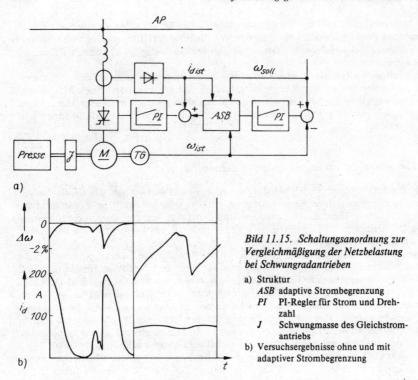

Bild 11.15. Schaltungsanordnung zur Vergleichmäßigung der Netzbelastung bei Schwungradantrieben

a) Struktur
ASB adaptive Strombegrenzung
PI   PI-Regler für Strom und Drehzahl
J   Schwungmasse des Gleichstromantriebs
b) Versuchsergebnisse ohne und mit adaptiver Strombegrenzung

fache adaptive Steuerung die Strombegrenzung der Teilantriebe so verstellt, daß jede Presse ständig an der Strombegrenzung fährt, dann müssen nur noch nichtschwankende Blindleistungen kompensiert werden, wofür eine Festkompensation genügt /11.51/.

11.5.4. Netzrückwirkungsarme Stromrichter

Die Drehstrombrückenschaltung ist heute die im Leistungsbereich von 10 kW bis 1 MW fast ausnahmslos eingesetzte SR-Schaltung. SR mit ihr gegenüber verringerten NRW werden als netzrückwirkungsarm bezeichnet. Werden zwei gleiche Drehstrombrücken über Transformatoren unterschiedlicher Schaltgruppen oder Dreiwicklungstransformatoren angeschlossen, so entsteht eine zwölfpulsige NRW, bei der im Spektrum von Stromrichterstrom und Anschluß-spannung die Harmonischen der Ordnungszahlen $v = k \cdot 6 \pm 1$ für $k = 1, 3, 5 \ldots$ entfallen. Durch Spannungsverzerrungen und Ungleichmäßigkeiten der Gleichströme kann das Auslöschen der gegenphasigen sechspulsigen Harmonischen nur unvollständig erfolgen. Dieser Effekt wird stärker, wenn noch höherpulsige NRW angestrebt werden. Beim Entwurf von Anschlußstrukturen mit sechspulsigen SR kann durch die Aufteilung der SR in zwei Gruppen mit unterschiedlichen Trafoschaltgruppen versucht werden, eine quasi-zwölfpulsige Anordnung zu schaffen, deren Resonanzanregung insbesondere für Eigenfrequenzen des Netzes bei 5 und 7 geringer ist. Diese Maßnahme lohnt sich aber nur, wenn technologisch eine etwa gleichmäßige Stromaufteilung gesichert ist.

Auf die in Tafel 11.8 genannten SR mit Folgesteuerung kann hier nicht näher eingegangen werden. Sie bleiben ebenso wie die echten Zwölfpulsschaltungen Sonderanwendungen bei großer Leistung vorbehalten. Die halbgesteuerten SR und alle SR mit Freilaufzweigen zeigen

11.5. Wege zur Beherrschung von Netzrückwirkungen

einerseits ein verbessertes Blindleistungsverhalten, andererseits weist ihr Spektrum des SR-Stroms aussteuerungsabhängig geradzahlige Harmonische auf ($v = 2, 4, 8$), die sich aus der verkürzten Leitdauer der Thyristoren ergeben. Ihre Hauptanwendung liegt im unteren Leistungsbereich, wo SR-NRW nur dann Bedeutung erlangen, wenn damit ausgerüstete Geräte in großen Stückzahlen eingesetzt werden (Haushaltgeräte, Stellantriebe für Industrieroboter). Auf eine genauere Untersuchung dieses Sonderfalles wird hier zugunsten der Drehstrombrückenschaltung verzichtet.

Eine starke Verminderung der Netzverzerrung wird erreicht, wenn eine Drehstrombrücke ungesteuert betrieben wird. Mit der Entwicklung einer leistungsstarken Drehstromantriebstechnik mit Frequenzumrichtern in den letzten Jahren wird diese Anschlußart immer häufi-

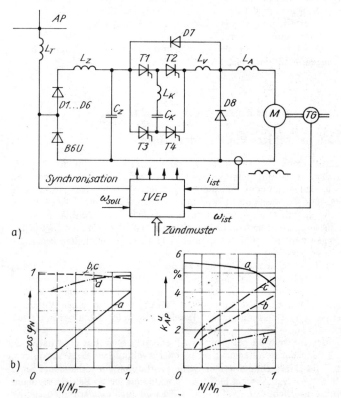

Bild 11.16. Schaltungsanordnung eines netzsynchron betriebenen Pulsgleichrichterantriebs (Einquadrantenantrieb)
a) Struktur
   IVEP Ansteuergerät mit PLL-Netzsynchronisation und Zündmustersteuerung
   B6U ungesteuerte Drehstrombrücke
   B6C gesteuerte Drehstrombrücke
b) Vergleich von Verschiebungs- und Klirrfaktoren der Anschlußspannung für verschiedene Einquadrantenantriebe bei $M_w = M_n$ und Drehzahlregelung
   Kurve a: B6C Gleichstromantrieb $s_d = 2\%$, $l_d = 0,2$
      b: B6U Gleichstromantrieb, ideale Glättung, idealer Pulssteller, $l_d = 0,5$ (Theorie)
      c: B6U LC-Filter, Pulswechselrichterantrieb, $l_d = 1,0$
      d: B6U Gleichstromantrieb, LC-Filter, Pulssteller, $l_d = 0,5$

ger werden. Zur Stellung der Gleichspannung werden hier entweder keine weiteren Stellglieder benötigt (Pulswechselrichter), oder ein Pulssteller wird nachgeschaltet. Mit dieser Struktur sind auch zahlreiche Antriebsaufgaben mit Einquadrantencharakteristik als Gleichstromantrieb im mittleren Leistungsbereich zu lösen. Bild 11.16 zeigt eine entsprechende Struktur, die mit weniger steuerbaren Ventilen bei erheblich geringerem Blindleistungsbedarf und dazu noch verringerter Netzverzerrung arbeitet. Der Auslöschungseffekt niedriger Harmonischer kann durch eine netzsynchrone Ansteuerung des Stellers nach speziell auf Auslöschung berechneten Zündmustern noch weiter vermindert werden /11.52/ /11.53/.

Wird das Konzept netzgelöschter SR verlassen, so sind zahlreiche Schaltungsanordnungen möglich, mit denen eine Drehstrom-Gleichstrom-Übertragung bei sehr geringem Blindleistungsbedarf und möglichst vernachlässigbarer Verzerrung erreicht wird. Es ist dann sogar möglich, Blindleistung abzugeben (vgl. Tafel 11.10). Die theoretische Steuerfunktion des SR muß ein netzsynchroner, zeitlich sinusförmiger Übertragungsfaktor sein, der näherungsweise durch Pulsverfahren erreicht werden kann. Der Aufwand für die Ansteuerung und die Zwangslöschung ist für Drehstrom so hoch, daß vorerst nur die einphasigen Eingangs-SR von Drehstrom-Triebfahrzeugen damit ausgerüstet wurden /11.54/ /11.55/.

11.6. Auslegung von Anschlußstrukturen /11.21/

11.6.1. Kenngrößen netzseitiger Einsatzbedingungen

Stromrichter-Netzrückwirkungen hängen eindeutig und reproduzierbar von den energetischen Eigenschaften der bisher nur qualitativ als Übersichtsschaltplan gezeichneten Anschlußstruktur ab. Es ist daher notwendig, für die Analyse der SR-NRW einer Struktur oder den Entwurf einer verträglichen Anschlußstruktur einschließlich der erforderlichen Kompensationseinrichtungen die quantitativen Anschlußbedingungen der SR zu definieren. Als Ergänzung zu den bereits definierten meteorologisch-klimatischen und prozeßbedingt-technischen Einsatzbedingungen werden hierfür die in Tafel 11.11 zusammengestellten *netzseitigen* Einsatzbedingungen eingeführt.

Durch die Benutzung der Netzkurzschlußleistung als Bezugsbasis werden alle Leistungsverhältnisse zu leistungs- und spannungsunabhängigen Aussagen. Es muß beachtet werden, daß im Gegensatz zur Kurzschlußfestigkeitsberechnung für SR-NRW stets die *minimale* Netzkurzschlußleistung den ungünstigsten Fall darstellt. Ein SR-Abzweig ist in seinen Wirkungen sehr gut durch das Tripel a, s_d, l_d gekennzeichnet, Kondensatorzweige durch s_C sowie $(r/x)_C$ und Saugkreise durch v, s_C und ϱ_r.

In vielen Fällen werden mehrere SR am gleichen AP angeschlossen. Für die Analyse der Anschlußstruktur muß dann ein resultierender sechs- oder zwölfpulsiger Ersatzstromrichter nach den Regeln von Tafel 11.12 gebildet werden, wenn nicht durch ein vorhandenes Simulationsprogramm (z. B. *BAPSI*) (vgl. Abschn. 11.2.3) die direkte Eingabe der Betriebsbedingungen aller vorhandenen SR möglich ist. In einfachen Fällen wird auch eine arithmetische Addition der Leistungsverhältnisse vorgenommen. Wird ein Ersatz-SR gebildet, dann wird anschließend eine Worst-case-Untersuchung der Anschlußstruktur vorgenommen (z. B. Steuerwinkel 90 °) /11.42/.

11.6.2. Hilfsmittel zur Auslegung

Die Errichter von SR-Anlagen, in der Regel Projektierungsabteilungen der Elektroanlagenbaubetriebe, tragen die Verantwortung für die energetische Verträglichkeit der Komponenten des Gesamtsystems. Je nach dem Schwierigkeitsgrad der Anschlußaufgabe werden sie unterschiedlich viel Zeit und Kosten in die Analyse und den Entwurf der Kompensationseinrich-

11.6. Auslegung von Anschlußstrukturen

Tafel 11.11. *Kenngrößen netzseitiger Einsatzbedingungen*

Bezeichnung	Definition	Erläuterung
Netzzweig		U_{Nn} Netznennspannung (verkettete Spannung)
Netzkurzschlußleistung	$S_k'' = \dfrac{1{,}1\, U_{Nn}^2}{Z_N}$	Z_N Netzimpedanz (subtransient)
Resistanz-Reaktanz-Verhältnis	$(r/x)_N = R_N/X_N = \cot \varphi_N$	R_N Netzresistanz $X_N = \omega_N L_N$ Netzreaktanz φ_N Netzphasenwinkel
Netzinduktivität	$L_N = \dfrac{1{,}1\, U_{Nn}^2}{\omega_N\, S_k''} \sin \varphi_N$	Q_C Ladeleistung am AP $L_N = 0$ starres Netz
Netzkapazität	$C_N = Q_C/\omega_N\, U_{Nn}^2$	$L_N \neq 0,\, C_N = 0$ induktives Netz
Stromrichterabzweig		U_{v0} ventilseitige Leerlaufspannung zwischen den WS-Anschlüssen
Steuerwinkel	$\cos \alpha = U_d/U_{di0}$	für B6-Schaltung gilt: $K(B6) = 1{,}350$
Ideelle Gleichspannung bei Vollaussteuerung	$U_{di} = K \cdot U_{v0}$	I_d Gleichstrom (arithm. Mittelwert)
(ideelle) Gleichstromleistung	$P_{d0} = U_{di} I_d / S_k''$	S_{Tn} Trafonennleistung
Abzweiginduktivität	$L_T = \sqrt{u_{kT}^2 - r_T^2}\; \dfrac{U_{Nn}^2}{\omega_n\, S_{Tn}}$	u_{kT} Kurzschlußspannung r_T bezogene Resistanz l_d Spannungsteilerkoeffizient für Kommutierungseinbrüche, elektr. Entfernung des AP vom SR
Induktivitätsverhältnis	$l_d = L_N/(L_N + L_T)$	
Stromrichter-Leistungsverhältnis	$s_d = P_{d0}/S_k''$	s_d Maß für „Größe" des SR für den AP
Andere Abzweige		
Relative Abstimmfrequenz eines LC-Kreises	$v = 1/(\omega_N \sqrt{Lv\, Cv})$	R, L, C Strangwerte
Ideelle Kondensatorleistung	$Q_{Ci} = U_{Nn}^2\, \omega_N\, C$	U_{Nn} kann kleiner als U_{Cn} sein!
Kondensator-Leistungsverhältnis	$s_C = Q_{Ci} / S_k''$	s_C Maß für „Größe" des Kondensators
Resonanzschärfe	$\varrho_r = v\, \omega_N\, L_r/R_r$	für LC-Zweig
Resistanz-Kondensanz-Verhältnis	$(r/x)_C = R_v\, \omega_N\, C_v$	für RC-Zweig
Verbraucher-Leistungsverhältnis	$s_v = \dfrac{v}{j} S_{vj}/S_k''$	S_{vj} Scheinleistung von Nicht-SR-Verbrauchern am AP

Tafel 11.12. Möglichkeiten zur Behandlung von Strukturen mit vielen Stromrichtern an einem AP

Lösungsweg	Bemerkungen
Zustandssimulation der Teilstromrichter	z.B Digitalprogramm *BAPSI* (vgl. Bild 11.4) – verarbeitet beliebig viele SR am AP mit den bekannten Daten p, a, s_d, l_d – berücksichtigt nicht die reale gegenseitige Beeinflussung der Kommutierungsvorgänge – keine Monte-Carlo-Simulation möglich
Benutzung von Diagrammmen für Reduktionsfaktoren	$s_{d\,ers} = f^u\, N\, s_{dt}$ f^u Reduktionsfaktor; N Anzahl der SR; $s_{dt} = \sqrt{\tfrac{1}{7}} s_{di}/N$ – Reduktionsfaktoren werden durch Monte-Carlo-Simulation mit idealisierten Verteilungen für a und s_{dt} berechnet – berücksichtigt nicht die reale gegenseitigen Beeinflussung der Kommutierungsvorgänge – sechs- oder zwölfpulsiger Ersatz-SR
Monte-Carlo-Simulation	– direkte Berechnung möglich, wenn reale Verteilungsfunktionen für a und s_{dt} bekannt sind – Anwendung von Digitalprogrammen zur Simulation und Auswertung – berücksichtigt nicht die reale gegeseitige Beeinflussung der Kommutierungsvorgänge

tungen investieren. Dem Rechnung tragend, enthalten die Projektierungsrichtlinien die Möglichkeit, entweder auf Rechenprogramme zur individuellen Simulation zurückgreifen zu können oder mit Abstrichen an der Treffsicherheit allgemeingültige Projektierungsdiagramme anzuwenden. Diese Diagramme gestatten eine Aussage über die Zulässigkeit entworfener Strukturen aus der Sicht der EMV. Sie wurden selbst durch systematische Simulation entworfen und durch Labor- und Industriemessungen überprüft.

Als Anschlußdiagramm wird eine grafische zweidimensionale Darstellung bezeichnet, die in Abhängigkeit von Kenngrößen netzseitiger Einsatzbedingungen Linien gleicher Werte für Qualitätsfaktoren der Anschlußspannung (Klirrfaktorgrenzkennlinien, a_{max}-Grenzkennlinien, $\Delta u'$-Grenzkennlinien) und thermische Grenzkennlinien für die Kondensatorbeanspruchung enthält. Die im Zusammenhang mit den EEQ-Grenzwerten festgelegten Linien (vgl. Abschn. 11.3.3) teilen das Gebiet des Anschlusses in erlaubte und verbotene Gebiete ein. Anschlußdiagramme entstehen aus dem dreidimensional dargestellten „Gebirge" eines Qualitäts- oder Beanspruchungsfaktors. Am Beispiel der thermischen Beanspruchung eines Parallelkondensators erläutert Bild 11.17 den Zusammenhang von Beanspruchung und thermischer Grenzkennlinie. Bild 11.17b enthält außerdem noch alle weiteren notwendigen Grenzkennlinien, die analog entstehen.

Eine weitere Entwurfshilfe stellen Arbeitsprogramme dar, die den Ablauf der Arbeitsschritte in der Symbolik der Programmablaufpläne formulieren. Bild 11.18 zeigt ein Beispiel dafür. Die Projektierungsrichtlinien /11.21/ bis /11.23/ /11.56/ setzen auch noch tabellarische Entwurfshinweise und durchgerechnete Beispiele zur Erleichterung der Projektierungsarbeit ein.

11.6. Auslegung von Anschlußstrukturen

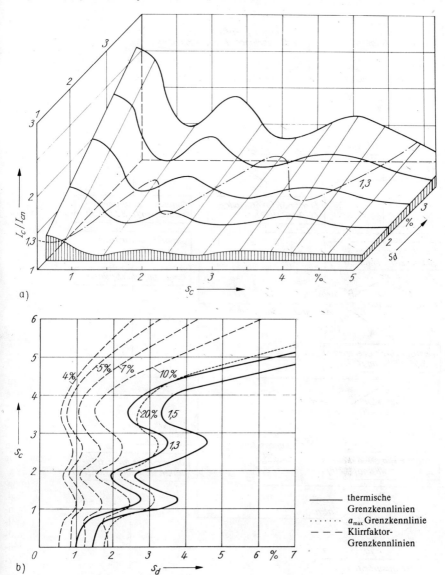

Bild 11.17. Zur Ableitung der Anschlußdiagramme
a) Darstellung des Beanspruchungsgebirges für die Struktur Parallelkondensator
   Variable: s_d, s_C
   Parameter: $\alpha = 90°$; $p = 6$ (B6-SR); $l_d = 0{,}3$;
   $(r/x)_N = 0{,}3$; $(r/x)_C = 0{,}02$
   (Simulationsergebnis)
   Eingezeichnet wurde die thermische Grenze des bezogenen Kondensatorstroms *1,3* als Höhenlinie.
b) Anschlußdiagramm für die Struktur Kondensatorkompensation
   Parameter wie oben

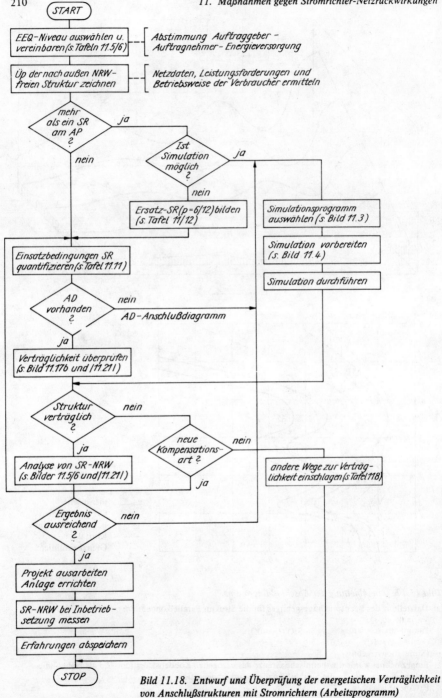

Bild 11.18. Entwurf und Überprüfung der energetischen Verträglichkeit von Anschlußstrukturen mit Stromrichtern (Arbeitsprogramm)

11.6. Auslegung von Anschlußstrukturen

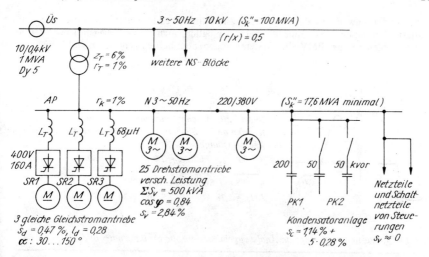

Bild 11.19. NS-Block einer Maschinenfabrik mit Gleichstromantrieben von Werkzeugmaschinen, Anschlußstruktur mit netzseitigen Einsatzbedingungen (Beispiel)

11.6.3. Verträglichkeitskontrolle einer Anschlußstruktur

Zur Zusammenfassung der Erkenntnisse aus diesem Hauptabschnitt wird der Durchlauf durch das Arbeitsprogramm nach Bild 11.18 für eine NS-Anschlußstruktur zur Speisung von Werkzeugmaschinenhauptantrieben behandelt. Als Muster für den Entwurf von MS-Anschlußstrukturen kann der Aufsatz /11.57/ dienen.

Zur Betrachtung steht der im Bild 11.19 dargestellte, nach außen als rückwirkungsfrei angenommene Netzausschnitt einer Maschinenfabrik mit Gleich- und Drehstromantrieben, einer Kondensatoranlage und einer Reihe von zu versorgenden Steuerungen an. Das vorgeordnete 10-kV-Netz enthält die Übergabestelle und ist damit öffentliches Netz.

Der mit den EEQ-Grenzen für NS-Industrienetze zu betreibende Block besitzt eine Netzkurzschlußleistung von 17,5 MVA, wobei der Einfluß ständig angeschlossener Drehfeldmaschinen berücksichtigt wurde. Mit dieser Annahme ergeben sich die netzseitigen Einsatzbedingungen für alle Zweige. Zur Worst-case-Analyse werden die SR addiert und durch Eintragen der Arbeitspunkte in das Anschlußdiagramm (Bild 11.17b) festgestellt, daß die Grenzwerte für NS-Industrienetze eingehalten werden. Da für den Fall mit der Kompensationsstufe $s_C = 2\,\%$ eine Resonanznähe zur siebenten Harmonischen vorliegt und genauere Analysenwerte interessieren, wird anschließend eine Simulation der Struktur mit dem Programm *BAPSI* vorgenommen. Ergebnisse der Fallstudien sind in Tafel 11.13 zusammengestellt worden. Die angegebenen Werte weisen in keinem Fall Unverträglichkeiten aus, so daß aus energetischer Sicht keine Einwände gegen die entworfene Anschlußstruktur bestehen. Besonders augenfällig ist die stark verringerte Augenblickswertabweichung durch den Kurzschluß der Kommutierungsimpulse am AP (vgl. Fall 6). Voraussetzung für die Verträglichkeit der Netzteile und Steuerungen ist deren Störfestigkeit gegenüber Industrienetzqualität.

Als Beweis für die gute Übereinstimmung von Meß- und Simulationsergebnissen zeigt Bild 11.20 das Oszillogramm der Anschlußspannung und des Stromrichterstroms für einen unzulässig großen SR bei Betrieb mit der vierten Kompensationsstufe. Die Simulationswerte sind als Kreuze in die Kurven eingetragen. Die hier noch einmal sichtbare Treffsicherheit der Zustandsbeschreibung energetischer Vorgänge ist die Begründung für zahlreiche gute Erfahrungen bei der Anwendung der Projektierungsrichtlinie /11.21/. Unterstützt durch problemorientierte Simulationsprogramme, erscheint es möglich, auch bei weiter verstärktem SR-Einsatz die Problematik der EMV aller Systemkomponenten befriedigend lösen zu können.

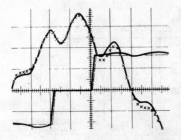

Bild 11.20. Anschlußspannung und Stromrichterstrom im NS-Block von Bild 11.19 (unzulässige Belastung)

$\alpha \approx 90°$, $s_d = 3{,}6\,\%$, $s_C = 2{,}0\,\%$

—————— Messung
× × × Simulation mit BAPSI

$I_C/I_{Cn} = 1{,}78$; $k_{AP}^u = 19{,}7\,\%$; $a_{max} = 29\,\%$

Tafel 11.13. Zusammenstellung von Analyseergebnissen für die Struktur nach Bild 11.19

Netzseitige Einsatzbedingungen; Aussagen zur Verträglichkeit und EEQ

a	s_d	l_d	s_v	s_c	Bemerkungen	U_{AP}/V	I_C/I_{Cn}	k_{AP}^u	a_{max}
90°	1,4 %	0,3	–	1,14 %	Worst-case-Analyse mit Bild 11.17b	–	<1,3	<7 %	<20 %
				1,42 %		–	<1,3	<7 %	<20 %
				1,70 %		–	<1,3	<10 %	<20 %
				2,00 %	Resonanz ($\nu = 7$)	–	<1,3	<10 %	<20 %
				2,27 %		–	<1,3	<7 %	<20 %
				2,56 %		–	<1,3	<7 %	<20 %
85°	1,40 %	0,28	2,84 %	2,00 %	Simulation BAPSI (Worst-case) Fall 1	215,6	1,18	9,4 %	12 %
35°	0,47 %	0,28	2,84 %	2,00 %	Fall 2 Normalbetrieb	221,5	1,03	3,1 %	4 %
45°	0,47 %	0,28							
60	0,47 %	0,28							
35°	1,40 %	0,28	2,84 %	1,14 %	Fall 3 hohe Drehzahl	219,6	1,10	5,3 %	9 %
75°	1,40 %	0,28	2,84 %	2,56 %	Fall 4 geringe Drehzahl	221,3	1,10	7,3 %	10 %
35°	0,93 %	0,28	2,84 %	2,00 %	Fall 5 Betrieb von 2, Anlauf von 1 Antrieb	221,6	1,19	9,2 %	11 %
85°	0,75 %	0,28							
85°	1,40 %	0,28	2,84 %	0 %	Fall 6 ohne Kompensation	216,0	–	5,4 %	28 %

12. Maßnahmen gegen Funkstörungen

12.1. Übersicht

Als industrielle Funkstörschwingung oder auch industrielle Funkstörung bezeichnet man eine elektromagnetische Schwingung, die als Nebenwirkung beim Betrieb von elektrotechnischen Geräten und Anlagen ausgeht /12.2/ und die im Funkfrequenzbereich ab 10 kHz als Störgröße und nicht als Träger einer Nachricht erscheint. Diese unerwünschte Störgröße wird durch den hochfrequenten Empfangskanal einer Funk-Empfangsantennenanlage oder eines Funkempfängers zusammen mit dem Nutzsignal über die Antenne bzw. den geräteseitigen Antenneneingang aufgenommen und beeinträchtigt die Wiedergabe des Nutzsignals /12.33/.

Zur Vervollständigung ist zu erwähnen, daß durch den Einfluß der Sonne auf die Ausbreitungswege der Funksignale und Prozesse in der Atmosphäre naturbedingte Funkstörungen entstehen.

Funk-Entstörung ist der Sammelbegriff für die organisatorischen und technischen Maßnahmen, die auf die Verhütung, Minderung oder Beseitigung industrieller Funkstörschwingungen gerichtet sind /12.2/.

Zum tieferen Verständnis der Funk-Entstörung sei folgende Überlegung vorangestellt: Die konsequente Durchführung der Funk-Entstörung aller Störquellen erfordert einen gewissen volkswirtschaftlichen Aufwand. Im allgemeinen übersteigt er nicht die Höhe von 1 % des Preises von Industrieerzeugnissen. Diese Konsequenz ergibt niedrige Funkstörpegel, so daß für die vielen industriellen und kommerziellen Funkübertragungen auch nur niedrige Senderpegel erforderlich sind. Geringere Erzeugnis- bzw. Anlagen- und Betriebskosten sowie geringerer Energieverbrauch bei gesicherter Rundfunkempfangsqualität ergeben auf dieser Seite die Effektivität. Keine Funk-Entstörung und starke Sender sind dazu keine Alternative, da ein unbegrenztes elektromagnetisches Störklima zur Funktionsuntüchtigkeit moderner elektronischer Geräte führt. Die Funk-Entstörung ist deshalb gesetzlich geregelt und umfangreich standardisiert.

Aufgabe dieses Abschnitts ist es, dem Nichtspezialisten zur Funk-Entstörung einen Überblick für einen schnelleren Arbeitsansatz zu geben.

12.2. Vorschriften

Die Forderungen zur Funk-Entstörung sind national und international geregelt bezüglich der
- Meßverfahren und Meßbedingungen,
- Meßgeräte,
- Grenzwerte.

Grundlage der gesamten Arbeit zur Funk-Entstörung in der DDR ist die Funk-Entstörungs-Anordnung /12.1/. Danach hat der Hersteller bzw. Verantwortliche für den Import von Erzeugnissen, die Funkstörquellen sind (Abschn. 12.3), zu gewährleisten, daß diese Erzeugnisse den geltenden Standards entsprechen (Entstörungspflicht). Gleiches ist auch für den Export anzusetzen, wobei die zutreffenden Standards mit dem Exportvertrag zu fixieren sind.

12.2.1. Standards

Mit /12.2/ bis /12.16/ liegt ein übersichtliches und praxisfreundliches Vorschriftenwerk vor. Es beinhaltet Festlegungen der RGW-Standards, Empfehlungen der CISPR-Publikationen und ist mit den Normen der UdSSR (GOST, Allunionsnorm) abgestimmt. Eine Übersicht dazu gibt Tafel 12.1. Ergänzend sind die Deutschen Normen (DIN, VDE) aufgeführt, die ebenfalls sehr detailliert und übereinstimmend mit CISPR, in einigen Teilen auch mit den Richtlinien des Rates der Europäischen Gemeinschaften sind. Bei elektrotechnischen Geräten für Haushalt und Handwerk (Einsatz in Wohngebieten) gibt es weitgehende Übereinstimmung zwischen /12.9/ und /12.33/ bei den Grenzwerten.

Erforderliche Angleichungen gemäß den wirtschaftlichen Verbindungen und Interessen sowie neue Erkenntnisse für den Problemkreis Funkstörungen/Funk-Entstörung durch den sich entwickelnden Elektroenergiesektor und Einsatz neuer elektronischer Betriebsmittel, insbesondere in Wohngebieten (z. B. Home-Computer), schlagen sich als Veränderungen in den Vorschriften laufend nieder. Ergänzend zum zivilen Bereich gibt es weitere Vorschriften und Standards, z. B. für den militärischen Bereich und den Schiffbau /12.17/.

Tafel 12.1. Übersicht zu wichtigen nationalen und internationalen Standards zur Funk-Entstörung

Inhalt	DDR- und Fachbereichstandards	RGW-Standards	CISPR-Publikationen	DIN/VDE-Standards
Allgemeine Vorschriften	/12.2/ /12.4/	/12.19/ /12.20/	/12.22/	/12.32/ /12.33/ /12.35/
Vorschriften zur Meßtechnik	/12.3/	/12.18/	/12.23/	/12.34/
Grundlegende Grenzwerte und Meßverfahren	/12.9/ /12.10/ /12.14/ /12.16/		/12.24/	/12.33/
Erzeugnisbezogene Grenzwerte und Meßverfahren	/12.5/ bis /12.8/ /12.11/ bis /12.13/ /12.15/	/12.21/ /12.49/ /12.50/	/12.24/ bis /12.28/ /12.51/ bis /12.53/	/12.29/ bis /12.31/ /12.33/ /12.36/

12.2.2. Nachweisführung

Der einzuhaltende Parameter für die Funk-Entstörung ist der Funkstörgrenzwert, der als zulässiger Wert einer Funkstörspannung, einer Funkstörfeldstärke, eines Funkstörstroms oder einner Funkstörleistung, ausgedrückt in Dezibel (0 dB = 1 µV, 1 µVm^{-1}, 1 µA, 1 pW), in den Standards zur Funk-Entstörung vorgeschrieben ist /12.2/. Er ist ein spezifisches Gütekriterium des Erzeugnisses oder der Anlage, bei dessen Einhaltung oder Unterschreitung ein unbegrenzter Einsatz möglich ist.

Deshalb ist es notwendig, diesen Parameter im Pflichtenheft für Erzeugnis- oder Anlagenentwicklungen bzw. in Liefer- und Leistungsverträgen bei Projektausführungen niederzulegen, z. B. im Pflichtenheft für industrielle elektrotechnische Konsumgüter mit
    Funkstörgrenzwert: F1/12, F3/12 nach TGL 20885/12.
Die Festlegung des Grenzwertes erfolgt durch Eingliederung des Erzeugnisses in eine der nachfolgenden Gruppen /12.4/:

- Elektrogeräte, die in Wohnhäusern betrieben oder an deren elektrische Netze angeschlossen werden
- elektrisch betriebene Verkehrs- und Transportmittel

12.2. Vorschriften

- Einrichtungen mit Verbrennungsmotoren
- Einrichtungen, die Quellen von Kurz-Funkstörungen enthalten
- Hochfrequenzanlagen für industrielle, wissenschaftliche und medizinische Zwecke
- Starkstromfreileitungen, Umspannwerke, Schaltwerke und Stationen
- Leuchten und Leuchtstofflampen
- Elektroanlagen, die außerhalb von Wohnhäusern betrieben und nicht an deren elektrische Netze angeschlossen werden
- Drahtfernmeldeanlagen
- Rundfunkempfänger
- Elektroanlagen, die in der Nähe von dienstlich genutzten Funkempfangsanlagen betrieben werden.

Im Zweifelsfall entscheidet das Rundfunk- und Fernsehtechnische Zentralamt der Deutschen Post (RFZ) die Zugehörigkeit des Erzeugnisses zu einer Gruppe.

Grundsätzlich ist der Finalproduzent des funkstörenden Erzeugnisses bzw. der funkstörenden Einrichtung oder Anlage für die Einhaltung der Forderungen zur Funk-Entstörung verantwortlich. Bei den Festlegungen zur Funk-Entstörung sollten bei solchen Erzeugnissen, Einrichtungen oder Anlagen, die aus mehreren funkstörenden Teilkomplexen bestehen, ökonomische Aspekte Berücksichtigung finden, d. h., es sollte eine ökonomisch optimale Lösung gefunden werden. Eine zentrale Entstörung an der Einspeisung mit Filterschaltungen ist bei höheren Verbraucherströmen durch den erforderlichen Drosseleinsatz (Absch. 12.5.1) mit erhöhtem Aufwand und Energieverlusten verbunden. In diesem Fall ist die Entstörung einzelner Teilkomplexe zu überlegen.

Liegt ausreichende Kenntnis über den Charakter der Störquellen innerhalb einer abgegrenzten Anlage vor, die über einen eigenen Leistungstransformator aus dem Mittelspannungsnetz gespeist wird, so ist die Anwendung von TGL 20885/19 möglich. Als Nachweis ist die Einhaltung der Störspannungsgrenzwerte in den die Anlage umgebenden Netzen (Niederspannungsleitungen, Fernmeldeleitungen) und des Feldstärkegrenzwertes an der Grenze des Betriebsgeländes erforderlich.

Die zur Sicherung der Funk-Entstörung erforderlichen Tätigkeiten sind den einzelnen Entwicklungsstufen (Tafel 12.2) bzw. den Projektphasen in Anlehnung an Bild 2.6 zuzuordnen.

Zur statistisch gesicherten Beurteilung der Erzeugnisse der Serienproduktion sind mehrere Erzeugnisse bzw. Funktions- und/oder Fertigungsmuster zu prüfen. Aus den Meßwerten der Prüfung für jede einzelne Meßfrequenz ist der zu erwartende Funkstörpegel x nach (12.1) zu berechnen, der den zulässigen Funkstörgrenzwert nicht überschreiten darf:

$$x = \bar{x} + k \cdot s; \qquad (12.1)$$

$\bar{x}$ arithmetischer Mittelwert der Meßergebnisse in dB
s Standardabweichung der Meßergebnisse in dB
k statistischer Faktor für die Aussagesicherheit, daß 80 % der Erzeugnisse den Grenzwert einhalten (nichtzentrale t-Verteilung; $s = 0{,}8$) /12.4/.

Tafel 12.2. Aktivitäten zur Funk-Entstörung in den Entwicklungsstufen eines Erzeugnisses

Entwicklungsstufe	Leistung
K1	Festlegung des Funkstörgrenzwertes im Pflichtenheft
	Festlegung der Prüfmuster
K2	Auswahl und Bemessung der Entstörelemente
K5, K8	Vorprüfung der Muster
K5/0, K8/0	ASM-Prüfung mit vom ASMW gesiegeltem Prüfprotokoll

Falls die Bewertung der Meßergebnisse nicht nach der vorgenannten Methode erfolgt, muß jeder Prüfling den Grenzwert einhalten.

Die Anzahl der zu testenden Prüflinge hängt vom Produktionsumfang eines Jahres des Gültigkeitszeitraumes des Prüfprotokolls ab. Bei einem Produktionsumfang < 300 Stück muß die Anzahl 2 %, mindestens jedoch 3 Prüflinge ($k = 2{,}04$) betragen, bei > 300 Stück mindestens 6 Prüflinge ($k = 1{,}42$). Bei der Funkstörprüfung muß der Prüfling in einem solchen nach Betriebsanweisung möglichen stabilen Funktionszustand betrieben werden, der den höchsten Funkstörpegel ergibt. Dazu sind zu variieren

- das Steuer-, Ablaufprogramm,
- der Sollwert bei Regelungen,
- die Belastung,
- die Betriebs-, Versorgungsspannung im zulässigen Toleranzbereich.

Funkstörprüfungen werden nur von dafür zuständigen ASMW-Prüfstellen durchgeführt und jeweils mit einem Prüfprotokoll, das den Störspannungsverlauf in dB über der Frequenz ausweist (Bild 12.1), für eine bestimmte Zeitdauer bescheinigt, die im allgemeinen zwei Jahre nicht überschreitet. Diese Prüfung ist Bestandteil der erzeugnisspezifischen Typprüfung und damit Grundlage für die Freigabe der Serienproduktion und Lieferung. Bei Änderungen am Erzeugnis, die den protokollierten Störpegel verändern, z. B.

- Änderungen in der Schaltung, wie z. B. Einsatz neuer Typen für die Bauelemente, die die Funkstörungen verursachen oder die in der Funk-Entstöreinrichtung enthalten sind; Änderung des Steuermechanismus,

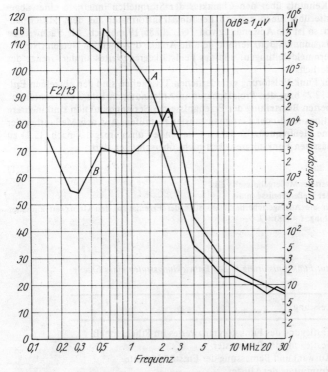

Bild 12.1. Funkstörspannung eines leistungselektronischen Geräts in Abhängigkeit von der Frequenz
A ohne Entstörbeschaltung; *F2/13* Grenzwert nach TGL 20885/13; *B* mit Entstörbeschaltung

12.3. Funkstörquellen

– Änderung der Ausführung, wie Änderung der Verdrahtung, Leitungsführung, Abschirmung, Änderung der Anordnung der Funkstör- oder Entstörbauelemente,

muß vor der Produktionseinführung eine neue Funkstörprüfung durchgeführt werden.

12.3. Funkstörquellen

Betriebsmittel und Anlagen sowie Teile davon, die Funkstörungen verursachen, bezeichnet man als Funkstörquellen /12.1/ /12.33/.

Ausgehend von den Entstehungsursachen der Störungen lassen sich die Störquellen in drei Gruppen gliedern.

12.3.1. Betriebsmittel mit Hochfrequenzgeneratoren

Mit der beabsichtigten Erzeugung von Hochfrequenzen durch Hochfrequenzgeräte für wissenschaftliche, industrielle (z. B. HF-Wärmegeräte), medizinische (z. B. Kurzwellen-Therapiegeräte, kosmetische HF-Geräte) und ähnliche Zwecke (z. B. Computer, Schaltnetzteile, Büromaschinen, Magnetbandgeräte mit HF-Generatoren für Lösch- und Vormagnetisierungszwecke, Mikrowellenherde) und durch Oszillatoren in Geräten der Funk- und Fernmeldetechnik entstehen auch Funkstörungen (Nebenschwingungen, Nebenaussendungen), im allgemeinen auf der Arbeitsfrequenz und deren Harmonischen, d. h. auf diskreten Frequenzen. Von Funkgeräten sind durch parasitäre Effekte und Modulationen weitere Störfrequenzen möglich /12.38/.

Aus ökonomischen Gründen sind in den zutreffenden Standards für Hochfrequenzgeräte /12.12/ /12.29/ bestimmte Frequenzen mit Bandbreiten als Arbeitsfrequenzen festgelegt, für die es keine Begrenzung der Funkstörspannung, -feldstärke und auch -strahlungsleistung gibt. Funkdienste, die innerhalb der Bandbreiten arbeiten, haben mit Störungen zu rechnen. Hochfrequenz-Chirurgiegeräte unterliegen keiner Begrenzung.

12.3.2. Betriebsmittel mit Schaltfunktionen

Sprunghafte Veränderungen verursachen in den Leitungsnetzen mit deren Impedanzen hochfrequente Spannungsabfälle infolge des Oberwellengehalts der sich ändernden Größe (Spannung, Strom). Je schneller solche Änderungen ablaufen, desto breiter ist das Frequenzspektrum der Störgrößen. Das ist für die nichtperiodischen Vorgänge im Abschnitt 3.4.2 dargestellt. Für periodische Vorgänge läßt sich mit Hilfe der komplexen Fourieranalyse /12.37/ das Amplitudenspektrum für bekannte Zeitverläufe ableiten.

Die Änderungen entstehen beim Ein- und Ausschalten von Stromkreisen durch Kontakt- oder Halbleiterschalter. Insbesondere der Ausschaltvorgang von Stromkreisen mit Induktivitäten (last-, netzseitig) ergibt durch die hohen Stromsteilheiten hohe impulsförmige Überspannungen mit großen Spannungsanstiegsgeschwindigkeiten (s. Abschn. 9).

Diese Gruppe der Funkstörquellen ist am weitesten verbreitet, sowohl in der Industrie als auch in Wohngebieten. Hierzu gehören z. B.

– Schalter, Thermoschalter, Unterbrecher,
– elektromechanische Schaltgeräte, einzeln oder in Kombinationen, z. B. Schütz- und Relaissteuerungen,
– Betriebsmittel mit Halbleiterschaltern wie Transistoren, Dioden, Thyristoren, z. B. Geräte der Konsumgüter- u. Leistungselektronik,
– Elektromotoren mit Kommutator,

- Fernsprechvermittlungseinrichtungen,
- Leuchtstofflampen.

Bezüglich der Wirkdauer, die zeitlich zufällig, nicht periodisch oder periodisch sein kann, wird unterschieden zwischen /12.2/ /12.14/:

- Kurz-Funkstörschwingung
  Funkstörschwingung, deren Dauer maximal 1 s beträgt, so daß am Meßgerät ein kurzer Ausschlag entsteht. Diese Störung kann aus Einzelimpulsen oder einer Impulsfolge bestehen. Kurzstörungen mit einer Dauer < 0,2 s werden als Knack-Funkstörung bezeichnet.
- Dauer-Funkstörschwingung
  Funkstörschwingung, deren Dauer größer 1 s ist und am Funkstörmeßempfänger eine Anzeige hervorruft, die nicht sofort zurückgeht. Ausgehend von den Kurz-Funkstörungen liegt auch dann eine Dauerstörung vor, wenn innerhalb von 2 s mehr als 2 Kurz-Funkstörungen auftreten oder der Abstand zwischen diesen < 0,2 s ist.

Zu den Dauerstörungen gehören die mit der Netzfrequenz periodisch auftretenden Störungen, die durch den Betrieb leistungselektronischer Geräte, z. B. Wechselstromsteller, entstehen.

Ein Sonderfall ist der Schaltvorgang beim In- oder Außerbetriebsetzen, beim Ansprechen einer Schutzeinrichtung und bei Programmwahl. Die dabei entstehende Kurz-Funkstörung ist nicht begrenzt, da der physiologische Störeindruck auf den Menschen gering ist. Der Lästigkeitsgrad einer Funkstörung nimmt mit ihrer Folgefrequenz zu.

12.3.3. Korona- und Funkenentladungen

Die dadurch bedingten Funkstörungen ergeben sich durch Betriebsmittel der Hochspannungstechnik. Dabei wird grundsätzlich unterschieden zwischen der /12.31/

- Koronaentladung als einer Gasentladung an der Oberfläche eines unter Hochspannung stehenden Teiles einer elektrischen Anlage, an der die Durchbruchfeldstärke der Luft überschritten wird, und der
- Funkenentladung als einem kurzzeitigen elektrischen Ladungsausgleich zwischen zwei Elektroden durch eine plötzlich einsetzende, lawinenartige Elektronenbewegung in einem engen Entladungskanal beim Überschreiten der Durchbruchfeldstärke.

Während die Koronaentladung erfahrungsgemäß längs der Hochspannungsfreileitung auftritt, ergibt sich die Funkenentladung (Überschlag mit Funkenbildung) als intermittierender Vorgang an stark verschmutzten oder defekten Hochspannungsarmaturen. Die Entladungen setzen mit dem Erreichen der Durchbruchfeldstärke ein und sind deshalb mit der doppelten Netzfrequenz moduliert. Als Folge treten hochfrequente elektromagnetische Störfelder zwischen den einzelnen Hochspannungsleitern sowie den Leitern und Erde auf. Der Impuls einer Funkenentladung besitzt durch seinen extrem steilen Anstieg ein bedeutend weiter ausgedehntes Hochfrequenzspektrum (bis etwa 1 GHz) als die in der Intensität langsamer zunehmende Koronaentladung (bis etwa 10 MHz).

12.4. Funkstörmeßtechnik

Von den Funkstörquellen erfolgt die Ausbreitung der Störungen im Frequenzbereich
- bis 30 MHz vorwiegend leitungsgebunden und durch Abstrahlung (Abschn. 4.6).
  Sämtliche Leitungen, die an das Betriebsmittel angeschlossen sind, wie Netz-, Belastungs-, Steuerleitungen usw., führen Störströme entsprechend den gegebenen Impedanzen. Damit sind an den Anschlußklemmen symmetrische (Gegentaktstörungen, Bild 3.10) und unsymmetrische Funkstörspannungen (Gleichtaktstörungen) meßbar. Da die Rund-

12.4. Funkstörmeßtechnik

funkempfänger meistens unsymmetrisch aufgebaut sind, werden im allgemeinen die unsymmetrischen Funkstörspannungen, d.h. die Spannungen der einzelnen Leitungen gegen eine Bezugserde in Verbindung mit einer Metallplatte gemessen. Um Meßverfälschungen durch Fremdfelder auszuschließen, ist ein Schirmraum mit Netzfilter erforderlich.

Eine Messung des Funkstörstroms, die mit speziellen Strommeßzangen als Meßwertaufnehmer möglich ist, wird mit den Standards nach Tafel 12.1 nicht vorgeschrieben und hiermit nur erwähnt.

Die Abstrahlung wird durch die Messung der magnetischen Komponente der Feldstärke erfaßt.
- über 30 MHz vorwiegend durch direkte Abstrahlung, auch von den Leitungen. Es wird die elektrische Feldstärke oder die Störleistung gemessen.

Für alle Messungen sind die Anordnungen der Meßgeräte und der Prüflinge vorgeschrieben. Ein Beispiel zeigt Bild 12.2.

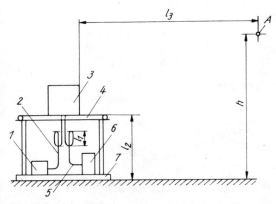

Bild 12.2. *Meßanordnung auf einem Drehtisch zum Messen der Funkstörfeldstärke von elektrotechnischen Geräten /12.9/*

1 Netznachbildung
2 Netzanschlußleitung
3 zu prüfendes elektrotechnisches Gerät
4 Drehtisch
5 Anschlußleitung für Zusatzgerät
6 Zusatzgerät
7 Metallplatte

$l_1 = 0{,}4$ m; $l_2 = 1{,}0$ m; $l_3 = 3{,}0$ m
A unterer Punkt der Rahmen- oder Stabantenne oder Symmetriezentrum der Dipolantenne
$h = 1$ m im Frequenzbereich 0,15 bis 30 MHz
$h = 3$ m im Frequenzbereich 30 bis 1 000 MHz

12.4.1. Spannungsmessung /12.35/ /12.38/ bis /12.40/

Die Funkstörspannungen werden mit einem frequenzselektiven Meßgerät für hochfrequente Spannungen bis 1 000 MHz und Amplituden bis in den µV-Bereich in Verbindung mit Meßwertaufnehmern gemessen.

Das Meßgerät besteht im wesentlichen aus einem abstimmbaren selektiven HF-Verstärker mit definiertem Eingangswiderstand und einer Anzeigevorrichtung am Ausgang zur Erfassung der Meßgröße. Da der HF-Verstärker nach dem Überlagerungsprinzip mit Zwischenfrequenz arbeitet, hat dieses Spannungsmeßgerät den Charakter eines Meßempfängers und muß wie beim Rundfunkempfänger auf die Frequenz der zu messenden Spannung abgestimmt werden. Die Grundschaltung eines Funkstörmeßempfängers zeigt Bild 12.3.

Von entscheidender Bedeutung ist die Bewertung der impulsförmigen Störspannungen.

Dazu wird die Zwischenfrequenzspannung Auswerteschaltungen zugeführt, die folgende Anzeigecharakteristiken ergeben:
- Quasispitzenwertmessung. Diese Bewertung berücksichtigt den physiologischen Störeindruck von Funkstörungen, die durch aufeinanderfolgende Impulse verursacht werden. Diese Messung ist hinsichtlich der Grenzwerte durchzuführen.
- Spitzenwertmessung. Es wird der höchste Momentanwert der Spannung am Zwischenfrequenzausgang angezeigt.
- Effektivwertmessung. Es wird der Effektivwert der Spannung am Zwischenfrequenzausgang angezeigt.

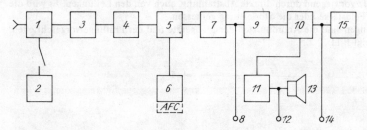

Bild 12.3. Blockschaltbild eines Funkstörmeßgeräts /12.3/

1 einstellbarer Spannungsteiler	9 ZF-Verstärker mit entsprechendem Übersteuerungskoeffizienten
2 Eichgenerator	
3 abstimmbarer Resonanzkreis	10 Quasispitzenwert- und Effektivwertgleichrichter
4 HF-Verstärker	11 NF-Verstärker
5 Mischstufe	12 NF-Ausgang
6 Generator	13 Lautsprecher oder Kopfhörer
7 ZF-Verstärker mit Regelverstärker	14 Schreiberausgang
8 ZF-Ausgang	15 Voltmeter
	AFC automatische Frequenzkorrektur

Komfortable Funkstörmeßempfänger besitzen hochgenaue Kalibriereinrichtungen für die Spannungsverstärkung und Impulsbewertung und bilden mit den erforderlichen Meßwertaufnehmern ein geschlossenes Meßsystem.

Da die Prüfung von Kurz-Funkstörungen mit einem derartigen Meßempfänger sehr zeitaufwendig ist, sind zur Messung dieser Störungen Zusatzeinrichtungen erforderlich, die die Bewertung der Dauer, der Gruppierung und der Wiederholungsfrequenz der Störung ermöglichen. Das daraus resultierende Gerät ist der Analysator für Kurz-Funkstörungen.

Die von der Störquelle abgegebene Störspannung hängt sowohl vom Quellenwiderstand als auch vom Widerstand des angeschlossenen Netzes, somit von der Netzimpedanz des Versorgungsnetzes ab, die mit dem Belastungszustand ständig schwankt. Um stets reproduzierbare Meßbedingungen zu haben, werden die Anschlußleitungen mit einem Nachbildwiderstand gegen Bezugsmasse für unsymmetrische Störungen beschaltet. Die Grundschaltung dafür zeigt Bild 12.4. Durch das Tiefpaßglied L, R erfolgt eine HF-Entkopplung des Prüflings vom Netz und eine Unterdrückung der aus dem Netz kommenden Störspannungen. Die Meßspannung wird nach dem Trennkondensator zum Netz C_1 über dem Widerstand R abgegriffen und dem Meßgerät zugeführt. R und der Eingangswiderstand des Meßgeräts bilden als Parallelschaltung den Nachbildwiderstand.

Netznachbildungen gibt es in ein- und mehrpoliger Ausführung, z. B. 4polig für Drehstrom mit Nulleiter, und für symmetrische, asymmetrische (Δ-Netznachbildung) und unsymmetrische Störungen (V-Netznachbildung) mit zweckmäßigem Bedienkomfort.

In speziellen Fällen werden Tastköpfe als Meßwertaufnehmer verwendet. Ein solcher Tastkopf enthält, wie die Netznachbildung im Bild 12.4, den Trennkondensator C_1 und den Widerstand R, der mit dem Eingangswiderstand des Meßgeräts zusammen den Nachbildwiderstand

12.5. Entstörmaßnahmen

Z ergibt. Tastköpfe sind zur Prüfung von Betriebsmitteln mit Netznennströmen > 25 A (niederohmiger Tastkopf, $Z = 150 \, \Omega$) und von Anschlußstellen für Zusatzgeräte (hochohmiger Tastkopf, $Z = 1,5 \, k\Omega$) vorgesehen.

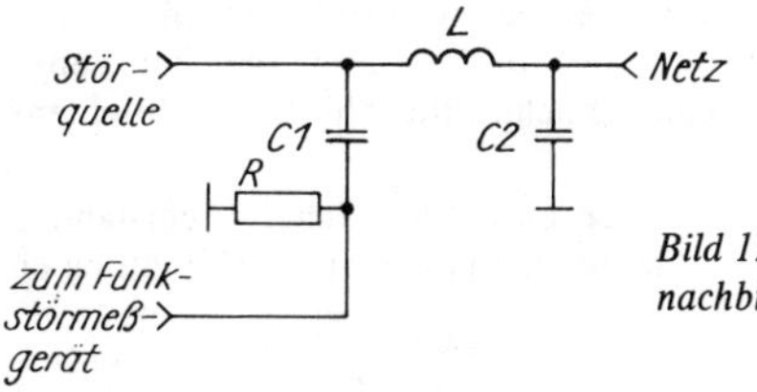

Bild 12.4. Schaltung einer einpoligen V-Netznachbildung

12.4.2. Feldstärkemessung /12.35/

Zur Messung der magnetischen Komponente des Funkstörfeldes (bis 30 MHz) kommen Rahmenantennen und zur Messung der elektrischen Komponente (ab 30 MHz) Stabantennen zum Einsatz, in Verbindung mit einem Zusatzgerät für die Anpassung an den Funkstörmeßempfänger. Zur Durchführung der Messungen muß eine ebene und freie Meßfläche (frei von leitenden und reflektierenden Gegenständen und Aufbauten) vorhanden sein. Für die Messung der elektrischen Komponente ist eine möglichst gut leitende Fläche erforderlich, z. B. mit Metallfolie oder ersatzweise auch mit Maschendraht bespannt. Um Beeinflussungen durch störende Fremdfelder zu vermeiden, ist es zulässig, die Messungen in reflexionsfreien Räumen durchzuführen. Zur gesicherten Messung ist grundsätzlich eine Überprüfung des Meßgeländes hinsichtlich der Übertragungseigenschaften mittels Senders und Empfängers erforderlich.

12.4.3. Leistungsmessung /12.41/

Infolge der Kompliziertheit der Feldstärkemessung wurde die Störleistungsmessung mit der Absorptionsmeßzange für den Bereich > 30 MHz standardisiert. Die Grundlage für das Meßverfahren ist die Erkenntnis, daß bei kleinen Geräten, wie z. B. elektrischen Haushaltgeräten oder Elektrowerkzeugen, die Störenergie hauptsächlich über die Netzleitung abgestrahlt wird. Bei der Absorptionsmeßzange wird die Störenergie von einer größeren Anzahl von Ringkernen aus Manifer, die die Netzleitung umschließen, absorbiert. Der erste Ringkern besitzt eine Auskopplungswicklung, in der eine dem HF-Strom proportionale Spannung induziert wird, die ausgewertet wird.

Die Ringkerne sind halbiert und in einem aufklappbaren Holzgehäuse so untergebracht, daß beim Schließen des Deckels die eingelegte Netzleitung durch die Ringkernsäule umschlossen wird. Da sich stehende Wellen auf der Netzleitung ausbilden, ist die Zange auf ihren Rollen entlang der gestreckten Leitung so zu verschieben, daß am Meßgerät ein Maximalausschlag entsteht.

12.5. Entstörmaßnahmen /12.32/ /12.39/ /12.46/

Die von der Funkstörquelle ausgehenden Störungen sind leitungs- und strahlungsgebunden, wobei im Leitungsfall die unsymmetrische Störung die größte Beeinträchtigung des Funkempfangs bringt /12.38/. Maßnahmen gegen Kurz-Funkstörungen infolge nichtperiodischer induktiver Abschaltüberspannungen sind im Abschnitt 9 beschrieben. Nachfolgend sind die Maßnahmen gegen Störquellen nach Abschnitt 12.3.2 behandelt.

12.5.1. Schaltungstechnische Maßnahmen

Die effektivste Maßnahme ist die Dämpfung der Störspannung am Ausgang der Störquelle (Einzelentstörung). Dabei sind Tiefpaßfilter als eingliedrige LC-Filter, Funk-Entstörkondensatoren bei hohen Impedanzen und Funk-Entstördrosseln bei niedrigen Impedanzen am weitesten verbreitet. In Tafel 12.3 sind die für den Aufbau der Entstöreinrichtung üblichen Funk-Entstörelemente zusammengefaßt. Tafel 12.4 zeigt gebräuchliche Filter. In der Nachrichtentechnik kommen mehrgliedrige Filter zum Einsatz.

Die HF-Eigenschaften der Funk-Entstörelemente werden durch den Scheinwiderstand Z und die Einfügungsdämpfung a_e beschrieben. Die Einfügungsdämpfung ist die Dämpfung ei-

Tafel 12.3. Funk-Entstörelemente

Bezeichnung	Ausführung	Schaltzeichen	Ungefähre Grenzen der Nennwerte	HF-Eigenschaften
Kondensator /12.42/	Zweipolkondensator			
	– normal		40 V ~ … 380 V ~	
	– mit Sicherung		40 V – … 500 V –	
	– mit Widerstand (Funkenlöschkombination)*)		6 A … 250 A	
	Breitbandkondensator		50 pF … 2 µF	
	– Durchschleifung			
	– Vorbeischleifung			
	– Mehrfachkondensator			
	Durchführungskondensator		42 V ~ … 440 V ~ 80 V – bis 600 V –*) 10 A … 1 200 A 1 250 pF … 2 µF	
Drossel /12.43/	Stabkerndrossel (verwendbar als Einfach- u. Doppeldrossel)		380 V ~ 0,6 A … 100 A	
	UKW-Drossel		500 V ~*) 0,1 A … 10 A	
	Ringkerndrossel – einfach (Thyristordrossel)		250 V ~ 1,6 A … 16 A*)	
	– zweifach (stromkompensiert)		250 V –, 380 V ~ 0,5 … 75 A*)	
Filter	Breitbandfilter /12.42/ (Durchführungselement)*)		220 V ~ … 600 V ~*) 440 V – … 750 V – 6 A … 200 A 2×0,15 … 2×2 µF	

*) /12.44/ Z Scheinwiderstand; a_e Einfügungsdämpfung; f_r Resonanzfrequenz

12.5. Entstörmaßnahmen

Tafel 12.4. Entstörfilter

Impedanz der Funkstörquelle	Impedanz des Netzes	Filteranordnung
niedrig	niedrig	○—⌇⌇⌇—○
niedrig	hoch	○—⌇⌇⌇—○ mit C gegen Masse
hoch	niedrig	○—⌇⌇⌇—○ mit C am Eingang
hoch	hoch	○——○ mit C
unbekannt	unbekannt	○—⌇⌇⌇—○ mit zwei C

ner hochfrequenten Sinusspannung, die sich ergibt, wenn zwischen eine Störquelle (HF-Generator) mit dem Innenwiderstand Z_0 (Z_0 = 50 ... 70 Ω) und eine Störsenke mit dem Widerstand Z_0 das Entstörelement geschaltet wird (Bild 12.5), und zwar ergibt sich:

$$a_e = 20 \cdot \lg \frac{U_0}{2 U_a} \text{ in dB;} \qquad (12.2)$$

U_0 Leerlaufspannung der Störquelle
U_a Spannung an der Störsenke

Die Einfügungsdämpfung kann nur zum Vergleich dienen, denn sie gibt im allgemeinen keinen direkten Aufschluß über die Entstörwirkung eines Filters in einem Gerät.

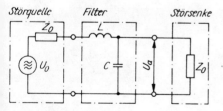

Bild 12.5. Meßanordnung zur Bestimmung der Einfügungsdämpfung

Stabkerndrosseln dämpfen Gleich- und Gegentaktstörströme. Bei hohen Betriebsströmen sind sie sehr raumaufwendig. Kleinere Abmessungen haben die stromkompensierten Drosseln infolge der Magnetfeldkompensation der zwei auf einem Ringkern gegeneinander geschalteten Wicklungen, die vom Betriebsstrom und dem Gegentaktstörstrom durchflossen werden, so daß keine Eisensättigung eintritt. Sie bedämpfen allerdings nur Gleichtaktstörströme.
Beim Einsatz von Funk-Entstörkondensatoren sind sicherheitstechnische Forderungen zur Einhaltung der Ableitströme nach Masse und Entladung nach Abschaltung vom Netz einzuhalten /12.47/.

Für leistungselektronische Geräte, die mit Phasenanschnittsteuerung arbeiten, sind auch zur Einhaltung der Funkstörgrenzen die TSE-Beschaltungen unbedingt erforderlich, ebenso wie richtig angepaßte Kommutierungsdrosseln (Abschn. 11).

Gegenüber der Phasenanschnittsteuerung bringt die Schwingungspaketsteuerung /12.48/ bei Wechsel- und Drehstromstellern mit Thyristoren oder Triacs für ohmsche Verbraucher (wärmetechnische Geräte) praktisch keine hochfrequenten Störungen. Damit ist aber nur eine Zweipunktsteuerung oder -regelung möglich. Bei diesem Steuerungsvorgang wird der Stromdurchgang durch die Halbleiter über viele Netzschwingungen freigegeben (Aufheizperiode bei wärmetechnischen Geräten) und danach gesperrt (Abkühlungsperiode). Es wird stets im Nulldurchgang der Netzspannung zu- bzw. abgeschaltet, so daß die üblichen Kommutierungsvorgänge entfallen.

12.5.2. Konstruktive Maßnahmen

Zur Erzielung einer möglichst hohen Dämpfung der Störungen bereits an der Störquelle sind folgende konstruktive Maßnahmen erforderlich:

- Das Filter ist mit möglichst kurzer Leitungsführung an der Störquelle anzuordnen.
- Stichleitungen zu Funk-Entstörkondensatoren sind zu vermeiden, da diese die Reiheninduktivität des Kondensators vergrößern und sich damit die Einfügungsdämpfung verringert. Die störungsbehafteten Leitungen sind über den Kondensator zu schleifen. Bei Erzeugnissen kleiner Leistung kommen Breitbandkondensatoren zum Einsatz.
- Metallische Gehäuse von Filtern sind gut leitend (großflächig, blanke Metallteile) mit dem Gehäuse bzw. Bezugssystem zu verbinden.
- Vermeidung induktiver und kapazitiver Kopplung zu anderen Stromkreisen.
- Erzeugnisse mit großer Störstrahlung, z. B. HF-Geräte, Schaltnetzteile, sind mit ferromagnetischen Gehäusen auszuführen. Dabei ist auf eine gute Erdverbindung des Gehäuses zu achten.
- Masseverbindungen sind induktivitätsarm mit breiten Kupferbändern auszuführen.

Systemgestaltung

13. EMV-gerechte Gestaltung von Automatisierungsgeräten

13.1. Übersicht

Wie die Betrachtung der wichtigsten Störquellen, Beeinflussungsmechanismen und Störsenken zeigt (Abschn. 3 bis 5), ist die Beherrschung der EMV-Problematik entscheidend von konzeptionellen, schaltungstechnischen und konstruktiven Maßnahmen abhängig. Das heißt, elektromagnetische Verträglichkeit läßt sich nicht nachträglich in ein fertig entwickeltes Gerät hineintragen, sondern sie ist in planmäßiger kontinuierlicher Arbeit im Rahmen der Erzeugnisentwicklung zu implementieren. Folgende Ziele sind dabei anzustreben:

- sichere Beherrschung der geräteinternen elektromagnetischen Beeinflussungen $z_{i,e}$ (Bild 1.1) auf der Grundlage einer genauen Kenntnis der systemeigenen Störquellen, Koppelmechanismen und der Störfestigkeitswerte der verwendeten Bauelemente und Baugruppen
- Verwirklichung einer ausreichenden, ökonomisch vertretbaren Stör- und Zerstörfestigkeit gegenüber systemfremden Beeinflussungen z_{em} (Bild 1.1) auf der Grundlage einer Abschätzung des am Einsatzort zu erwartenden Störklimas und der durch Unverträglichkeit bedingten zulässigen Gerätefehlerhäufigkeit sowie dadurch möglicher Schadkosten oder Gefährdungen von Menschenleben
- Sicherung einer geringstmöglichen elektromagnetischen Umweltbelastung durch zielgerichtete Einschränkung der elektrischen Störemissionswerte n_{em} (Bild 1.1), wie Funkstörungen und Netzrückwirkungen
- Ausschöpfen aller Möglichkeiten, die ohne nennenswerte zusätzliche materielle oder finanzielle Aufwendungen die elektromagnetische Verträglichkeit auf der Grundlage einer profunden Kenntnis der diesbezüglichen Kausalitätsbeziehungen verbessern.

Bei der praktischen Realisierung dieser Zielstellungen geht es grundsätzlich immer darum (vgl. Abschn. 2.3), die Entstehung von Störgrößen nach Möglichkeit zu verhindern oder ihre Ausbreitung zu beschränken, die Störfestigkeit von Störsenken zu erhöhen bzw. durch Unverträglichkeit bedingte Fehlfunktionen zu erkennen, zu korrigieren oder ihre Auswirkung durch entsprechende Maßnahmen zu vermeiden. Die in diesem Zusammenhang erforderlichen Arbeiten müssen aus den im Abschnitt 2.4 erläuterten Gründen planmäßig im Zuge der Erzeugnisentwicklung geleistet werden. Ihre konkrete Einordnung in die einzelnen Entwicklungsstufen sowie die bei Geräten möglichen Störschutzmaßnahmen und EMV-Sicherheitsvorkehrungen sind im folgenden zusammengestellt. Bezüglich der Funk-Entstörmaßnahmen siehe Abschnitt 12.5.

13.2. Einordnung der EMV-Arbeiten in den Entwicklungsprozeß /13.1/ bis /13.3/

Die kostengünstige Sicherung der EMV bei Automatisierungsgeräten erfordert die Einbeziehung entsprechender Aktivitäten in die einzelnen Arbeitsstufen K1 bis K11 der Erzeugnisentwicklung (vgl. Abschn. 2.5, Tafel 2.2). Die Koordinierung, Durchsetzung und Kontrolle der diesbezüglichen Leistungen sollten dabei, insbesondere in größeren Betrieben, einem auf Fragen der EMV spezialisierten, mit entsprechenden Weisungsbefugnissen ausgestatteten Mitarbeiter obliegen. Im einzelnen sind in den verschiedenen Stufen /13.1/ folgende Arbeiten auszuführen /13.2/.

Stufe K1: Ausarbeitung des Pflichtenheftes

Bei der Erstellung des Pflichtenheftes ist es unumgänglich, Beratungen zwischen den künftigen Geräte-Hauptanwendern, dem Entwicklungsbetrieb und dem Herstellerbetrieb durchzuführen, in denen jeweils Grundforderungen dargelegt und abgestimmt werden. Als Diskussionsbasis und Arbeitsunterlage, speziell zur Auffindung der möglichen Beeinflussungsfälle und -intensitäten, empfiehlt sich die Beeinflussungsmatrix (Bild 2.5), die der Geräteentwickler zusammen mit dem Hauptanwender erstellt. Darüber hinaus sind von den einzelnen Beratungsteilnehmern folgende Informationen als Grundlage für die Erarbeitung des Pflichtenheftes einzubringen, und zwar vom

Hauptanwender

- Einsatzort des künftigen Erzeugnisses, verbunden mit Hinweisen zu den wichtigsten Betriebsmitteln und potentiellen Störquellen in der unmittelbaren Umgebung
- Inhalt und Forderungen betrieblicher EMV-Projektierungsrichtlinien
- unter dem Aspekt damit verbundener Kosten und Gefährdungen vertretbare Geräteausfall- und Fehlerhäufigkeiten, um ein angemessenes Kostenniveau für die EMV-Aufwendungen zu finden
- spezielle Forderungen bezüglich der Ausführlichkeit der Dokumentation EMV-relevanter Sachverhalte, wie z. B. Montagehinweise für kritische Datenleitungen u. a.

Entwickler

Nachdem die Forderungen des Hauptanwenders vorliegen, erarbeitet der Entwicklungsbetrieb ein EMV-Programm. Das heißt, unter Berücksichtigung betrieblicher Dimensionierungsrichtlinien und Erfahrungswerte erfolgt eine erste Darstellung wesentlicher Merkmale der EMV-Strategie mit Angaben zur Bauelementebasis, den sich daraus ergebenden Störabständen, zur Signalübertragung, zur Pegel- und Potentialanpassung, zu Aspekten der Schirmung und zu speziell die EMV sichernden Schaltungskonzeptionen u. a. m. Das Programm enthält des weiteren: Vorstellungen zu Zeitpunkt und Art der EMV-Nachweise auf der Grundlage einer sorgfältigen Analyse der zu erwartenden EMV-Einsatzbedingungen und die Einordnung des künftigen Erzeugnisses in eine EMV-Prüfklasse entsprechend Tafeln 6.3 bis 6.5 bzw. /6.7/ bis /6.10/.

Hersteller

Dem Herstellerbetrieb obliegen folgende Beiträge zum Pflichtenheft:
- Einschätzung des Investitions- und Produktionskapazitätsaufwandes, um das EMV-Programm des Entwicklungsbetriebes unter Produktionsbedingungen zu realisieren
- Überprüfung der Realisierbarkeit der EMV-Prüfhinweise des Entwicklers
- Erstellung eines Konzepts zur Durchführung einer wirksamen Analyse- und Kontrolltätigkeit der EMV-Aktivitäten am Erzeugnis durch das staatliche Kontrollorgan des Betriebes (ASMW-Außenstelle, TKO) auf der Grundlage von /2.2/. Dabei sind die Kooperationsbetriebe zu berücksichtigen.

13.2. Einordnung der EMV-Arbeiten in den Entwicklungsprozeß

Stufe K2: Erarbeitung des Lösungsweges

In dieser Stufe wird, ausgehend vom Pflichtenheft, der detaillierte Schaltungs- und Konstruktionsentwurf erarbeitet. Um die im Pflichtenheft vereinbarten EMV-Zielstellungen zu erreichen, werden die im Abschnitt 13.3 zusammengestellten Maßnahmen angewandt. Liegt der Schaltungsentwurf vor, sollte sich, soweit möglich, eine analytische Überprüfung der EMV-Parameter anschließen. Damit wird einerseits den Forderungen der Pflichtenheftverordnung entsprochen /13.3/ und andererseits eine Vergleichsbasis für die Störfestigkeitswerte geschaffen, die am Labormuster meßtechnisch ermittelt werden.

In gleicher Weise wie der Schaltungsentwurf ist auch der Konstruktionsentwurf nach EMV-Aspekten zu bewerten und ggf. zu korrigieren.

Parallel zu den praktischen Untersuchungen am Labormuster werden im Rahmen der Arbeiten zur K2 die Prüfhinweise des Pflichtenheftes präzisiert und als Grundlage für die Erarbeitung einer detaillierten EMV-Prüfkonzeption ergänzt.

Bei der Abarbeitung der Stufe K2 kommt es zu Vertragsabschlüssen mit Kooperations- und Zulieferbetrieben. Um zu gewährleisten, daß bei den Zulieferteilen mit gleichbleibenden EMV-Parametern gerechnet werden kann, sind diese in das Qualitätssicherungskonzept des Geräteherstellers gemäß /2.2/ mit einzubeziehen.

Bedingung für die erforderliche Verteidigung der Leistungsstufe K2 ist das K2-Gutachten des ASMW. In diesem Gutachten wird die Einhaltung verbindlicher EMV-Standards sowie internationaler Empfehlungen kontrolliert und bestätigt. Darüber hinaus werden darin Aussagen zum Qualifikationsgrad sowie zu erforderlichen Weiterbildungsmaßnahmen des Produktions-, Inbetriebsetzungs- und Wartungspersonals getroffen und gebilligt, um die erzeugnisspezifischen EMV-Ziele zu erreichen.

Stufe K3: Erarbeitung der elektrotechnischen, konstruktiven und technologischen Unterlagen für den Bau des Funktionsmusters

Stufe K4: Bau des Funktionsmusters

In diesen beiden Stufen sind insbesondere die am Labormuster gewonnenen EMV-spezifischen Erkenntnisse bzw. die diesbezüglichen Optimierungen zu berücksichtigen, sorgfältig zu dokumentieren und das Funktionsmuster danach zu bauen. Für den Fall, daß sich wesentliche schaltungstechnische oder konstruktive Abweichungen zwischen Labormuster und Funktionsmuster ergeben, ist eine analytische und/oder eine experimentelle Überprüfung der EMV-Qualitätsparameter zu empfehlen.

Stufe K5: Erprobung der elektrotechnischen, konstruktiven und technologischen Lösung und Nachweis der Reproduzierbarkeit der Funktion einschließlich Freigabe zur Projektierung

In dieser Stufe erfolgt der Nachweis der Verträglichkeitseigenschaften des Funktionsmusters entsprechend den Abschnitten 6 und 12.2.2. Im Ergebnis dieser Untersuchungen kann es erforderlich sein, Details am Erzeugnis zu verändern.

Die im Rahmen der K5 zu erstellende Erzeugnisdokumentation beinhaltet u. a. Angaben zu den technischen Daten, zur Projektierung, Montage, Inbetriebnahme und Wartung des Erzeugnisses. In diesen Unterlagen sind die EMV-relevanten Sachverhalte zu berücksichtigen, d. h.,

- die nachgewiesenen EMV-Parameter sind im Datenblatt aufzuführen,
- in der Projektierungsvorschrift sind konstruktive und schaltungstechnische Besonderheiten, Hinweise und Regeln niederzulegen, welche die Verträglichkeit des Erzeugnisses entsprechend den Pflichtenheftforderungen garantieren,
- die Montagevorschrift muß konkrete Angaben zur EMV-gerechten Einordnung des Erzeugnisses in die betriebliche Umgebung enthalten, wie Besonderheiten der Leiterführung, Erdungs- und Schirmungsmaßnahmen, Anordnung von Entstörmitteln u. ä.,

- die Inbetriebnahme-, Service- und Wartungsvorschriften müssen klare Hinweise für das ausführende Personal beinhalten, die sich auf die Prüfung und Wartung von Entstörbauelementen und -baugruppen, Erdungs- und Schirmungsmaßnahmen u. a. ggf. turnusmäßig durchzuführende Revisionen beziehen.

Stufe K5/0: Freigabe zur Produktion auf der Grundlage des Funktionsmusters

Ist die zu fertigende Gerätestückzahl gering, endet die Erzeugnisentwicklung mit der Stufe K5/0. Bedingung für die Produktionsfreigabe ist u. a. der erfolgreiche Abschluß der Typprüfung, die sich hinsichtlich der EMV-Parameter maßgeblich auf die Ergebnisse der Erprobung stützt, sowie die Fertigungsdokumentation, die ausführliche Angaben zur EMV-Sicherung enthalten muß.

In die zu erarbeitende Angebotsdokumentation müssen alle EMV-Parameter aufgenommen werden, die der Kunde benötigt, um das Erzeugnis im Verband mit anderen Anlagenteilen verträglich zu betreiben.

Durch eine qualifizierte, EMV-bewußte Erzeugnisbetreuung (Auswertung der Reklamationsstatistik des Kundendienstes sowie der Rückmeldungen von ausgewählten Anwendern, Überprüfung von Weiterentwicklungsvorhaben und Kundensonderwünschen hinsichtlich ihrer Auswirkung auf die Verträglichkeit) wird die EMV-Erzeugnisqualität stabil aufrechterhalten.

Stufe K6: Vorbereitung des Fertigungsmusterbaus

Stufe K7: Bau des Fertigungsmusters

Erfolgt nach der Leistungsstufe K5 noch keine Produktionseinführung, so fließen die Erkenntnisse, die vom Funktionsmuster gewonnen wurden, in das Fertigungsmuster ein. Das betrifft auch die EMV-Erprobungsergebnisse. Die technischen und technologischen Unterlagen werden entsprechend ergänzt und das Fertigungsmuster danach gebaut.

Stufe K8: Überprüfung/Erprobung der elektrotechnischen, konstruktiven und technologischen Unterlagen und Nachweis der Fertigungsreife

Die Aktivitäten der Stufe K8 sind sinngemäß identisch mit denen der Stufe K5. Der Unterschied besteht darin, daß die Überprüfungen hier am Fertigungsmuster durchgeführt werden und anstelle der Laborerprobung meistens eine Industrieerprobung angesetzt wird. Jedoch unabhängig davon, wo die Erprobung erfolgt, wird das betreffende Fertigungsmuster einer eingehenden Funktionsprüfung unterzogen, bevor die eigentliche Industrieerprobung beginnt. Liegen Abweichungen zwischen Funktions- und Fertigungsmuster vor, die Einfluß auf die elektromagnetische Verträglichkeit haben, so ist zusätzlich eine EMV-Prüfung durchzuführen.

Erfolgt eine Laborerprobung, so sind nach bestimmten, im EMV-Programm festzulegenden Zeitabschnitten, wie im Abschnitt 6 erläutert, Prüfstörgrößen an den Geräteschnittstellen einzukoppeln bzw. Funkstörmessungen entsprechend Abschnitt 12.4 durchzuführen, um durch die Betriebsbelastung des Geräts möglicherweise entstehende Entstörbauelemente-Frühausfälle zu erfassen. Bei Stromrichtergeräten sind darüber hinaus Verträglichkeitskontrollen entsprechend Abschnitt 11.6.3 zu realisieren. Aussagefähiger, insbesondere hinsichtlich der EMV, ist jedoch immer eine Industrieerprobung. Parallel dazu können meßtechnische Untersuchungen zu den elektromagnetischen Umgebungsbedingungen des Fertigungsmusters abgewickelt und diesbezüglich im Pflichtenheft angenommene und inzwischen in der technischen Dokumentation enthaltene EMV-Parameter konkretisiert werden.

Stufe K8/0: Freigabe zur Produktion auf der Grundlage des Fertigungsmusters

Ist bezüglich des zu fertigenden Geräts eine größere Stückzahl geplant, eine Serienproduktion jedoch nicht gerechtfertigt, endet die Erzeugnisentwicklung mit dieser Stufe. Die Freigabe zur Produktion auf der Basis des Fertigungsmusters umfaßt sinngemäß die gleichen Bedingungen wie die Stufe K5/0. Der EMV-Anteil der Typprüfung stützt sich maßgeblich auf die Ergebnisse der Labor- bzw. Industrieerprobung. EMV-bedingt erforderliche Änderungen werden in die zu aktualisierenden technischen Unterlagen einschließlich der Erzeugnis-, Fertigungs- und Angebotsdokumentation eingearbeitet. Die EMV-Erzeugnisbetreuung wird analog zur Stufe K5/0 mit der diesbezüglichen Überwachung des Geräteeinsatzes realisiert. Es empfiehlt sich außerdem, zu überprüfen, inwieweit der in der Stufe K2 konzipierte EMV-Qualifizierungsplan aufgrund der während der Industrieerprobung gesammelten Erfahrungen präzisiert und ergänzt werden muß.

Stufe K9: Bau der Nullserie unter den Bedingungen der künftigen Serienproduktion

In dieser Stufe werden den Bedingungen der Serienproduktion entsprechend die Systemunterlagen aktualisiert und die Nullserie gebaut. Bezüglich der EMV werden dazu die Ergebnisse der Fertigungsmustererprobung und der Typprüfung verwertet.

Stufe K10: Erprobung der Nullserienproduktion und Nachweis der Serienproduktionsreife

Hauptinhalt dieser Stufe ist die Überprüfung der Fertigungsorganisation hinsichtlich ihrer Tragfähigkeit. Am Gerätekonzept selbst werden in dieser Stufe im allgemeinen keine wesentlichen Änderungen vorgenommen, sofern sich nicht aus fertigungstechnischer Sicht solche Änderungen erforderlich machen. In diesem Fall ist durch das Entwicklerkollektiv bzw. durch den EMV-Beauftragten einzuschätzen, inwieweit die elektromagnetischen Verträglichkeitseigenschaften des Erzeugnisses davon betroffen sind.

Stufe K10/0: Freigabe zur Produktion auf der Grundlage der Nullserie

Bedingung für die Freigabe sind die in bezug auf alle bisherigen Änderungen aktualisierten Geräteunterlagen einschließlich der die EMV betreffenden Applikationsvorschriften. Für die Erzeugnisbetreuung gelten die gleichen Gesichtspunkte, wie sie im Zusammenhang mit den Stufen K5/0 und K8/0 vorgesehen sind.

Stufe K11: Mitwirkung der F/E bei der Einführung der Erzeugnisse bis zum Erreichen der projektierten technisch-ökonomischen Kennziffern in stabiler Produktion

Die Stufe K11 folgt im Anschluß an eine der drei /0-Stufen. Vertreter des Entwicklungsbetriebes und des Herstellerbetriebes verfolgen gemeinsam im Rahmen der Inbetriebnahme und der Erzeugnisbetreuung das Einsatzverhalten des fertigentwickelten Geräts. Dabei werden EMV-spezifische Einsatzerfahrungen gesammelt, die in Ergänzungen zu den EMV-Applikationsvorschriften oder in einer Veränderung der EMV-Prüftechnologie ihren Niederschlag finden.

13.3. Technische EMV-Maßnahmen

Zu den technischen EMV-Maßnahmen zählen schaltungstechnische, konstruktive und bei speicherprogrammierten Geräten auch programmtechnische, d. h. softwaremäßig zu realisierende Maßnahmen. Bei eigensicheren Automatisierungsgeräten sind zusätzlich zu den im folgenden aufgeführten Empfehlungen die im Abschnitt 15.3 gegebenen Hinweise zu beachten.

13.3.1. Schaltungstechnische Maßnahmen

Die generelle Zielstellung aller schaltungstechnischen EMV-Maßnahmen umfaßt im wesentlichen
- die Sicherstellung der Eigenstörfestigkeit des Geräts,
- den Schutz gegen das Eindringen insbesondere leitungsgebundener Störgrößen,
- die Herabsetzung der Wirkung eingedrungener Störgrößen,
- die Vermeidung der Emission von Funkstörgrößen sowie störender Netzrückwirkungen.

Bei der konkreten Umsetzung der unter den ersten drei Anstrichen genannten Teilziele empfiehlt sich aus Gründen der Übersichtlichkeit die gesonderte Betrachtung der im Bild 13.1 markierten Gerätebereiche, wie Verarbeitungselektronik, Stromversorgung, Bezugsleitersystem und Signalinterface. Bezüglich der Maßnahmen zur Beherrschung der Netzrückwirkungen und Funkstörungen sei auf die Abschnitte 11 und 12 verwiesen.

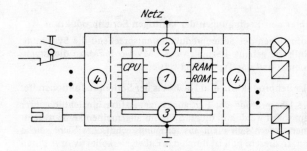

Bild 13.1. Schwerpunktbereiche der EMV-Arbeit zur Sicherung der Störfestigkeit von Automatisierungsgeräten

① Verarbeitungselektronik
② Stromversorgung
③ Bezugsleitersystem
④ Signalinterface

Verarbeitungselektronik

Bei der Konzipierung störfester elektronischer Verarbeitungseinheiten macht man sich insbesondere die Tatsache zunutze, daß zwischen Stör- und Nutzsignalen stets charakteristische Unterschiede bestehen, die im Frequenzspektrum, in der Amplitude, in Formparametern, im Zeitpunkt und in der Zeitdauer des Auftretens, im Grad der Determiniertheit sowie in der Redundanz des Nutzsignals zum Ausdruck kommen /13.4/. Davon ausgehend, gelangt man in bezug auf die schaltungstechnische Ausführung der Verarbeitungselektronik in Übereinstimmung mit den eingangs genannten Zielstellungen zu folgenden Empfehlungen:

- Wahl und Realisierung eines Signalverarbeitungskonzepts, das weitgehend tolerant gegenüber Störbeeinflussungen ist /5.1/. Das heißt, schaltungstechnisch gesehen sind je nach Aufgabenstellung und einsatzbedingtem Sicherheitsbedürfnis Hardwaremaßnahmen zu nutzen, die Störsignale als solche erkennen, melden oder unterdrücken bzw. flüchtige Fehler kompensieren. Dazu zählen Filteranordnungen und redundante Schaltungsteile ebenso wie Watch-dog-Schaltungen, die bestimmte fehlerhafte Zustände erkennen, oder logische Barrieren (vgl. Abschn. 18.3.4), die aufgrund von Plausibilitätskontrollen bzw. aufgrund der Auswertung zusätzlicher Informationen die fehlerhafte Ausgabe kritischer Signale verhindern.
- Nutzung von Redundanz beim Austausch von Daten sowie von Befehls- und Meldesignalen durch /13.4/:
  - Hinzufügen paralleler Prüfzeichen (Paritätsbits)
  - blockweises Hinzufügen serieller Prüfzeichen
  - Wiederholen der übermittelten Zeichen
  - parallele Übertragung der gleichen Information über verschiedene Wege
  - parallele Übermittlung der wahren und negierten informationstragenden Signale
  - zeitlich versetzte parallele Übertragung der Information.
- In diskreten Systemen Einsatz eines Bausteinsortiments mit einer der Aufgabenstellung angemessenen, nicht zu hohen Grenzfrequenz (kapazitive Beeinflussungen, Signalreflexionen, HF-Abstrahlung) sowie mit möglichst hoher statischer und dynamischer Störfestigkeit (vgl. Abschn. 5.3) und möglichst niedrigen Quellenwiderständen.
- Unbenutzte Schaltkreiseingänge niederohmig auf H- oder L-Pegel fixieren, je nachdem, welcher Zustand aus funktionellen Aspekten zulässig ist.
- Werden mehrere Schaltkreise durch ein Signal angesteuert, dann dieses Signal in unmittelbarer Nähe dieser Schaltkreise erzeugen.

13.3. Technische EMV-Maßnahmen

- Synchron getaktete Arbeitsweise gegenüber der asynchronen vorziehen. Dabei
  - Taktimpulsdauer und Taktfrequenz so klein bzw. so niedrig wie möglich festlegen,
  - Taktabstand mindestens so groß wählen, daß innerhalb der Taktpause alle mit Schaltzustandsänderungen verbundenen Ausgleichsvorgänge abklingen können,
  - beim Auftreten periodischer Störerscheinungen, wie z. B. in Stromrichterschaltungen oder in zyklisch arbeitenden programmierbaren Steuerungen, Verarbeitungstakt in eine geeignete zeitliche Position zu den periodischen Störungen bringen, so daß die Signalverarbeitung während der periodisch wiederkehrenden Störintervalle blockiert ist (Bild 13.2),
  - Taktgenerator und Taktleitungen sorgfältig schützen (schirmen), und zwar um einerseits Fehlfunktionen durch vorgetäuschte Taktimpulse und andererseits eine Störabstrahlung zu vermeiden.
- Kleinhalten der galvanischen, kapazitiven, induktiven und Strahlungsbeeinflussungen sowie Vermeiden von Signalreflexionen auf Leitungen durch Befolgen der im Abschnitt 4 dafür gegebenen Regeln.
- Einsatz von Schaltungen zur Störunterdrückung sowie Schutz der elektronischen Bauelemente vor unzulässig hohen Spannungen. Einige Beispiele hierzu findet man in den Tafeln 13.1 und 13.2, weitere in der Literatur /13.6/ bis /13.8/.

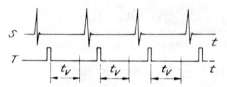

Bild 13.2. Positionierung des Verarbeitungstaktes T bei periodisch wiederkehrender Störerscheinung S

t, Zeitintervall, in dem die Signalverarbeitung stattfindet

Stromversorgung /13.9/ bis /13.15/

Die störsichere Gestaltung des Gesamtkomplexes der Gerätestromversorgung und die Eigenentwicklung von Netzteilen schließen als Leitlinien ein:
- das Abfangen von Störspannungen, die über die Netzzuleitungen herangeführt werden (Oberschwingungen, Spannungseinbrüche, transiente Überspannungen, vgl. Abschn. 3.4.4)
- das Abblocken von Störemissionen, die sich über die Versorgungsleitungen und das Netz ausbreiten können
- das Vermeiden der Beeinflussung geräteinterner Signalleitungen durch Versorgungsleitungen
- das Vermeiden der Beeinflussung einzelner Automatisierungsmittel untereinander über die Versorgungseinrichtungen.

Dies wird im einzelnen durch folgende Maßnahmen erreicht:
- Bei Gefahr starker HF-Einstrahlung, z. B. von elektrotechnologischen Einrichtungen, Netzzuleitungen schirmen. Auswahl des Schirmmaterials siehe Abschnitt 4.6.
- Anordnen von Überspannungsschutz- und Feinschutzeinrichtungen am Netzanschluß (Überspannungsableiter, Suppressordioden, Metalloxid-Varistoren, Blitzduktoren u. a. Überspannungsschutzbarrieren), um Schäden durch Schalt- und Blitzüberspannungen zu vermeiden (Tafeln 10.4 und 10.5, Bild 13.3 /3.4//3.5//13.10/). Praktische Beispiele siehe Bilder 13.5 und 18.12.
- Einbau eines Netzfilters unmittelbar am Netzanschluß, um das Gerät speziell gegen höherfrequente, über die Versorgungsleitungen herangeführte symmetrische und unsymmetrische Störspannungen zu schützen, jedoch auch, um die Ausbreitung im Gerät selbst generierter HF-Spannungen (Funkstörspannungen) zu verhindern. Die Auswahl der Filterstruktur und die Bemessung der Filterelemente richten sich nach dem geforderten Ent-

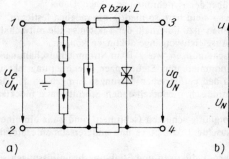
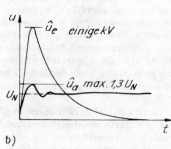

Bild 13.3. Blitzduktor /3.4/
a) Prinzipschaltung; b) Funktion

störgrad sowie nach der Impedanz des Netzes und des Verbrauchers. Zur Anwendung kommen ein- bis dreigliedrige Filter mit L- und C-Elementen, deren Induktivitäts- bzw. Kapazitätswerte im mH- bzw. im µF-Bereich liegen. Auswahl- und Bemessungshinweise findet man in /2.1//4.2//13.11/ bis /13.13/. Ein einfaches Beispiel zeigt Bild 13.4. Die Kondensatoren C_1 und C_3 dienen darin der Ableitung von symmetrischen und die Kondensatoren C_2, C_4 wie übrigens auch C_5 und C_6 der Ableitung von asymmetrischen Störströmen.
- Alle Sicherungen, Schalter, Anzeigeleuchten u. a. Hilfseinrichtungen hinter dem Filter anordnen /13.4/.

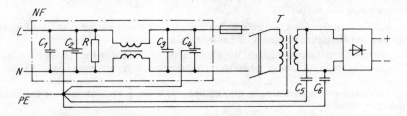

Bild 13.4. Netzteil mit Netzfilter
C_1 bis C_6 Entstörkondensatoren
D   Stabkerndrossel
G   Gleichrichter mit Sieb- und Glättungseinrichtung
NF Netzfilter
R   Schichtwiderstand
T   Transformator mit Schirmwicklung S

- Schaltnetzteile einsetzen oder EMV-gerecht gestaltete Netzteile verwenden (Bild 13.4; Netztransformator mit kapazitivem Schirm zwischen den Wicklungen, Sieb- und Glättungseinrichtungen mit guten Hochfrequenzableiteigenschaften). Speziell für den Einsatz in Elektronikstromversorgungseinrichtungen ausgelegte Transformatoren (noise protection transformers) mit Nennleistungen bis 7,5 kVA haben zwischen Primär- und Sekundärwicklung eine Koppelkapazität von etwa 0,005 pF (gegenüber etwa 300 bis 400 pF bei gewöhnlichen Transformatoren) und dämpfen symmetrische Störungen mit 80 dB und asymmetrische Störungen mit 146 dB /13.14/.

13.3. Technische EMV-Maßnahmen

Tafel 13.1. Schaltungsbeispiele zur Unterdrückung von Störspannungen auf Binäreingängen /11.2/ /13.4/

Prinzipschaltung	Funktion	Bemerkungen
		Integrationsglied zur Bandbegrenzung $t_V/_{\mu s} \approx 1{,}5\ C/\text{nF}$
		einfacher Schmitt-Trigger
		Übertragungsglied mit Hysterese (Störunterdrückung u. Flankenregenerierung)
		Integrationsglied, mit Schmitt-Trigger kombiniert $t_V/_{\mu s} \approx 0{,}3\ C/\text{nF}$
		Begrenzung positiver und negativer Überspannungen
		Störimpulsunterdrückung durch verzögerte Signalübernahme

Tafel 13.2. Schutzschaltungen für Operationsverstärker nach /13.5/

Prinzipschaltung	Bemerkungen
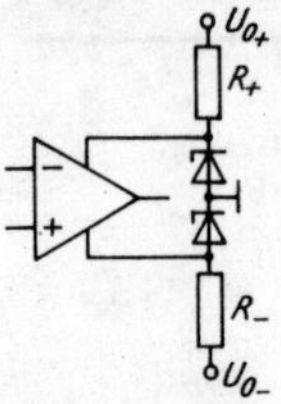	Schutz gegen Versorgungsüberspannungen
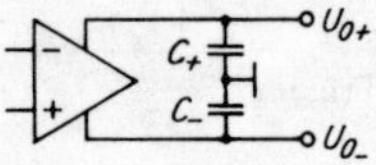	Schutz gegen Störspannungen auf den Versorgungsleitungen. C_+, C_- induktivitätsarme Schutzkondensatoren, die unmittelbar am Operationsverstärker angeordnet sind
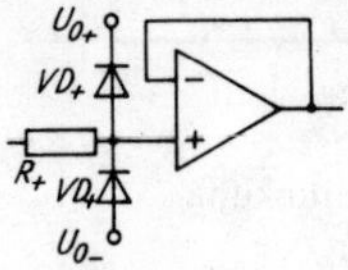	Schutz gegen Überspannungen am Eingang, speziell für Spannungsfolger
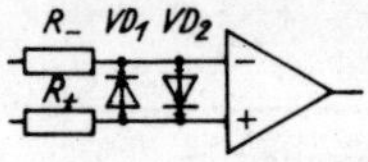	Schutz vor unzulässig hohen Differenzeingangsspannungen
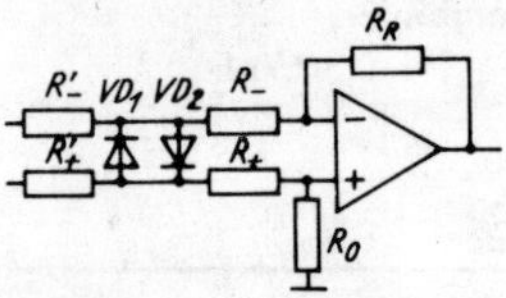	Schutz vor unzulässig hohen Differenzeingangsspannungen bei gleichzeitiger Sättigungsverhinderung
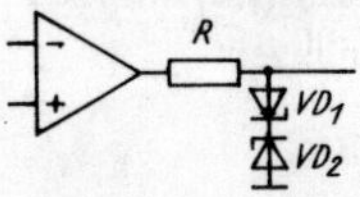	Schutz des Ausgangs vor Überspannungen, die von der (z. B. induktiven) Last eingekoppelt werden
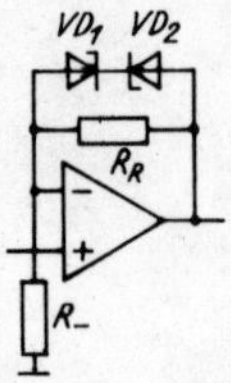	Begrenzung der Ausgangsspannung bei gleichzeitiger Sättigungsverhinderung

13.3. Technische EMV-Maßnahmen

Zur Aufbereitung der Netzspannung in stark gestörten Netzen mit großen statischen Spannungsschwankungen dienen sog. power line conditioner /13.10/ (Bild 13.5a). Das sind Geräte bzw. Baugruppen mit Isoliertransformator, der eine elektronisch umschaltbare Sekundärwicklung hat. Zusätzlich sind eingangsseitig Überspannungsableiter (Metalloxid-Varistoren) und Filter ($F1$, $F2$) vorhanden. Statische Spannungsschwankungen werden innerhalb einer Periode der Netzspannung ausgeregelt (Bild 13.5b).

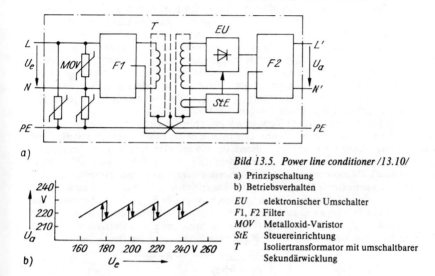

Bild 13.5. Power line conditioner /13.10/
a) Prinzipschaltung
b) Betriebsverhalten

EU elektronischer Umschalter
$F1$, $F2$ Filter
MOV Metalloxid-Varistor
StE Steuereinrichtung
T Isoliertransformator mit umschaltbarer Sekundärwicklung

- Eingangsleitungen und Ausgangsleitungen von Netzteilen nicht parallel führen bzw. für die Netzzuleitung zweiadriges geschirmtes Kabel verwenden und Schirm einseitig mit dem Schutzleiteranschluß verbinden /13.4/.
- Möglichst kurze niederohmige Elektronik-Stromversorgungsleitungen mit möglichst kleinem Wellenwiderstand Z_W. Dies wird erreicht durch flache, bandförmige, dicht beieinander geführte Leiter ausreichenden Querschnitts mit einer Isolierzwischenlage, die eine möglichst große Dielektrizitätskonstante hat.
- Schnelle, hierarchisch, d. h. bis auf die einzelnen Leiterplatten, Leiterplattenbereiche oder auch einzelne Schaltkreise verteilte elektronische Spannungsstabilisierungsmittel (Mikroprozessor-Spannungsregler) sowie Leiterplattenkondensatoren (10 bis 100-µF-Elkos) und induktivitätsarme Keramik-Stützkondensatoren (0,01 bis 1 µF) bei jedem Schaltkreis, ggf. im Schaltkreissockel untergebrachte Entstörkondensatoren (Spitzenkiller, Keramik-Vielschichtkondensatoren von 0,1 bis 0,01 µF /13.15/) und Überspannungsableitdioden auf jeder Leiterplatte. Entsprechende Ableitdioden für 5-V-Logik haben folgende Parameter: Ansprechzeit einige Pikosekunden, Impulsleistungen bis 500 W.
- Getrennte Stromversorgungen für analoge und diskrete Funktionseinheiten sowie für Leistungsverstärker und Stellglieder, zumindest über galvanisch getrennte Sekundärwicklungen des Netztransformators.
- Besonderheiten der Stromversorgung für EDV-Geräte siehe Abschnitt 16.2.3.

Bezugsleitersystem

Jedes Bezugsleitersystem birgt die Gefahr galvanischer Beeinflussungen in sich. Um sie zu vermeiden bzw. weitgehend auszuschalten, sind (vgl. Abschn. 4.2)
- die Bezugspotentiale auf Leiterplatten flächenförmig zu führen,

- die Bezugsleiter der in einem Gerät vorhandenen Funktionseinheiten sternförmig miteinander zu verbinden und möglichst impedanzarm, insbesondere induktivitätsarm zu realisieren,
- die Bezugsleiter immer isoliert gegenüber elektrisch leitenden Gehäuseteilen anzuordnen.

Bei Automatisierungsgeräten sind die Stahlblechgefäße, in denen sich die Informationselektronik gewöhnlich befindet, aus berührungsschutztechnischen Gründen mit einem Schutzleitersystem bzw. Schutzerdungssystem verbunden /14.3/. Aus störschutztechnischer Sicht interessiert die Frage, ob und wie der geräteinterne Signalspannungsbezugsleiter mit diesem Schutzleiter- bzw. Schutzerdungssystem zu verbinden ist.

Ungünstig kann eine solche Verbindung, d. h. Erdung des Bezugsleiters sein, wenn von peripheren Elementen ungeschirmte, asymmetrische Signalleitungen zur Informationselektronik führen und diese Leitungen gegenüber Erde große Kapazitäten C_1 und C_2 haben (Bild 4.26a). In diesem Fall können Erdpotentialunterschiede Δu Störströme i_{st1} und i_{st2} zur Folge haben, die im Signalkreis eine Störspannung u_{st} erzeugen. Die Erdung des Bezugsleiters fördert hier die Ausbildung der Störströme und ist somit ungünstig.

Günstig dagegen ist eine leitende Verbindung zwischen Gerätegehäuse und Bezugsleiter dann, wenn große Streukapazitäten C_1 und C_2 zwischen elektronischen Schaltungsteilen und den Rahmen und Wänden der Gefäße, in denen sie sich befinden, bestehen und bereits sehr kleine Störspannungen die Signalverarbeitung stören. Das ist der Fall in Geräten mit dichtgepackter Elektronik (Mikrorechnersysteme, programmierbare binäre und numerische Steuerungen). Hier können externe Störquellen durch kapazitive Kopplung über die Stromversorgung (Bild 13.6a) oder gefäßinterne Störquellen durch kapazitive Kopplungen über die Gefäßwände (Bild 13.6b) Störströme i_{st} ausbilden. Diese Störströme lassen sich in beiden Fällen durch eine induktivitätsarme Verbindung V zwischen Bezugsleiter und Gefäßmasse bzw. Systemerde im Nebenschluß von den störempfindlichen Schaltungsteilen fernhalten.

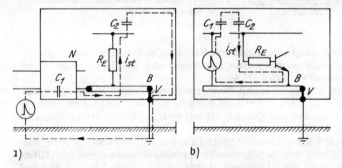

Bild 13.6. Störströme i_{st} bei ungeerdetem Signalspannungsbezugsleiter B
C_1, C_2 parasitäre Kapazitäten
N Netzteil
R_E Eingangswiderstand der beeinflussungsgefährdeten Elemente
V induktivitätsarme Verbindung zwischen Bezugsleiter und Gefäßmantel

Signalinterface

Die schaltungstechnische Gestaltung der Signaleingangsstufen und der Signalausgangsstufen ist eng im Zusammenhang mit dem Störschutzkonzept der Signal- und Datenübertragungsstrecken zu sehen. Im einzelnen besteht ihre Aufgabe darin,
- über die Informationsleitungen herangeführte Störspannungen zu begrenzen bzw. sie von den Nutzsignalen zu unterscheiden und zu unterdrücken,
- zwischen den äußeren Signal- und Leistungskreisen und der Verarbeitungselektronik die

13.3. Technische EMV-Maßnahmen

Pegelanpassung zu realisieren und die aus störschutztechnischer Sicht in der Regel erforderliche Potentialtrennung zu verwirklichen.

Ausgehend von diesen Zielstellungen, sind sie schaltungsmäßig in Übereinstimmung mit den Erfordernissen einer störsicheren Informationsübertragung zu gestalten. Zu diesen Erfordernissen zählen die folgenden Maßnahmen:

- Die Anwendung eines der jeweiligen Aufgabe angepaßten, möglichst störunanfälligen fehlererkennenden oder die automatische Fehlerkorrektur ermöglichenden Übertragungskonzepts, wie z. B. Zufügen von Paritätsbits, blockweises Zufügen serieller Prüfzeichen, Wiederholen übermittelter Zeichen, parallele Übertragung der gleichen Information über verschiedene Wege, parallele Übertragung der wahren und negierten Signale, Anwendung der Frequenzmodulation usw. /5.1//13.4/.
- Der Einsatz angepaßter Leitungen mit definiertem Wellenwiderstand.
- Nicht für mehrere Signale einen gemeinsamen Bezugsleiter vorsehen, sondern mit jeder Signalleitung einen eigenen Bezugsleiter verdrillt mitführen. Dadurch werden die Koppelkapazitäten zu parallelen Signalleitungen symmetriert, und der Ausbildung von Leiterschleifen wird vorgebeugt.

Weitere Möglichkeiten, die Auswirkungen von Störbeeinflussungen auf Übertragungsstrecken zu reduzieren, bestehen in der Wahl eines höheren Spannungspegels zur Signalübertragung und in der anschließenden Herabsetzung auf das Signalniveau der Verarbeitungseinheit in der Eingangsstufe. Gegebenenfalls eingekoppelte Störspannungen werden dadurch im Spannungsteilerverhältnis vermindert. Des weiteren können Eingangsfilter /2.1/ /4.2/ /13.13/ /13.16/ und andere Spezialschaltungen (Tafeln 13.1 und 13.2) zur Unterdrückung von Störspannungen verwendet werden, die den Nutzsignalen überlagert sind. Speziell für die Herabsetzung, insbesondere blitzbedingter Überspannungen $\hat{u}_e$ auf Werte $\hat{u}_a$, die für elektronische Einrichtungen ungefährlich sind, werden Überspannungs-Feinschutzeinrichtungen wie Blitzduktoren (Bild 13.3 und Tafel 10.5) oder auch mehrstufige Schutzkaskaden verwendet (Bild 13.7) /13.17/. Die gegenüber elektromagnetischen Beeinflussungen absolut störsichere Über-

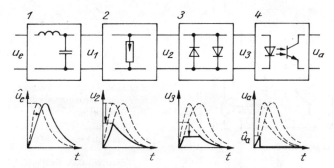

Bild 13.7. *Vierstufige Schutzkaskade zum Abbau von Überspannungen auf Signalleitungen* /13.17/
1 LC-Filter
2 Funkenstrecke
3 Dioden
4 Optokoppler

tragung von Signalen ist auf optischem Weg mit Hilfe von Lichtwellenleitern möglich /13.18//13.19/. Bild 13.8 zeigt das Prinzip einer solchen Übertragungsstrecke mit TTL-kompatiblen elektrischen Schnittstellen. Praktische Beispiele hierzu siehe Abschnitt 18.2.1.

Die Bilder 13.9 bis 13.11 zeigen abschließend zum Problemkreis der EMV-gerechten Gestaltung der Geräteschnittstellen Schaltungsbeispiele für binäre Eingangs- und Ausgangsstufen sowie für analoge Eingangsstufen mit Potentialtrennung.

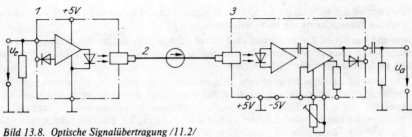

Bild 13.8. Optische Signalübertragung /11.2/
1 Lichtsender
2 flexibler Lichtwellenleiter
3 Lichtempfänger

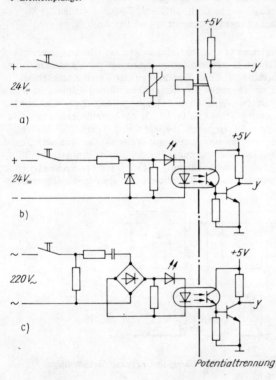

Bild 13.9. Prinzipschaltungen für binäre Eingangsstufen mit Potentialtrennung

a) mit Relais
b), c) mit Optokoppler als Trennelement

y potentialgetrenntes 5-V-Logiksignal

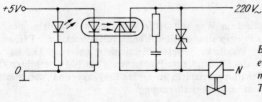

Bild 13.10. Prinzipschaltung einer binären Ausgangsstufe mit optisch angesteuertem Triac

13.3. Technische EMV-Maßnahmen

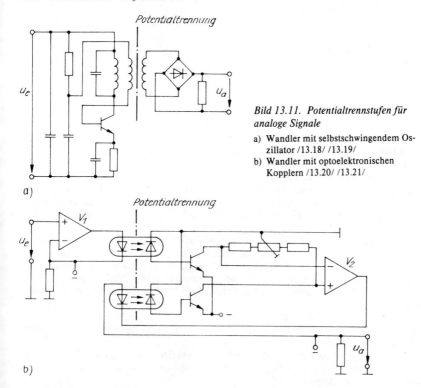

Bild 13.11. *Potentialtrennstufen für analoge Signale*
a) Wandler mit selbstschwingendem Oszillator /13.18/ /13.19/
b) Wandler mit optoelektronischen Kopplern /13.20/ /13.21/

13.3.2. Konstruktive Maßnahmen

Die Zielstellung der konstruktiven Maßnahmen besteht in erster Linie darin,
- die Sicherung der Eigenstörfestigkeit des Geräts zu unterstützen,
- den Schutz gegen elektromagnetische Fremdfelder sowie gegen elektrostatische Entladungen in Verbindung mit den anderen technischen Maßnahmen zu gewährleisten,
- die Abstrahlung von im Gerät, z. B. durch das Taktsystem, erzeugten Störfeldern auf die Umgebung abzuschwächen bzw. auf den dafür zulässigen Pegel (vgl. Abschn. 12) zu drücken,

und sie betreffen die mechanische Gestaltung des Gefäßes bzw. der Gefäßwände und -durchbrüche sowie das dazu verwendete Material, den internen Geräte- bzw. Schrankaufbau, d. h. die räumliche Anordnung der einzelnen Baugruppen (Eingabe/Ausgabebaugruppen, Verarbeitungs- und Speichereinheiten, Netzteile), die Verdrahtung der einzelnen Baugruppen untereinander sowie die Führung der Eingangs-, Ausgangs- und der Stromversorgungsleitungen. Im einzelnen empfiehlt es sich, die folgenden Hinweise zu beachten:
- Grundsätzlich sollte davon ausgegangen werden, innerhalb eines Gefäßes mindestens zwei Störklimazonen zu schaffen (Bild 13.12), und zwar einen ruhigen ungestörten Raum *III*, gut geschirmt durch ein HF-dichtes Metallgehäuse, das isoliert angeordnet ist, in dem die schnelle Logik, Speicher bzw. besonders beeinflussungsempfindliche Baugruppen untergebracht sind, und einen halbruhigen Raum *II*, in dem sich die Interfaceeinrichtungen, die Netzteile u. a. Hilfseinrichtungen befinden. In den ungestörten Raum dürfen mit

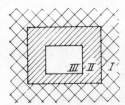

Bild 13.12. Schaffung unterschiedlicher Störklimazonen in Gefäßen

I Außenraum (industrielle Umgebung des Automatisierungsgerätes, in dem sich die Geber und Stellglieder befinden)
II halbruhiger Raum (Interface, Versorgung)
III ruhiger Raum (CPU, Speicher, schnelle Logik)

Ausnahme von Lichtleiterkabeln keine Informationsleitungen von außen (aus Raum I) eingeführt bzw. nach außen abgeführt werden.
- Die konstruktive Strukturierung einer Schaltung sollte stets so erfolgen, daß das zwischen den einzelnen Baugruppen auszutauschende Signalvolumen so klein wie möglich ist.
- Konsequente räumliche Trennung zwischen informationselektronischen, elektromechanischen und leistungselektronischen Betriebsmitteln sowie zwischen analogen und diskreten Funktionseinheiten (getrennte Gefäße, Einschübe oder dazwischenliegende ferromagnetische Schirmwände).
- Klare räumliche Trennung zwischen Informationsleitungen mit niedrigem Signalpegel und Stromversorgungsleitungen bzw. energieführenden Leitungen, auf denen betriebsmäßig mit großen du/dt- oder di/dt-Werten zu rechnen ist. Sofern dies aus zwingenden Gründen nicht möglich ist, sind die betreffenden Leitungen durch ferromagnetische Rohre oder Schläuche zu führen, die mit dem Schutzleiter bzw. der Gehäusemasse verbunden sind.
- Eingangsleitungen und Ausgangsleitungen von Netzteilen nicht über lange Strecken parallel führen. Ist dies unvermeidlich, dann geschirmte Kabel dafür verwenden und Schirm mit dem Schutzleiter verbinden.
- Die Signalspannungsbezugsleiter der verschiedenen geräteinternen Baugruppen sowie die Schirmleiteranschlüsse jeweils für sich sternförmig verbinden und isoliert gegenüber dem Gerätegehäuse anordnen.
- Bei der konstruktiven Gestaltung von Rückverdrahtungsleiterplatten, z. B. der Bussysteme für Mikrorechner und Mikrorechnersteuerungssysteme mit hohen Taktfrequenzen (10 bis 20 MHz), beachten, daß für den störungsfreien Aufbau folgenden Forderungen zu entsprechen ist /13.22/:
  - Reflexionsfaktor an allen Stoßstellen $< 0,5$
  - Wellenwiderstand der Busleitungen $> 70\ \Omega$
  - Bei der Frequenz, die der Signalflankensteilheit entspricht, muß die Kopplungsdämpfung < 20 dB sein.
  - Die Flächenkapazität der Stromzuführung muß je Steckplatz mehr als 400 pF betragen.
- Ausreichenden Schutz gegen das Eindringen von Fremdfeldern, jedoch auch gegen die Abstrahlung von HF-Feldern bietet im allgemeinen die Blechverkleidung des Gerätegehäuses. Kunststoffgehäuse werden entweder mit einer Metallbeschichtung versehen /4.3/, oder es werden Kunststoff-Metallfaser-Verbundmaterialien zur Herstellung der Gehäuse verwendet /13.23/. Die anlaufenden elektromagnetischen Wellen werden z. T. in den Gehäusewänden absorbiert oder an der Gehäuseoberfläche reflektiert, so daß das Gehäuseinnere weitgehend feldfrei bleibt bzw. die Geräteumwelt nicht unzulässig belastet wird. Richtwerte für entsprechende Dämpfungsfaktoren sowie Beispiele für die Berechnung der Schirmwirkung von Gehäusen findet man in /2.1//3.17//4.2//4.3//4.9/ bis /4.12/ sowie im Abschnitt 4.6. Große Öffnungen in den Gehäusen sind mit Metallgaze und Fugen mit leitfähigen Elastomeren HF-mäßig abzudichten (Bild 13.13).
- Elektrostatische Entladungen über Gerätegehäuse sind von großen di/dt-Werten begleitet. Dadurch werden in Elektronikstromkreisen Störspannungen induziert (Bild 4.29). Empfindliche Schaltungsteile sind deshalb durch geräteinterne, isoliert angebrachte Schirmge-

13.3. Technische EMV-Maßnahmen

häuse zu schützen. Eine weitere Maßnahme besteht darin, das Zustandekommen elektrostatischer Aufladungen in der Umgebung des beeinflussungsgefährdeten Geräts zu vermeiden. Entsprechende Hinweise findet man im Abschnitt 8.

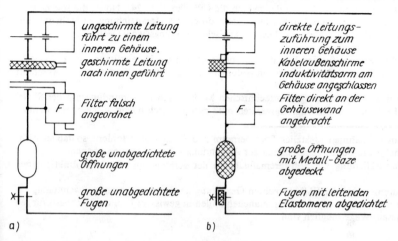

Bild 13.13. EMV-gerechte Konstruktion von Gefäßen /2.1/
a) unzweckmäßige, b) zweckmäßige Ausführung

13.3.3. Softwaremaßnahmen

In speicherprogrammierten Systemen können in Verbindung und in Ergänzung zu den EMV-Hardwaremaßnahmen auch programmtechnische Vorkehrungen zur Sicherung der Funktionsfähigkeit getroffen werden. Entsprechende Softwaremaßnahmen können insbesondere dazu dienen,
- leitungsgebunden herangeführte Störsignale zu erkennen und in ihrer Wirkung auszuschalten,
- das ordnungsgemäße Funktionieren der Verarbeitungseinheit zu überprüfen und im Fehlerfall vereinbarte Maßnahmen (Meldung, Neustart, Abschaltung usw.) zu veranlassen,
- die Ausgabe fehlerhafter Ausgangssignale, die schwerwiegende materielle oder ökonomische Schäden oder die Gefährdung von Menschenleben zur Folge haben können, zu verhindern bzw. auf ein den jeweiligen Gegebenheiten entsprechendes zulässiges Maß zu reduzieren.

Beispielsweise können periodische Störspannungen, die analogen Meßsignalen überlagert sind, softwaremäßig ausgeblendet werden, indem die Meßgrößen jeweils zweimal um die halbe Periodendauer der Störspannung zeitlich versetzt abgetastet werden und anschließend der Mittelwert gebildet wird. Des weiteren kann das illegale Auftreten bestimmter Signalkombinationen oder das Ausbleiben eines periodischen Signals, das von der CPU[1] im ungestörten Betrieb regelmäßig an eine Watch-dog-Schaltung geliefert wird, zum Auslösen für eine Reset- oder Reload-Routine herangezogen werden. Darüber hinaus ist das prophylaktische Rücksetzen der CPU zu bestimmten periodischen Zeitpunkten, falls vom Programmablauf her möglich, ein wirksames Mittel, beeinflussungsbedingten flüchtigen Fehlfunktionen zu begegnen. Gleichermaßen empfiehlt es sich, im Programmspeicher die freien Speicherplätze mit einem

[1] central processing unit · zentrale Verarbeitungseinheit

solchen Bitmuster zu belegen, daß der Anwender erkennt, wenn ein fehlerhafter Zustand eingetreten ist, und daß zum anderen ein Neuanlauf in vorbestimmter Art und Weise möglich ist, z. B. in Verbindung mit der CPU 880 mit OFF H = Restart 38H. Das verhindert oftmals die Endlos-Programmschleifen, in denen sich die CPU fängt /13.24/. Durch die softwaremäßige Realisierung sog. logischer Barrieren kann durch die Heranziehung zusätzlicher Entscheidungskriterien die fehlerhafte Ausgabe kritischer Ausgangssignale weitgehend unterbunden werden.

Praktische Beispiele für den Einsatz von Softwarehilfen zur Unterstützung der EMV-Maßnahmen bei industriellen elektronischen Automatisierungssystemen findet man im Abschnitt 18.4.

Bei der Bewertung von programmtechnischen Maßnahmen in Verbindung mit der Sicherung der EMV bei Automatisierungsgeräten muß grundsätzlich davon ausgegangen werden, daß

- Softwaremaßnahmen zusätzlich Speicherraum und Rechenzeit erfordern, so daß sie nicht vorbehaltlos in beliebigem Umfang zur Anwendung gebracht werden können,
- zur Verwirklichung der Softwaremaßnahmen der geräteinterne Rechner funktionieren muß,
- Versäumnisse bei der EMV-gerechten Gestaltung der Hardware nicht softwaremäßig behoben werden können, obwohl in manchen Fällen in gewissem Umfang Nachbesserungen auf diesem Wege möglich sind.

13.4. Organisatorische EMV-Maßnahmen

Die organisatorischen EMV-Maßnahmen sind darauf gerichtet, die im Abschnitt 13.3 erläuterten technischen EMV-Maßnahmen im Zuge der Geräteentwicklung zielgerichtet durchzusetzen, daran anschließend EMV-gerechte Produktionsbedingungen zu gewährleisten sowie die EMV-gerechte Erzeugnisbehandlung und -betreuung zu verwirklichen. Dies geschieht, indem die in den einzelnen Entwicklungsetappen dazu erforderlichen EMV-Aktivitäten (vgl. Abschn. 13.2) organisatorisch vorbereitet, in geeigneter Weise stimuliert, überwacht und die erreichten Ergebnisse bewertet werden, des weiteren durch die Ausarbeitung und organisatorische Durchsetzung bestimmter Verhaltensregeln, die den EMV-gerechten Umgang mit elektronischen Bauelementen, Baugruppen und fertigen Geräten während der Fertigung, Montage, Prüfung, der Lagerung und des Transports betreffen, z. B. um Schäden durch elektrostatische Entladungen zu vermeiden. Weitere organisatorische Maßnahmen können in der Applikationsphase der Gewährleistung bestimmter Funktionseinschränkungen dienen, z. B. Ausschluß des gleichzeitigen Betriebs starker Störer und bestimmter sehr empfindlicher elektronischer Betriebsmittel, oder der Realisierung bestimmter Umgebungsbedingungen, wie z. B. die Entstörung bestimmter Störquellen in unmittelbarer Nähe des Automatisierungsgerätes oder das Vermeiden synthetischer Fußbodenbeläge, z. B. in Computer- oder Warteräumen. Die Grundlage dafür sind entsprechend spezifizierte Handlungs-, Lager-, Transport-, Montage- und andere Applikationsvorschriften.

13.5. Beispiele für EMV-gerecht ausgeführte Automatisierungsgeräte

Bild 13.14 zeigt den prinzipiellen Aufbau eines EMV-gerecht gestalteten Automatisierungsgeräts. Es besteht aus einzelnen Steckbaugruppen (*VB, ZE, EB ..., AB ...*), wovon jede für sich in einem Metallgefäß untergebracht ist. Alle Informationseingänge und -ausgänge einschließlich der Hilfsenergiezuführung sind potentialgetrennt und gegen das Eindringen von Überspannungen mittels Metalloxid-Varistoren oder TAZ-Dioden geschützt. Darüber hinaus befinden sich Filter in den Informationseingangsleitungen und in der Hilfsenergiezuleitung. Besonders

13.5. Beispiele für EMV-gerecht ausgeführte Automatisierungsgeräte

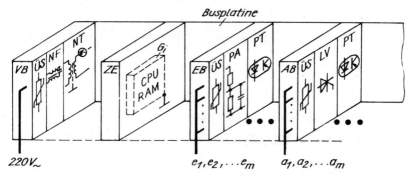

Bild 13.14. Prinzipieller Aufbau eines EMV-gerecht gestalteten Automatisierungsgerätes

$a_1, \ldots a_n$ Ausgangsgrößen
AB   Ausgangsbaugruppe
$e_1, \ldots e_n$ Eingangsgrößen
EB   Eingangsbaugruppe
G_i inneres (HF-dichtes) Gehäuse
NF   Netzfilter
NT   Netzteil
PA   Potentialanpassung
PT   Potentialtrennung
ÜS   Überspannungsschutz
VB   Versorgungsbaugruppe
ZE   zentrale Verarbeitungseinheit
LV   Leistungsverstärker

gefährdete Funktionseinheiten, wie z. B. CPU, RAM, EPROM usw., sind auf der zentralen Verarbeitungsbaugruppe in einem HF-dichten Gehäuse G_I geschützt.

Weitere Beispiele für schaltungsmäßige und konstruktive Details EMV-gerecht ausgeführter Geräte findet man im Abschnitt 17, Bild 17.15 sowie in den Abschnitten 18.2 und 18.3.

14. EMV-gerechte Gestaltung von Automatisierungsanlagen

14.1 Übersicht

In Objekten mit besonders umfangreicher, komplexer und vor allem elektronischer Ausstattung, wie etwa Leitzentralen, MSR-Anlagen oder Kliniken, treten Schwierigkeiten dadurch auf, daß sich nach Inbetriebnahme der Gesamtanlage Geräte oder ganze Systeme gegenseitig stören oder durch umweltbedingte Störeinwirkungen beeinflußt werden. Dabei sind unter Objekten einzelne Gebäude, bauliche Anlagen, Arbeitsstätten, Betriebseinrichtungen oder ganze Industrieanlagen zu verstehen. In solchen Objekten sind Schwingungs- und Schallschutzmaßnahmen seit langem ein fester Bestandteil der Bauplanung. Im Gegensatz dazu wird die EMV-gerechte Gestaltung zur Begrenzung der elektrischen Störeinflüsse, die in einem erheblich breiteren Frequenzband auftreten, bedingt durch die Vielfalt der Störquellen, nur unvollständig erkannt und sehr zögernd durchgeführt. Die Probleme der EMV berühren nicht allein die Funktionsqualität der Automatisierungsanlage, sondern ganz allgemein die Funktionszuverlässigkeit aller installierten Einrichtungen. Besonders hohe qualitative und quantitative Anforderungen entstehen u. a. bei Objekten für

- Anlagen der militärischen und zivilen Sicherheit,
- Anlagen zur Verkehrssicherheit, z. B. Flugsicherung, Signalanlagen,
- medizinische Einrichtungen, z. B. Krankenhäuser, Kliniken,
- Anlagen der Nachrichtentechnik, z. B. digitale Vermittlungstechnik, Übertragungstechnik, Rundfunk, Fernsehen,
- Anlagen der Datenverarbeitung, z. B. Rechneranlagen,
- Anlagen der Leit- und Steuerungstechnik, z. B. Leitzentralen für Gebäudetechnik, Industrieanlagen, fördertechnische Anlagen oder Kraftwerksanlagen,
- MSR-Anlagen, z. B. in Chemieanlagen, Klimaanlagen.

Im vorliegenden Abschnitt wird gezeigt, wie den Belangen der EMV bei der Anlagengestaltung Rechnung zu tragen ist.

14.2. EMV-Planung als selbständige Querschnittsaufgabe

Die EMV ist die Fähigkeit, daß elektrische Einrichtungen in einer bestimmten elektromagnetischen Umwelt ohne gegenseitige Beeinträchtigung funktionieren. In der industriellen Anlagentechnik (vgl. Abschn. 13) stellt man die EMV u. a. dadurch sicher, daß man elektronische Komponenten und Geräte bereits in der Entwicklungsphase so aufbaut und mit Entstörmaßnahmen versieht, daß sie dem im Normalfall zu erwartenden elektromagnetischen Klima standhalten /2.4/. Bei hoher räumlicher Konzentration von elektrotechnischen Anlagen, hohen Packungsdichten elektrotechnischer und elektronischer Systeme sowie starker systemfremder Störquellen kann das Störklima so ungünstig werden, daß die elektromagnetische Verträglichkeit nicht mehr gewährleistet ist.

14.2. EMV-Planung als selbständige Querschnittsaufgabe

Zum Erreichen der EMV-Zielstellung, d. h. letztlich der störsicheren Steuerung und Regelung von technologischen Prozessen, gibt es zwei Möglichkeiten:
- die nachträgliche Entstörung oder
- die planmäßig kontinuierliche Arbeit im Rahmen der Investitionsvorbereitung und -durchführung, als EMV-Planung bezeichnet.

Beide Wege beinhalten die Anpassungsmaßnahmen an den Schnittstellen der Automatisierungsanlage zur elektromagnetischen Umwelt (Bild 14.1), wobei der zweite Weg der kostengünstigere und umfassendere ist. Aus Gründen der Wirtschaftlichkeit und Zweckmäßigkeit muß die Tiefe der Planungsarbeit Grenzen haben, so daß gewisse Nachbesserungsarbeiten und Funktionseinschränkungen verbleiben können. Die EMV-Planung zerfällt somit in zwei Schritte, die technischen und die organisatorischen EMV-Maßnahmen, die systematisch und pragmatisch abzuarbeiten sind.

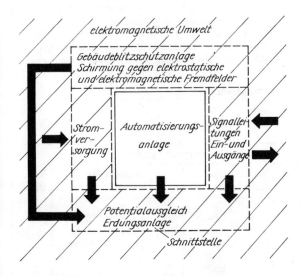

Bild 14.1. Schnittstellen zur elektromagnetischen Umwelt

Die EMV-Planung ist eine selbständige Querschnittsaufgabe, die auf das Objekt einschließlich der gesamten Versorgungstechnik und auf die Nutzung (technologische Anlage u. ä.) zu beziehen ist. Sie durchdringt sämtliche Phasen einer Investitionsvorbereitung und -durchführung und darf daher keine Nebenleistung im Rahmen der bisher üblichen Planung für elektrische Versorgungstechnik sein. Aus der EMV-Planung resultieren Maßnahmen, die direkt in die Bauausführung einfließen (Bild 14.2). Dabei wird im Bild 14.2 deutlich, daß bestimmte Maßnahmen bereits im Rohbau berücksichtigt werden müssen und eine spätere Nachrüstung im Baukörper nicht mehr möglich ist. In der Investitionsvorbereitung und -durchführung sollte die Einordnung der EMV-Abschnitte nach Bild 14.3 erfolgen. Die Bearbeitungstiefe innerhalb der einzelnen Abschnitte sowie Abweichungen von diesem Schema werden durch die Zweckmäßigkeit im Einzelfall und die Wirtschaftlichkeit bestimmt. Besondere Bedeutung kommt der baubegleitenden EMV-Tätigkeit in der Rohbau- und Ausbauphase zu. Die Überwachung der in den Ausführungsunterlagen festgelegten EMV-Maßnahmen stellt eine entscheidende Phase in der EMV-Realisierung dar. Hierzu sollte ein EMV-Fachmann eingesetzt werden, der die Kontrolle visuell und durch begleitende Messungen vornimmt. Abweichungen sind durch Verfahren wie Bautagebuch oder Mängelrügen sofort zu bereinigen. Nachdem die technischen EMV-Maßnahmen festgelegt wurden, sind die organisatorischen EMV-Maßnahmen, wie Nachbesserung, Funktionseinschränkungen (räumliche oder zeitliche Beschränkung von Betriebsabläufen) oder Verhaltensregeln (Tragen von bestimmter Bekleidung u. ä.),

14. EMV-gerechte Gestaltung von Automatisierungsanlagen

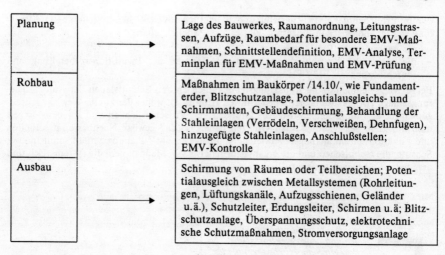

Planung	→	Lage des Bauwerkes, Raumanordnung, Leitungstrassen, Aufzüge, Raumbedarf für besondere EMV-Maßnahmen, Schnittstellendefinition, EMV-Analyse, Terminplan für EMV-Maßnahmen und EMV-Prüfung
Rohbau	→	Maßnahmen im Baukörper /14.10/, wie Fundamenterder, Blitzschutzanlage, Potentialausgleichs- und Schirmmatten, Gebäudeschirmung, Behandlung der Stahleinlagen (Verrödeln, Verschweißen, Dehnfugen), hinzugefügte Stahleinlagen, Anschlußstellen; EMV-Kontrolle
Ausbau	→	Schirmung von Räumen oder Teilbereichen; Potentialausgleich zwischen Metallsystemen (Rohrleitungen, Lüftungskanäle, Aufzugsschienen, Geländer u.ä.), Schutzleiter, Erdungsleiter, Schirmen u.ä; Blitzschutzanlage, Überspannungsschutz, elektrotechnische Schutzmaßnahmen, Stromversorgungsanlage

Bild 14.2. EMV-Maßnahmen in der Bauausführung

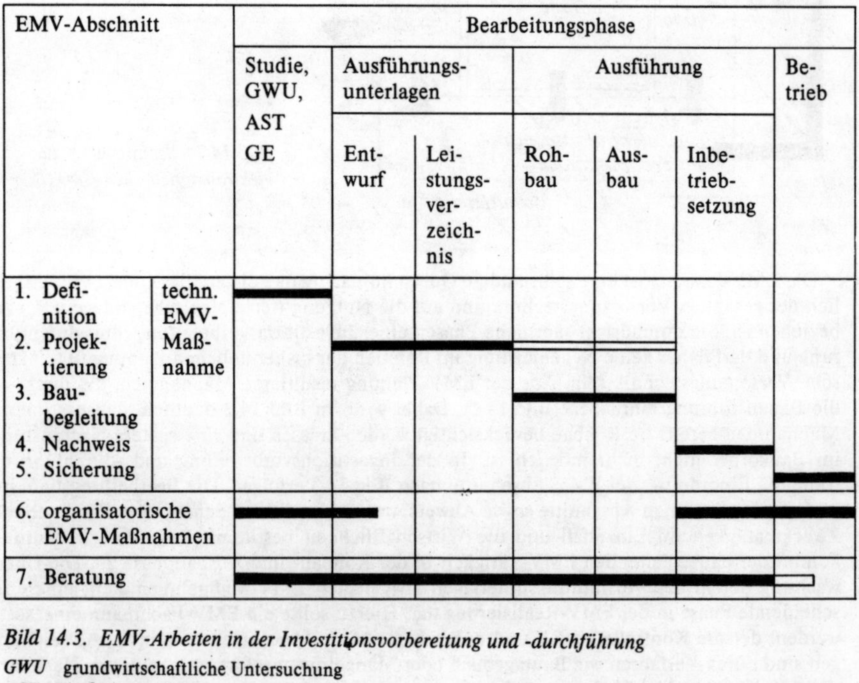

Bild 14.3. EMV-Arbeiten in der Investitionsvorbereitung und -durchführung
GWU   grundwirtschaftliche Untersuchung
AST   Aufgabenstellung
GE   Grundsatzentscheidung
(Inhalt der EMV-Arbeitsabschnitte wie im Bild 2.6)

zu formulieren und während der Inbetriebsetzung und des Betriebes auf ihre Wirksamkeit praktisch zu erproben.

Bei besonders komplexen Bauwerken und Anlagen, z. B. Leitzentralen für verschiedene chemische Prozesse, kann es zweckmäßig sein, eine EMV-Beratung vorzusehen. Der Leistungsumfang entspricht einer beratenden und koordinierenden Tätigkeit zu allen EMV-Angelegenheiten der an der Investition beteiligten Firmen (Auftraggeber, Nutzer, Projektierung, Ausführung). Wie die Bilder 14.2 und 14.3 zeigen, sollte die EMV-Beratung von der frühesten Bearbeitungsphase an wirksam werden, da nur dann die baurelevanten EMV-Maßnahmen als die kostengünstigste Lösung durchsetzbar sind. So können beispielsweise bereits geringfügige örtliche Verschiebungen von Aufzügen, Transporteinrichtungen und kritischen nachrichtentechnischen Anlagen im Gebäude oder die Verlegung von Räumen mit besonders empfindlichen Geräten in ein günstigeres „EMV-Klima" oder die Festlegung von EMV-Zonen, d. h. räumliche Bereiche unterschiedlichen elektromagnetischen Störniveaus, von entscheidender Bedeutung sein und die Kosten für spätere EMV-Hardwaremaßnahmen erheblich verringern. Mit der EMV-Beratung kann somit ein hohes Maß der Qualitätssicherung erreicht werden. In der Tafel 14.1 sind Schätzkosten für die EMV als Prozentwert von den Gesamtobjektkosten angegeben /2.3/. Bei aller Vielschichtigkeit der die Kosten beeinflussenden Faktoren sind die geplanten EMV-Maßnahmen wesentlich kostengünstiger.

Tafel 14.1. *Schätzkosten, Nachbesserungsrate und Funktionseinschränkung bei planmäßig realisierter und nachträglich hergestellter EMV (Bild 14.3) /2.3/*

Baumaßnahme	Schätzkosten in % der Objektkosten		Nachbesserungsrate in % aller installierten E-Geräte		Verbleibende Funktionseinschränkungen in % aller Funktionen	
	EMV geplant	nachträglich	EMV geplant	nachträglich	EMV geplant	nachträglich
Mit technisch einfachen bis aufwendigen Einrichtungen	1 ... 2	2 ... 5	<3	<50	<1	2 ... 10
Mit technisch sehr aufwendigen Einrichtungen	1 ... 4	5 ... >10	<5	10 ... >50	<2	5 ... >10

14.3. Technische EMV-Maßnahmen

14.3.1. Komplexität der technischen EMV-Maßnahmen

In einem Objekt werden verschiedene elektrotechnische Anlagen, z. B. Mittelspannungs-, Niederspannungs-, MSR-, Netzersatz-, Fernmelde-, Automatisierungsanlagen und die Gebäudeblitzschutzanlage, neben- und miteinander betrieben. Jede Anlage stellt bestimmte Forderungen an die Erdungs-, Schutz-, Blitzschutz- und Störschutzmaßnahmen sowie an den Potentialausgleich.

Durch eine optimale Gestaltung der Maßnahmen muß dabei erreicht werden, daß
- keine unzulässige gegenseitige Beeinflussung zwischen den Anlagen auftreten kann,
- die elektrische Störbeeinflussung von außen auf ein verträgliches Maß reduziert wird,
- der Schutz für den Menschen gewährleistet ist,
- ein Schutz für die Anlage selbst besteht,
- die Funktionszuverlässigkeit der Anlage sichergestellt wird,
- ein Potentialausgleich zwischen den Anlagen aus verschiedenen Gründen besteht (Tafel 14.2) und
- über die gemeinsame Erdungsanlage für die jeweilige Anlage die in Tafel 14.2 genannten Maßnahmen realisiert sind.

Werden bei der Bearbeitung nur die Forderungen einer dieser speziellen Anlagen berücksichtigt, ist das Ziel der optimalen Gestaltung niemals zu erreichen. Dabei muß beachtet werden, daß auch in der Standardisierung diese Komplexität bisher unberücksichtigt blieb. Aus der Sicht der leistungselektrischen Systeme hatte die bisher übliche getrennte Bearbeitungsweise

Tafel 14.2. *Komplexität der technischen EMV-Maßnahmen*

Aus Gründen	Technische EMV-Maßnahmen				
	Erdung	Schutzmaßnahmen gegen indirektes Berühren	Potentialausgleich	Blitzschutzmaßnahmen	Störschutzmaßnahmen
des Schutzes von Menschen	–	x	x	x	–
des Blitzschutzes	x	–	x	–	–
des Schutzes von Objekten	–	–	–	x	–
der Schutzerdung für die HS-Anlage	x	–	–	–	–
der Betriebserdung der NS-Anlage	x	–	–	–	–
der funktionsbedingten Betriebserdung von Fernmelde- und Automatisierungsanlagen	x	–	–	–	–
der elektrostatischen Aufladung	–	–	x	–	–
der Erdung von Schirmen und Mänteln von Fernmeldeaußenkabeln sowie Signalleitungen von Automatisierungsanlagen	x	–	–	x	–
des Überspannungsschutzes an der Leitungseinführung von Fernmeldekabeln und Signalleitungen von Automatisierungsanlagen	x	–	–	x	–
des Schutzes gegen äußere nieder- und hochfrequente Störströme	–	–	x	–	–
des Schutzes der Automatisierungsanlage gegen Zerstörung	–	–	x	x	x
der Funktionszuverlässigkeit der Automatisierungsanlage	x	x	x	x	x

14.3. Technische EMV-Maßnahmen

keine Auswirkung auf die Anlage selbst und deren Funktionszuverlässigkeit. Mit dem Einsatz von informationselektronischen Systemen können Auswirkungen mit nachhaltigen Folgen entstehen.

Es hat sich als praktisch erwiesen, die einzelnen Maßnahmen für die elektrotechnischen Anlagen sowie den Gebäudeblitzschutz in einem Koordinierungsgrundplan darzustellen (Bild 14.13/14.1/). In ihm soll eine Detaildarstellung nur insoweit erfolgen, wie es zur Erkennbarkeit der Zusammenhänge notwendig ist. Für umfangreiche elektrotechnische Anlagen können einzelne Koordinierungspläne erarbeitet werden. Ihre Einfügung in den Grundplan muß erkennbar sein.

Der Koordinierungsgrundplan sollte vom EMV-Fachmann oder im Rahmen der Projektierung der Blitzschutz- und Erdungsanlage erarbeitet werden. Letzteres ist schon aus dem Grunde sinnvoll, daß die meisten Maßnahmen über die Blitzschutz- und Erdungsanlagen realisiert werden.

Der Koordinierungsgrundplan ist jedoch nur dann ein wirksames Arbeitsmittel, wenn er regelmäßig einer Revision unterzogen wird.

14.3.2. Erdung

Aus verschiedenen Gründen (Tafel 14.2) besteht die Notwendigkeit, in Objekten mit elektrotechnischen Anlagen und einer Gebäudeblitzschutzanlage eine Erdungsanlage zu errichten. Für die zu errichtende Erdungsanlage sind vorzugsweise natürliche Erder /14.9/ zu verwenden (Tafel 14.3). Bei der Konzipierung des Erdungssystems für die Automatisierungsanlage muß gewährleistet werden, daß die in den Erdungsleitungen und Erdern fließenden Ströme keine Spannungsabfälle hervorrufen und damit Störspannungen verursachen, die im Vergleich zu dem in der Automatisierungsanlage verwendeten Signalpegel groß sind. Da eine getrennte Errichtung von Erdungssystemen, z. B. für die Automatisierungsanlage, Gebäudeblitzschutzanlage, Mittelspannungsanlage, sich schon aus Gründen des Potentialausgleiches verbietet, muß der Einordnung des Erdungssystems der Automatisierungsanlage in das Gesamtsystem entsprechende Aufmerksamkeit geschenkt werden. Es muß geprüft werden, ob und in welcher Größenordnung fremde Ströme durch die Erdungsanlage fließen, an be-

Tafel 14.3. Errichtungsgrundsätze für Erdungsanlagen

Baumaß-nahme	Erdungsanlage		
	natürliche Erder		künstliche Erder
	künstliche und natür-liche Fun-damenterder	metallene Rohrleitungen, Kabelmäntel, Gleise	
Neubau, Erweiterung	ja	mit Nutzen	nein (ja, wenn Anwendung natürlicher Erder oder Fundamenterder verboten ist)
Bestehende Objekte	ja, wenn bereits vorhanden	ja	nein (ja, wenn Anwendungsverbot für natürliche Erder oder Fundamenterder besteht oder solche nicht vorhanden sind)

stimmten Punkten Schwankungen des Erderpotentials oder zwischen verschiedenen Punkten der Erdungsanlagen Potentialdifferenzen auftreten. Der zu treibende Aufwand für das Erdungssystem der Automatisierungsanlage richtet sich nach dem Aufbau und der Funktion der Automatisierungsanlage, den Signalspannungen, Signalenergien, dem Erfordernis der Erdung des Bezugspotentials der Automatisierungsanlage sowie der Einordnung in das Gesamterdersystem.

Günstig ist es, wenn die Erdung des Bezugspotentials der Automatisierungsanlage vermieden werden kann. Damit werden kapazitive Einkopplungen über die Signalleitungen peripherer Geräte verhindert. Des weiteren bleiben Störungen, die über die Erdungsanlage auf das Bezugspotential einwirken, wirkungslos. Da es für die kapazitive Einkopplung wirkungsvolle Gegenmaßnahmen gibt, hängt die Entscheidung des erdfreien Betriebes von der Funktionsdichte der Automatisierungsanlage ab. Hier können externe Störquellen durch kapazitive Kopplungen über die Stromversorgung oder gefäßinterne Störquellen durch kapazitive Kopplungen über die Gehäusewände Störströme ausbilden /14.2/. Diese lassen sich nur durch eine induktivitätsarme Verbindung zwischen Bezugspotential und Erdungsanlage vermeiden. Inwieweit der erdfreie Betrieb eines Automatisierungssystems von Vorteil ist, wird am zweckmäßigsten in Versuchen ermittelt. Ist eine Erdung des Bezugsleiters notwendig, gibt es für die Ausführung des Erdungssystems folgende Möglichkeiten /9.21/:

- Erstens, die Erdungsleitungen aller Geräte bzw. Schrankeinheiten einer Automatisierungsanlage werden sternförmig zu einem Erdungspunkt geführt, der auf dem kürzesten Weg mit der Erdungsanlage verbunden wird (Bild 14.4). Dieses Prinzip, die sogenannte Sternerdung, vermeidet die Bildung von Erdschleifen. Die volle Wirksamkeit der Maßnahme erfordert jedoch eine strenge Isolierung gegeneinander und gegenüber dem Schutzleiter und Potentialausgleich im Objekt.

Nachteilig an diesem System ist, daß dem Wunsch der Nutzung der bautechnisch vorhandenen Bewehrung als Erdungssystem, Blitzschutzanlage, Schutzleiter und natürliche Schirmung nicht Rechnung getragen werden kann. Die Sternerdung ist praktisch nur in Gebäuden realisierbar. In ausgedehnten Industrieanlagen wird durch den Zwang zum absoluten Potentialausgleich eine isolierte Führung der Erdungsleitung außerordentlich schwierig sein.

- Zweitens, die Erdungsleitungen aller Geräte bzw. Schrankeinheiten einer Automatisierungsanlage werden auf dem kürzesten Weg mit einem beispielsweise im Fußboden der Betriebsräume verlegten Flächenerder (in Analogie einer Metallplatte) verbunden, der seinerseits auf dem kürzesten Weg mit der Erdungsanlage verbunden ist. Bei diesem System kann somit die bautechnisch vorhandene Bewehrung im Fußboden und in den Wänden als Flächenerder und als natürliche Schirmung genutzt werden (Bild 14.5). Ist bei Nachrüstung eine Nutzung der Bewehrung nicht mehr möglich, kann innerhalb eines gestelzten Fußbodens ein vermaschtes Leitungsnetz vorgesehen werden. Im Bereich der Betriebsräume sind alle metallenen Leitungssysteme, Baukonstruktionen, der Schutzleiter und die Blitzschutzanlage mit dem Flächenerder zu verbinden (örtlicher Potentialausgleich). Der örtliche wie auch der zentrale Potentialausgleich unterstützen die Flächenerdung, so daß dieses Erdungssystem in Gebäuden und in ausgedehnten Industrieanlagen ohne besondere Schwierigkeiten anwendbar ist.

In der Praxis wird häufig eine Kombination von beiden Erdungssystemen in Analogie zur Nachrichtentechnik angewendet. Es wird in den Betriebsräumen der Automatisierungsanlage die Flächenerdung und innerhalb der Automatisierungsanlage die Sternerdung vorgesehen. Dabei ist es üblich, daß der Erdungsleiter gleichzeitig die Schutzleiterfunktion mit übernimmt. Es muß deshalb beachtet werden, daß bei Bildung des Sternpunktes außerhalb der Signalverarbeitungsanlage (Schutzleiterschiene dann isoliert gegenüber dem Gehäuse montiert) die Gehäuse der Geräte und Schrankeinheiten voneinander und gegenüber dem Potentialausgleich und der äußere Schirm (Metallrohr) der Signalleitung gegenüber dem Gehäuse isoliert sein müssen (Bild 14.6). Ansonsten würden Erdschleifen entstehen und damit das Prinzip der Sternerdung aufgehoben werden.

14.3. Technische EMV-Maßnahmen

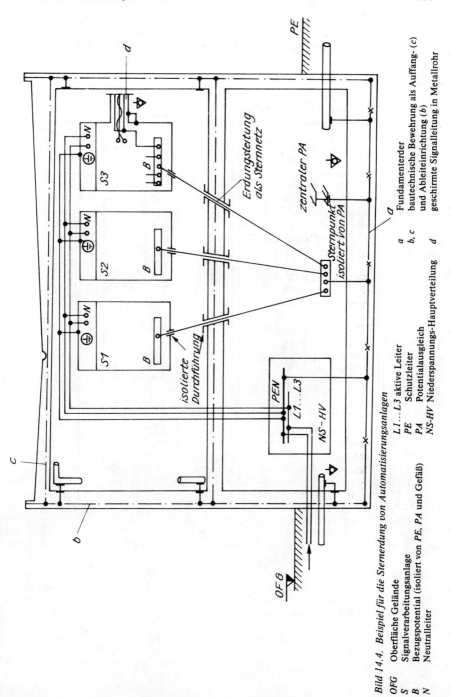

Bild 14.4. Beispiel für die Sternerdung von Automatisierungsanlagen

OFG	Oberfläche Gelände	L1...L3	aktive Leiter
S	Signalverarbeitungsanlage	PE	Schutzleiter
B	Bezugspotential (isoliert von PE, PA und Gefäß)	PA	Potentialausgleich
N	Neutralleiter	NS-HV	Niederspannungs-Hauptverteilung

a Fundamenterder
b, c bautechnische Bewehrung als Auffang- (c) und Ableiteinrichtung (b)
d geschirmte Signalleitung in Metallrohr

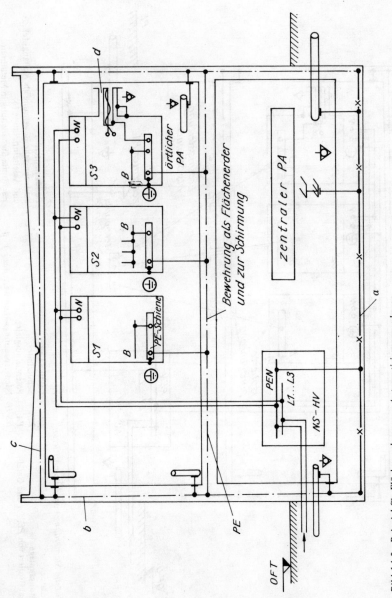

Bild 14.5. Beispiel für Flächenerdung von Automatisierungsanlagen
Erläuterungen s. Bild 14.4

14.3. Technische EMV-Maßnahmen

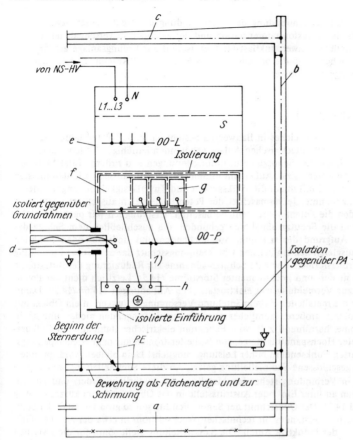

Bild 14.6. Beispiel für die Kombination der Stern- und Flächenerdung von Automatisierungsanlagen
Erläuterungen s. Bild 14.4
e Grundrahmen
f Einschub
g Karte
h PE-Schiene, isoliert von e
Bezugspotential 00-L Logik-Null } isoliert
　　　　　　　　00-P Prozeß-Null } von e
[1] Verbindung entfällt bei erdfreiem Betrieb

Bei beiden Erdungssystemen ist die absolute Größe des Erdungswiderstandes unbedeutend, da keine Funktionen der Automatisierungsanlage über die Erde erfolgen. Wichtig ist, daß das Erdpotential und damit das Bezugspotential möglichst konstant bleiben. Müssen künstliche Erder für die Blitzschutzanlage errichtet werden, ist unter Beachtung der im Abschnitt 14.3.5.1 genannten Forderungen ein Mindesterdungswiderstand von 5 Ω einzuhalten.

Aus blitzschutztechnischen Gründen werden die geschirmten Signalleitungen in einem Metallsystem, z. B. Metallrohr, verlegt. Die Erdung des Metallsystems (Schirmfunktion) sowie der geschirmten Signalleitung hat nach den im Bild 14.9 angegebenen Prinzipien zu erfolgen.

Zu beachten ist, daß bei Anwendung der Flächenerdung der Neutralleiter bzw. die Erdungssammelleitung der Transformatorenstation und der eventuell in verschiedenen Etagen oder Ebenen aufgestellten Schwerpunktlaststationen isoliert zur Erdungsanlage geführt werden muß. Es ist zu sichern, daß die betriebsmäßigen Rückströme (Abschn. 14.3.4) nicht die Automatisierungsanlage beeinflussen /9.21/.

14.3.3. Potentialausgleich

Das Prinzip des Potentialausgleiches in Bauwerken besteht darin, daß Potentialunterschiede zwischen den nicht zur elektrotechnischen Anlage gehörenden leitfähigen Teilen untereinander sowie zwischen diesen und Schutzleitern, Erdungsleitungen und Erdern (Tafel 14.4) herabzusetzen oder zu beseitigen sind. Außerdem nimmt der Potentialausgleich in den meisten Fällen zugleich positiven Einfluß auf die Wirksamkeit und Zuverlässigkeit der angewendeten Schutzleiterschutzmaßnahme. Je vermaschter der Potentialausgleich ausgeführt wird, desto wirkungsvoller werden die Potentialunterschiede beseitigt. Ursprünglich war nach /14.3/ der Potentialausgleich an die Schutzmaßnahmen gebunden, die auschließlich dem Schutz des Menschen dienen. Aufgrund der spannungsausgleichenden und -reduzierenden Funktion stellt der Potentialausgleich den einfachsten Überspannungsschutz dar und ist bei Einhaltung bestimmter Ausführungsformen eine gute Schutzmaßnahme zur Reduzierung der Blitzströme /14.4/ und äußerer nieder- und hochfrequenter Störströme /14.5/. Letztlich dient der Potentialausgleich auch zur Vermeidung von elektrostatischen Aufladungen /14.6/ /14.2/. Damit die von außen über die metallenen Kabelmäntel und Versorgungsleitungen in ein Objekt mit Automatisierungsanlagen größerer räumlicher Ausdehnung eindringenden nieder- und hochfrequenten Störströme, herrührend z. B. vom Fahrstrom elektrischer Bahnen, vom Erdkurzschlußstrom geerdeter Hochspannungsnetze, von Nulleiterströmen aus dem Niederspannngsnetz, von benachbarten Funksendern hoher Leistung, möglichst klein bleiben, wird im untersten Geschoß eine geschlossene Sammelleitung gelegt. An diese Sammelleitung werden alle mit dem Erdreich in Verbindung stehenden Metallsysteme (natürliche Erder) und künstlichen Erdungsanlagen an ihrer Ein- oder Austrittsstelle in das Objekt auf dem kürzesten Weg angeschlossen (Bild 14.7). Der Querschnitt der Sammelleitung soll so groß sein, daß der ohmsche Anteil des Scheinwiderstandes für technischen Wechselstrom in etwa der gleichen Größenordnung liegt wie der induktive Anteil. Die Sammelleitung stellt somit für die zwischen

Tafel 14.4. Übersicht über die Maßnahmen des Potentialausgleichs

Potentialausgleich für	Umfang des Zusammenschlusses	Ort des Zusammenschlusses
Elektrotechnische Anlagen /14.3/	– metallene, in sich elektrisch leitend verbundene Leitungssysteme, Stahlkonstruktionen, Baukonstruktionen, z.B. Wasser-, Gas- und Heizungsrohre, Förderkanäle, Lüftungskanäle, Stahlskelettkonstruktionen, verschweißte Bewehrungsstähle von Stahlbetonbauten, Fahrzeugrahmen – Fundamenterder – Schutzleiter und Erdungsleiter von elektrotechnischen und Blitzschutzanlagen	innerhalb von Bauwerken – mindestens einmal für jedes Bauwerk, vorzugsweise dort, wo sich die Leitungssysteme konzentrieren und der Schutzleiterquerschnitt am größten ist – bei Hochhäusern mindestens in Abständen von je 30 m Höhe

14.3. Technische EMV-Maßnahmen

Tafel 14.4 (Fortsetzung)

Potentialausgleich für	Umfang des Zusammenschlusses	Ort des Zusammenschlusses
Blitzschutzmaßnahmen /14.4/	metallene Konstruktionsteile im Auffang- und Ableitbereich, z.B. metallene Tragekonstruktionen, Stahlbetonkonstruktionen, Metallkonstruktionen technischer und technologischer Anlagen im Bauwerk und im Freien	– im Bereich des zentralen Potentialausgleichs nach /14.3/ – im Fundamentbereich – im Dachbereich bei Bauwerken über 20 m Höhe – mindestens alle 30 m in horizontalen Ebenen bei Bauwerken über 40 m Höhe – in Bauwerken ohne elektrische Schirmwirkung, z. B. ohne Stahleinlagen, wenn die Näherungsbedingung nach /14.4/ unterschritten wird
	Ist der Zusammenschluß nicht zulässig, so sind die Metallkonstruktionen und metallene Leitungssysteme über eine Trennfunkenstrecke in den Potentialausgleich einzubeziehen	
	in Blitzgefährdungsbereichen mit BlG 1 sind die hinein- oder herausführenden aktiven Leiter einer elektrotechnischen Anlage mit Überspannungsschutzgeräten in den Potentialausgleich einzubeziehen; ein Verzicht besteht, wenn ein Fundamenterder vorhanden ist <u>und</u> das Bauwerk in Stahlbeton oder als Metallkonstruktion ausgeführt ist	in der dem Bereich mit BlG 1 vorgeordneten Verteilung und bei ausgedehnten Automatisierungsanlagen auch in der Niederspannungs-Hauptverteilung /14.7/
	benachbarte Erdungsanlagen, metallene Rohrleitungen, Kabelmäntel und Gleise, die sich im Bereich von 20 m vom Objekt befinden	
	metallene Rohrleitungen, metallene Kabelmäntel und Gleise, die in das zu schützende Objekt hinein- oder aus diesem herausführen, sind an der Kreuzungsstelle auf dem kürzesten Weg mit dem Ring- oder Fundamenterder oder einer Erdungssammelleitung zu verbinden	
Schutzmaßnahmen gegen äußere nieder- und hochfrequente Störströme /14.8/	alle mit dem Erdreich in Verbindung stehenden Metallsysteme, z.B. metallene Rohrleitungen und Kabelmäntel, Gleise, Baukonstruktionen, künstliche Erdungsanlagen, Schirmleiter u.ä., die in das Objekt hinein- oder aus diesem herausführen	an den Kreuzungsstellen der künstlichen und natürlichen Erder mit der Sammelleitung (im untersten Geschoß am Umfang des Objekts verlegt) oder dem Fundamenterder
Vermeidung von elektrostatischen Aufladungen /14.2/	leitfähige Bodenbeläge und Arbeitsmatten, leitfähige Stühle an den Arbeitsplätzen, leitfähige Arbeitstische, Antistatikarmbänder	im Bereich der Automatisierungsanlage, flächen- oder sternförmig ausgeführt

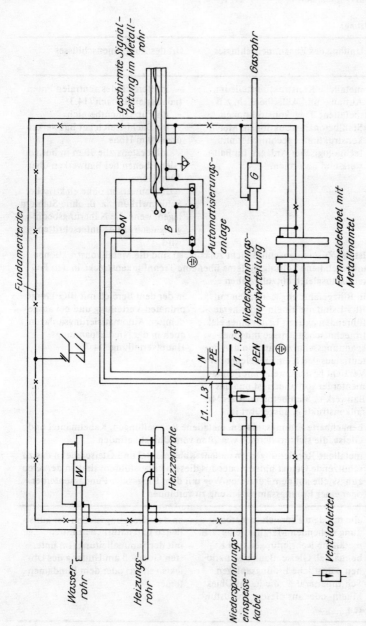

Bild 14.7. Beispiel für Fundamenterder als Sammelleitung

14.3. Technische EMV-Maßnahmen

den angeschlossenen künstlichen und natürlichen Erdern fließenden Ausgleichsströme eine Verbindung sehr geringen Scheinwiderstandes dar. Es ist zweckmäßig, über diese Sammelleitung auch den zentralen Potentialausgleich nach /14.3/ im Bauwerk für die elektrotechnische Anlage zu realisieren. Bei Anwendung der Sammelleitung verbietet sich die Anwendung einer Potentialausgleichsschiene. In Bauwerken mit Fundamenterder übernimmt dieser die Funktion der Sammelleitung, wozu mindestens alle Fundamente am Umfang des Bauwerkes zu einem Ring zu verbinden sind /14.8/.

Aus blitzschutztechnischer Sicht wird das gleiche System zur Einleitung der Blitzströme in das Erdreich genutzt. Der vermaschte Potentialausgleich im Bauwerk, der besonders im Dachbereich (Auffangeinrichtung) und im Bereich der Außenwände (Ableitbereich) noch ergänzt wird, Tafel 14.4, sichert eine möglichst großflächige Aufteilung der Blitzströme (Faradayscher Käfig), vgl. Abschnitt 14.3.5.2.

Mit den Maßnahmen des örtlichen Potentialausgleichs, z. B. leitfähige Bodenbeläge und Arbeitsmatten, geerdete leitfähige Stühle an den Arbeitsplätzen, Arbeiten mit geerdeten Antistatikarmbändern im Bereich der Automatisierungsanlage, wird das Zustandekommen von elektrostatischen Aufladungen vermieden (s. auch Abschn. 8).

Ein zufriedenstellendes Ergebnis hinsichtlich des Potentialausgleichs ist jedoch nur erreichbar, wenn die Gesamtheit der in Tafel 14.4 aufgelisteten Maßnahmen realisiert wird und bei Anwendung der Flächenerdung diese in das Realisierungskonzept mit einbezogen wird. In der Praxis wird dazu auch aus ökonomischen Gründen die bautechnische Bewehrung als der Hauptträger für den Potentialausgleich innerhalb und außerhalb des Bauwerkes mit Erfolg verwendet, vgl. Bilder 14.5 und 14.6. Es sei darauf hingewiesen, daß weitere spezielle Maßnahmen des Potentialausgleichs, z. B. für medizinisch genutzte Räume, sinnvoll mit einzuordnen sind.

Der Umfang des Potentialausgleichs (Vermaschungsgrad, *PA*-Sammelleitung, Überspannungsschutzeinrichtungen, örtlicher Potentialausgleich) sollte von der Größe und räumlichen Ausdehnung der Automatisierungsanlage abhängig gemacht werden. Die Mindestquerschnitte für die Potentialausgleichsleitungen, auch für den Blitzschutz, sind in Tafel 14.5 zusammengestellt.

Tafel 14.5. Mindestnennquerschnitte für Potentialausgleichsleitungen /14.3/

Lfd. Nr.	Potentialausgleich zwischen		Mindestquerschnitt der Potentialausgleichsleitung in mm^2		
			Kupfer	Aluminium	Stahl
1	metallenen Leitungssystemen, Baukonstruktionen, Fundamenterdern		10	16	
2	Schutzleitern/ Erdungsleitern	bis 10 mm	leitwertgleich dem Schutzleiter/der Erdungsleitung an der Verbindungsstelle		50
3	und den Systemen nach lfd. Nr. 1	ab 16 mm	10	16	
4	metallenen Rohrleitungssystemen am Wasserzähler				

14.3.4. Schutzmaßnahmen gegen indirektes Berühren

Die Einbeziehung der Automatisierungsanlage in eine Schutzmaßnahme nach /14.3/ hat immer dann zu erfolgen, wenn die Nennspannung, mit der die Automatisierungsanlage versorgt wird, die in /14.3/ festgelegten Werte überschreitet. Entspricht die Automatisierungsanlage der Schutzklasse I, muß an den Körper ein stromloser Schutzleiter angeschlossen werden. Diese Bedingung wird bei Anwendung der klassischen Nullung nicht erfüllt, da der Schutzleiter gleichzeitig die Funktion des Neutralleiters übernimmt, d. h., er ist betriebsstromführender Rückleiter für die Verbraucher – als Nulleiter bezeichnet. Bei Anwendung der Flächenerdung (Bild 14.5) würden durch die galvanische Verbindung des Nulleiters mit dem Bezugsleiter der Automatisierunganlage die 50-Hz-Verbraucherströme mit ihren Oberschwingungen Störspannungen verursachen, die hörbar als sog. Netzbrummen aus der Fernmeldetechnik bekannt sind /14.5/. Bei Anwendung der Sternerdung (Bild 14.4) können durch die induktive und kapazitive Verkopplung ebenfalls Störspannungen entstehen, die sich dem Signalpotential überlagern. Langjährige praktische Erfahrungen in fernmeldetechnischen Anlagen haben ergeben, daß bei beiden Erdungssystemen nur die stromlose Nullung, ausgedehnt auf das Schutzleiternetz der Kraft- und Beleuchtungsanlage der technischen Gebäudeausrüstung, zu einem zufriedenstellenden Ergebnis führt /14.8/. Es sollte zumindest in den Räumen mit Automatisierungsanlagen für alle elektrotechnischen Verbraucher einschließlich der Automatisierungsanlage die stromlose Nullung angewendet werden. Die Auftrennung des Nulleiters in den stromlosen Schutzleiter und Neutralleiter hat in der Niederspannungs-Hauptverteilung (Bilder 14.4, 14.5, 14.7) oder in der den Räumen unmittelbar vorgeordneten Verteilung zu erfolgen. Nur bei kleinen Automatisierungsanlagen wie Schalterterminals oder Bürocomputern ist die stromlose Nullung von der vorgeordneten Verteilung an nur für die diese Geräte versorgenden Stromkreise anzuwenden.

14.3.5. Blitzschutzmaßnahmen[1]

14.3.5.1. Äußerer Blitzschutz

Der äußere Blitzschutz ist die Gesamtheit aller im Bereich der äußeren Hülle eines Bauwerkes verlegten und bestehenden Einrichtungen zum Auffangen und Ableiten des Blitzstroms in die Erde, d. h. Realisierung des Faradaykäfigs (Schirmwirkung) aus Draht, Bewehrung oder Stahl- bzw. Stahlbetonkonstruktionen.

Elektronische Anlagen in Blitzgefährdungsbereichen mit BlG 1 /10.30/ sind vorzugsweise durch Maßnahmen des äußeren Blitzschutzes zu schützen. Die Festlegung der Blitzgefährdungsbereiche (BlG 1, BlG 3) ergibt sich aus der Anordnung der Automatisierungsanlage (Bild 14.8). Bei günstiger Anordnung (Bild 14.8c) kann der äußere Blitzschutz entsprechend den Festlegungen zum BlG 3 ausgeführt werden /14.4/.

Durch Verringerung der Maschenweite der netzförmigen Auffangeinrichtung auf etwa 10 m und durch Erhöhung der Anzahl der Ableitungen können die in den einzelnen Blitzschutzleitungen fließenden Blitzteilströme reduziert werden. Damit werden auch die magnetischen Induktionswirkungen in den metallenen Installationsschleifen vermindert. Der Gefahr der Zunahme von Näherungsstellen zwischen der Blitzschutzanlage und den metallenen Konstruktionsteilen begegnet man durch den Potentialausgleich im Bereich der äußeren Hülle gemäß Tafel 14.4, ggf. auch über die angegebenen Orte des Zusammenschlusses hinaus. Zur weiteren Verringerung der Induktionswirkung dient auch die konsequente Nutzung der bautechnischen Bewehrung in allen Fundamenten (Fundamenterder) und der Zusammenschluß der bautechnischen Bewehrungen von Fußböden, Wänden und Decken im Bereich von Automatisierungsräumen zu möglichst geschlossenen Abschirmkäfigen. Die Anwendung von Metallfassaden ist ebenfalls ein wirksames Mittel.

---

[1] siehe auch Abschnitt 10

14.3. Technische EMV-Maßnahmen

Sind Automatisierungssysteme über mehrere Objekte verteilt, z. B. Leitzentrale mit Gebern, Fühlern u. ä. in Produktionsanlagen, sind die einzelnen Erdungsanlagen zweckmäßig zu einer Flächenerdung zu vermaschen, um eine gleichmäßige Blitzstromverteilung sowie Potentialverteilung zu erreichen /14.12/. Für die Verbindung der einzelnen Erdungsanlagen untereinander sind alle vorhandenen natürlichen Erdungssysteme, metallene Leitungssysteme und Metallkonstruktionen, wie z. B. metallene Kabelpritschen, metallene Schutzrohre von Kabeln und Leitungen, Kabelkanalbewehrungen (durchgängig verbunden), metallene Rohrleitungen und Rohrbrücken, zu nutzen. Die Einbeziehung benachbarter Erdungsanlagen gemäß Tafel 14.4 ist in diesem Fall nicht an den Bereich von 20 m gebunden. Häufig sind bei weit entfernten Bauwerken mit Signalerfassungssystemen keine natürlichen Erder vorhanden, so daß eine künstliche Erdungsanlage für den Blitzschutz errichtet werden muß. In diesem Fall legt /14.4/ fest, daß bei größeren Entfernungen von mehr als 100 m zwischen Signalverarbeitungsanlage (System *1*) und Signalerfassungssystem (System *2*), Bild 14.12, der Erdungswiderstand des künstlichen Erders 5 Ω nicht überschreiten darf. Bei natürlichen Erdern, z. B. Fundamenterdern oder metallenen Behältern im Erdreich, gilt diese Forderung als erfüllt.

14.3.5.2. Innerer Blitzschutz

Der innere Blitzschutz beinhaltet die Maßnahmen im Bauwerk gegen die Auswirkungen des Blitzstroms und seines elektrischen und magnetischen Feldes auf metallene Installationen und elektrische Ausrüstungen, also Maßnahmen des Potentialausgleichs, des Überspannungsschutzes, der Schirmung, aber auch Hinweise zur Anordnung und Forderungen von speziellen Formen der Netzeinspeisung.

Potentialausgleich

Um bei einem Blitzschlag unkontrollierte Überschläge auszuschließen, werden im Rahmen des Potentialausgleichs (Tafel 14.4) alle metallenen Installationen und Konstruktionsteile, die elektrischen Anlagen, die Blitzschutzanlage und die Erdungsanlage über Leitungen, Trennfunkenstrecken und Überspannungsschutzgeräte miteinander verbunden (nach /14.11/ als Blitzschutz-Potentialausgleich bezeichnet). Es wird besonders in ausgedehnten Anlagen die vermaschte Form angewendet, wobei die Orte des Zusammenschlusses der Tafel 14.4 zu entnehmen sind.

Ist der Zusammenschluß aus sicherheitstechnischen oder funktionellen Gründen nicht zulässig, z. B. für sekundäre Sternpunkte von Einphasentransformatoren beim Schutzleitungssystem oder bei Anlagen mit katodischem Korrosionsschutz, erfolgt die Einbeziehung in den Potentialausgleich über eine Trennfunkenstrecke.

Die Einbeziehung der aktiven Leiter in den Potentialausgleich (Bild 14.11) muß immer dann vorgesehen werden, wenn kein Fundamenterder vorhanden ist und das Objekt nicht in Stahlbeton- oder Metallkonstruktion ausgeführt ist. Der Einbauort hat in der der Automatisierungsanlage vorgeordneten Verteilung und bei ausgedehnten Objekten auch in Niederspannungs-Hauptverteilung zu erfolgen. /14.7/.

Durch die konsequente Ausführung des Potentialausgleichs werden die Induktionseffekte des Blitzstroms zwar nicht beseitigt, wohl aber in ihrer Auswirkung gemindert, so daß die Schutzmaßnahmen gegen induzierte Überspannungen überschaubarer werden und minimiert werden können /14.12/.

Schirmen von Geräten und Schrankeinheiten der Automatisierungsanlage

Für die überspannungsempfindlichen Bauelemente in den Geräten besteht ein ausreichender Schutz, wenn metallene Gehäuse verwendet werden. Die Erdung der metallenen Gehäuse hat nach dem im Abschnitt 14.3.2 gewählten System zu erfolgen, wobei auch hier das kombinierte Erdungssystem (Flächen- und Sternerdung) am günstigsten ist. Wirkungsvoll ist die Schirmung der Geräte nur, wenn sich im Gehäuse kein „Faradaysches Loch" befindet.

Schirmung und Überspannungsschutz von Signalleitungen

Die häufigsten Schäden an Automatisierungsanlagen resultieren aus einem nicht sachgemäß ausgeführten Schutz der Signalleitungen /14.7/. Bedeutungsvoll wird dies besonders in ausgedehnten Industrieanlagen, wo von einer Leitzentrale eine Vielzahl Signalleitungen zu den einzelnen Gebern, Fühlern, Meßstellen u. ä. in der zu steuernden Produktionsanlage durch das Gelände geführt werden. Dabei ist der Verlegungsort, d. h. in Erde oder Luft, bei richtig ausgeführter Schutzkonzeption gleichgültig.

Im Bild 14.9 sind die Möglichkeiten der Schirmung und des Überspannungsschutzes dargestellt. Dabei ist auch hier die Schutzkonzeption ein Optimierungsproblem. Es ist z. B. möglich, mehradrige, geschirmte Steuerleitungen in einem Metallsystem zu verlegen, was jedoch bereits eine Einschränkung des Schutzkonzepts bedeuten kann. Als Metallsystem (äußerer Schirm) sind die im Bild 14.10 dargestellten Ausführungen geeignet. Die Verwendung von geschlitzten Blechen, besonders in Ex-Anlagen, wie z. B. bei vorgefertigten Kabelpritschen, ist zulässig und beeinträchtigt nicht die Schutzwirkung. Ein besonderes Problem stellt die Einbeziehung der in Metallgehäusen untergebrachten Geber, Fühler, Meßstellen in die Schirmung dar, zumal diese meistens an exponierten Stellen in der Produktionsanlage montiert sind. Hier bieten sich flexible Metallschläuche an.

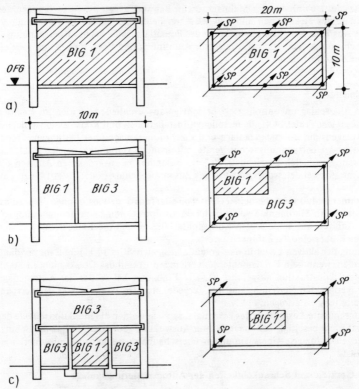

Bild 14.8. Maschenweite und Anordnung bei BIG 1
Anordnung der Automatisierungsanlage
a) im gesamten Bereich des Bauwerkes
b) in einem vertikalen Bereich des Bauwerkes
c) im untersten Geschoß in der Mitte des Bauwerkes

SP Steigepunkt (Ableitung)
BIG Blitzgefährdungsgrad nach /10.30/
OFG Oberfläche Gelände

14.3. Technische EMV-Maßnahmen

Anordnung und Netzeinspeisung der Automatisierungsanlage

Zur Reduzierung der induktiven Einkopplungen sind Automatisierungsanlagen, vor allem die Signalverarbeitungsanlage, möglichst nicht in den oberen Etagen eines Bauwerks anzuordnen (Bild 14.8). Es sollten auch die Geräte und Schrankeinheiten nicht in unmittelbarer Nähe einer Ableitung aufgestellt werden.

Für die Elektroenergieeinspeisung von Automatisierungsanlagen sind folgende Versorgungsprinzipien anzuwenden (Bild 14.11):

- galvanische Trennung, z. B. mittels Transformators, Motor-Generator-Satzes, vom speisenden Netz;

Lfd. Nr.	Maßnahme	Bild
1	paarige Aderverseilung	
2	Aderpaare einzeln geschirmt, sternförmige Erdung der Schirme einseitig in der Signalverarbeitungsanlage (Gerät *1*), ungenutzte Adern sind kurzzuschließen	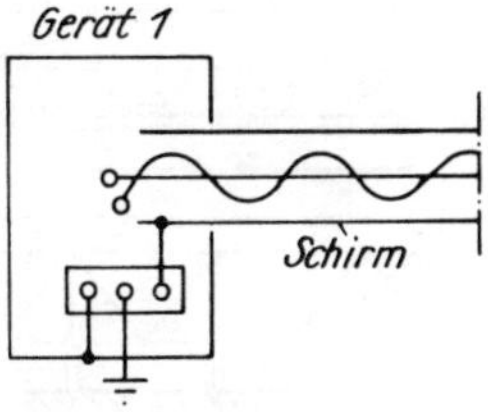
3	Verseiltes, geschirmtes Aderpaar in einem Metallsystem (äußerer Schirm), z.B. Rohr, verlegt. Das Metallsystem muß an beiden Enden (Gerät *1*, Gerät *2*) über die Geräte geerdet werden. Das Metallsystem muß elektrisch durchgängig verbunden sein.	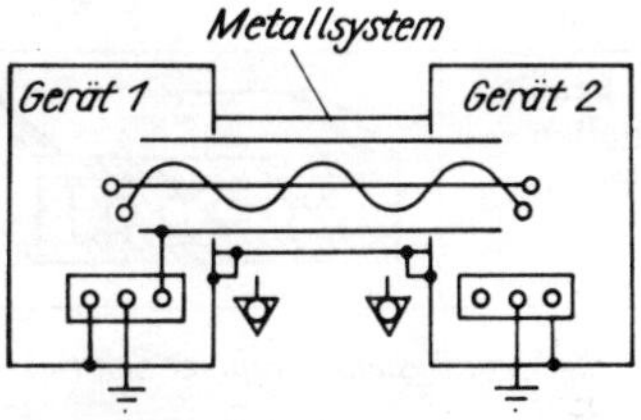
4	Einsatz von Blitzductoren. Besonders geeignet für empfindliche Geräte, da die Überspannung je nach Typ des Blitzductors auf einige Volt begrenzt wird. Es können ungeschützte Steuerkabel verwendet werden.	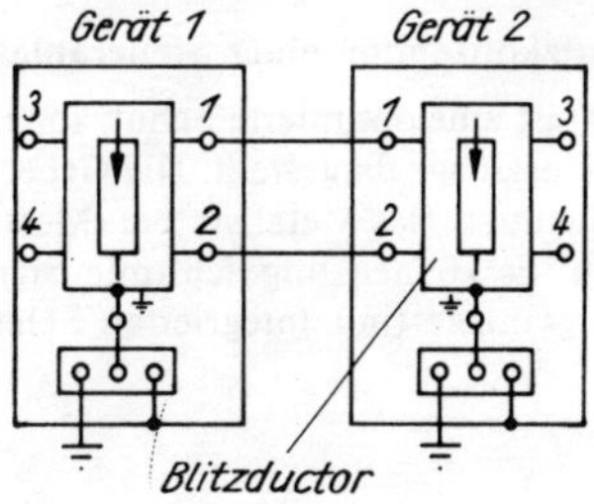

Bild 14.9. Schirmung und Überspannungsschutz von Signalleitungen

Lfd. nr.	Metallsystem	Konstruktive Anordnung	Geeignet	
			gut	schlecht
1	Metallrohr	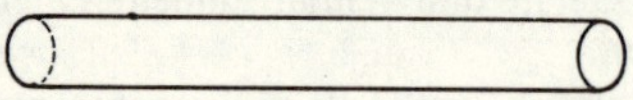	x	
2	Stahlbetonkanal, durchgängig verbunden	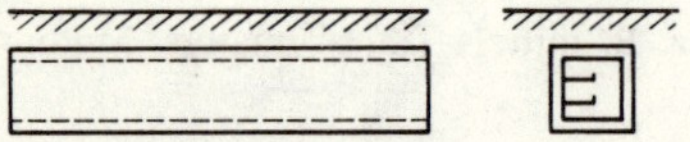	x	
3	geschlossener Blechkanal	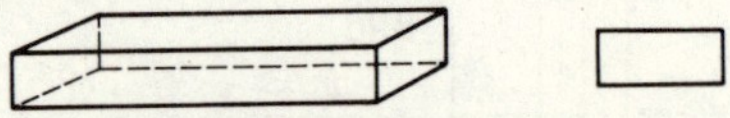	x	
4	Kabelbühnen und Kabelpritschen oben offen	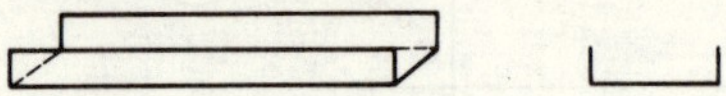		x
5	Kabelpritschen mit Blech geschlossen	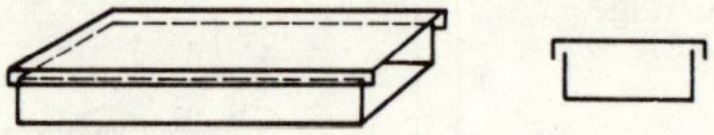	x	
6	Rohr- und Kabelbrücken	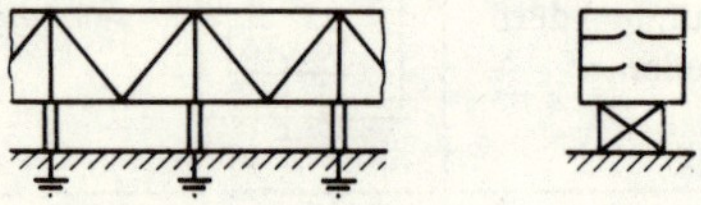	x	
7	Stahlbetonkanäle aus Fertigteilen mit eingelegtem Bandstahl (S)			x

Bild 14.10. *Beispiel für Metallsysteme (äußerer Schirm)*

- Netzeinspeisung mit Anwendung der Schutzmaßnahme „Stromlose Nullung". Die Auftrennung des Nulleiters hat nach den gleichen Prinzipien wie im Abschnitt 14.3.4 zu erfolgen.

Es sollten bei der Netzgestaltung die Hinweise im Abschnitt 14.3.6.1 berücksichtigt werden.

Beispiel für die Schutzkonzeption einer Steueranlage /14.12/

Im Bild 14.12 (S. 264) ist eine optimierte Schutzkonzeption für die Meß-, Steuer- und Regelanlage einer Produktionsanlage dargestellt. Die Geber und Meßfühler sind mit diskreten Bauteilen versehen, die die durch das Metallsystem (Metallrohr, Kabelbrücke) geminderten Überspannungen vertragen. Es können ungeschirmte Signalleitungen zum Einsatz kommen, da die Signalverarbeitungsanlage (mit integrierten Schaltkreisen) durch einen Blitzduktor geschützt wird.

14.3. Technische EMV-Maßnahmen

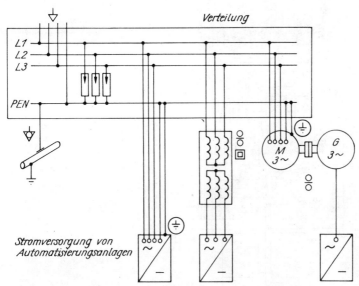

Bild 14.11. Beispiel für die Netzeinspeisung von Automatisierungsanlagen

14.3.6. Störschutzmaßnahmen

14.3.6.1. Netzgestaltung

Bei der Netzgestaltung sollte eine konsequente Trennung zwischen dem leistungselektrischen System (Stromversorgungsleitungen, Kraft- und Beleuchtungsanlage) und dem informations-elektronischen System (Signalübertragungsleitungen, Signalverarbeitungsanlage) vorgenommen werden.

Die Untersuchungen nach /3.19/ haben ergeben, daß solche harmlosen Verbraucher wie Haushaltgeräte oder Leuchtstofflampen beim Ein- und Ausschalten u. U. weitaus höhere Störspannungen liefern als Motoren unter rauhen Betriebsbedingungen.

Es sind folgende Grundsätze zu berücksichtigen:
- Potentialtrennung der Versorgungsleitungen, d. h., nicht in einer Leitung Adern mit verschiedenen Spannungen belegen
- Aufstellung von Starkstromverteilungen in ausreichend großem Abstand von der Automatisierungsanlage, am besten außerhalb des Raumes
- getrennte Leitungsführung der Signalleitungen und der Starkstromleitungen, wobei ein Mindestabstand von 300 mm einzuhalten ist
- getrennte Stromversorgung für die einzelnen Funktionseinheiten der Automatisierungsanlage. Zweckmäßig ist es, eine gesonderte Verteilung vorzusehen, die direkt von der Niederspannungs-Hauptverteilung eingespeist wird. Der Anschluß von anderen Verbrauchern an diese Verteilung ist unzulässig.
  Bei starken Netzstörungen ist nur Abhilfe mittels Motorgenerators (Asynchronmotor mit Synchron-Konstantspannungsgenerator) oder Batteriebetrieb möglich. Bei Einsatz von Trenntransformatoren erfolgt lediglich eine Minderung (Dämpfung) der leitungsgeführten Störungen
- zur Vermeidung von einlaufenden Blitzüberspannungen sind ggf. im Netzeingang Überspannungsschutzeinrichtungen vorzusehen.

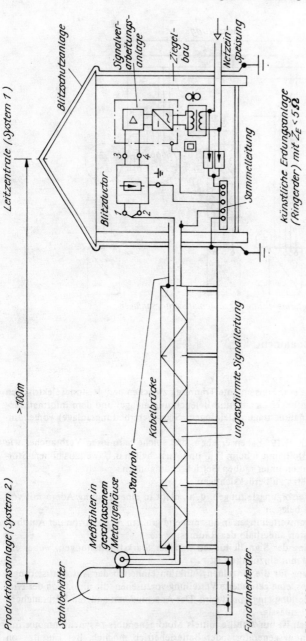

Bild 14.12. Beispiel für die Schutzkonzeption einer Steueranlage

14.3. Technische EMV-Maßnahmen

14.3.6.2. Entstörung

Störschutzbeschaltungen zur Vermeidung von Schaltüberspannungen, verursacht beim Ein- und Ausschalten von elektromagnetischen Geräten, z.B. Schütze, Relais, können in den Verteilungen der Kraft- und Beleuchtungsanlage notwendig werden. Bemessungshinweise sind dem Abschnitt 9 zu entnehmen.

14.3.6.3. Abstand, Trennen

Zur Vermeidung von Beeinflussungen ist eine klare Trennung zwischen Signalverarbeitungsanlagen und Starkstromanlagen vorzunehmen (getrennte Gefäße). Die Aufstellung der Anlagen sollte in einem ausreichend großen Abstand erfolgen, zweckmäßigerweise in verschiedenen Räumen. Müssen Starkstromanlagen, z. B. eine Verteilung, unmittelbar neben einer Signalverarbeitungsanlage aufgestellt werden, sind dazwischen ferromagnetische Schirmwände vorzusehen. Es sei darauf hingewiesen, daß nach /14.13/ der Abstand zwischen Elektronik- und Starkstromschränken wesentlich von den optimierten technischen EMV-Maßnahmen abhängt. Bei guter Optimierung kann der Abstand gleich Null sein, und zusätzliche Schirmwände sind dann nicht erforderlich. Der Abstand zwischen Signalübertragungsleitungen und Starkstromleitung hat mindestens 300 mm zu betragen; am günstigsten ist die Wahl getrennter Trassen. In einer extrem harten EMV-Umwelt gewährleisten Lichtwellenleiter eine absolut störsichere Signalübertragung /14.2/. Darüber hinaus bietet ein solches Übertragungssystem Vorteile wie erhöhte Sicherheit in Ex-Anlagen, Kupfereinsparungen, geringer Platzbedarf und hohe Übertragungsraten bis 10 Mbit/s.

Hinsichtlich des Abstandes der Automatisierungsanlage zur Blitzschutzanlage gilt Abschnitt 14.3.5.2.

14.3.6.4. Isolieren, Schirmen

Die isolierte Aufstellung der Geräte bzw. Schrankeinheiten untereinander und gegenüber dem Potentialausgleich ist bei der Flächenerdung immer dann notwendig, wenn der Erdungsleiter gleichzeitig die Schutzleiterfunktion mit übernimmt und der Sternpunkt außerhalb der Signalverarbeitungsanlage gebildet wird (vgl. Abschn. 14.3.2 und Bilder 14.6, 14.13). Als Isolierung genügen nichtleitfähige Gummibeläge von 3 mm Dicke. Der äußere Schirm der Signalleitung muß in diesem Fall vom Gehäuse der Signalverarbeitungsanlage isoliert werden (Bilder 14.6, 14.13). Wird der Sternpunkt innerhalb der Signalverarbeitungsanlage gebildet (Bild 14.5), ist keine isolierte Aufstellung notwendig.

Im allgemeinen reichen die im Abschnitt 14.3.5 dargestellten Maßnahmen der Schirmung aus. Die Errichtung eines Faradayschen Käfigs sollte nur vorgesehen werden, wenn starke elektrostatische und elektromagnetische Fremdfelder nachweislich eine Störbeeinflussung verursachen. Diese Störfelder können z. B. von benachbarten Sendern hoher Intensität, von Schweißgeräten oder von Funkenerosionsmaschinen verursacht werden.

Der Faradaysche Käfig wird deshalb vor allem bei örtlich begrenzten Arbeitsplätzen, z. B. Prüfplatz, Meßplatz, angewendet.

Die Ermittlung der Störfelder sollte durch Messungen erfolgen. Im Ergebnis dieser Messung ist die Ausführung des Käfigs (Drahtgeflecht, Blech) festzulegen. Die Wirksamkeit des Käfigs hängt wesentlich von der „Dichtheit" an Öffnungen wie Türen und Fenstern und an Leitungseinführungen gegenüber den Störfeldern ab. In die Energiezuleitungen ($L\,1, L\,2, L\,3, N$) müssen Siebketten eingebaut werden /14.6/.

14.3.6.5. Wahl der Signalpegel

Die Wahl der Automatisierungsanlage hängt vor allem von den zu steuernden technologischen Prozessen ab. So genügen z.B. für Förderprozesse langsame Systeme mit Signalpegeln,

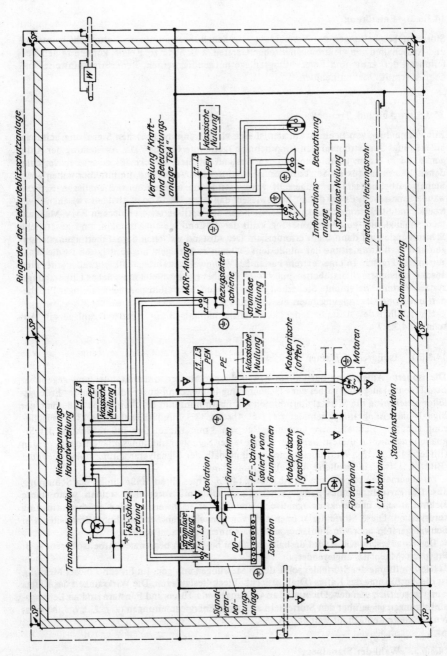

Bild 14.13. Koordinierungsgrundplan

SP	Steigepunkt (Ableitung)
PEN	Nulleiter
N	Neutralleiter
PE	Schutzleiter
PA	Potentialausgleich

die einen großen statischen Störabstand haben und somit gegen eingekoppelte Störspannungen unempfindlicher sind.

Durch die Wahl eines höheren Spannungspegels zur Signalübertragung können die Auswirkungen von Störbeeinflussungen auf den Übertragungsstrecken, besonders in ausgedehnten Industrieanlagen, reduziert werden /14.2/.

14.3.7. Prüfung der technischen EMV-Maßnahmen

Mit den hier aufgezeigten Prüfungen (Sichtprüfung, Messungen) als Ergänzung zum Abschnitt 6 soll die ordnungsgemäße Ausführung der technischen EMV-Maßnahmen bestätigt werden. Das Ergebnis ist ein wichtiger Bestandteil im Nachweis der Güte, da damit der Schutz des Menschen sowie der Automatisierungsanlage selbst und die Funktionszuverlässigkeit der Automatisierungsanlage bestätigt werden. Die Sichtprüfung muß bereits in der Rohbauphase beginnen, wenn die Stahleinlagen und andere metalle Bauteile des Bauwerkes als Erdungs-, Potentialausgleichssystem, Schutzleiter, zum Blitzschutz oder zur Schirmung genutzt werden. Nur sofortige Fehlerbeseitigung sichert eine ordnungsgemäße Nutzung, da spätere Nachbesserungen nicht mehr möglich sind. Bei der Sichtprüfung sind die Festlegungen in /14.3/ /14.4/ /14.9/ und /14.10/ zu berücksichtigen. Darüber hinaus sind zu kontrollieren: die richtige Netzgestaltung, die getrennte Verlegung der Signalübertragungsleitungen von den Starkstromleitungen, die richtige Realisierung von Schirmungsmaßnahmen sowie die isolierte Aufstellung von Schränken und Geräten, sofern diese vorgesehen ist.

Die Messung umfaßt den Nachweis des Erdungswiderstandes bei künstlichen Erdungsanlagen gemäß Abschnitt 14.3.5.1 nach /14.9/, die Prüfung der Wirksamkeit der Schutzmaßnahme nach /14.3/ und die Prüfung des Isoliervermögens.

Mittels eines Isolationsmeßgeräts oder eines Kurbelinduktors sollte bei der Sternerdung die tatsächlich getrennte und voneinander isolierte Legung beider Potentialsysteme geprüft werden. Dazu wird zur Messung ein System, z. B. das Erdungssystem, am Sternpunkt abgetrennt. Die gleiche Messung sollte bei der Schutzmaßnahme „Stromlose Nullung" zwischen dem Schutzleiter und dem Neutralleiter durchgeführt werden. Auch die isolierte Aufstellung der Geräte bzw. Schrankeinheiten der Signalverarbeitungsanlage und die einseitige Erdung der Schirme von Signalübertragungsleitungen sollten meßtechnisch nachgewiesen werden.

14.4. Organisatorische EMV-Maßnahmen

Die organisatorischen EMV-Maßnahmen beinhalten Nachbesserungen, Funktionseinschränkungen oder Verhaltensregeln. Nachbesserungen sollten schon aus Kostengründen (Tafel 14.1) vermieden werden. Die Funktionseinschränkungen beinhalten räumliche oder zeitliche Beschränkungen von Betriebsabläufen. So kann festgelegt werden, daß bestimmte störintensive Geräte nicht gleichzeitig mit der Automatisierungsanlage zu betreiben sind. In Krankenhäusern ist es durchaus möglich, Röntgengeräte nicht gleichzeitig mit empfindlichen Diagnosegeräten zu betreiben.

Die Verhaltensregeln umfassen solche Maßnahmen wie das Tragen von bestimmten Bekleidungen oder die Arbeitsunterbrechung (z. B. bei der Prüfung von elektronischen Bauteilen) während eines Gewitters über dem Gebäude. Beide Maßnahmen (Funktionseinschränkungen, Verhaltensregeln) können für örtlich beschränkte Arbeitsstätten im Zusammenhang mit einem Mindestmaß an technischen EMV-Maßnahmen ein kostengünstiges und störsicheres Ergebnis liefern.

14.5. Auswahl der EMV-Maßnahmen

Bei der Festlegung der EMV-Maßnahmen kann von den folgenden Gesichtspunkten ausgegangen werden: Es ist die notwendige Verfügbarkeit der Automatisierungsanlage aus der Sicht des Produktionsprozesses zu beurteilen; weiterhin ist der volkswirtschaftliche Wert, den die Automatisierungsanlage darstellt und der bei der Produktion geschaffen wird, einzuschätzen. Es sollte aber auch der Einsatzort eine Rolle spielen. Automatisierungsanlagen, die von einer Leitzentrale Produktionsprozesse steuern (Bild 14.12), benötigen wesentlich umfangreichere EMV-Maßnahmen als z. B. ein Bürocomputer.

Die Beurteilung wird immer subjektiven Charakters sein, was sehr leicht eine Überbewertung des Umfanges der EMV-Maßnahmen zur Folge haben kann. In Tafel 14.6 ist ein Beispiel für die Auswahl von EMV-Maßnahmen angegeben. Selbst für den Bürocomputer ist ein Mindestmaß an EMV-Maßnahmen erforderlich. Die Beispiele nach Bild 14.12 und Abschnitt 14.6 liegen in der Auswahl der EMV-Maßnahmen dazwischen. Dies verdeutlicht die Komplexität und unterstreicht das Erfordernis des Einsatzes eines EMV-Fachmannes.

Tafel 14.6. Beispiel für die Auswahl von EMV-Maßnahmen

EMV-Maßnahme		Volkswirtschaftlicher Wert, notwendige Verfügbarkeit	
		gering	hoch
		Einsatzort	
		im Gebäude	über Gebäude und Anlagen verteilt
		Beispiel	
		Bürocomputer, Schalterterminals	Leitzentrale mit Produktionsprozessen
Erdung	flächig	–	×
	sternförmig	–	×
Schutzmaßnahme /14.3/		stromlose Nullung	
Potentialausgleich	zentral	×	×
	Sammelleitung	–	×
Blitzschutz	äußerer	nach /14.4/ in BlG 3	nach /14.4/ in BlG 1
	innerer	–	×
Störschutzmaßnahmen	Netzgestaltung	×	×
	Entstörung	–	×
	Abstand	–	×
	Trennen	–	×
	Isolieren	–	×
	Schirmen	×[1]	×[1]

[1] nur Gehäuse als Schirm

14.6 Praktische Beispiele

14.6.1. EMV-gerechte Gestaltung einer automatisierten fördertechnischen Anlage

Zur Festlegung der EMV-Maßnahmen beim Einsatz von Automatisierungsanlagen für fördertechnische Zwecke werden das Bauwerk und die elektrotechnische Anlage in drei Bereiche eingeordnet (Tafel 14.7). Damit sind technisch optimale EMV-Maßnahmen möglich, durch die eine ausreichende Störsicherheit der Automatisierungsanlage gegenüber externen Störbeeinflussungen erreicht wird. Die EMV-Maßnahmen sind den Tafeln 14.8 bis 14.10 zu entnehmen. Gleichzeitig werden die notwendigen Koordinierungsmaßnahmen zwischen allen in einem solchen Bauwerk betriebenen elektrotechnischen Anlagen, z. B. Starkstrom-, MSR-, Informations-, Automatisierungsanlagen sowie Gebäudeblitzschutz mit berücksichtigt. Es ist somit möglich, die EMV-Maßnahmen bereichsweise zu planen und abzuarbeiten /14.14/.

Auf den Einsatz von Überspannungsschutzmaßnahmen nach Bild 14.9, lfd. Nr. 4, wird verzichtet. Es werden auch mehradrige geschirmte Steuerleitungen verwendet. Des weiteren werden keine Überspannungsschutzeinrichtungen in der Verteilung gemäß Bild 14.11 vorgesehen. Im Bild 14.13 ist der Koordinierungsgrundplan dargestellt, aus dem die Störschutzmaß-

Tafel 14.7. Einteilung der Anlagen in Bereiche

Bereich	Anlage	Zuständig: Ingenieur für					
		Starkstrom	Informations-anlagen	MSR-Anlagen	Hochbau	Förderanlagen	Automatisierungsanlagen
1	Energieversorgungsanlage (Trafostation, Niederspannungs-Hauptverteilung), Beleuchtungs- und Kraftanlage TGA	x	–	–	–	–	–
	Informationsanlage (Brandwarnzentrale, Nebenstellen-, Fernbeobachtungs-, Wechselsprech-, Antennenanlage u. ä.)	–	x	–	–	–	–
	MSR-Anlage	–	–	x	–	–	–
	Blitzschutz- und Erdungsanlage (im und am Bauwerk)	x	–	–	x	–	–
2	Kraftverteilung „Förderanlage", Kraftleitungen einschließlich Installationssystem	x	–	–	–	–	–
	Förderantriebe (Motoren, Magnete u. ä.)	x	–	–	–	x	–
	Stahlkonstruktion, Förderanlage, Förderbänder	–	–	–	x	x	–
3	Automatisierungsanlage (Signalverarbeitungsanlage, Signalleitungen einschließlich Installationssystem, Geber, Fühler, Meßstellen)	–	–	–	–	–	x

Tafel 14.8. EMV-Maßnahmen für den Bereich 1

Maßnahme		Transformatorenstation	Niederspannungs-Hauptverteilung	Beleuchtungs- und Kraftanlage TGA	Informationsanlage	MSR-Anlage	Bauwerk
Erdung	flächig	×	–	–	×	×	×
	sternförmig	–	–	–	–	–	–
Schutzmaßnahme /14.3/		–	klassische Nullung [1]		stromlose Nullung		–
Potentialausgleich	zentral	×	×	×	×	×	–
	Sammelleitung	–	–	–	–	×	–
Blitzschutz	äußerer	–	–	–	× (Antenne)	–	n. /14.10/ AK2 und /14.4/ BlG3
	innerer	–	–	–	–	–	–
Störschutzmaßnahme	Netzgestaltung	–	×	×	×	×	–
	Entstörung	–	–	–	–	–	–
	Abstand	×	×	×	×	–	–
	Trennen	–	–	–	–	–	–
	Isolieren	–	–	–	–	–	–
	Schirmen	–	–	–	×	×	–

[1] in den Räumen der Automatisierungsanlage und bei Objekten mit ausgedehnten Automatisierungsanlagen: stromlose Nullung

nahmen (Netzgestaltung, Isolieren), die Schutz- und Blitzschutzmaßnahmen, die Erdung sowie der Potentialausgleich erkennbar sind. Die *PA*-Sammelleitung erfaßt nur den Bereich mit der zu steuernden Förderanlage. Die übrigen Raumgruppen, z. B. Büroräume, Werkstätten u. ä., sind nicht mit zu erfassen und damit auch nicht bei den EMV-Maßnahmen zu berücksichtigen.

14.6.2. EMV-gerechte Gestaltung von Prüfplätzen elektronischer Geräte im Produktionsprozeß

In zunehmendem Maß werden elektronische Erzeugnisse gefertigt, die während und am Ende des Produktionsprozesses mit hoher Meßgenauigkeit geprüft werden müssen. Unter diesen Voraussetzungen müssen Prüfplätze so gestaltet werden, daß eine ausreichende Störsicherheit

14.6. Praktische Beispiele

Tafel 14.9. EMV-Maßnahmen für den Bereich 2

Maßnahme		Kraftverteilung, Förderanlage	Kraftleitungen, Installationssysteme	Förderantriebe	Stahlkonstruktion, Förderanlage
Erdung	flächig	–	–	–	–
	sternförmig	–	–	–	–
Schutzmaßnahme /14.3/		stromlose Nullung	–	stromlose Nullung	–
Potentialausgleich	zentral	–	–	–	–
	Sammelleitung	×	×	×	×
Blitzschutz	äußerer	–	–	–	–
	innerer	×[1]	–	–	×
Störschutzmaßnahme	Netzgestaltung	×	–	–	–
	Entstörung	×	–	×[2]	–
	Abstand	×	×	–	–
	Trennen	–	–	–	–
	Isolieren	–	–	–	–
	Schirmen	–	–	–	–

[1] abhängig von der Baukonstruktion
[2] nur wenn notwendig

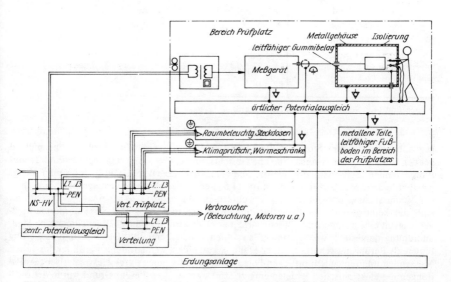

Bild 14.14. Schutztrennung mittels Trenntransformators und örtlicher Potentialausgleich

Tafel 14.10. EMV-Maßnahmen für den Bereich 3

Maßnahme		Automatisierungsanlage		
		Signalver-arbeitungs-anlage	Signal-leitungen	Geber, Fühler, Meßstellen
Erdung	flächig	×[1]	–	–
	sternförmig	×[1]	× (innerer Schirm)	–
Schutzmaßnahme /14.3/		stromlose Nullung	–	–
Potential-ausgleich	zentral	isoliert vom PA der Bereiche 1 und 2	–	–
	Sammelleitung		× (äußerer Schirm)	–
Blitzschutz	äußerer	–	–	–
	innerer	×	×	×
Störschutz-maßnahme	Netzgestaltung	×	–	–
	Entstörung	×	–	–
	Abstand	×	×	–
	Trennen	×	–	–
	Isolieren	×	–	–
	Schirmen	× (Stahlblech-gefäß)	×	×

[1] nach Bild 14.6, Signalbezugspotential 00-P erdfrei

gegenüber den externen Störbeeinflussungen (Abschn. 3.3) gewährleistet wird. Damit müssen bei der Gestaltung der Prüfplätze solche Gesichtspunkte, wie Netzgestaltung, Abstand, Isolierung, Trennen, Schirmen, Blitzschutz, Schutzmaßnahmen, Potentialausgleich und Erdung, gleichermaßen berücksichtigt werden. In /14.6/ werden verschiedene Lösungsvorschläge unter der Voraussetzung angegeben, daß die einzelnen Maßnahmen so aufeinander abgestimmt sind, daß keine gegenseitige Beeinflussung erfolgt und in Abhängigkeit der geforderten Meßgenauigkeit eine ausreichende Störsicherheit erreicht wird. Im Bild 14.14 ist eine solche Meßanordnung dargestellt, wo Messungen an „offenen Schaltkreisen" (Gehäuse und Isolierung fehlen als Berührungsschutz) in einer Meßbox ausgeführt werden. Beim Berühren durch den Messenden und fehlendem örtlichen Potentialausgleich können durch elektrostatische Aufladungen die elektronischen Bauelemente zerstört werden. Aus diesem Grund wurde der örtliche Potentialausgleich nicht nur im Raum (alle metallenen Teile, leitfähiger Fußbodenbelag)

14.6. Praktische Beispiele

Tafel 14.11. Schutzmaßnahmen und Potentialausgleich (PA)

	NS-Hauptverteilung	Verteilungen	Verteilung „Prüfplatz"	Im Bereich „Prüfplatz": Raumbeleuchtung, Steckdosen, Klimaschrank u. ä.	Meßgerät	Meßbox	Meßsender (Mensch)	Im Bereich „Prüfplatz": metallene Teile
Klassische Nullung	×	×	×	–	–	–	–	–
Zentraler PA	×	–	–	–	–	–	–	–
Schutztrennung mittels Trenntransformators	–	–	–	–	×	–	–	–
Örtlicher PA	–	–	–	×	×	×	×	×
Stromlose Nullung	–	–	–	×	–	–	–	–

ausgeführt, sondern auch innerhalb der Meßbox und auch auf den Menschen (geerdete Antistatikarmbänder) ausgedehnt (Tafel 14.11). Es wurde der örtliche Potentialausgleich in der Kombination flächen- und sternförmig ausgeführt. Die metallenen Teile und der leitfähige Fußboden sind zu einer Potentialfläche (Äquipotentialfläche) verbunden. Die Meßgeräte, der Gummibelag in der Meßbox und der Messende sind mit der Potentialfläche sternförmig (Vermeidung einer Schleifenbildung) verbunden.

Die räumliche Trennung des Prüfplatzes innerhalb des Produktionsprozesses gilt auch für die elektrotechnische Anlage. Der Netzaufbau entspricht den im Abschnitt 14.3.6.1. formulierten Festlegungen. Die Schutzmaßnahmen sind der Tafel 14.11 zu entnehmen.

Ein Faradayscher Käfig für den Prüfplatz, besondere Störschutzbeschaltungen in den Verteilungen, Überspannungsschutzmaßnahmen und besondere Maßnahmen des Blitzschutzes wurden nicht vorgesehen. Das Gebäude ist mit einer normalen Blitzschutzanlage (Maschenweite 20 m) versehen. Empfohlen wurde jedoch, bei Gewittern im Bereich des Gebäudekomplexes die Messungen zu unterbrechen (Verhaltensregel).

15. Besonderheiten bei eigensicheren Geräten und Anlagen

15.1. Übersicht

Die Notwendigkeit, den Explosionsschutz und die Eigensicherheit im Zusammenhang mit der EMV zu betrachten, ergibt sich aus dem Zusammenhang, daß in Räume mit explosiblen Gemischen durch elektromagnetische Beeinflussung zündfähige Energien übertragen werden können, wodurch es zur Zündung der Gemische und damit zu Explosionen kommen kann. Das Auftreten explosibler Gemische in technologischen Anlagen zu verhindern, d. h. primären Explosionsschutz durchzusetzen, ist aus technischen bzw. ökonomischen Gründen nicht immer möglich. Praktisch ist man deshalb meistens auf den sekundären Explosionsschutz angewiesen, d. h. auf die Vermeidung von Zündquellen in explosionsgefährdeten Räumen. Nichts anderes stellt die Explosionsschutzart „Eigensicherer Stromkreis" der explosionsgeschützten elektrotechnischen Betriebsmittel dar. Die Maßnahmen zur Gewährleistung der Eigensicherheit sind damit gleichzeitig Maßnahmen zur Sicherung der EMV. Die zu ihrer Realisierung erforderlichen elektrischen, konstruktiven, anlagentechnischen und organisatorischen Aktivitäten sind Gegenstand des vorliegenden Abschnitts.

15.2. Eigensicherheit und EMV

15.2.1. Allgemeiner Überblick

Der Explosionsschutz der Schutzart „Eigensicherer Stromkreis" wird durch Beschränkung der Energie im Stromkreis erreicht, d. h. durch Beschränkung der Strom- und Spannungswerte und durch Beschränkung der diesbezüglichen Speichermöglichkeiten, also der Induktivitäts- und Kapazitätswerte, die zu den Strom- und Spannungswerten in Beziehung stehen.

Die Schutzart „Eigensicherer Stromkreis" ist damit die einzige Schutzart explosionsgeschützter elektrotechnischer Betriebsmittel, bei der der Explosionsschutz durch elektromagnetische Beeinflussung aufgehoben werden kann. Die elektromagnetische Verträglichkeit eines eigensicheren Stromkreises ist damit nicht nur ein Qualitätskriterium, sondern unmittelbar ein sicherheitstechnischer Kennwert. Bei der Betrachtung der Grenzen wird die mögliche Wirkung des elektromagnetisch beeinflußten Stromkreises auf ein explosibles Gemisch gesehen, d. h., es wird bewertet, ob die eingekoppelte Energie zusammen mit der im Kreis vorhandenen ein explosibles Gemisch zünden kann. Davon ausgehend, werden die maximal zulässigen elektrischen Grenzwerte und die zur Einhaltung der Grenzwerte anzuwendenden Maßnahmen unter Berücksichtigung technischer und ökonomischer Gesichtspunkte ausgewählt.

15.2. Eigensicherheit und EMV

15.2.2. Explosionstechnische Kennzahlen brennbarer Gase und Dämpfe

Die explosionstechnischen Kennzahlen brennbarer Gase und Dämpfe, die für die Auslegung eigensicherer Stromkreise in Frage kommen, sind
- Gruppe bzw. Untergruppe und
- Temperaturklasse.

In der Gruppe kommt das Verhältnis des Mindestzündstroms eines brennbaren Gases oder Dampfes zum Mindestzündstrom von Methan zum Ausdruck (Tafel 15.1).

Als Mindestzündstrom eines brennbaren Gases oder Dampfes gilt der kleinste Strom eines induktiven elektrischen Stromkreises, bei dem das Gas-Luft-Gemisch oder Dampf-Luft-Gemisch nach einem festgelegten Prüfverfahren gezündet wird. Der Mindestzündstrom ist von der Prüfapparatur, vom Prüfverfahren und von der geforderten Zündwahrscheinlichkeit abhängig. Die Zündwahrscheinlichkeit eines explosiblen Gemisches ist das Verhältnis der Anzahl funkenbedingter Zündungen eines explosiblen Gemisches zur Gesamtanzahl der in diesem Gemisch erzeugten elektrischen Funken. Im allgemeinen wird der Wahrscheinlichkeitswert 10^{-3} zugrunde gelegt. Die Zuordnung verschiedener Gase bzw. Dämpfe zu den einzelnen Gruppen bzw. Untergruppen ist in Tafel 15.2 niedergelegt.

Als Zündtemperatur eines Gas-Luft-Gemisches oder Dampf-Luft-Gemisches gilt die niedrigste Temperatur, bei der das Gemisch in der zündwilligsten Zusammensetzung nach einem bestimmten Prüfverfahren zur Zündung kommt. Eine Temperaturklasse umfaßt jene Gas-Luft-Gemische, deren Zündtemperatur innerhalb eines Temperaturbereiches nach Tafel 15.3 liegt. Die Zuordnung verschiedener Gase zu den einzelnen Temperaturklassen zeigt Tafel 15.4.

Tafel 15.1. Zündeigenschaften von Gasen und Dämpfen der Gruppen bzw. Untergruppen

Gruppe/Untergruppe	Bereich des Verhältnisses: Mindestzündstrom eines brennbaren Gases oder Dampfes zum Mindestzündstrom von Methan
I	1
IIA	> 0,8
IIB	$\geq$ 0,45; $\leq$ 0,8
IIC	< 0,45

15.2.3. Eigenschaften eigensicherer Geräte und Stromkreise

Die Schutzart „*Eigensicherer Stromkreis*" ist die Schutzart, bei der die Stromkreise (z. B. in Induktivitäten, Kondensatoren usw.) nur soviel Energie enthalten oder abgeben können, daß sowohl im Normalbetrieb als auch im bestimmungsgemäßen Havariebetrieb auftretende elektrische Entladungen (Funken) oder die Erwärmung ihrer Bauteile keine Zündung eines explosiblen Gemisches verursachen können.

Ein eigensicherer Stromkreis kann aus eigensicheren Geräten, teilweise eigensicheren Geräten und nicht eigensicheren Geräten und aus Leitungen bestehen. Dabei unterscheidet man äußere und innere eigensichere Kreise:

Ein *äußerer eigensicherer Kreis* ist ein eigensicherer Stromkreis, der außerhalb der Kapselung eines Geräts verlegt ist.

Ein *innerer eigensicherer Stromkreis* befindet sich innerhalb des Gehäuses eines Geräts.

Ein *eigensicheres Gerät* ist ein Gerät, dessen äußere und innere Stromkreise eigensicher sind.

Ein *teilweise eigensicheres Gerät* ist ein Gerät, das eigensichere (äußere u. innere) und nicht eigensichere Kreise enthält.

Tafel 15.2. Einordnung verschiedener Gase und Dämpfe in Gruppen bzw. Untergruppen

Gruppe/Untergruppe	Gas oder Dampf
I	Methan (Bergbau)
IIA	Methan (industriell)
	Penthan
	Äthylchlorid
	Hexan
	Isohexan
	Zyklohexan
	Butan
	Azeton
	Methylazetat
	Methanol
	Benzol
	Azetaldehyd
	Propan
	n-Propanol
	Vinylchlorid
	(Äthylenchlorid)
	Zyklopropan
	Sumpfgas
	(1 % H_2 + 8 % CH_4)
	Zyklohexin
IIB	Äthylen
	Diäthyläther
	Äthylenoxid
	Propylenoxid
IIC	Wasserstoff
	Azetylen
	Schwefelkohlenstoff
	Steinkohlengas

Tafel 15.3. Zuordnung der Temperaturklassen zur Zündtemperatur von Gasen und Dämpfen bzw. zur Grenztemperatur von elektrischen Geräten

Temperaturklasse	Zündtemperatur in °C	Grenztemperatur in °C
T1	> 450	450
T2	> 300 ≦ 450	300
T3	> 200 ≦ 300	200
T4	> 135 ≦ 200	135
T5	> 100 ≦ 135	100
T6	> 85 ≦ 100	85

15.2. Eigensicherheit und EMV

Tafel 15.4. Zuordnung von Gasen und Dämpfen zu Temperaturklassen

Temperaturklasse	Gas oder Dampf
T1	Azeton Äthan Äthylazetat Äthylchlorid Ammoniak Benzol (rein) Essigsäure Kohlenoxid Methan Methanol Methylchlorid Naphtalin Phenol Propan Stadtgas (Leuchtgas) Toluol Wasserstoff
T2	Azetylen Äthylalkohol Äthylen Äthylenchlorid, sym. Äthylenoxid i-Amylazetat n-Butan n-Butylalkohol Cyclohexanon Essigsäureanhydrid Ölsäure n-Propylalkohol Tetralin (Tetrahydronaphthalin)
T3	Äthylglykol Benzine, Ottokraftstoffe Spezialbenzine Dieselkraftstoffe Düsenkraftstoffe Heizöle n-Hexan Schwefelwasserstoff
T4	Azetaldehyd Äthyläther
T5	Schwefelkohlenstoff

Nicht eigensichere Geräte in eigensicheren Stromkreisen sind z. B. Schalter, Widerstände usw.

Ein Gütekriterium eigensicherer Kreise ist die Unterscheidung, ob sie auch im Havariebetrieb oder nur im Normalbetrieb eigensicher sind. Unter *Normalbetrieb* versteht man die Betriebsart, bei der alle elektrischen und konstruktiven Parameter der technischen Dokumentation eingehalten werden. Zum Normalbetrieb gehört auch die elektrische Funkenbildung, die bei einer Unterbrechung, einem Kurzschluß oder einem Erdschluß, z. B. an Schaltern und Verbindungsstellen, auftreten kann, d. h., das Wirksamwerden eines funkenerzeugenden Mechanismus läßt den Normalbetrieb weiterbestehen. *Havariebetrieb* ist die Betriebsart, bei der Änderungen der konstruktiven und/oder elektrischen Parameter stattgefunden haben, die Einfluß auf die Eigensicherheit haben.

Für eigensichere Kreise sind *drei Niveaus der Eigensicherheit* definiert. Sie unterscheiden sich in der Zahl der zulässigen Beschädigungen, mit denen die Kreise dennoch eigensicher bleiben, und durch den Umstand, ob betriebsmäßig offene, normal funkengebende Kontakte im Kreis bzw. im explosionsgefährdeten Raum vorhanden sind oder nicht (Tafel 15.5). Offene, normal funkengebende Kontakte eines eigensicheren Kreises sind die Kontakte von Schaltern, Tastern, Umschaltern usw., die sich im eigensicheren Stromkreis befinden und nicht zusätzlich in anderen Schutzarten ausgeführt sind.

Tafel 15.5. Die drei Niveaus des Explosionsschutzes eigensicherer Stromkreise

Niveau der Eigensicherheit	Anzahl der Beschädigungen im eigensicheren Stromkreis bei bestimmungsgemäßem Havariebetrieb	Betriebsmäßig offene, funkengebende Kontakte im Kreis
ia	jede beliebige Anzahl von Beschädigungen	vorhanden
	jede beliebige Kombination von zwei Beschädigungen	nicht vorhanden
ib	jede beliebige Kombination von zwei Beschädigungen	vorhanden
	eine Beschädigung	nicht vorhanden
ic	keine Beschädigung	vorhanden
		nicht vorhanden

Im Sinne der Eigensicherheit werden normale (zerstörbare) von als unzerstörbar geltenden Bauteilen oder Verbindungen unterschieden. Die als unzerstörbar geltenden Bauteile oder Verbindungen genügen besonderen Forderungen, wie z. B. Belastung mit nur $\frac{2}{3}$ der Nennleistung, besondere Bedingungen hinsichtlich der Transformatorenkonstruktion und besonders hohe Spannungsfestigkeit. Beschädigungen an als unzerstörbar geltenden Bauelementen und Verbindungen werden bei der Festlegung des Sicherheitsniveaus (Prüfung) nicht berücksichtigt.

Neben den genannten Kenngrößen eigensicherer Geräte und Stromkreise gibt es für eigensichere Geräte eine weitere, die mit der Oberflächentemperatur zusammenhängt: die Temperaturklasse. Durch sie wird die maximale Oberflächentemperatur eines Geräts festgelegt. Die Einordnung nach der maximalen Oberflächentemperatur (Grenztemperatur) entspricht der Einordnung der explosiblen Gemische in Temperaturklassen (Tafel 15.3).

Auf der Grundlage der erläuterten, in den Tafeln 15.1 bis 15.5 dargestellten Kennwerte werden eigensichere Geräte wie folgt gekennzeichnet:

Eigensichere Geräte (Beispiel):

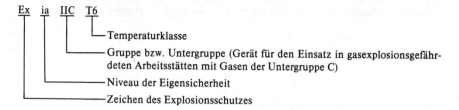

Teilweise eigensichere Geräte (Beispiel):

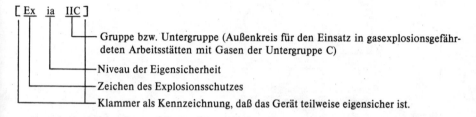

Darüber hinaus ist es auch möglich, anstatt der Bezeichnung der Untergruppe und der Temperaturklasse die Bezeichnung eines bestimmten Gases anzugeben:

Beispiel: Ex ia Ammoniak

15.3. EMV-gerechte Gestaltung eigensicherer und teilweise eigensicherer Geräte

15.3.1. Übersicht

Eigensichere und teilweise eigensichere Geräte sind die wesentlichen Bestandteile eigensicherer Anlagen. Von ihrer Gestaltung hängt in hohem Maß die Gewährleistung der Eigensicherheit ab. Der Bau und die Prüfung solcher Geräte unterliegen deshalb nationalen /15.1/ und internationalen /15.3/ Vorschriften. Die darin enthaltenen Maßnahmen zur Gewährleistung der elektromagnetischen Verträglichkeit und damit der Eigensicherheit sind Inhalt dieses Abschnittes.

Bild 15.1 gibt hierzu eine Übersicht. Die darin dargestellten Maßnahmenkomplexe *1* bis *4* sind elektrisch/elektronisch schaltungstechnisch zu realisieren, während die konstruktiven Maßnahmen *5* eigensicherheitsfördernde gestalterische Aspekte zum Inhalt haben.

Hinsichtlich der an der Stromversorgung zu verwirklichenden Maßnahmen geht man im allgemeinen davon aus, daß als mögliche Störungen im vorgelagerten Starkstromteil maximal 250 V Nennspannung zu berücksichtigen sind. In bezug auf die Ein- und Ausgänge ist zu beachten, daß eigensichere bzw. teilweise eigensichere Automatisierungsgeräte in der Regel nur einen Eingang oder einen Ausgang als Verbindungsstelle zu nicht eigensicheren Stromkreisen haben und somit nur entweder am Eingang oder am Ausgang entsprechende Sicherheitsvorkehrungen zu treffen sind.

Gegen eventuell im explosionsgefährdeten Bereich auftretende elektromagnetische Felder werden bei der Gestaltung eigensicherer Geräte keine Maßnahmen ergriffen, da diese Felder, sofern sie überhaupt energiereich genug sind, Zündungen im explosionsgefährdeten Bereich hervorrufen können, auch ohne über elektrische Betriebsmittel wirksam zu werden.

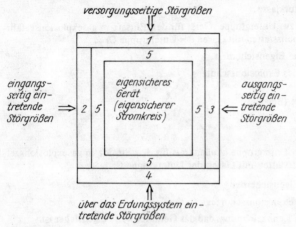

Bild 15.1. Übersicht über die Maßnahmenkomplexe gegen elektromagnetische Beeinflussungen bei eigensicheren Geräten und Stromkreisen (siehe auch Bild 1.1)

1 Maßnahmen an der Stromversorgung
2 Maßnahmen an den Informationseingängen
3 Maßnahmen an den Informationsausgängen
4 Erdungsmaßnahmen bzw. Isolationsmaßnahmen gegen Erde
5 konstruktive Maßnahmen

15.3.2. Elektrische Grenzwerte

Die elektrischen Grenzwerte, die für eigensichere Kreise eingehalten werden müssen, beziehen sich auf Maximalwerte der Wertepaare Induktivität/Strom, Strom/Spannung, Spannung/Kapazität und ihre jeweilige gegenseitige Bedingtheit, wobei auch der Widerstand des Kreises, über den der Strom fließt, eingeht. Die Werte hängen wesentlich von der Gruppe des in Betracht gezogenen explosiblen Gemisches ab. Weiterhin gehen ein die betrachtete bzw. geforderte Zündwahrscheinlichkeit und die Eigenheiten der verwendeten Prüfapparatur und der Prüfmethode.

Um die Größenordnung der Wertepaare zu verdeutlichen, sind in Tafel 15.6 einige Beispiele dargestellt.

Tafel 15.6. Beispiele von elektrischen Grenzwerten, bei denen die Eigensicherheit gewährleistet bleibt (Zündwahrscheinlichkeit 10^{-3})

Untergruppe IIC				Untergruppe IIB			
C μF	U V	I mA	L mH	C μF	U V	I mA	L mH
10	10	1 020	0,1	10	18	1 400	0,1
1	20	340	<0,1	1	35	280	1
0,1	40	80	1	0,1	85	60	40
0,01	100	20	8				

15.3.3. Elektrische Maßnahmen

An eigensicheren und teilweise eigensicheren Geräten sind an allen Ein- und Ausgängen, an denen sie mit nicht eigensicheren Stromkreisen verbunden sind, spezielle Vorkehrungen zu treffen, um die eigensicheren elektrischen Verhältnisse zu garantieren. Sie sind im Überblick nachfolgend aufgeführt, müssen zur Anwendung aber konkret in der entsprechenden Vorschrift nachgelesen werden /15.1/ /15.3/.

- Allgemeine elektrische Maßnahmen
  - Gewährleistung einer Spannungsfestigkeit der Isolation von Bauteilen von mindestens 0,5 kV je nach Art der zu isolierenden Stromkreise
  - Auslegung der Bauelemente wie Widerstände, Kondensatoren, Dioden und Halbleiterbauelemente so, daß sie nur mit $\frac{2}{3}$ der Nennlast, der Nennspannung bzw. des Nennstroms belastet werden
- Elektrische Maßnahmen am Spannungsversorgungseingang
  - Verwendung besonderer Speiseelemente, z. B. Spartrafos
  - Berücksichtigung besonderer Anforderungen an das Kurzschlußverhalten, die Absicherung und das Leerlaufverhalten der Primär- und Sekundärwicklung des Transformators
  - Beachtung besonderer Forderungen an die Spannungsfestigkeit des Transformators bis zum 4fachen der Nennspannung, jedoch mindestens 1 bis 2,5 kV in Abhängigkeit von den anzuschließenden Stromkreisen
- Elektrische Maßnahmen am Geräteeingang bzw. -ausgang
  - Realisierung besonderer Anforderungen an die Begrenzungs- und Nebenschlußelemente (z. B. Verwendung nichtlinearer Widerstände)
  - Zweifachanordnung der die Eigensicherheit gewährleistenden Bauelemente bzw. Schaltungsteile
  - galvanische Trennung für das Niveau der Eigensicherheit ia
  - Spannungsfestigkeit von Transformatoren in der Höhe der zweifachen Nennspannungssumme, mindestens jedoch 1 kV
- Erdungsmaßnahmen
  Eigensichere Stromkreise dürfen nicht geerdet werden, sofern dies nicht durch die Betriebsbedingungen des eigensicheren Betriebsmittels nötig ist. Wenn letzteres der Fall ist, dann sollte der Stromkreis nur an einem Punkt mit Erdpotential verbunden werden. Bei einer Mehrfacherdung müssen besondere Maßnahmen zur Berücksichtigung der möglichen Störungen getroffen werden. Erdungseinrichtungen müssen doppelt ausgeführt werden; der Erdungswiderstand darf 1 Ω nicht überschreiten.

15.3.4. Konstruktive Maßnahmen

Zur Unterstützung der elektrischen Maßnahmen gegen elektromagnetische Beeinflussungen werden zur Gewährleistung der Eigensicherheit an elektrotechnischen Geräten konstruktive Maßnahmen realisiert, und zwar

- Maßnahmen, die verhindern, daß Bauteile, die die Eigensicherheit eines Stromkreises gewährleisten („Eigensicherheitsbauteile") weggelassen oder falsch benutzt werden können. Das heißt z. B.
  - innerhalb von elektrotechnischen Betriebsmitteln werden nur Löt- und Schweißverbindungen verwendet, und diese werden mit Isolierlack versehen,
  - Stromquellen und Begrenzungselemente müssen eine untrennbare Einheit bilden,
  - Vergießen von Bauteilen und Baugruppen mit Silikonkautschuk
- klare und deutliche Trennung nicht eigensicherer und eigensicherer Stromkreise im wesentlichen durch folgende Vorkehrungen:

- an Klemmen Einhaltung von 50 mm Luftstrecke zwischen eigensicheren und nicht eigensicheren Anschlüssen (sonst Anwendung von Trennwänden),
- Einhaltung von vorgeschriebenen Kriech- und Luftstrecken zwischen eigensicheren und nicht eigensicheren oder geerdeten Bauteilen (z. B. bei Spannungen bis 60 V: 3 mm),
- Kennzeichnung eigensicherer Teile von teilweise eigensicheren Geräten mit der Farbe Blau,
- Verbot der gemeinsamen Unterbringung von eigensicheren und nicht eigensicheren Leitern in einem Kabel,
- die Anschlüsse der Wicklung von Transformatoren für eigensichere und nicht eigensichere Stromkreise müssen sich an entgegengesetzten Seiten des Spulenrahmens befinden und müssen an verschiedene, deutlich gekennzeichnete Klemmen geführt werden. Der Luftspalt der Transformatoren muß unveränderlich sein.
- Trennung von eigensicheren Leiterzügen von Netzleiterzügen auf Leiterkarten durch einen 1,5 mm breiten Schirmleiterzug. Diese Abschirmung muß entweder mit dem Schutzleiter des elektrischen Systems verbunden oder geerdet werden.

• Verhindern eines mechanisch, insbesondere durch unbeabsichtigte oder unbefugte Einwirkung bedingten Fehlerfalles, wie z. B. Kurzschluß, Erdung, Verbindung mehrerer Stromkreise.
Hierfür sind Maßnahmen vorgesehen, wie
- Gewährleistung des Schutzgrades IP 54,
- Verwendung von Sonderverschlüssen, z. B. Doppellochschrauben,
- Lockerungsschutz von Schraubklemmen, Schutz gegen Herausziehen von Kabeln,
- Verwechslungs- bzw. Vertauschungsschutz an Steckverbindungen,
- Kennzeichnung als explosionsgeschützt mit entsprechendem Schild.

15.3.5. Organisatorische Maßnahmen

Die organisatorischen Maßnahmen dienen der Durchsetzung der dem technischen Stand entsprechenden, in den vorhergehenden Abschnitten erläuterten konstruktiv-technischen Forderungen. Um ihre Wirksamkeit zu gewährleisten, müssen die Anforderungen an die Eigensicherheit und die EMV im Zuge der Erzeugnisentwicklung in den einzelnen Etappen stufenweise und zielgerichtet geplant, verwirklicht und ihre Erfüllung nachgeprüft werden (vgl. Abschn. 2.5).

Zu den organisatorischen Maßnahmen zur Sicherung des Explosionsschutzes der Schutzart „Eigensicherer Stromkreis" gehören:

• Zusammenfassung der Forderungen an eigensichere und teilweise eigensichere Betriebsmittel in einem Standard
• Typprüfung jedes Gerätetyps auf Einhaltung der Forderungen dieses Standards durch eine Prüfstelle. Die Typprüfung umfaßt
  - die Vorprüfung, d. h. die Prüfung auf Übereinstimmung von Muster und Dokumentation,
  - die Prüfung auf Eigensicherheit, d. h. die Prüfung auf Einhaltung der entsprechenden Parameter,
  - die Isolationsprüfung,
  - die Erwärmungsprüfung,
  - die Prüfung der konstruktiven Ausführung.
• Ausstellung einer Typprüfbescheinigung durch die Prüfstelle für jeden Gerätetyp, der die Prüfung bestanden hat, um die Einhaltung des Standards zu dokumentieren
• Kennzeichnung der Geräte entsprechend der bestandenen Prüfung.

Die Prüfung eigensicherer und teilweise eigensicherer Betriebsmittel erfolgt durch die zuständige Prüfstelle, das Institut für Bergbausicherheit, Freiberg/Sa. Es ist die einzige dafür anerkannte Prüfstelle der DDR. International ist eine gleichartige Verfahrensweise üblich. Die Anerkennung der Prüfstellen anderer Staaten obliegt der Gesetzgebung jedes Staates. In der DDR wird die Prüfung von explosionsgeschützten Geräten durch Prüfstellen der RGW-Staaten nach dem RGW-Standard ST RGW 3141-81 und ST RGW 3143-81, der weitgehend mit dem DDR-Fachbereichstandard /15.1/ identisch ist, anerkannt.

Es ist für Entwickler und Hersteller empfehlenswert, schon bei der Konzipierung eines Geräts mit der Prüfstelle in Verbindung zu treten.

15.4. EMV-gerechte Gestaltung eigensicherer Anlagen

15.4.1. Übersicht

Die Gestaltung eigensicherer Anlagen, d. h. die Anordnung von mehreren eigensicheren Stromkreisen innerhalb eines technologischen Bereichs, steht mit der Gestaltung und den Grenzwerten eigensicherer und teilweise eigensicherer Geräte in engem Zusammenhang. Während die Geräte, wie oben erwähnt, den Forderungen nach /15.1/ /15.3/ genügen müssen, sind für die Anlagengestaltung die Vorschriften /15.2/ /15.4/ anzuwenden. Die Grenzwerte und Maßnahmen leiten sich teils direkt, teils indirekt aus der Gerätetechnik ab, oder es sind ganz spezifisch anlagentechnische Probleme zu lösen.

Das Ziel aller Maßnahmen besteht darin, zu verhindern, daß durch Beeinflussung von außen in einem eigensicheren Stromkreis Bedingungen geschaffen werden, durch die zündfähige Funken entstehen.

Für den Zusammenhang der Eigensicherheit und der EMV bedeutet das wiederum eine Einheit beider Fachgebiete über weite Strecken, d. h. viele Maßnahmen zur Erzielung der Eigensicherheit sind gleichzeitig Maßnahmen der EMV und umgekehrt.

15.4.2. Elektrische Grenzwerte

Die wesentlichen Grenzwerte jedes eigensicheren Stromkreises sind:
- Kapazität (C_L-Wert) und Induktivität (L_A-Wert) im eigensicheren Stromkreis und
- Fremdspannung im Zusammenhang mit der Kapazität des eigensicheren Stromkreises gegen Erde.

Die C_L- und L_A-Werte sind Maximalwerte, die sich aus der elektrischen Auslegung des eigensicheren Stromkreises ergeben. Bestimmend ist die elektrische Auslegung des die eigensicheren Werte des Stromkreises gewährleistenden Geräts (siehe Abschn. 15.3.2). Diese Werte sind in der Typprüfbescheinigung und auf dem Gerät festgehalten. Durch ihre Einhaltung wird eine Speicherung von elektrischer Energie in unzulässiger (einen zündfähigen Funken möglicherweise erzeugenden) Höhe verhindert. Die Einhaltung der Forderung wird geprüft (siehe auch Abschn. 15.4.4). In der Tafel 15.7 sind die C_L- und L_A-Werte einiger ausgewählter Geräte angegeben.

Fremdspannung ist die Spannung im eigensicheren Stromkreis, insbesondere gegen Erde, die infolge kapazitiver, induktiver oder auch galvanischer Beeinflussung auftritt. Durch Fremdspannung in Verbindung mit einer entsprechenden Kapazität gegen Erde kann bei einem Kurzschluß dieser Spannung ein Funke entstehen. Damit dieser Funke nicht zündfähig ist, darf die vorhandene Fremdspannung im Zusammenhang mit einer maximalen Kapazität einen bestimmten Wert nicht überschreiten. Diese Werte sind in Tafel 15.8 festgehalten. Werden sie überschritten, so ist die Eigensicherheit nicht mehr gewährleistet. Man spricht dann von Störbeeinflussung im Sinne der Eigensicherheit.

Weitere elektrische Grenzwerte eigensicherer Stromkreise sind der allgemeinen Elektrotechnik entlehnt:

- Prüfspannung (Spannungsfestigkeit) von 500 V, insbesondere für Kabel und Leitungen, wobei funktionsbezogene Ausnahmen für Geräte erlaubt sind,
- 250 kΩ Isolationswiderstand.

Tafel 15.7. C_L- und L_A-Werte einiger Geräte mit eigensicherem Außenkreis

Gerätetyp (allgemein)				C_L µF	L_A mH
Eigensichere Stromversorgungsgeräte			4 V	2	8
			6 V	2	4
			10 V	0,1	7,5
			10 V	0,14	19
			12 V	1	1 000
Eigensichere Kontaktbeschaltung			6 V	0,5	20
Eigensicherer Außenkreis eines Anzeigegeräts mit Kreuzspulmeßwerk				2	10
Eigensicherer Außenkreis eines Motorkompensators				1	10
Signalumformer	Gerät 1	eigensicherer Meßkreis		1	100
		eigensicherer Ausgang		1	5
	Gerät 2	eigensicherer Ausgang		0,5	10
	Gerät 3	eigensicherer Meßkreis		10	2
	Gerät 4	eigensicherer Ausgang		1	10
Analysengeräte	Gerät 1	eigensicherer Anzeigekreis		0,4	3,5
	Gerät 2	Gruppe IIA		10	10
		IIB		3	10
		IIC		0,3	2,3
Mikroelektronische Meßwerterfassungsanlage eigensicherer Meßkreis für	mV-Signale			5	100
	pass. Geber (z.B. Widerstandsthermometer)			0,1	20
	Einheitssignale			5	100

15.4.3. Anlagentechnische, elektrische und konstruktive Maßnahmen

Die Maßnahmen an eigensicheren Stromkreisen sind darauf gerichtet, während des Betriebes und der Wartung der MSR-Anlage

- einen Kurzschluß auszuschließen,
- einen ungewollten Erdschluß bzw. Doppelerdschluß zu verhindern,
- eine ausreichende Isolation zu anderen Stromkreisen zu gewährleisten,
- beabsichtigte und unbeabsichtigte Verbindungen mit anderen eigensicheren oder nicht eigensicheren Stromkreisen zu verhindern,
- Beeinflussung durch andere Stromkreise zu vermeiden bzw. ausreichend gering zu halten,
- die elektrischen Grenzwerte eigensicherer Stromkreise einzuhalten,

15.4. EMV-gerechte Gestaltung eigensicherer Anlagen

Tafel 15.8. Zuordnung der zulässigen Fremdspannung zur Kapazität zwischen dem eigensicheren Stromkreis und Erde

Zulässige Fremdspannung U_{eff} V	Maximale Kapazität in µF in Verbindung mit der Untergruppe		
	IIC	IIB	IIA
> 3 bis 4	8	–	–
> 4 bis 5	3	20	–
> 5 bis 6	1,5	12	35
> 6 bis 7	0,9	8	23
> 7 bis 8	0,5	6	16
> 8 bis 9	0,4	4	13
> 9 bis 10	0,3	3	10
> 10 bis 12	0,2	2	7
> 12 bis 14	0,13	1,2	5
> 14 bis 17	0,09	0,7	3

also die Eigensicherheit der Stromkreise sicherzustellen. Im Detail wird das durch anlagentechnische, elektrische und konstruktive Bestimmungen umgesetzt.

Die anlagentechnischen Bestimmungen besagen:

- Eigensichere Geräte dürfen im explosionsgefährdeten Bereich untergebracht werden.
- Teilweise eigensichere Geräte dürfen im allgemeinen nur im explosionsgefährdeten Bereich untergebracht werden, wenn sie zusätzlich in einer anderen Schutzart ausgeführt sind.
- Geräte ohne Typprüfbescheinigung (nicht eigensichere Geräte) dürfen wie eigensichere Geräte verwendet werden, wenn an sie nur eigensichere Stromkreise angeschlossen werden, wobei die Eigenwerte von Kapazität und Induktivität zu beachten sind. Es muß der Schutzgrad IP 44 gewährleistet werden, wenn das Gerät mehrere eigensichere Stromkreise enthält, während der Schutzgrad IP 22 ausreichend ist, wenn das Gerät nur einen eigensicheren Stromkreis enthält. Insbesondere gehören zu diesen Geräten aktive Geber mit einer elektromotorischen Kraft kleiner als 1 V und einem Kurzschlußstrom kleiner als 100 mA sowie mit einer Prüfwechselspannung von 500 V, 50 Hz.
- Der Einsatz des eigensicheren Stromkreises muß den explosionstechnischen Kennwerten der auftretenden Gase entsprechen.
- Die Erdung eines Stromkreises ist im allgemeinen nur mit Genehmigung der Prüfstelle (Typprüfbescheinigung) zulässig. Bei erlaubter Erdung (Sicherheitsbarrieren) sind besondere Bedingungen einzuhalten, wie
  - Verbindung mit dem Potential der Meßstelle durch einen Leiterquerschnitt von mindestens 1,5 mm² (Potentialverbindungsleitung),
  - Schutz der Zwischenklemmstellen gegen Selbstlockerung,
  - Schutzgrad der Zwischenklemmstellen IP 44 und
  - Verlegungsverbot der Potentialverbindungsleitung mit nicht eigensicheren Leitungen.

Als elektrische Maßnahmen sind zu nennen:

- Einhaltung der für jeden eigensicheren Stromkreis festgelegten C_L- und L_A-Werte
- Verbot von Verbindungen eigensicherer Stromkreise mit anderen eigensicheren Stromkreisen mit Ausnahme von Verbindungen, die über eine Zusammenschaltungs-Typprüfbescheinigung bestätigt sind. Hierbei werden von der Prüfstelle neue C_L- und L_A-Werte für den so neu entstandenen Stromkreis festgelegt.
- Verbot von galvanischen Verbindungen eigensicherer Stromkreise mit nicht eigensicheren Stromkreisen mit Ausnahme der Verbindung in teilweise eigensicheren Geräten, die durch eine Typprüfbescheinigung bestätigt ist.
- Einseitige Erdung von unbelegten Adern und Schirmen und Isolierung der anderen Seite.

Die konstruktiven Maßnahmen sind:

- Gewährleistung eines Berührungs- und Wasserschutzes, der IP 44 entspricht
- Verbot der Führung von Leitern eigensicherer und nicht eigensicherer Stromkreise in einem Kabel bzw. einem Kabelbaum;
  Gewährleistung eines Mindestabstandes von 8 mm in Zentraleinrichtungen und von 200 mm außerhalb von Zentraleinrichtungen (Spannung über 15 V)
- Schutz der Klemmstellen gegen Selbstlockern
- Verwendung von Leitern mit einem Mindestquerschnitt von 0,35 mm^2 außerhalb von Zentraleinrichtungen
- Einhaltung von Kriech- und Luftstrecken zwischen eigensicheren Stromkreisen, wie sie innerhalb von Geräten vorgeschrieben sind
- Einhaltung von Kriech- und Luftstrecken zwischen eigensicheren und nicht eigensicheren Stromkreisen mit einem Betrag, der doppelt so groß ist wie zwischen eigensicheren Stromkreisen. Die Mindestluftstrecke zwischen nichtisolierten Teilen eigensicherer und nicht eigensicherer Stromkreise muß dabei 50 mm betragen.
- Verwendung getrennter Klemmkästen für eigensichere und nicht eigensichere Stromkreise außerhalb von Zentraleinrichtungen und Verwendung verschiedener Klemmleisten innerhalb von Zentraleinrichtungen
- Abdeckung von nichtisolierten Teilen eigensicherer Stromkreise gegen unbeabsichtigte Spannungsübertragung
- unverwechselbare Gestaltung von Steckersystemen für eigensichere und nicht eigensichere Stromkreise
- Kennzeichnung eigensicherer Stromkreise und Geräte mit der Farbe Hellblau (Kabel und Leiter mindestens alle 10 m und an den Anschluß- bzw. Klemmstellen mit einem 1 cm breiten Streifen; Verteilerkästen, Betriebsmittel, Steckverbinder und Abdeckungen).

15.4.4. Organisatorische Maßnahmen

Die organisatorischen Maßnahmen für die Gewährleistung der Eigensicherheit beginnen ganz allgemein mit der Organisation der EMV-Arbeit. Die Arbeit an den speziellen Belangen der Eigensicherheit muß, um Ökonomie und Wirksamkeit der Maßnahmen zu gewährleisten, in allen Phasen der Entwicklung und Projektierung einer Automatisierungsanlage als zusätzliche und integrierte Leistung mit eingeplant werden (vgl. Bild 14.3). Ein späteres „Aufpfropfen" der Eigensicherheit führt selten zu akzeptablen Systemlösungen.

Die gesetzlich vorgeschriebenen Maßnahmen zur Sicherung der Eigensicherheit in Anlagen sind:

- Zustimmung zur Errichtung jeder eigensicheren Anlage durch das Staatliche Amt für Technische Überwachung, d. h. Prüfung der Projektunterlagen auf Einhaltung der Bestimmungen der Eigensicherheit. Dazu gehört die Kontrolle der Typprüfbescheinigungen der im eigensicheren Stromkreis befindlichen eigensicheren und teilweise eigensicheren Geräte.
- Zustimmung zur Inbetriebnahme der eigensicheren Anlage durch das Staatliche Amt für Technische Überwachung, d. h. Prüfung der eigensicheren Anlage auf Einhaltung der Bestimmungen der Eigensicherheit; dazu gehört eine Kontrolle der durchgeführten Prüfungen.

Die Prüfung durch den Errichter der Anlage beinhaltet die
  - Prüfung des Isoliervermögens,
  - Bestimmung der Induktivität im eigensicheren Stromkreis durch Messung oder Berechnung und Vergleich des Wertes mit dem maximal zulässigen Wert (L_A-Wert),
  - Bestimmung der Kapazität im eigensicheren Stromkreis durch Messung oder Berechnung und Vergleich dieses Wertes mit dem maximal zulässigen Wert (C_L-Wert),

15.4. EMV-gerechte Gestaltung eigensicherer Anlagen

- Messung der Fremdspannung,
- Bestimmung der Kapazität des Kreises gegen Erde durch Messung oder Berechnung, wenn die Fremdspannung 3 V übersteigt (bei Untergruppe IIC) und Prüfung der Einhaltung der maximal zulässigen Werte im Zusammenhang mit der vorhandenen Fremdspannung.

- Durchführung von Revisionsprüfungen im Abstand von etwa 2 Jahren; das betrifft die Isolationsprüfung, Messung der Fremdspannung und die Prüfung der Potentialverbindungsleitung.
- Besondere Unterweisung des Errichtungs- und Wartungspersonals für eigensichere Anlagen sowie besondere Zulassung und besondere Anforderungen an Werkstätten, die eigensichere Geräte reparieren.

16. Besonderheiten in Rechen- und Prozeßdatenverarbeitungsanlagen

16.1. Übersicht

Rechen- und Datenverarbeitungsanlagen bestehen je nach Umfang der Anlage aus einer mehr oder weniger großen Zahl von Einzelgeräten, wie Verarbeitungseinheiten, Terminals und anderen peripheren Einrichtungen. Der in einer solchen Anlage erreichte Grad der elektromagnetischen Verträglichkeit hängt einerseits davon ab, inwieweit die beteiligten Einzelgeräte den Aspekten einer EMV-gerechten Gestaltung entsprechen (Abschn. 12 u. 13), und andererseits davon, inwieweit beim Aufbau der EDVA dem Schutz gegen elektrostatische Entladungen (Abschn. 8), dem Blitz- und Überspannungsschutz (Abschn. 9 u. 10), der Vermeidung gegenseitiger Beeinflussungen der Geräte untereinander (Abschn. 4) und anderen EMV-fördernden Maßnahmen in ausreichendem Maße Rechnung getragen wurde. Besondere Bedeutung haben in diesem Zusammenhang die zweckentsprechende Ausführung der Energieversorgung der EDVA sowie die EMV-gerechte Verkabelung, Nullung, Erdung und Bezugspotentialführung bei gleichzeitiger Gewährleistung der vorgeschriebenen Berührungsschutzmaßnahmen in der jeweiligen Anlagenkonfiguration. Die beiden zuletzt genannten Problemkreise sind Gegenstand des vorliegenden Abschnitts. Alle darin abgeleiteten Empfehlungen und Maßnahmen sind entsprechend den in den Abschnitten 2.4 und 2.5 erläuterten Grundsätzen zu realisieren.

16.2. EMV-gerechte Energieversorgung von EDVA

16.2.1. Versorgungs- und Anschlußbedingungen

Elektronische Datenverarbeitungsanlagen werden entsprechend den allgemeinen Versorgungsbedingungen für die Lieferung von Elektroenergie aus dem öffentlichen Energienetz versorgt. Inhaltlich sind dabei die für einen störungsfreien Betrieb der EDVA erforderlichen Bedingungen nicht gesichert. Das heißt, an jedem Energiespeisepunkt ist mit zahlreichen stationären und transienten Störerscheinungen zu rechnen (siehe Abschn. 3.4.4 und Bild 16.1). Vor der Installation einer EDVA ist deshalb zu untersuchen, in welchem Umfang die durch Netzspannungsanomalien möglichen Ausfälle der EDVA ökonomisch vertretbar sind oder ob eine die Versorgungssicherheit erhöhende Stromversorgungseinrichtung der EDVA vorgeschaltet werden muß. Liegen am Einsatzort noch keine diesbezüglichen Erfahrungen vor, so ist eine Netzuntersuchung über längere Zeit zu empfehlen. Dabei ist es wichtig, alle energetisch interessierenden Störvorgänge (>0,1 ms) zu erfassen. Die Analyse der Störungen gibt Hinweise über deren Herkunft und kann zur Minderung oder Beseitigung von Störquellen im eigenen Versorgungsbereich beitragen.

Jede Art von Maßnahmen, welche nicht eine eigene unterbrechungsfreie Stromversorgung der EDVA vorsieht, kann jedoch nur eine Minderung der durch Netzstörungen verursachten Ausfälle bringen, nicht aber die volle Versorgungszuverlässigkeit gewährleisten.

16.2. EMV-gerechte Energieversorgung von EDVA

In den Gerätekennblättern der Hersteller von EDV-Geräten werden die Anschlußbedingungen genannt. Die Spannungswerte können im allgemeinen um +10 %/−15 % von der Nennspannung abweichen. Werte oberhalb der angegebenen Grenze gelten als Überspannung, Unterschreitungen als Unterspannung. Manche Gerätehersteller ergänzen diese Angaben mitunter mit dem Hinweis, daß die Spannungsgrenzwerte auch nicht kurzzeitig überschritten werden dürfen. Der Begriff „kurzzeitig" ist allerdings oft nicht definiert. Im Abschnitt 16.2.3 wird hierauf eingegangen.

Die Versorgungszuverlässigkeit wird in erster Linie durch Spannungsunterschreitungen gefährdet, während Spannungsüberschreitungen die Bauelemente des Netzeingangs überbeanspruchen. Häufig werden in den Anschlußbedingungen die Spannungsangaben durch die maximal zulässige Abweichung vom sinusförmigen Verlauf und der Spannungssymmetrie ergänzt. Nicht angegeben wird, ob hierunter der fortlaufende Spannungszustand zu verstehen ist oder ob auch transiente Signale einbezogen sind.

Für Geräte, deren Funktion im Zusammenhang mit der Frequenz der Versorgungsspannung steht, wie Wechsel- und Festplattenspeicher, sind nur geringe Abweichungen vom Nennwert zulässig (z. B. 50 Hz ±0,5 Hz). Diese Bedingungen sind nicht in allen Versorgungsnetzen gesichert, da die Konstanz der Frequenz eines Versorgungsnetzes, im allgemeinen des Landesverbundnetzes, von der Belastung abhängig ist.

Werden bei den frequenzabhängigen Geräten die zulässigen Bereiche nicht eingehalten, so treten häufig bzw. ständig Fehler in der Programmarbeit ein. In vielen EDVA kann allein schon die Forderung nach der Frequenzkonstanz den Einbau einer Stromversorgungseinrichtung, wie Motorgenerator oder statische Wechselrichter, notwendig machen.

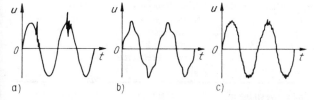

Bild 16.1. Typische Netzspannungsanomalien
Netzspannung überlagert mit
a) Störspannungsimpulsen,   b) niederfrequenten Harmonischen,   c) höherfrequenten Spannungen

16.2.2. Maßnahmen zur Erhöhung der Versorgungszuverlässigkeit

Eine an lokalen Störeinflüssen arme und hinreichend spannungskonstante Versorgung wird gewährleistet, wenn die EDVA über einen eigenen Netztransformator aus dem Mittelspannungsnetz versorgt wird. Dies ist jedoch in vielen Fällen, insbesondere für kleine Datenverarbeitungsanlagen, nicht durchsetzbar, weil u. a. Folgeinvestitionen in den Energieversorgungseinrichtungen in unvertretbarer Höhe erforderlich sind. Der direkte Anschluß an ein Niederspannungs-Versorgungsnetz erhöht die Gefahr der Beeinflussung durch andere Verbraucher. In Abhängigkeit von der Belastung des Transformators und gemeinsamer Übertragungsleitungen treten an der EDVA größere Spannungsschwankungen auf. Vor allem beim Schalten induktiver und kapazitiver Lasten können unzulässige Spannungsabweichungen entstehen. Dies trifft besonders für Blindstromkompensationsanlagen zu, die erhebliche Spannungsabweichungen beim Zuschalten zur Folge haben können (Bild 16.2) und zu oberschwingungshaltigen Spannungsverläufen führen (Bild 16.1b).

Vor einer Entscheidung über zweckmäßige Maßnahmen zur Sicherung der störungsfreien bzw. störungsarmen Energieversorgung sind folgende Fragen zu klären:

- In welcher Größenordnung können Ausfälle der EDVA zugelassen werden?
- Welche Störungshäufigkeit ist an der Energieanschlußstelle zu beobachten?
- Um welche Art von Störerscheinungen handelt es sich (transiente oder zeitlich periodische)?
- Kann durch technische oder betriebsorganisatorische Maßnahmen die Wirkung von Störquellen beseitigt bzw. das Auftreten von Funktionsstörungen in der EDVA verhindert werden? (Hierunter sind Entstörungsmaßnahmen an Störquellen oder Weisungen zu verstehen, die bestimmte Schaltungen nur in Abstimmung mit der Rechenanlage zulassen.)

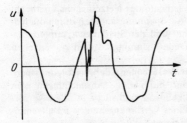

Bild 16.2. Störung im Netzspannungsverlauf durch das Zuschalten einer Blindstromkompensationsanlage

Tafel 16.1. Rotierende Stromversorgungsanlagen für EDVA. Energieerzeugung durch Drehstrom-Konstantspannungsgeneratoren

Antrieb durch	Vorteile	Nachteile	Einsatz
Verbrennungsmotor/ Gasturbine 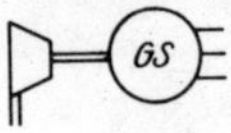	netzunabhängiger Betrieb	hohe Betriebskosten, hoher Wartungsaufwand, geringe Frequenzstabilität	Netzersatz bei Ausfall der Energieversorgung
Drehstrom-Asynchronmotor 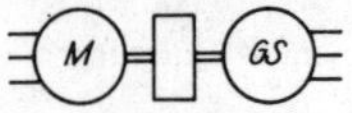	geringe Investkosten, Überbrückung kurzzeitiger Netzunterbrechung durch Schwungmasse möglich	Generatorfrequenz abhängig vom Motorschlupf, stets kleiner als Netzfrequenz	nur für Einrichtungen mit großen zulässigen Frequenztoleranzen
Drehstrom-Synchronmotor 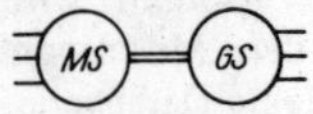	galvanische Trennung vom Netz, relativ geringe Investkosten	netzabhängige Generatorfrequenz, Überbrückung von Netzunterbrechungen nicht möglich (Motor fällt außer Tritt)	zur Spannungsstabilisierung
Gleichstrom-Nebenschlußmotor mit Thyristorgleichrichter 	gute Konstanz der Generatorfrequenz, als Frequenzwandler einsetzbar, Überbrückung von Kurzzeitunterbrechungen mit Schwungmasse möglich, Ergänzung zur USV durch Pufferbatterien möglich	erhöhte Investkosten, erhöhter Wartungsaufwand	in Anlagen mit hohen Forderungen an die Versorgungszuverlässigkeit

16.2. EMV-gerechte Energieversorgung von EDVA

Diese Fragen lassen sich in der Regel nur unbefriedigend beantworten, da die genaue Kenntnis der örtlichen Situation in den seltensten Fällen gegeben ist. Eine über längere Zeit durchzuführende Analyse kann zur Klärung beitragen, eine verbindliche Auskunft ist jedoch auch hier nicht zu erwarten, da neben den häufig zu beobachtenden Störerscheinungen eine Reihe zufälliger, oft jahreszeitbedingter Anomalien auftritt. Zusätzlich muß in die Betrachtung zur Energieversorgung die Einhaltung der geforderten Netzfrequenz für die Geräte einbezogen werden. Es nützt keine saubere sinusförmige Netzspannung, wenn andererseits durch Frequenzabweichungen fehlerhafte Betriebszustände in der Programmarbeit der EDVA auftreten.

Unter Berücksichtigung aller dieser Faktoren ist ein netzstörungsfreier Betrieb einer EDVA nur möglich, wenn ihr eine eigene Energiequelle zugeordnet wird. Dies kann im einfachsten Fall durch den Anschluß an einen Drehstromgenerator erfolgen, welcher die benötigte Energie in den geforderten Parameterbereichen liefert. Die Art des Generatorantriebes muß dazu die Voraussetzungen schaffen (Tafel 16.1). Anstelle der bekannten rotierenden Aggregate finden zunehmend elektronische Einrichtungen Verwendung /16.1/.

Das Grundprinzip einer modernen störungsfreien Energieversorgung besteht darin, die störungsbehaftete Netzspannung gleichzurichten und die Gleichspannung anschließend zur gewünschten Wechselspannung umzuformen. Hierbei ist es möglich, Pufferbatterien in den Gleichstrom-Zwischenkreis zu schalten, um bei Ausfall der Primärenergie Unterbrechungen der sekundären Wechselspannung auszuschließen. Diese Einrichtungen werden als unterbrechungsfreie Stromversorgungsanlagen (USV) bezeichnet. Zu Störungen kommt es nur, wenn

Tafel 16.2. Statische Stromversorgungsanlagen für EDVA

Bestehend aus	Vorteile	Nachteile	Einsatz
Gleichrichter und Wechselrichter	hohe Konstanz der elektr. Parameter, geringer Raumbedarf, hoher Wirkungsgrad, wartungsarm, hohe Zuverlässigkeit, keine Lärm- und Schwingungsbelästigung	keine Überbrückung von Netzunterbrechungen, höhere Investkosten als bei Motorgeneratoren	in Anlagen, die aus einem Netz mit anderer Betriebsfrequenz versorgt werden
Gleichrichter, Wechselrichter und Pufferbatterie (USV)	hohe Konstanz der elektr. Parameter, unabhängig vom Netz, Überbrückung von Netzausfällen in Abhängigkeit von der Batteriekapazität > 20 min möglich	hohe Investkosten, zusätzlicher Batterieraum erforderlich, Wartungsaufwand	in Anlagen mit hohen Forderungen an die Versorgungszuverlässigkeit
USV mit Bypass	erhöhte Versorgungssicherheit durch elektronische Umschaltung	Abhängigkeit von der Netzfrequenz, Beeinflussung empfindlicher Geräte bei Umschaltungen möglich	in Anlagen an frequenzstabilen Energienetzen mit weniger empfindlichen Geräten

die USV selbst ausfällt, womit jedoch nur sehr selten zu rechnen ist. Durch ergänzende schaltungstechnische Maßnahmen können weitere Sicherheiten geschaffen werden /16.2/. In der Tafel 16.2 sind verschiedene Lösungsvarianten für eine störungsarme Energieversorgung und deren Vor- und Nachteile angeführt.

In vielen kleineren Datenverarbeitungsanlagen muß man jedoch auf die beschriebenen Einrichtungen verzichten und sich auf andere Lösungen orientieren. Hierzu gehört der Einbau von Stelltransformatoren und Netzspannungsreglern. Diese sind nützlich, wenn im Versorgungsnetz tageszeitabhängig größere, langsam verlaufende Spannungsveränderungen auftreten. Für die innerhalb weniger Spannungshalbwellen liegenden Schwankungen bleiben sie wirkungslos. Schutz vor schnellen transienten Netzstörspannungen bieten sie nur in besonderer Ausführung /13.10/ /13.14/.

Der Einbau eines zentralen Netzfilters ist nur in den Fällen zu empfehlen, wo starke HF-Störspannungen der Netzspannung überlagert sind. Je kleiner die Störfrequenzen sind, um so größer werden die Kosten für die Filtereinheit (Tiefpaß).

16.2.3. Geräteinterne Stromversorgung und Kontrollschaltungen

Die Energieversorgung der EDV-Geräte erfolgt aus dem Ein- bzw. Dreiphasen-Wechselspannungsnetz. Alle für die logischen Funktionseinheiten benötigten Gleichspannungen werden über Stromversorgungsbaugruppen aus der Wechselspannung gewonnen. Je nach Entwicklungsstand, technisch-ökonomischen Gesichtspunkten sowie der benötigten Leistung finden sowohl Schaltnetzteile als auch konventionelle Netzteile Verwendung. Unabhängig von der Art der Netzteile wird die gleichgerichtete Wechselspannung über Glättungs- und Regelglieder zu einer stabilen Gleichspannung umgeformt. Veränderungen in Verlauf und Amplitude der anstehenden Wechselspannung, soweit sie innerhalb der angegebenen Toleranzen liegen oder zeitlich begrenzt sind, haben keinen Einfluß auf die Ausgangsspannung. Bei Spannungseinbrüchen im Primärnetz wird durch die Lade- und Glättungskondensatoren der Netzteile über eine begrenzte Zeit die Ausgangsspannung oberhalb der für die Logik benötigten Mindesthöhe gehalten. Der Zeitraum zwischen der primärseitigen Unterbrechung der Energiezufuhr und dem Erreichen des unteren zulässigen Ausgangspegels der Logikspannung ist die Stützzeit des Netzteiles (Bild 16.3). Während dieser Zeit bleibt die Funktionsfähigkeit der Logik gesichert. Hieraus könnte die Schlußfolgerung abgeleitet werden, daß Spannungseinbrüche innerhalb der Grenzen der Stützzeit ohne Auswirkungen auf das EDV-Gerät bleiben. Das trifft bei vielen Geräten nicht zu, da mit dem Eintreffen einer Netzspannungsstörung eine Reihe interner Funktionen abzuarbeiten sind, welche die Logik in einen definierten Zustand versetzen. Dies muß innerhalb der Stützzeit geschehen. Das Signal für diesen Prozeß, verbun-

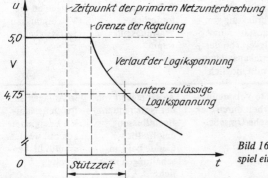

Bild 16.3. Stützzeit eines Netzteiles am Beispiel einer TTL-Versorgung

16.2. EMV-gerechte Energieversorgung von EDVA

den mit der Abschaltung bzw. dem Stopp der Programmarbeit, wird durch sogenannte Kontrollschaltungen gebildet. Unzweckmäßig konzipierte Kontrollschaltungen sind häufig der Grund für eine eingeschränkte EMV der Geräte.

Spannungsüberwachung

Grundsätzlich muß die Ansprechzeit der Netzkontrollschaltung wesentlich kleiner sein als die Stützzeiten der Netzteile, damit kein Arbeitsregime unterhalb der zulässigen Logikspannungen entsteht. Dies darf jedoch nicht dazu führen, daß aufgrund unzureichender Abstimmung der Gerätebaugruppen untereinander schnelle Abschaltungen ausgelöst werden, obwohl große Stützzeiten dies nicht erfordern.

Bild 16.4 zeigt als Beispiel den überwachten Spannungsverlauf am Ausgang eines Dreiphasenbrückengleichrichters einschließlich der oberen und der unteren Ansprechgrenze der Spannungskontrollschaltung. Beim Überschreiten der unteren Toleranzgrenze wird unter Berücksichtigung möglicher Zeitverzögerungen der Abschaltvorgang eingeleitet, d. h., es werden die geräteinternen Funktionen zur Programmunterbrechung gestartet. Sobald dies geschehen ist, bleibt eine Spannungsrückkehr ohne Einfluß auf den Vorgang. Bild 16.5 zeigt ergänzend hierzu, daß ein Ansprechen der Spannungskontrollschaltung auch durch hohen Oberschwingungsgehalt der Netzspannung herbeigeführt werden kann.

Die Funktionsunfähigkeit der EDVA tritt grundsätzlich ein, wenn einzelne Geräte der Konfiguration durch das Ansprechen ihrer Kontrollschaltung nicht mehr arbeitsfähig sind.

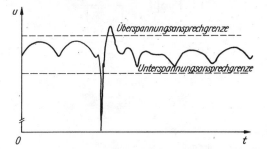

Bild 16.4. Überwachte Spannung am Ausgang eines Dreiphasenbrückengleichrichters mit kurzzeitiger Störung (Spannungseinbruch)

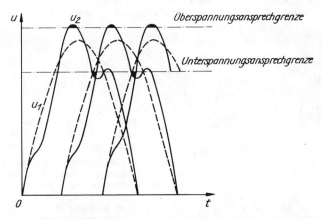

Bild 16.5. Einfluß von Spannungsoberschwingungen auf das Ansprechen von Spannungskontrollschaltungen

u_1 sinusförmige, u_2 stark oberschwingungshaltige Netzspannung

Phasenüberwachung

Unzulässige Überlastungen im Gerät bei Phasenausfall werden durch die Phasenkontrolle verhindert. Selbst nach einer durch die Spannungskontrolle ausgelösten Programmunterbrechung bleiben z. B. in der Zentraleinheit die zur Kühlung erforderlichen Lüfter weiter in Betrieb. Der Ausfall einer Phase würde zur Überlastung und möglichen Zerstörung führen. Von noch größerer Bedeutung ist jedoch, daß von den einzelnen Phasen eine Reihe von Steuer- und Versorgungsfunktionen abgeleitet werden, z. B. die einphasige Versorgung von Steuerspannungsmodulen, der Zündzeitpunkt von Thyristoren u. a. Damit fallen wichtige Versorgungs-, Überwachungs- und Regelfunktionen aus.

Die Phasenkontrolle kann nach unterschiedlichen Funktionsprinzipien aufgebaut sein. Gebräuchlich ist sowohl die direkte Überwachung der einzelnen Phasen als auch die indirekte über den Sternpunktleiter (Bild 16.6). Von der Funktion des EDV-Geräts ist es abhängig, in welchen Zeitbereichen eine Phasenunterbrechung zugelassen werden kann.

Indirekte Phasenkontrollen haben den Nachteil, daß alle Unsymmetrien der Netzspannung und Abweichungen vom sinusförmigen Spannungsverlauf als Sternpunktspannung auftreten (Bild 16.7) Dies kann bei Störeinlagerungen in der Versorgungsspannung zu einer nicht notwendigen Abschaltung des Geräts führen.

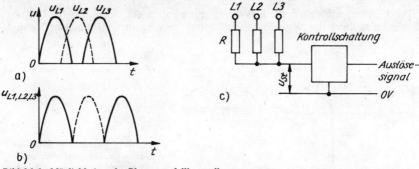

Bild 16.6. Möglichkeiten der Phasenausfallkontrolle
a) Nullspannungskontrolle nach Einweggleichrichtung der drei Phasenspannungen
b) Nullspannungskontrolle der einzelnen Phasenspannungen nach Zweiweggleichrichtung
c) indirekte Phasenüberwachung durch Kontrolle der Sternpunktspannung u_{St} bzw. des Sternpunktstroms

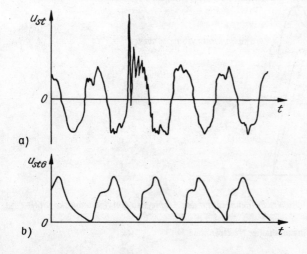

Bild 16.7. Sternpunktspannung bei Phasenkontrolle nach Bild 16.6c
a) Sternpunktspannung u_{St} mit Störung, verursacht durch das Schalten eines anderen einphasigen Geräts
b) zur Bewertung gleichgerichteter Sternpunktspannung u_{StG} einer stark oberschwingungsbehafteten Netzspannung

16.2.4. Verkabelung

Mit der Energiezuführung von einer zentralen, ausschließlich der Rechnerversorgung dienenden Verteilung zu den Geräten wird gleichzeitig die Realisierung der Schutzmaßnahme gegen unzulässige Berührungsspannungen nicht betriebsmäßig unter Spannung stehender Teile erforderlich. Dies erfordert, die Verkabelung unter Einbeziehung der Erdungsproblematik der EDVA zu sehen (hierzu siehe Abschn. 16.3).

Die Verlegung der Netzkabel erfolgt bei zentralen Datenverarbeitungsanlagen im doppelten Fußboden des Raumes, seltener in speziellen Kabelkanälen. Durch die unvermeidbare Parallelverlegung von Netzkabeln und Interfaceleitungen tritt unter den Bedingungen kleiner Ströme für die Geräteversorgung eine vorwiegend über das elektrische Feld wirkende Beeinflussung der Interfaceleitungen ein. Aus diesem Grund müssen die störenden Kabel mit einem Metallschirm umgeben sein, durch welchen der Außenraum der Kabel feldfrei wird. Voraussetzung ist jedoch die Erdung der Schirme. Sie erfolgt an der Rechnerverteilung.

Außerhalb der Rechnerräume, speziell in Prozeßrechenanlagen und dezentralen Datenverarbeitungseinrichtungen, besteht die Gefahr der Einkopplung von Störungen aus systemfremden Störquellen. Besonders gefährdet sind Informations- und Signalleitungen mit kleinen Signalpegeln. Durch die getrennte Verlegung von Starkstrom- und Signalkabeln, die Verwendung geschirmter Kabeltypen und Berücksichtigung der systemgerechten Erdung ist eine hohe EMV zu erreichen. Die Schirmung der Kabel ist in die Betrachtungen zum Erdungssystem mit einzubeziehen. In den folgenden Abschnitten wird hierauf näher eingegangen.

16.3. EMV-gerechte Nullung, Erdung und Bezugspotentialführung in EDVA

16.3.1. Einzelanlagen

Eine elektronische Datenverarbeitungsanlage besteht aus einer Reihe von Einzelgeräten, die durch Interfaceleitungen zu einer funktionellen Einheit zusammengeschaltet sind. Voraussetzung ist, daß alle Geräte das gleiche Logik-Bezugspotential (Nullpotential) haben.

Unter der Berücksichtigung, daß zur Gewährleistung des Berührungsschutzes alle nicht betriebsmäßig spannungführenden Teile über einen Schutzleiter mit Erde in Verbindung stehen, ist das Logik-Bezugsleitersystem ebenfalls durch Erdung gegenüber anderen Anlagenteilen in einem definierten Zustand zu halten. Durch eine Vielzahl von Vorgängen sind zwischen verschiedenen Erdungspunkten jedoch ständig sich verändernde Potentialunterschiede vorhanden. Diese müssen bei der Anlagengestaltung berücksichtigt werden, da anderenfalls über das Erdungssystem mit einer Störbeeinflussung der EDVA gerechnet werden muß.

Zentraler Erdungspunkt einer EDVA ist die Energieverteilung, von welcher ausschließlich die zur Konfiguration gehörenden Geräte versorgt werden. An dieser Stelle erfolgt die Verbindung des Nulleiters (*PEN*) der Netzzuleitung über eine impedanzarme Leitung mit der Erde, die das Auftreten von Spannungsdifferenzen (Gegentaktspannungen) zwischen Nulleiter und Erde ausschließt. Bei fehlender Verbindung kann diese Gegentaktspannung zur Beeinflussung des logischen Systems durch kapazitive Kopplungen über die Gerätegehäuse führen.

Die in den Netzkabeln von der Rechnerverteilung zu den Geräten mitgeführten Neutralleiter (*N*) sind innerhalb der EDVA als spannungführende Leiter zu betrachten, da diese betriebsmäßig stromdurchflossen sind. Mit einem zusätzlichen Schutzleiter (*PE*), der nur einen kleinen Ableitstrom der Geräte führt, wird der erforderliche Berührungsschutz gewährleistet. Dieser Schutzleiter muß jedoch systemgerecht verlegt werden, da alle Geräte untereinander über das Interface verbunden sind und Schleifenbildungen im Erdungssystem des Logik-Bezugsleiters vermieden werden müssen. Zu berücksichtigen sind auch die vorwiegend durch kapazitive Kopplung über die Gerätegehäuse entstehenden Schleifen.

Bei allen Betrachtungen über das Anlagennullsystem einer EDVA muß davon ausgegangen werden, daß ausschließlich höherfrequente Störungsanteile als Einflußgrößen wirksam werden. Völlig unbedeutend sind Vorgänge im Bereich der Netzfrequenz. Eine Vernachlässigung der Erdungsproblematik kann die Funktion einer EDVA erheblich beeinträchtigen.

Von einer technisch zweckmäßigen und ökonomisch vertretbaren Lösung für die Erdung (Anlagennull) der EDVA ist zu fordern, daß

- alle Bestimmungen zur Gewährleistung der elektrotechnischen Sicherheit berücksichtigt werden /16.3/,
- die optimale Funktionssicherheit der EDVA gewährleistet wird,
- nachträgliche Erweiterungen oder Änderungen der Anlage ohne großen Aufwand ausführbar sind und durch Übersichtlichkeit das Risiko der Schaffung neuer Fehlerquellen vermieden wird,
- bei Vorhandensein weiterer Anlagen die Kopplungsmöglichkeit der Rechner gewährleistet ist,
- der Aufwand an Material und Kosten vertretbar ist,
- die Anlagenüberprüfung ohne Schwierigkeiten durchgeführt werden kann.

Die günstigsten Voraussetzungen zur Erfüllung dieser Forderungen werden erreicht, wenn der Erdungskonzeption die ideale Äquipotentialfläche zugrunde gelegt wird /16.4/. Bei dieser Lösung werden alle in das gemeinsame Logik-Bezugssystem einzubeziehenden Geräteanschlußpunkte auf eine unter der Anlage befindliche Blechplatte geführt, die nur an einer Stelle mit der Erde in Verbindung steht. In der Praxis bleibt eine derartige Lösung nur kleinen, hochempfindlichen Laboreinrichtungen vorbehalten. In erster Näherung können jedoch auch Äquipotentialbedingungen durch einen netzförmigen Aufbau der als Bezugspotential dienenden Erdungsfläche erreicht werden (Bild 16.8). Jede zwischen zwei Punkten des Erdungsnetzes zu schaltende Leitung verbindet Punkte mit geringstem Potentialunterschied und dient der weiteren Vermaschung.

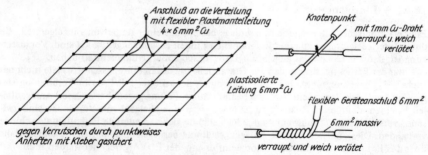

Bild 16.8. Netzförmiger Bezugserder (Flächenerder)

Um Störeinkopplungen zu vermeiden, sind auch alle Gerätegehäuse an die Erdungsfläche anzuschließen. Damit wird der Erdungsfläche eine Doppelfunktion zugeordnet. Sie gewährleistet ein einheitliches Bezugspotential für alle Geräte der Konfiguration und übernimmt die Funktion eines getrennt verlegten Schutzleiters (Bild 16.9a). Werden in den Netzkabeln die Schutzleiter mitgeführt, so wird zwar die Schutzmaßnahme durch diesen Leiter übernommen und das Erdungsnetz braucht nicht die gesetzliche Farbkennzeichnung für Schutzleiter, funktionelle Änderungen treten jedoch nicht ein (Bild 16.9b). Alle von der Verteilung zu den Gefäßen und somit an die Erdungsfläche geführten Schutzleiter bilden, wie auch die Bezugsleiter des Interface, zusätzliche Maschenverbindungen. Unter diesem Gesichtspunkt ist es auch möglich, die Aderschirme der Netzkabel beiderseitig anzuschließen und damit für die Vermaschung zu nutzen. Funktionsbeeinträchtigende Störungen aufgrund der Tatsache, daß ein

16.3. EMV-gerechte Nullung, Erdung und Bezugspotentialführung in EDVA

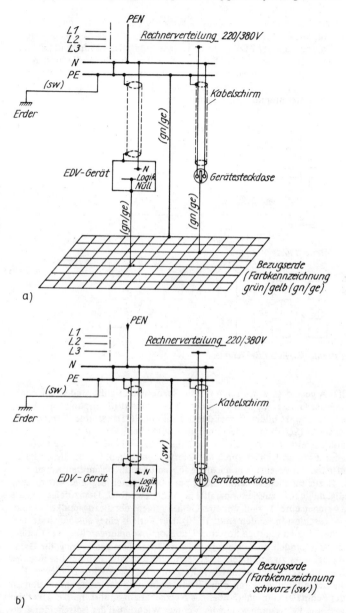

Bild 16.9. EDVA mit netzförmigem Bezugserder
a) Bezugserder mit Schutzfunktion als getrennt verlegter Schutzleiter
b) Bezugserder ohne Schutzfunktion, Schutzleiter im Netzkabel

vom Strom durchflossener Aderschirm sein eigenes elektrisches Feld aufbaut, treten bei den kleinen Strömen nicht auf. Unbedingt vermieden werden muß jedoch der Anschluß systemfremder Geräte an das Erdungsnetz der EDVA, desgl. ist jede zusätzliche Erdung unzulässig. In der Literatur zu findende Hinweise, daß die Potentialgleichheit durch das Verbinden mit allen Teilen der Gebäudekonstruktion erreicht wird, ist so zu interpretieren, daß diese Teile mit dem zentralen Erdungspunkt der EDVA zu verbinden sind. Keinesfalls dürfen Geräte einer EDVA selbständig mit systemfremden Erdungspunkten verbunden werden.

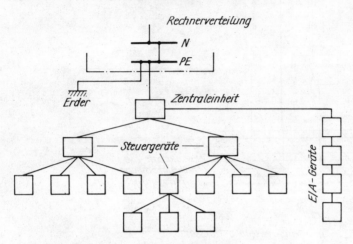

Bild 16.10. EDVA mit strahlenförmigem Bezugserder

Eine weitere für EDVA geeignete Konzeption für die Bezugspotentialführung ist die strahlenförmige Verbindung der Geräte mit dem zentralen Erdungspunkt (Sternpunkt) der Rechnerkonfiguration. Den Sternpunkt bildet hierbei die Zentraleinheit. Der strahlenförmige Aufbau des Bezugsleitersystems (Schaltungserder) muß aber unter Berücksichtigung der die Geräte verbindenden Interfaceleitungen erfolgen. Keinesfalls dürfen schleifenbildende Querverbindungen zwischen den Erdungsstrahlen durch das Interface entstehen. Die an diesen Punkten betriebsmäßig auftretenden Potentialunterschiede führen über die bekannten Kopplungseffekte (vgl. Abschn. 4) zur möglichen Verfälschung der übertragenen Signale. Aus diesem Grund ist es notwendig, daß der Bezugsleiter parallel dem Interface folgt. Demzufolge ist eine Gerätesteuereinheit, welcher eine Anzahl weiterer Geräte folgen, der Bezugspunkt, an dem diese strahlenförmig angeschlossen werden (Bild 16.10). Der Verlauf eines solchen systemgerechten Bezugsleiters hat eine baumartige Struktur. Um Störeinkopplungen über die Gerätegehäuse weitgehend zu unterbinden, sind, wie auch bei der flächenförmigen Erdung, die Gerätegehäuse mit dem Bezugsleiter zu verbinden. Dies setzt jedoch voraus, daß der Berührungsschutz nicht über einen im Netzkabel geführten Schutzleiter realisiert wird. In diesem Fall würde durch vielfache Schleifenbildung mit einer Beeinträchtigung der Anlagenfunktion zu rechnen sein. Wird der Schutzleiteranschluß über das Netzkabel ausgeführt, muß die Verbindung zwischen Gehäuse und Bezugserde vermieden werden. Wichtig bei der Entscheidung, ob der Strahlenerder die Funktion eines getrennt verlegten Schutzleiters übernehmen soll oder der Berührungsschutz über das Netzkabel erfolgt, ist die Tatsache, daß bei einer Reihe von Geräten das Gefäßsystem und der Logik-Bezugsleiter eine konstruktive Einheit bilden. Demzufolge verbietet sich der Schutzleiteranschluß über die Netzkabel für die gesamte EDVA.

Der Ausführung eines Strahlenerders mit Schutzleiterfunktion ist besondere Aufmerksamkeit zu widmen. Er muß den gesetzlichen Bestimmungen für die Verlegung von Schutzleitern

16.3. EMV-gerechte Nullung, Erdung und Bezugspotentialführung in EDVA

/16.3/ entsprechen. Arbeiten an Geräten, auch das Entfernen von Geräten aus der Konfiguration, dürfen zu keiner Unterbrechung der Schutzmaßnahme für andere Geräte führen.

Eine weitere Erdungsvariante ist die Sammelschienenerdung. In diesem Fall wird der Anschluß des Logik-Bezugsleiters und der Schutzmaßnahme der Geräte getrennt auf die als Bezugserde dienende Sammelschiene geführt oder die Schutzmaßnahme getrennt über die Netzkabel realisiert (Bild 16.11). Anhand der vorangegangenen Erläuterungen wird erkennbar, daß diese Variante keinen störungsfreien Betrieb der EDVA gewährleistet.

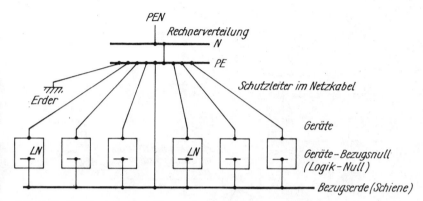

Bild 16.11. EDVA mit Sammelschienenerdung (ungeeignet)

Von allen Ausführungen des Bezugsleitersystems und der Anlagenerdung unabhängig ist die Forderung nach impedanzarmer Ausführung des gesamten Erdungssystems. Aus dieser Sicht (vgl. Abschn. 4.2) wären Rohrleiter und dünne Bänder am besten geeignet. Zweckmäßigerweise findet jedoch handelsübliches plastisoliertes Leitermaterial aus Kupfer Verwendung. Elektrisch geeignet sind zwar auch Aluleitungen, doch stehen hier die bekannten Nachteile der Verbindungsstellen entgegen. Zum Anschluß im Erdreich ist Alu ohnehin nicht zugelassen. Ferromagnetische Materialien (Eisenleitungen) sind ebenfalls ungeeignet.

In die Betrachtungen zur EMV-gerechten Gestaltung der Bezugserde (Anlagennull) dürfen die Erfordernisse nicht unberücksichtigt bleiben, welche durch den Einsatz von Meß- und Arbeitsmitteln entstehen. Je nach der Art ihrer Funktion sind sie als Bestandteil der EDVA anzusehen oder als systemfremde Geräte zu betrachten. Alle Meß- und Prüfmittel, die Funktionen der EDVA kontrollieren, müssen das Bezugspotential des zu prüfenden Geräts haben. Hilfsgeräte zur Pflege und Wartung (wie z. B. Staubsauger, Kompressoren u. a.) dürfen dagegen keine Verbindung mit dem Bezugserder erhalten. Hieraus ist die Forderung abzuleiten, daß der Anschluß der dem Rechner zuzuordnenden Hilfsmittel nur über die Steckdosen erfolgen darf, deren Schutzkontakt das Bezugspotential der EDVA hat. Systemfremde Geräte dagegen müssen von systemfremden Steckdosen versorgt werden. Zweckmäßigerweise sind diese an anlagenfremde Stromkreise angeschlossen, damit bei abgeschalteter EDVA die Spannung für Wartungs-, Reinigungs- und Reparaturarbeiten zur Verfügung steht. Durch geeignete farbliche Kennzeichnung muß einer Verwechslung der unterschiedlichen Steckdosen vorgebeugt werden.

16.3.2. Mehrrechnersysteme

Mehrrechnersysteme entstehen durch das Zusammenschalten (Koppeln) selbständig arbeitender Anlagen zu einer funktionellen Einheit. Hierbei ist es unwichtig, ob die Kopplung der Zentraleinheiten untereinander oder über periphere Geräte erfolgt. Allein die Tatsache, daß zwischen den EDVA mit dem Interface eine galvanische Verbindung geschaffen wird, erfordert eine Betrachtung, die den Grundsätzen der Einzelanlage entspricht. Dies bedeutet, daß das Mehrrechnersystem wie eine einzelne EDVA behandelt werden muß. Ausgenommen sind nur die Fälle, in denen eine Potentialtrennung zwischen den Anlagen erfolgt. Das Mehrrechnersystem darf wie die einzelne EDVA nur einen Erdungspunkt besitzen, anderenfalls ist mit Ausgleichsvorgängen zwischen den verschiedenen mit Erde in Verbindung stehenden Anschlüssen (Nulleiter der Netzzuleitung) über den Bezugserder zu rechnen. Die günstigste

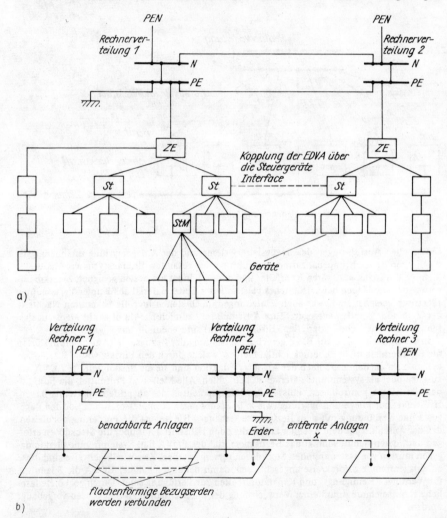

Bild 16.12. Erdung in Mehrrechnersystemen
a) mit Strahlenerdern (ungeeignet)
b) mit flächenförmigen Bezugserdern
x Parallel zum Interface der zu koppelnden Geräte ist zusätzlich eine Potentialausgleichsleitung zu legen.

praktische Lösung ergäbe sich, wenn die einzelnen Rechnerverteilungen zu einer gemeinsamen zusammengefügt würden (Bild 16.9). In diesem Fall wären die Null- und die Schutzleiterschiene durchgehende Verbindungen. Da diese Ausführung selten möglich ist, wird in der Regel eine Verbindung zwischen den Schienen der einzelnen Verteilungen über zusätzliche Leitungen hergestellt. Besondere Bedeutung hat die Verbindung der Schutzleiterschienen, weil über diese Verbindung die Schutzmaßnahme der nachgeordneten Anlagen übernommen wird und gleichzeitig der Potentialausgleich erfolgt. Zur Verlegung kommt querschnittsstarke isolierte Leitung (>25 mm^2 Cu) als induktivitäts- und widerstandsarme Verbindung. Die Verbindung zwischen den Nullschienen dient dem Ausgleich der netzbedingten Spannungsdifferenzen und der Unterdrückung der an der Netzeinspeisung auftretenden Gleichtaktstörungen. Auch diese Leitung ist impedanzarm auszuführen (vgl. Abschn. 4.2).

Mit der Herstellung der netzanschlußseitigen Bedingungen wird eine Betrachtung der zu einer Einheit zusammenzuschaltenden Bezugserder notwendig. Bild 16.12 zeigt hierzu den Anschluß mehrerer zu koppelnder EDVA (Außenleiter nicht dargestellt). Bei der Anlage nach Bild 16.12a werden die zwei strahlenförmig ausgeführten Bezugserder über die Gerätekopplung miteinander verbunden. Notwendig ist, dem Interface eine parallele Ausgleichsleitung zuzuordnen. Damit wird aber die baumartige Struktur des Strahlenerders aufgehoben, und neue Möglichkeiten der Störbeeinflussung über den Bezugserder werden geschaffen. Im Gegensatz hierzu zeigt Bild 16.12b drei Anlagen mit flächenförmig ausgebildeten Bezugserdern. Durch die Verbindung der Flächenerder wird eine gemeinsame Erdungsfläche geschaffen, die unter den gegebenen Bedingungen die günstigste Voraussetzung für die beliebige Kopplung von Geräten bietet.

In neu zu errichtenden Datenverarbeitungsanlagen kann den Erfordernissen einer Mehrrechneranlage von vornherein Rechnung getragen werden, und zwar ist als zentraler Erdungspunkt einer Mehrrechneranlage die Verteilung zu wählen, welche durch ihren Standort die günstigsten Voraussetzungen für die Erdung hat. Die Standorte der übrigen mit ihr zu verbindenden Verteilungen sollen so gewählt werden, daß sie den geringstmöglichen Abstand zueinander aufweisen. Dies sollte bei Neuinstallationen berücksichtigt werden, auch wenn hierdurch längere Netzkabel zu den Geräten verlegt werden müssen.

16.3.3. Kleinrechner- und Datenerfassungssysteme

Die in den vorangegangenen Abschnitten gegebenen Hinweise für den EMV-gerechten Aufbau von EDVA gelten uneingeschränkt auch für Kleinrechneranlagen einschl. Mikrorechnersysteme der vielfältigsten Anwendungsbereiche (Steuerrechner, Bürocomputer, Personalcomputer usw.). Der Begriff „Kleinrechner" darf dabei keinesfalls zu der Annahme verleiten, daß die der Störsicherheit dienenden Grundsätze unberücksichtigt bleiben können. Ausgelöst werden solche Vorstellungen insbesondere dadurch, daß der Anschluß der meisten Geräte über die mit einem Schutzkontaktstecker versehene Anschlußleitung direkt an das Einphasen-Wechselspannungsnetz erfolgt. Hierdurch werden die zur Kleinrechnerkonfiguration gehörenden Geräte wie übliche Elektrogeräte behandelt. Mit dem Anschluß an beliebigen Steckdosen, zum Teil verschiedener Stromkreise, können jedoch über das Interface die unterschiedlichsten Erdpotentiale miteinander verbunden werden. Auch wenn das Gefäßsystem vom Logik-Bezugsleitersystem getrennt ist, besteht die Gefahr der Erdschleifenbildung durch Kopplung über das Gefäßsystem und damit die Möglichkeit der gegenseitigen Beeinflussung der einzelnen Geräte untereinander.

Im Bild 16.13 sind die grundsätzlichen Möglichkeiten des Anlagenaufbaus zu erkennen. Bild 16.13a zeigt die am häufigsten ausgeführte Variante. Wesentlich ist hierbei der Anschluß aller Geräte von der gleichen Verteilung. Müssen periphere Geräte an anlagenfernen Standorten aufgestellt werden, ist der Anschluß an systemfremde Stromkreise unumgänglich. Die Erdung der Geräte über die Schutzleiter muß jedoch vermieden werden. Durch die Zwi-

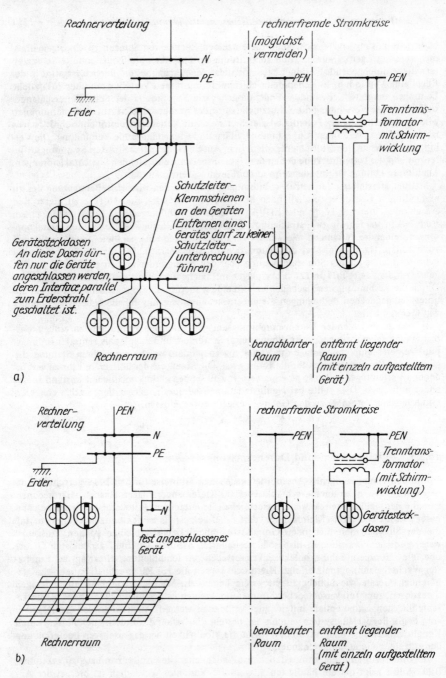

Bild 16.13. Erdung von EDVA mit Energieanschluß über Steckdosen
Der Bezugserder ist als getrennt verlegter Schutzleiter ausgeführt.
a) Anlage mit Strahlenerder, b) Anlage mit Flächenerder

16.3. EMV-gerechte Nullung, Erdung und Bezugspotentialführung in EDVA

schenschaltung eines Trenntransformators nach /16.5/ wird der Berührungsschutz des betreffenden Geräts gewährleistet. Bei einer Aufstellung mehrerer über Steckdosen versorgter Geräte muß unbedingt darauf geachtet werden, daß jedes nur über die ihm zugeordnete Steckdose angeschlossen wird. Anderenfalls werden Erdungspunkte vertauscht und die Möglichkeiten von Störbeeinflussungen über die Erdung geschaffen. Jede Geräteumstellung ist deshalb mit einer Umlegung der Stromversorgungsleitungen verbunden. Diesen Nachteil verhindert die im Bild 16.13 b dargestellte Lösung, die bereits im Abschnitt 16.3.1 erläutert wurde. Hier werden Äquipotentialbedingungen durch das maschenförmige Erdungsnetz geschaffen. Das Maschennetz übernimmt die Funktion eines getrennt verlegten Schutzleiters, an den alle zum System gehörenden Schutzkontakte angeschlossen werden. Diese Lösung gestattet beliebige Umstellungen und Erweiterungen des Gerätesystems. Außerhalb der Erdungsfläche aufgestellte Geräte sind durch Strahlenerder (isolierte Einfachleitung) zu verbinden (Bild 16.13 b).

16.3.4. Prozeßrechnersysteme

Beim Aufbau eines Prozeßrechnersystems muß grundsätzlich zwischen der Rechenanlage und dem Prozeß eine Potentialtrennung erfolgen. Diese wird im allgemeinen in den für diesen Zweck konzipierten Prozeßkoppeleinheiten realisiert. Die Trennung erfolgt über Optokoppler, Übertrager oder Lichtwellenleiter.

Durch diese Maßnahme wird das Bezugspotential (Bezugserde) des Rechners unabhängig von in der Prozeßanlage wirkenden Potentialveränderungen. Auch für die Prozeßrechenanlage gilt der Grundsatz, daß im System nur ein Erdungspunkt vorhanden sein darf (Abschn. 16.3). Die Bezugserde des Rechners darf mit den Erdungspunkten in der technologischen Anlage nicht in Verbindung stehen.

Werden die Geräte des Prozeßrechners (1. Peripherie) in einem Raum untergebracht, besteht die Möglichkeit, die Bezugserde maschenförmig auszubilden. In den meisten Fällen ist jedoch nur ein Teil zentral zusammengefaßt, während andere zur Konfiguration gehörende Geräte in Prozeßnähe aufgestellt sind. Hierdurch ergibt sich die Notwendigkeit der strahlenförmigen Verlegung der Bezugserde.

Mit der dezentralen Anordnung wird aber gleichzeitig die Energieeinspeisung der Geräte von rechnerfremden Stromkreisen notwendig. Da das Schutzleiterpotential dieser Einspeisepunkte von dem des Rechners abweicht, wird die Schutzmaßnahme gegen Berührungsspannung über die Bezugserde realisiert (Abschn. 16.3.1). Voraussetzung ist die Verlegung der Bezugserde als getrennt verlegter Schutzleiter gemäß den gültigen Bestimmungen. Ein Anschluß des im Energiezuleitungskabel mitgeführten Schutzleiters ist nicht zulässig. Zu einer anderen Lösung muß man kommen, wenn Geräte des Rechnersystems an elektrisch leitfähigen Standorten, z. B. auf Steuerbühnen und Leitständen in Stahlkonstruktionen, aufgestellt werden. In diesem Fall erfolgt der Anschluß des Schutzleiters über das Netzkabel, und das Bezugsleitersystem des Geräts wird vom Gefäß getrennt.

Die im Produktionsbereich verlegten Kabel unterliegen in starkem Maß der Beeinflussung durch Störfelder. Alle zu verlegenden Kabel sollten deshalb geschirmt sein. Die Daten und Signalleitungen sind mit geschirmten verdrillten Aderpaaren, welche einen gemeinsamen äußeren isolierten Schirm besitzen, auszuführen. Unter besonders ungünstigen Bedingungen ist auch die Bezugserde zu schirmen, da diese im gleichen Umfang der Beeinflussung unterliegt. Der Aderschirm ist einseitig zu erden.

Von den im Echtzeitbetrieb arbeitenden Prozeßsteuerrechnern wird eine hohe Betriebszuverlässigkeit gefordert. Der Einsatz unterbrechungsfreier Stromversorgungseinrichtungen (USV) (Abschn. 16.2.2) ist in diesen Fällen unumgänglich.

16.4. Revisionen in EDVA

Revision ist eine vom Betreiber einer elektrotechnischen Anlage in bestimmten Zeitabständen zu veranlassende Maßnahme zur Gewährleistung des Arbeits- und Havarieschutzes sowie des Brandschutzes einer elektrotechnischen Anlage /16.6/. Der Zeitabstand der Revisionen richtet sich nach den Festlegungen der Hersteller bzw. den gesetzlichen Vorschriften /16.7/. Neben den vorgeschriebenen Maßnahmen ist für eine EDVA die Überprüfung der Anlagenbezugserde zu empfehlen. Erfahrungsgemäß werden bei Reparaturen, Geräteumstellungen und Peripherieerweiterungen oft fehlerhafte Schaltungskonfigurationen geschaffen, welche zwar nicht im Gegensatz zu den gesetzlichen Vorschriften zur Sicherheit elektrotechnischer Anlagen stehen, jedoch die elektromagnetische Verträglichkeit der EDVA merklich beeinträchtigen können. Aus diesem Grund sollte die Revision nur von fachkundigen Personen mit EMV-spezifischen Kenntnissen vorgenommen werden. Bei allen Messungen darf nicht außer acht gelassen werden, daß die Geräte einer Konfiguration über die Masseadern des Interface verbunden sind.

Die Überprüfung des Anlagenbezugserders ist wie folgt durchzuführen: In der Rechnerverteilung sind die von außen kommenden, mit Erde in Verbindung stehenden Zuleitungen abzuklemmen. Dies ist der Nulleiter der Netzzuleitung, die Anlagenerdung sowie evtl. vorhandene Verbindungen mit der Gebäudekonstruktion u. a. Steht die Rechnerverteilung mit der Gebäudekonstruktion selbst in leitender Verbindung, sind die Schienen vom Gefäß zu lösen. Nach erfolgtem Trennen der genannten Leitungen darf zwischen der Anlage und Erde kein Durchgang gemessen werden. Der Widerstandwert liegt in Abhängigkeit von der Größe der Gerätekonfiguration oberhalb von 4 kΩ, anderenfalls bestehen unzulässige Erdverbindungen in der EDVA. Häufig werden derartige systemfremde Erdverbindungen durch die Nichtbeachtung der EMV-spezifischen Belange durch E-Monteure geschaltet. Beispiele sind: Schutzleiteranschlüsse von Klimatruhen, Warn- und Meldeanlagen sowie anderen systemfremden Verbrauchern, Verbindungen mit automatischen Löscheinrichtungen im Fußboden, Metallkassetten der Wandverkleidung, Kabelmäntel von Informationsleitungen, Stützgerüste des Fußbodens oder mit Erde in Verbindung stehende Metallregale und -konsolen, auf denen zum System gehörende Geräte aufgestellt sind, usw. Gelegentlich sind zu systemfremden Stromkreisen gehörende Steckdosen mit ihrem Schutzkontakt zusätzlich mit der Bezugserde der EDVA verbunden.

Der Neutralleiter der Geräteversorgung ist ebenfalls zu überprüfen. Da dieser innerhalb des Rechnersystems als spannungsführender Leiter anzusehen ist, darf er keine Verbindung mit dem Schutzleiter haben. Zur Prüfung ist in der Rechnerverteilung die Verbindung zwischen N und PE aufzuheben. Durch die Messung des Widerstandes zwischen der erdfreien Null- und der Schutzleiterschiene ist der Anlagenzustand erkennbar. Im ordnungsgemäßen Zustand wird, bedingt durch die bei der Messung zueinander parallelen Widerstände (Isolationswiderstand und Ableiterwiderstände der Filter) der Geräte ein Gesamtwiderstand von mehreren Kiloohm gemessen. Liegt der Widerstandswert bei null Ohm, ist eine galvanische Verbindung zwischen N und PE vorhanden. Wird der Wert im Ohmbereich ermittelt, so ist mit Sicherheit in einem Gerät ein Bauteil (z. B. Spule) nicht zwischen Außen- und Neutralleiter, sondern an Außenleiter und Gefäß geschaltet. Um das fehlerhaft verschaltete Gerät der Konfiguration zu ermitteln, ist die Überprüfung der einzelnen Geräte notwendig. Zu diesem Zweck wird der Neutralleiter (N) der Netzleitung abgeklemmt bzw. bei Steckeranschluß dieser gezogen. Im ordnungsgemäßen Zustand des Geräts besteht zwischen der Neutralleiterklemme und dem Gefäß eine hochohmige Verbindung. Niederohmige Verbindungen weisen auf interne Gerätefehler hin und müssen beseitigt werden.

Für die Widerstandsmessungen sind übliche Vielfachmesser geeignet. Die Verwendung von Isolationsprüfgeräten ist wegen der hohen Prüfspannung solcher Geräte nicht zulässig.

17. Besonderheiten in schiffselektronischen Anlagen

17.1. Übersicht

Die Hauptursachen für Störbeeinflussungen auf Schiffen sind mechanisch geschaltete induktive Stromkreise sowie leistungselektronische Baugruppen für die Bordnetzgeneratoren und Windenmotoren. Durch erstere werden insbesondere die Geräte mit digitaler Signalverarbeitung und durch letztere hauptsächlich die Funk-, NF- und Hydroakustikanlagen gestört. Die vorhandenen Funk- und Radaranlagen dagegen treten relativ selten als Störquellen in Erscheinung. Ihrer biologischen Wirkung wegen müssen sie jedoch unter den Gesichtspunkten des Arbeits- und Gesundheitsschutzes betrachtet werden (s. Abschn. 7).

Die elektromagnetische Verträglichkeit wird auf Schiffen wie in anderen Industrieanlagen durch den Einsatz EMV-gerecht entwickelter und geprüfter Geräte (s. Abschn. 6, 12 und 13) sowie durch die EMV-gerechte Projektierung und Installation der elektrischen Schiffsanlagen entsprechend den in den Abschnitten 2.4 und 2.5 erläuterten Grundsätzen erreicht. Dabei ist zu beachten, daß der stählerne Schiffskörper, die vom Schiffskörper isolierten Bordnetze sowie die relativ dämpfungsarme Verteilung der Störspannungen als Gleichtaktspannungen auf dem ausgedehnten Kabelnetz schiffbauspezifische Besonderheiten gegenüber Industrieanlagen darstellen. Die damit im Zusammenhang stehenden Fragen werden im folgenden behandelt.

17.2. Spezielle Bedingungen auf Schiffen

17.2.1. Das Drehstromnetz

Die heute auf Schiffen anzutreffende Struktur der elektrischen Netze ist durch folgende Unterscheidungsmerkmale gegenüber Landanlagen charakterisierbar:
- die Generatorenanlagen sind auf einen engen Raum beschränkt
- alle Speisekabel sind, verglichen mit Industrieanlagen, kurz
- die motorischen Verbraucher liegen in der Größenordnung der Leistung der Generatoren
- aus Sicherheitsgründen muß eine hohe Kontinuität der Stromversorgung garantiert werden
- die Energieverteilung erfolgt fast generell über ein Strahlennetz.

An Bord sind folgende Verteilungssysteme üblich:
- das isolierte Dreileitersystem (vorrangig)
- das Vierleitersystem mit geerdetem Sternpunkt.

Systeme mit Schiffskörperrückleitung werden nicht mehr vorgesehen. Die Spannungsebenen 380 V, 50 Hz, bzw. 440 V, 60 Hz (Drehstrom), und 220 V, 50 Hz, bzw. 220 V, 60 Hz (Wechselstrom; ebenfalls isoliert geführt) haben sich durchgesetzt /17.3/ /17.4/. Höhere Spannungsebenen (zum Beispiel 660 V, 3 kV, 6 kV) werden nur in Ausnahmefällen realisiert. Die installierten Bordnetzleistungen betragen für mittelgroße Handelsschiffe etwa 2 bis 4 MVA und für Kühl- und Fischereifahrzeuge etwa 3 bis 5 MVA.

17.2.2. Das Gleichstromnetz

Die Versorgung der 24-V-Ebene erfolgt im normalen Betriebszustand von der 380-V-Ebene über einen ungesteuerten Gleichrichter. Bei Ausfall bzw. unzulässigen Spannungsabsenkungen wird unterbrechungslos auf die in Bereitschaft stehende Batterie umgeschaltet. Als Verteilungssystem wird das „isolierte Zweileitersystem" von den Klassifikationsorganen vorgeschrieben /17.1/ /17.3/.
Von der 24-V-Ebene werden die Sicherheits- und Automatikanlagen gespeist. Hierzu zählen vor allem die
- Hauptmaschinensteuerung
- Maschinenüberwachungsanlage
- Stromerzeugerautomatikanlage
- Generatorschutzeinrichtungen
- Steuerung der Stand-by-Systeme
- Alarmanlagen.

Da sich diese Systeme räumlich in alle Schiffsbereiche erstrecken, empfiehlt sich eine Untergliederung der 24-V-Ebene durch den Einsatz von potentialtrennenden Netzteilen für die jeweiligen Anlagen.

17.2.3. Kabelführung, Erdung, Installationsbedingungen

Das Verlegen der geschirmten und ungeschirmten Kabel erfolgt in Fußböden, Wänden, Dekken und in Kabelkanälen. Es muß also beim Entwickeln von Anlagen und beim Projektieren davon ausgegangen werden, daß durchschnittlich 100 Kabel für verschiedene Zwecke und mit verschiedenen Pegeln über Strecken von 3 bis 30 m in einem quadratischen oder rechteckigen Bündel unmittelbar nebeneinander unterzubringen sind. Die Vorschriften für Seeschiffe verlangen, daß sämtliche Kabel auf freiem Deck geschirmt verlegt werden /17.3/ /17.4/. Diese Maßnahme soll vor Funkstörungen schützen. Andererseits wird dadurch auch das Verschleppen eines Teiles der Strahlungsleistung der Sendeantennen in elektronische Geräte vermindert. Wenn diese Kabel auf dem freien Deck sehr dicht am stählernen Schiffskörper entlang zu Windenmotoren o. ä. führen, ist ihre Kopplung mit dem freien Raum wegen der geringen effektiven Antennenhöhe zu vernachlässigen. Führt ein geschirmtes Kabel jedoch auf einen Mast und ist sein Schirm dort am stählernen Mast geerdet, so wirkt dieses Gebilde wie eine Antenne. Die stählernen Masten stellen $^{4}/_{4}$-Strahler dar, die mit ihrer Resonanz im Grenzwellenbereich den Empfang mit dem Funkpeiler beeinträchtigen und außerdem über die o. g. Kabel mit dem gesamten Kabelnetz verkoppelt sind (Bild 17.1). Somit würden nicht nur die Funk-, Funknavigations- und Rundfunkantennen Eintrittsstellen für einen Impuls von einem Blitzeinschlag oder einem eventuellen NEMP sein, sondern auch alle Starkstromkabel, die zu Masten oder ähnlichen Konstruktionen führen. Die Ausbreitung von Störungen auf dem Kabelnetz kann eingeschränkt werden, wenn die Kabelschirme an mehreren Stellen definierten Massekontakt erhalten. Im Bild 17.2 ist eine revisionsfreundliche Lösung dargestellt, die ein Erden des Kabelschirmes mit geringer Induktivität und auch einen klimatischen Schutz gewährleistet.

Im Zusammenhang mit dem Erden, zu dem auch im Abschnitt 17.3.1 noch einige Bemerkungen enthalten sind, soll hier auf die galvanische Kopplung eingegangen werden. Auf dem stählernen Schiffskörper sind folgende Störströme möglich, von denen Teilströme über Geräte- oder Kabelschirmerdungen in elektronische Geräte eindringen können:
- Kurzschlußströme von einem zweipoligen Masseschluß des isolierten Bordnetzes
- Ausgleichsströme durch Kontakt des Schiffskörpers mit anderen metallischen Körpern, die sich an Land oder im Wasser befinden. Dazu gehören: andere Schiffe, Verladeeinrichtungen, der geerdete Mittelpunkt eines Drehstromnetzes beim sog. Landanschluß. Weiterhin sind hierzu die Korrosionsschutzanlagen zu zählen, die mit einem Strom durch das

17.2. Spezielle Bedingungen auf Schiffen

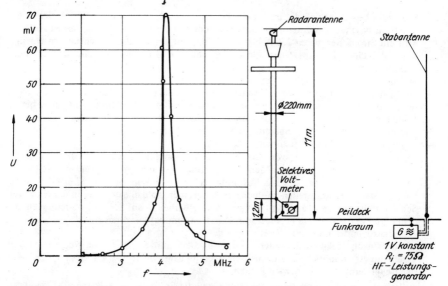

Bild 17.1. $\lambda/4$-Resonanz des Radarmastes auf Frachter Typ 17 der Warnowwerft
U mit dem selektiven Voltmeter gemessene Spannung

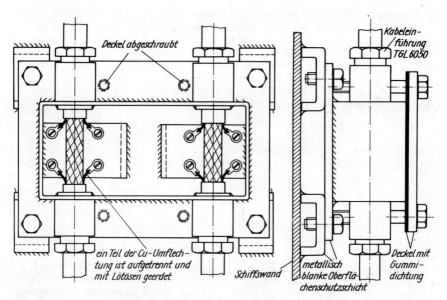

Bild 17.2. Kabelschirmerdung durchgehender Kabel nach dem Eintritt der Kabel vom freien Deck in den stählernen Schiffskörper

Seewasser bewirken, daß die im Wasser befindlichen Metallteile des Schiffes nicht elektrolytisch beschädigt werden (Fremdstromkatodenschutzsystem). Bei modernen Anlagen wird ein Strom, der bis zu 250 A betragen kann, mit gesteuerten Gleichrichtern erzeugt, wobei der Pluspol an speziellen Elektroden und der Minuspol am Schiffskörper angeschlossen ist.
- Ströme infolge Blitzeinschlags bzw. NEMP
- HF-Ströme der Betriebserde von Sendern der Funkanlage. Da die Vorschriften eine Kupferschiene als Verbindung zwischen Sender und Schott oder Deck mit einer Länge bis zu 1 500 mm zulassen /17.5/, sind Verkopplungen durch diese sehr große Induktivität schwerwiegender als durch Spannungsabfälle im Schiffskörper.
- Ableitströme von Funk-Entstörkondensatoren
- Schweißströme und Ströme von örtlich geerdeten Starterbatterien usw. Größere Schiffe besitzen einen fest installierten Schweißumformer und mehrere Schweißanschlußdosen an verschiedenen Stellen des Schiffes. Entsprechend den Vorschriften /17.6/ /17.3/ muß bis zu diesen Anschlußstellen zweipolig verlegt werden, so daß das Erden in der Nähe der Schweißstelle erfolgen kann. Kritisch sind Schweißarbeiten auf See an Rohrleitungen, an denen Meßwertaufnehmer (Temperatur, Druck, Strömung) installiert sind.
- Impulsströme der Elektrofischerei
- Ströme für die Isolationsüberwachung und für die Stromversorgung von Netzsonden (am Fischereinetz befindliche hydroakustische Geräte) usw., die aber so gering sind, daß sie in der Regel vernachlässigt werden können.

Beim Projektieren ist deshalb darauf zu achten, daß die Erdungen für elektronische Geräte in einem Abstand $l > 1,5$ m von den Eintrittsstellen größerer Störströme angeordnet werden, weil innerhalb dieses Umkreises der größte Störspannungsabfall U im Schiffskörper auftritt („Trichter"). Bild 17.3 stellt den nach der Gleichung

$$U = \frac{I \cdot \ln l/r}{2\pi h \gamma} \tag{17.1}$$

berechneten Verlauf dar, wobei eine Leitschichtdicke in Stahl von $h = 0,1$ mm /17.7/ und ein Strom von $I = 20$ A in eine Eintrittsstelle mit einem Radius $r = 40$ mm /17.8/ sowie eine elektrische Leitfähigkeit für Eisen $\gamma = 10^4$ S/mm angenommen wurden. Die Gleichung gilt für einen sich gleichmäßig in alle Richtungen in einer ebenen Leitschicht verteilenden Strom. Mit (17.1) ist allerdings nur eine Abschätzung möglich, da der kammerförmige Aufbau des Schiffskörpers und die Unterschiede der frequenzabhängigen Leitschichtdicke darin nicht berücksichtigt sind. Das o. g. Beispiel kann jedoch als Orientierung bei der Abschätzung von Störspannungsabfällen dienen, wie sie durch Stromrichter verursacht werden.

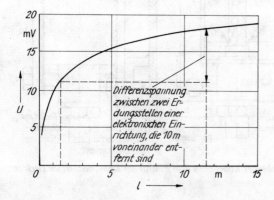

Bild 17.3. Spannungsabfall U in einer ebenen Leitschicht in Abhängigkeit von der Entfernung l von der Stromeinspeisungsstelle

17.2.4. Störspannungsspektren

Vom gesamten an Bord eines Schiffes vorhandenen Störspektrum sind nur die niederfrequenten Anteile der von leistungselektronischen Verbrauchern verursachten Störspannungen einer exakten Berechnung zugänglich /17.11/ /17.13/ /17.15/ /17.33/. Die höherfrequenten Störspannungen, bedingt durch Schaltvorgänge bzw. durch Feldstärkeeinwirkung von Sendeanlagen, sind nicht exakt berechenbar. Die entscheidenden Gründe dafür sind:
- Es kann nicht von Ersatzschaltungen mit konzentrierten Parametern des Bordnetzes ausgegangen werden.
- Die Induktivitäten des Bordnetzes sind frequenzabhängig.
- Die Dämpfung der Kabel ist nicht konstant, sie wirken als Transformationsglieder.
- Es können Überlagerungen von Störungen auftreten.

Aus diesen Gründen sind experimentelle Untersuchungen des Störpegels an Bord unter verschiedenen Betriebsbedingungen von Bedeutung /17.9/ /17.10/.

Aus durchgeführten Untersuchungen ist erkennbar, daß die Störspannung eines Bordnetzes in Abhängigkeit von der Frequenz einen charakteristischen Verlauf hat (Bilder 17.4 und 17.5). Er ist im Bild 17.5 (Kurve 3) dargestellt /17.9/ /17.11/.

Da im Schiffsnetz die unterschiedlichen Störquellen gemeinsam wirken, lassen sich aus den Störspannungsspektren keine Rückschlüsse auf den jeweiligen Erzeuger ziehen. Es ist deshalb empfehlenswert, zur Beurteilung den für die EMV relevanten Frequenzbereich ent-

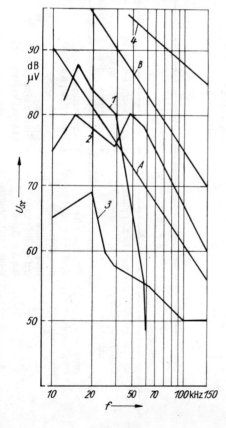

Bild 17.4. Störspannungen in Schiffsbordnetzen
0 dB ≙ 1 µV;
Meßbandbreite: 167 Hz für Kurven 1, 2
200 Hz für Kurven 3, 4, A, B

1   Fischereischiff
2   Störspannung im 380-V-Bordnetz des Fährschiffes „Deutschland" beim Betrieb eines Ankerstromrichters im transformatorisch gekoppelten 1 000-V-Fahrnetz /17.31/
3   Störspannung eines ungesteuerten Gleichrichters
4   Störspannung im Bordnetz mit Stromrichterleistung 1 MVA und Generatorleistung 1,875 MVA
A, B   empfohlene Grenzwerte

Tafel 17.1. Kriterien zur EMV auf Schiffen

Nr.	Frequenzbereich:	≤ 1 kHz		1 kHz < f < 150 kHz		150 kHz < f < 30 MHz		30 MHz < f < 1 000 MHz	
1	Bewertungs-parameter	• Klirrfaktor	k	• Spannungsänderungs-geschwindigkeit	$\frac{du}{dt}$	• Störspannung	U_{St}	• Störspannung	U_{St}
		• Spannungs-änderungs-geschwindigkeit	$\frac{du}{dt}$	• Stromänderung	$\frac{di}{dt}$	• Störspannungs-amplitude	$\hat{U}$	• Störspannungs-amplitude	$\hat{U}$
		• Stromänderung	$\frac{di}{dt}$	• Störspannung	U_{St}	• Spannungs-änderungs-geschwindigkeit	$\frac{du}{dt}$		
		• Störspannungs-amplitude	$\hat{U}$	• Störspannungs-amplitude	$\hat{U}$				
2	Hauptstör-quellen	Stromrichter		• Stromrichter • Schaltvorgänge • Gs-Motoren • Generatoren		• Stromrichter (bis 3 MHz) • Gs-Motoren und Generatoren • Schaltvorgänge • Leuchtstofflampen • Impulserzeuger		• Schaltvorgänge • Impulserzeuger	
3	übliche Meß-bandbreite	einzelne Harmonische		200 Hz		9 kHz		120 kHz	
4	vorrangig wirk-same Koppelme-chanismen	galvanische Kopplung		• galvanische Kopplung • kapazitive Kopplung • induktive Kopplung		• galvanische Kopplung • kapazitive Kopplung • induktive Kopplung		• Strahlung	
5	vorrangige Dämpfungs-maßnahmen	• Dimensionierung der Generatoren und Kommutie-rungsinduktivitä-ten nach den zu-lässigen Span-nungsverzerrungen • Kabelverlegung		• Kabelverlegung • Einsatz von Konden-satoren • Erdung • Einsatz einer störsi-cheren Gerätetechnik		• Kabelverlegung • Einbau von Filtern (LC) • Erdung		• Anordnung der Geräte • Verlegungs-maßnahmen • Erdung	

17.2. Spezielle Bedingungen auf Schiffen

6	Dämpfung der Kabel	• unwesentlich (etwa 2 … 3 dB)	• gering (Maschinenraum-Brücke etwa 8 dB)	• Dämpfung $a \approx 0{,}3$ dB/m (durchschnittlich 12 dB)	• Dämpfung $a \approx 0{,}6$ dB/m (durchschnittlich 25 dB)
7	Bordnetzparameter D Dämpfungsfaktor des Bordnetzes ωL_N Bordnetzreaktanz T_0 Eigenzeitkonstante des Bordnetzes	äquivalent den Parametern für 50 Hz (induktives Netz): $$\|H(\omega)\| = \frac{1}{\sqrt{(1-T_0^2\,\omega^2)^2 + (2\,D\,T_0\omega)^2}}$$	• werden vorrangig durch Kapazitäten bestimmt (kapazitives Netz) $$\|H(\omega)\| = \frac{1}{\sqrt{(1-T_0^2\,\omega^2)^2 + (2\,D\,T_0\omega)^2}}$$	• schwingungsfähiges System (Berechnung bis ≤ 1 MHz möglich) $$\|H(\omega)\| = \frac{1}{\sqrt{(1-T_0^2\,\omega^2)^2 + (2\,D\,T_0\omega)^2}}$$ $f_0 \approx 8$ kHz $\approx$ konstant	• verteilte Parameter (Berechnung schwer möglich)
8	Filtereinsatz	nicht zu empfehlen	Einsatz ab 30 kHz möglich	erreichbare Dämpfungen 30 … 50 dB	erreichbare Dämpfungen 60 dB
9	Trafodämpfungen • geschirmt • ungeschirmt	keine	• Dämpfung $a \approx 60$ dB • Dämpfung $a \approx 12$ dB	• Dämpfung $a \approx 50$ dB • Dämpfung $a \approx 10$ dB	• Dämpfung $a \approx 20$ dB • Dämpfung $a \approx 5$ dB
10	beeinflußte Gerätetechnik	• Motoren • Generatoren • Stromrichter	• analoge und digitale Steuer- u. Regelanlagen • Meß- und Schutzeinrichtungen • Übertragungsanlagen • spezielle Funktechnik • hydroakustische Einrichtungen	• Digitaltechnik • Übertragungsanlagen • Funktechnik • Funk/Funknavigationseinrichtungen • Impulsanlagen (Radar)	• Impulsanlagen • Fernsehanlagen • Funkanlagen

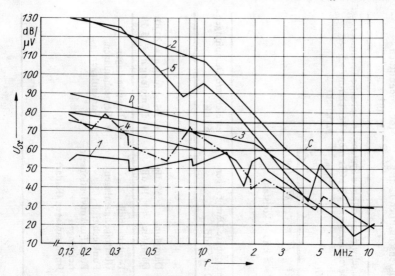

Bild 17.5. Störspannungen in Schiffsbordnetzen
0 dB ≙ 1 µV; Meßbandbreite: 9 kHz
1   Bordnetzgenerator (ohne Stromrichter)
2   Bordnetzgenerator (2 MVA) mit zusätzlichem Stromrichter (1 MVA)
3   mittlerer charakteristischer Verlauf für Handelsschiffe
4   Wellengenerator (1,8 MVA) mit Thyristorerregung
5   Fahrschiene (660 V) des Forschungsschiffes „Poseidon" /17.32/
C, D empfohlene Grenzwerte

sprechend den Arbeitsfrequenzen der Betriebsmittel (Bild 17.6) in vier Frequenzbereiche zu untergliedern und entsprechend Tafel 17.1 zu bewerten. Das heißt, die Einschätzung der EMV-Umweltbedingungen soll nicht von Schiffsbereichen ausgehen, sondern von den eingesetzten Betriebsmitteln. Aufgrund der überschaubaren Verhältnisse werden diejenigen Netzbedingungen und Störpegel als zulässig angesehen, bei denen die Mehrzahl der Verbraucher störungsfrei arbeitet und an die die übrigen Betriebsmittel angepaßt werden können.

Eine besonders markante Störquelle im Drehstromnetz ist die über Gleichrichter betriebene Gleichstrommaschine. Die Störung wird durch die periodischen Schaltvorgänge am Kollektor hervorgerufen. Einen typischen Störspannungsverlauf zeigt Bild 17.7 /17.9/.

Asynchronmaschinen wirken vor allem durch den Rush-Effekt im Schaltaugenblick störend.

Stromrichteranlagen verursachen in Drehstromnetzen dieselben Störspannungsüberlagerungen wie in Industrieanlagen. Bezüglich der Bewertung der diskreten Oberschwingungen, des Klirrfaktors sowie der Kommutierungsvorgänge wird auf Abschnitt 11 verwiesen. Das Amplitudenfrequenzspektrum kann mit einer als Rechteckfunktion approximierten Erregerfunktion $|Y(\omega)|$ und der Übertragungsfunktion des Bordnetzes $|H(\omega)|$ nach

$$|X(\omega)| = |H(\omega)| \cdot |Y(\omega)| \qquad (17.2)$$

ermittelt werden. Dabei kann die Übertragungsfunktion $|H(\omega)|$ Tafel 17.1 entnommen werden. Einzelheiten siehe /17.11/ /17.13/.

Die durch die Kommutierung angeregte Schwingung ist abhängig von den Eigenschaften des Netzes. Bei Bordnetzen können die Eigenschwingungen als einfrequente Vorgänge aufgefaßt werden, deren Frequenz f_o etwa 8 kHz beträgt (Tafel 17.1). Mit der Einbruchtiefe der Netz-

17.2. Spezielle Bedingungen auf Schiffen

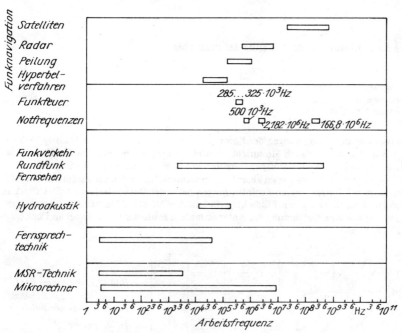

Bild 17.6. Arbeitsfrequenzen der Betriebsmittel

spannung ΔU sowie der Eigenfrequenz des Bordnetzes ω_0 kann die Spannungsänderungsgeschwindigkeit $\frac{du}{dt}$ näherungsweise nach der Gleichung

$$\frac{du}{dt} = \Delta U \omega_0 \tag{17.3}$$

berechnet werden. Die maximale Spannungsänderung ΔU_{max} wird bei gegebenem Reaktanzverhältnis

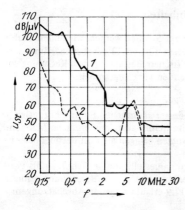

Bild 17.7. Störspannung eines Gleichstrommotors

0 db $\triangleq$ 1 μV
1 Normalbetrieb
2 Entstörung mit $2 \times 0{,}5$ μF

$$B = \frac{X_N}{X_N + X_K} \tag{17.4}$$

für den Steuerwinkel $a = 90°$ mit Hilfe der Beziehung

$$\Delta U_{max} \approx 1,2 \, U_{L1} B \tag{17.5}$$

näherungsweise ermittelt;
X_K Kommutierungsreaktanz
X_N wirksame Netzreaktanz (Bild 17.8)
U_{L1} Strangspannung des Leiters $L1$.

Eine Bewertung der Auswirkungen der Kommutierungsvorgänge durch den Quasispitzenwert zeigt, daß in Bordnetzen durch Stromrichterbetrieb im Frequenzbereich von 10 kHz bis etwa 3 MHz die resultierende Funkstörspannung um 30 bis 40 dB angehoben wird.

Zur Frage der Blitzeinwirkung sei abschließend vermerkt, daß infolge des stählernen Schiffskörpers kaum mit blitzbedingten Beeinflussungen der unter Deck installierten Elektronik zu rechnen ist. Zum Schutz gegen Blitzschlag sind an den Masten Ableitspitzen angeschweißt. Prinzipiell ist nur eine Gefährdung der Antennenanlage sowie der freien Kabel an Deck möglich /17.3/ /17.5/.

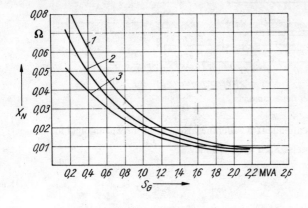

Bild 17.8. Wirksame Bordnetzreaktanz X_N in Abhängigkeit von der Generatorleistung

1: $\frac{P_A}{P_G} \cdot 100 = 0\,\%$

2: $\frac{P_A}{P_G} \cdot 100 = 25\,\%$

3: $\frac{P_A}{P_G} \cdot 100 = 50\,\%$

P_G Generatorleistung bei $\cos\varphi = 0,8$
P_A Asynchronmaschinenleistung

17.3. Maßnahmen zur Sicherung der EMV auf Schiffen

17.3.1. Maßnahmen bei fabrikfertigen Baueinheiten

Elektronische Baugruppen und Geräte für den Einsatz auf Schiffen werden, wie andere Automatisierungsmittel, entsprechend den in den Abschnitten 12 und 13 gegebenen Hinweisen EMV-gerecht gestaltet. Dabei ist einigen schiffsspezifischen Besonderheiten Rechnung zu tragen. Die entsprechenden Probleme werden im folgenden kurz angesprochen:

Erdung von Geräten

Da im Gegensatz zu Industrieanlagen ein nahezu idealer räumlicher Erdungsbezugsleiter durch den stählernen Schiffskörper vorliegt, können im Schiffbau relativ einfache Maßnahmen zur Reduzierung der Erdungsinduktivität mehr Nutzen bringen als zum Beispiel bei Anlagen in Gebäuden mit linienförmigen Erdleitungen.

Im Bild 17.9 sind die Induktivitätswerte von Leitern dargestellt, die im Schiffbau als typisierte äußere Schutzleiterverbindungen verwendet werden /17.16/. Die Berechnung erfolgte nach /17.17/ unter Beachtung des Skineffektes. Bild 17.9 erlaubt folgende Abschätzungen:

17.3. Maßnahmen zur Sicherung der EMV auf Schiffen

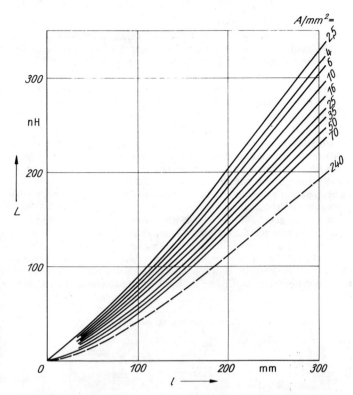

Bild 17.9. Die Induktivität L standardisierter äußerer Schutzleiterverbindungen in Abhängigkeit von der Leiterlänge l (Leiterquerschnitt A als Parameter)

Eine Reduzierung der Induktivität auf die Hälfte kann durch Verkürzen der Leiterlänge auf 60 % oder durch eine Leiterquerschnittsvergrößerung um etwa den Faktor 100 (!) erzielt werden. Das ist für die Ausführung von Schutzleiterverbindungen ein wichtiger materialökonomischer Aspekt. Erd- und Schutzleiterverbindungen müssen daher stets so kurz wie möglich ausgeführt werden.

Muß ein Gerät aufgrund der mechanischen Schwingungsbeanspruchung über Gummimetallfedern an einer Wand befestigt werden, sind vier Anschlußschrauben für Masseanschlüsse möglichst an den vier hinteren Ecken dicht an der Rückwand vorzusehen, damit das Gefäß über kürzeste Leitungen mit der stählernen Schiffswand verbunden werden kann. Diese vier Anschlußstellen müssen in der Einbauzeichnung des Geräts dargestellt und bezeichnet werden, damit durch die Werft die Lage der vier Erdungslaschen optimal festgelegt werden kann /17.18/.

Wenn Gummimetallfedern nicht erforderlich sind, können die Vorteile der stählernen Schiffswand voll genutzt werden. Die leitende Verbindung wird dann an allen Befestigungspunkten mit cadmierten oder verzinkten gehärteten Zahnscheiben hergestellt. Allerdings kann diese Methode nicht für Geräte der Ausführungsklassen E 4 (freies Deck) und E 3 (nasse und feuchte Räume) /17.3/ angewandt werden, weil hier die erforderliche niederohmige Verbindung infolge von Korrosion nicht über die gesamte Einsatzzeit gegeben ist.

Unterdrückung von Gleichtaktstörungen in Netzteilen

Der Gleichtaktstörstrom aus dem Netz verursacht einen Störspannungsabfall über der Erdungsinduktivität /17.12/. Durch entsprechende Dimensionierung des Netzteiles kann diese Störspannung gering gehalten werden. Im weiteren werden die hauptsächlich auftretenden Fälle betrachtet:

- das isolierte Zweileiterwechselstromnetz bzw. das isolierte Dreileiterdrehstromnetz
- das isolierte Zweileitergleichstromnetz 24 V.

Beim Wechselstrom- bzw. Drehstromnetz bietet sich an, den Netztransformator mit seiner galvanischen Trennung und seiner relativ geringen Wicklungskapazität zur Minderung des nach Masse abfließenden Störstroms zu nutzen. Wenn bei einem Gerät zur Funk-Entstörung Kondensatoren vorgesehen werden müssen, dann sollte man diese möglichst auf der Sekundärseite des Netztransformators anordnen, da sonst der Gleichtaktstörstrom aus dem Netz über diese Funk-Entstörkondensatoren auf die Gerätemasse fließt. Aus diesem Grund sind für schiffselektronische Geräte die im Bild 17.10 dargestellten Wechselstromeingänge für Stromversorgungszwecke zu empfehlen.

Bei der Stromversorgung aus dem isolierten 24-V-Netz ist das galvanisch trennende und spannungsstabilisierende Schaltnetzteil die optimale Lösung (Bild 17.11a). Die galvanische Trennung ist auch zur Erhöhung der Schutzgüte dann zweckmäßig, wenn das betreffende Gerät auch mit dem Wechselstrom- bzw. Drehstromnetz in Verbindung steht (Sicherheitskleinspannung /17.20/). Wenn ein Schaltnetzteil aus ökonomischen Gründen nicht eingesetzt werden kann, läßt sich der Störstrom auch durch eine bifilare Drossel reduzieren (Bild 17.11b).

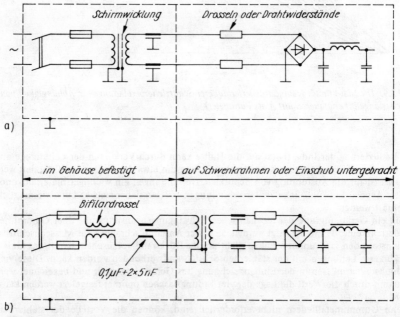

Bild 17.10. Stromversorgung von schiffselektronischen Geräten aus dem isolierten Wechselstromnetz
a) konstruktive Ausführung, bei der die Unterbringung des Netztransformators im Gehäuse in unmittelbarer Nähe der Netzanschlußklemmen vorgesehen ist
b) schaltungstechnische Lösung bei einer konstruktiven Ausführung, die die Anordnung des Netztransformators auf dem Schwenkrahmen bzw. Einschub vorsieht

17.3. Maßnahmen zur Sicherung der EMV auf Schiffen

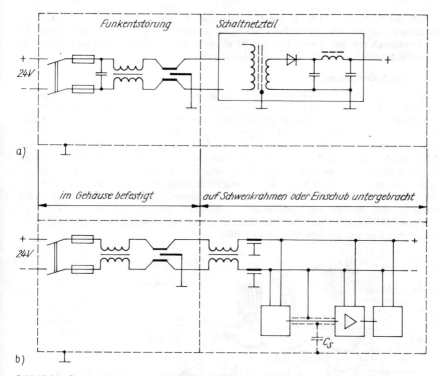

Bild 17.11. Stromversorgung von schiffselektronischen Geräten aus dem isolierten 24-V-Gleichstromnetz

a) schaltungstechnische Lösung mit galvanisch trennendem Schaltnetzteil
b) schaltungstechnische Lösung ohne galvanische Trennung, so daß der Minus-Leiter die Funktion des isolierten Bezugsleiters erhält
C_S durch Leitungsschirmung wirkungslos gemachte Schaltkapazität, die anderenfalls Störungen auf den hochohmigen Verstärkereingang einkoppeln würde

Danach sind Kondensatoren gegen Gehäusemasse einzufügen. Hierfür sind Durchführungs- bzw. Funk-Entstörkondensatoren am besten geeignet. Sind die Bifilardrossel und die nachfolgenden Kondensatoren jedoch nicht ausreichend bemessen, können hochohmige Stromkreise innerhalb des Geräts beeinflußt werden, auch wenn sie nicht in der Nähe von Ein- bzw. Ausgangskreisen angeordnet sind. Diese Beeinflussung tritt auf durch eine noch verbleibende Differenzspannung zwischen der Gehäusemasse und dem Minus-Leiter, der in diesem Fall den eigentlichen Bezugsleiter für Operationsverstärkerstufen usw. darstellt. Wenn hier die Speisespannungsfilterung nicht vergrößert werden kann, muß eine isolierte Schirmung verwendet werden, die mit dem Minus-Leiter verbunden (und gegebenenfalls mit einem Hinweis beschriftet) wird. Diese Maßnahme ist ebenfalls im Bild 17.11b angedeutet.

Einsatz von Funk-Entstörkondensatoren

Beim Einsatz von Funk-Entstörkondensatoren direkt am Netz und bei der Abschätzung ihrer Wirkung ist zu beachten, daß diese Bauelemente zwischen den spannungführenden Leitern eine Kapazität von $\leq 0{,}1$ µF und nach Masse eine Kapazität von ≤ 5 nF aufweisen müssen. Diese Ausführungen sind für die isolierten Netze erforderlich, um die Sicherheitsbestimmungen für Funk-Entstörmittel /17.19/ einzuhalten, die eine Entladung von Kapazitäten $> 0{,}1$ µF in einer Sekunde auf < 34 V verlangen. Zusätzliche, ständig angeschlossene Entladewiderstände sind nicht zulässig, da sie die Isolationsüberwachung des isolierten Netzes erschweren oder unmöglich machen. Dieses Problem ist übrigens auch bei operativen, nachträglich zu realisierenden EMV-Maßnahmen zu berücksichtigen.

Erdung der Kabelschirme

In /17.12/ wird anhand von Meßergebnissen belegt, welchen nachteiligen Einfluß lange Kabelschirm-Anschlußleitungen haben. Kabelschirme sollten deshalb mit Kardeelen von höchstens 30 mm Länge an das Gehäuse angeschlossen werden. Bild 17.12 zeigt hierzu eine konstruktive Ausführung, die den Forderungen nach Zugentlastung, geringer Induktivität und Montagefreundlichkeit entspricht. Bei der Konstruktion von elektronischen Geräten für den Schiffseinsatz sind grundsätzlich solche Lösungen anzustreben, die zwangsläufig zu kurzen Kardeelenlängen bzw. geringen Induktivitäten zwischen Gehäuse und Kabelschirm führen. Dafür sind zum Beispiel auch spezielle Kabeleinführungen mit Erdungseinsätzen bzw. leitende Vergußmassen geeignet /17.21/. In diesem Zusammenhang sei auf einen Mangel der handelsüblichen mehrpoligen Steckverbinder hingewiesen. Die meisten Typen gewährleisten nicht das EMV-gerechte Verbinden des Kabelschirmes. In kritischen Anwendungsfällen ist deshalb ihre Eignung vor dem Einsatz zu prüfen.

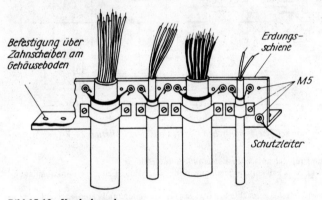

Bild 17.12. Kardeelenerdung

Je Kabelende werden zwei verdrillte, unverzinnte Kardeelen mit großen Scheiben, Federringen und Schrauben an die Erdungsschiene angeschlossen. Die Erdungsschiene ist mit zwei Zeilen Gewindebohrungen versehen und wird bei allen Befestigungsbohrungen über Zahnscheiben mit dem Gehäuseboden kontaktiert.

Erdung des Bezugsleiters

Das Einsatzverhalten verschiedener Schiffsanlagen hat gezeigt, daß ein „schwimmender" (nicht geerdeter) Signalspannungs-Bezugsleiter für ausgedehnte Anlagen ungeeignet ist, wenn er nicht mit Kondensatoren (Größenordnung 0,1 bis 2 µF) HF-mäßig an Gehäusemasse festgehalten wird. Für bestimmte Informationsanlagen (Maschinentelegrafen, Alarmanlagen, Feuermeldeanlagen usw.) wird jedoch im Gegensatz dazu von den Klassifikationsgesellschaften ein isoliertes Stromversorgungssystem gefordert /17.3/. Das Bild 17.13 stellt den Wirkungsmechanismus dar. Enthält das Störspektrum Anteile, für die $\frac{1}{2}$-Resonanz des beiderseitig kapazitiv belasteten Leiters eines Kabels vorliegt (Bild 17.13a), dann werden schon mit kleinen Koppelkapazitäten C_K des fremden Geräts oder der Bordverkabelung größere Störleistungen auf den resonanten π-Kreis eingekoppelt, der hierbei transformierend und phasendrehend wirkt und einen relativ hochohmigen Resonanzwiderstand aufweist. Die Spannung am

17.3. Maßnahmen zur Sicherung der EMV auf Schiffen

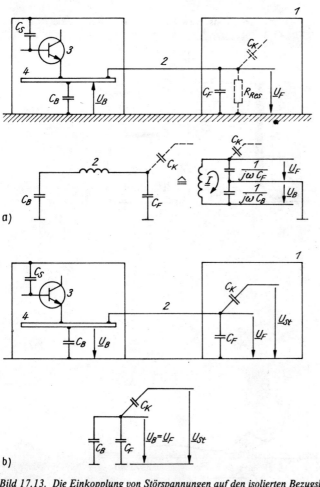

Bild 17.13. Die Einkopplung von Störspannungen auf den isolierten Bezugsleiter; Prinzipschaltungen und Ersatzschaltbilder

a) Wirkung der $\lambda/2$-Resonanz des beiderseitig kapazitiv belasteten Leiters eines Kabels
b) kapazitive Spannungsteilung bei Störfrequenzen, die unterhalb der $\lambda/2$-Resonanzfrequenz liegen

1   Peripheriegerät oder Gerät einer fremden Anlage
2   Leiter im Kabel
3   beeinflußtes Bauelement
4   Bezugsleiter
C_B Kapazität des Bezugsleiters gegen Masse
C_F Schaltkapazität im Fremdgerät
C_K parasitäre Koppelkapazität
C_S Schaltkapazität beim beeinflußten Bauelement
R_{Res} Resonanzwiderstand des π-Kreises
$\underline{U}_B$ Spannung am Bezugsleiter gegen Masse
$\underline{U}_F$ Spannung am herausgeführten Bezugsleiter im Fremdgerät gegen Masse
$\underline{U}_{St}$ Störspannung

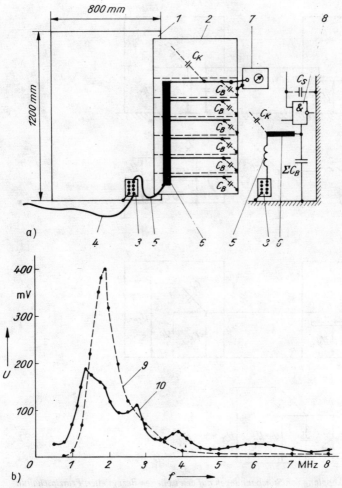

Bild 17.14. Meßtechnische Untersuchung der λ/4-Resonanz eines Bezugsleiters, der an einem Punkt geerdet ist

a) konstruktive Anordnung   b) eingekoppelte Störspannungen in Abhängigkeit von der Frequenz HF-Einkopplung mit 3 V bei $R_i = 75\ \Omega$ in die verkabelte, ausgeschaltete Anlage

1 Elektronikschrank (TTL-Technik)
2 Schwenkrahmen, herausgeschwenkt
3 zentrale Erdungsplatte
4 Cu-Seil zum daneben angeordneten Schrank mit Netzteilen usw.
5 isolierte Litze, 16 mm², 1,3 m lang
6 isoliert gehalterte Cu-Schiene, 60 mm breit (TTL-Bezugsleiter)
7 HF-Spannungsmesser
8 beeinflußtes Gatter
9 Resonanzkurve bei HF-Einkopplung auf den Netzanschluß
10 Resonanzkurve bei HF-Einkopplung auf das Gehäuse eines Peripheriegeräts
C_B Kapazität des Bezugsleiters gegen Schrankmasse
C_K parasitäre Koppelkapazität
C_S Schaltkapazität am beeinflußten Gattereingang

17.3. Maßnahmen zur Sicherung der EMV auf Schiffen

Bezugsleiter beträgt

$$\underline{U}_B = \frac{C_F}{C_B}\underline{U}_F. \tag{17.6}$$

Weniger kritisch für die Störbeeinflussung ist die Spannungsteilung bei Frequenzen unterhalb der Leitungsresonanz. Dafür gilt (Bild 17.13 b):

$$\underline{U}_B = \frac{C_K}{C_B + C_F + C_K}\underline{U}_{St}. \tag{17.7}$$

Aus Bild 17.13 und (17.6) und (17.7) können im Hinblick auf einen möglichst kleinen U_B-Wert folgende Empfehlungen abgeleitet werden:
- Die Kapazität des Bezugsleiters gegen Gehäusemasse (C_B) soll groß sein.
- Die Anschlußdrähte des Kondensators C_B sollen möglichst kurz sein, weil darin der Resonanzstrom fließt.
  Gegebenenfalls wird C_B durch Parallelschaltung mehrerer Kondensatoren an verschiedenen Stellen der Verdrahtung hergestellt.
- C_B soll in der Nähe des beeinflußten Bauelementes angeordnet sein.

Aber auch bei der Einpunkterdung können erhebliche Störbeeinflussungsprobleme auftreten, weil bei den praktisch zu realisierenden Gerätegrößen nicht jedes Bauelement einzeln an diesen Punkt angeschlossen werden kann. Bild 17.14 stellt mit einem Meßergebnis (Bild 17.14 b) und den dazu angegebenen Schrankabmessungen (Bild 17.14 a) die Verkopplungen infolge ¾-Resonanz dar. Zusammenfassend kann festgestellt werden, daß für die meisten schiffselektronischen Geräte das Gehäuse der günstigste Bezugsleiter ist.

Störungsunterdrückung an den Signaleingängen und -ausgängen

Sehr wirkungsvoll kann bei Geräten mit relativ langsamen Eingangs- und Ausgangssignalen eine frequenzabhängige Spannungsteilung der eingekoppelten Störspannungen verwirklicht werden, wenn die entsprechende Baugruppe konstruktiv EMV-gerecht ausgeführt wird. Die Datenleitung darf dazu nicht über die interne Geräteverdrahtung bis auf eine Leiterplatte geführt werden, die ein Filterglied o. ä. enthält, sondern es muß unmittelbar in der Nähe der Anschlußklemmenleiste ein Widerstand oder eine Drossel in die Leitung eingefügt werden. Daneben wird in eine Trennwand ein Durchführungskondensator eingesetzt, der somit konstruktiv bedingt mit dem Gehäuse leitend verbunden ist. Auf der anderen Seite wird die geräteinterne Verdrahtung angeschlossen. Im Bild 17.15 ist dieses Prinzip dargestellt, kombiniert mit einem Vorschlag für Geräte, die schwingungsdämpfend gehalten werden müssen. Der Anschlußkasten (Schweißkonstruktion) stellt hier den zentralen Punkt für die Erdverbindungen dar. Er ist durch seine Konstruktion für diese Aufgabe, insbesondere bei höheren Störfrequenzen, wesentlich besser geeignet als eine Schiene bzw. eine sogenannte EMV-Klemmenleiste /17.22/. Um zu verhindern, daß Störströme auf den Steuerschrank fließen, müssen auch geschirmte Kabel durch den Anschlußkasten geführt werden, damit von ihren Schirmen die Störströme über eine geringe Induktivität nach Masse abfließen.
Wenn eine Verarbeitungsbaugruppe für höhere Signalfrequenzen mit Verarbeitungsbaugruppen in anderen Schränken zusammenarbeiten soll, stellt das Lichtwellenleiterkabel hierfür eine günstige Lösung dar.

Störfestigkeitsprüfungen

Alle genannten schaltungstechnischen und konstruktiven EMV-Maßnahmen müssen vom Entwickler in den Arbeitsstufen A1 bis K10 am konkreten Objekt auf ihre Wirksamkeit überprüft werden. Zur Grundausstattung eines Entwicklungslabors für schiffselektronische Erzeugnisse muß daher mindestens ein Burstgenerator gemäß Tafel 6.1, Nr. 6, mit den entsprechenden Einkopplungszusatzgeräten gehören. Im Rahmen der Typprüfungen ist am Funktionsmuster und am ersten Serienerzeugnis jeweils eine Störfestigkeitsprüfung durchzuführen. Die Verfahrensweise ist im Abschnitt 6 beschrieben. Grundlagen dazu sind das Pflichten-

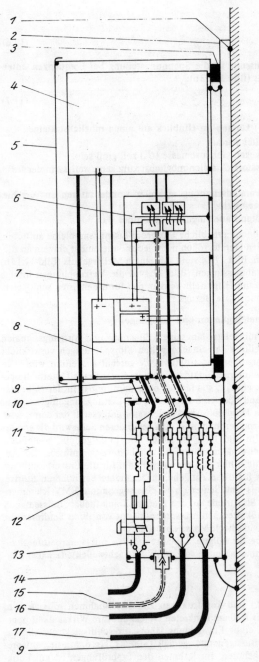

Bild 17.15. EMV-gerechter Anschluß von Steuerschränken

1 elektrische Verbindung
2 Halterungsschiene, zum Erzeugnis gehörend
3 Schwingungsdämpfer
4 Verarbeitungsbaugruppe
5 Steuerschrank
6 Eingangsbaugruppe mit galvanischer Trennung
7 Ausgangsbaugruppe mit galvanischer Trennung
8 galvanisch trennendes Schaltnetzteil
9 Schutzleiter
10 geschirmte flexible Leitungen
11 Durchführungskondensatoren oder -filter
12 Lichtwellenleiterkabel (andere Kabel dürfen nicht direkt in die Verarbeitungsbaugruppe eingeführt werden)
13 EMV-gerechter Anschlußkasten
14 24-V-Versorgung
15 Koaxialkabel mit Steckverbinder
16 ungeschirmtes Kabel mit Meßwerten von NS-Schaltanlage
17 ungeschirmtes Kabel mit Ausgangssignalen für Stellglied (z. B. Schütz, Magnet, Stellmotor usw.)

17.3. Maßnahmen zur Sicherung der EMV auf Schiffen

heft und der Schiffbau-Fachbereichstandard über EMV /17.23/. Hinweise für die Erarbeitung des Typprüfprogramms sind in /17.12/ /17.26/ /17.27/ und /17.34/ enthalten. Bis zum Beginn der Serienfertigung sollte der Entwickler mit den Qualitätskontrollorganen abstimmen, in welchem Umfang EMV-Beanspruchungen bei der Erzeugnisendprüfung bzw. bei den Dauerlaufprüfungen (zur Vorwegnahme der Frühausfälle) anzuwenden sind. Mit diesen Maßnahmen können für Schiffsführungs-, Bordnetz- und Überwachungsanlagen die erforderlichen Störfestigkeits- und Zuverlässigkeitsparameter für die Serienfertigung sicher eingehalten werden.

17.3.2. Maßnahmen in der Projektierungsphase

Zur Sicherstellung der EMV auf Schiffen sind bereits in der Projektierungsphase entsprechende Maßnahmen vorzubereiten bzw. zu realisieren, wie z. B. Maßnahmen zur Reduzierung der Störpegel, der Anpassung der Gerätetechnik, der Bordnetzausführung und der Verkabelung. Entsprechende Hinweise findet man in /17.2/ /17.11/ /17.29/ /17.30/ /17.33/.
Besondere Aufmerksamkeit erfordert die Bordnetzgestaltung, da das Bordnetz das Hauptverteilungssystem für Störspannungen darstellt. Die jeweils zu ergreifenden Maßnahmen können in Abhängigkeit von den Wertebereichen der Störgrößenparameter und davon, ob vorzugsweise höherfrequente oder niederfrequente Störspannungsanteile zu unterdrücken sind, den Tafeln 17.2 und 17.3 entnommen werden. Die Bewertung nach Tafel 17.2 erfolgt nur für Dauerstörer. Um die Verzerrung der Bordnetzspannung in zulässigen Grenzen zu halten, ist bei gegebener Generatorleistung P_G nur eine bestimmte Stromrichterlast P zulässig. Sie kann mit den vorgegebenen Werten für den Klirrfaktor k und der zulässigen Einbruchtiefe der Spannung ΔU in Abhängigkeit von der subtransienten Längsreaktanz X''_d des Generators aus Bild 17.16 ermittelt werden.

Tafel 17.2. EMV-Bordnetzgruppen, Übersicht

Gruppe	Parameter	Zu realisierende Maßnahmen
1	$k \leq 5\%$ $\dfrac{du}{dt} \leq 20$ V/µs $U_{St} \leq$ Kennl. A, C (siehe Bilder 17.4, 17.5)	– kein separater Berechnungsnachweis – Kabelverlegungsmaßnahmen festlegen
2	$k \leq 10\%$ $\dfrac{du}{dt} \leq 50$ V/µs $U_{St} \leq$ Kennl. B, D (siehe Bilder 17.4, 17.5)	– Berechnung der Störparameter – EMV-Planung durchführen – Kabelverlegungsmaßnahmen festlegen – EMV-Prüfung der fabrikfertigen Einrichtungen – Schirmtransformatoren einsetzen – Geräteauswahl durchführen – Funktionsnachweis während der Probefahrt unter Extrembedingungen
3	$k > 10\%$ $\dfrac{du}{dt} > 50$ V/µs $U_{St} >$ Kennlinie B, D (siehe Bilder 17.4, 17.5)	– Absprache mit den Klassifikationsbehörden – alle Maßnahmen wie bei Gruppe 2 – Geräte speziell festlegen und prüfen

Tafel 17.3. Maßnahmen zur EMV-gerechten Bordnetzgestaltung

Lfd. Nr.	Projektierungsmaßnahme	Reduzierung von	
		niederfrequenten Störspannungen	höherfrequenten Störspannungen
1	vollständige Abtrennung von Bordnetzteilen		
1.1	Abtrennung der störenden Geräte	x	x
1.2	Abtrennung störempfindlicher, vorwiegend räumlich zusammenmontierter Betriebsmittel		x
2	Reduzierung des Auslastungsfaktors der elektrischen Maschinen und weiterer elektromagnetischer Bauteile	x	
3	Einbau von Leistungsfiltern und speziellen Transformatoren in die Stromversorgungsleitungen zur Dämpfung der Oberschwingungen	x	
4	Reduzierung der Netzreaktanz X_N	x	
4.1	Verbesserung spezieller Generatorkennwerte (z. B. X_d'')	x	
4.2	Erhöhung der Generatorleistung (Gesamtleistung, Parallelbetrieb)	x	
4.3	Erhöhung der Zusatzbelastung des Generators durch den gleichzeitigen Betrieb von Asynchronmotoren	x	
5	Abstimmung der Anschlußbedingungen und der Arbeitsweise bei mehreren Thyristorsteuerungen	x	x
6	Dämpfung der Störspannungen auf Leitungen		x
7	Einbau von Transformatoren		x
8	Einbau von Filtern		x
9	Verlegungsmaßnahmen		x
10	separate Installation der störenden Geräte	x	x

17.3. Maßnahmen zur Sicherung der EMV auf Schiffen

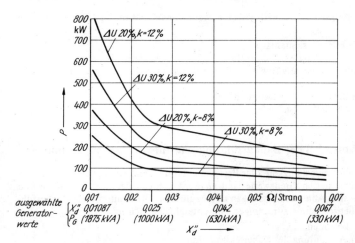

Bild 17.16. Zulässige Stromrichterbelastung von Synchrongeneratoren unter Berücksichtigung der Spannungskennwerte

Auch beim Einsatz leistungsstarker Stromrichter ist durch Anwendung der in Tafel 17.3 aufgeführten Maßnahmen eine ordnungsgemäße Funktion aller Betriebsmittel realisierbar. Kompensationsanlagen sollten nur auf Spezialschiffen für Sonderanlagen vorgesehen werden.

Bezüglich des Kabelprojektes ist im Rahmen der Projektierung von folgenden Empfehlungen auszugehen:

- Die Kabelverlegung soll in folgenden Gruppen erfolgen:
  - 380-V-Verbraucher und direkt mit ihnen verbundene Steuerkabel
  - Signal- und Informationskabel und 24-V-Kabel. Der Abstand von Signal- und Informationskabeln zu 380-V-Verbraucherkabeln sollte möglichst groß sein, mindestens jedoch 200 mm betragen.
  - Kabel von Thyristoranlagen, Winden- und Fahranlagen. Sie sind auf separaten Kabelbahnen zu führen und/oder abzuschirmen.
- Für Informations- und Steuerkabel sowie Versorgungskabel störempfindlicher Betriebsmittel sind vorrangig geschirmte Kabel zu verwenden.
- Die Kabelverlegung soll unmittelbar auf der Kabelbahn erfolgen (minimaler Abstand).
- Freie Adern sind beiderseitig zu erden.
- Ist eine weite räumliche Trennung zwischen Starkstrom- und Informationskabeln nicht möglich, sind metallische Trennstreifen (geerdete Schirmstreifen) mit einer Mindestbreite vom 5- bis 10fachen Kabeldurchmesser bzw. einer mindestens 80%igen Umfassung des Kabels anzuwenden. Die Stärke der Trennstreifen sollte 1,5 mm betragen.
- Die Erdung von Schirmen bzw. Schirmleitern ist beiderseitig vorzunehmen und nach HF-Kriterien auszuführen.
- Bei NF-Geräten sind Schirmungen einseitig zu erden.

Die Kabelinstallation für Geräte der Impulstechnik ist besonders sorgfältig auszuführen. Hydroakustische Leitungen sind in Stahlrohren zu verlegen /17.25/.

Durch eine Netzaufteilung können an Bord eines Schiffes unterschiedliche Bordnetzgruppen realisiert werden. Die Entkopplung läßt sich durch folgende Maßnahmen verwirklichen:

- Einsatz von geschirmten Transformatoren
- Einsaz von rotierenden Umformern
- Unterteilung der Kabelanlage in verschiedene Kategorien und konsequente Einhaltung der Verlegungsabstände.

Die in der Projektierungsphase zu realisierenden Maßnahmen sind in folgenden Unterlagen zu dokumentieren:
- im Übersichtsplan der Gesamtanlage
- in der Störpegelberechnung bzw. -ermittlung für die verschiedenen Frequenzbereiche
- in den Installationsplänen mit Angaben über Kabelart, Kabelverlegung, EMV-Maßnahmen
- in den Angaben über schaltungstechnische EMV-Maßnahmen
- in den Erprobungsvorschriften.

17.3.3. Maßnahmen bei der Bauausführung und Inbetriebnahme an Bord

Zum Nachweis der Funktionsfähigkeit aller Betriebsmittel und Einhaltung der entsprechend dem EMV-Projekt geforderten Grenzwerte sind an Bord während der Inbetriebnahme und Probefahrt Kontroll- und Abnahmemessungen durchzuführen. Die Kontrolle der Bauausführung hat vor der Inbetriebnahme zur erfolgen. Sie untergliedert sich in
- Kontrolle der Kabelzonen,
- Überprüfung der Ausführung der Kabelschirmerdung,
- Überprüfen der Erdung der Geräte,
- Schottdurchführungskontrolle,
- Kontrolle der Installation der Entstörmittel,
- Überprüfen der unterbrechungslosen Schirmung der Empfangsantennenleitungen,
- Kontrolle der Funkrauminstallation,
- Isolationsprüfung.

Während der Inbetriebnahme und der Probefahrt sind folgende Prüfungen durchzuführen:
- Nachweis der Funktion der Funkausrüstungen
  Der Nachweis hat während der Probefahrt und des Betriebes der Hauptstörquellen zu erfolgen. Besonders sind die Seenotfrequenzen entsprechend Bild 17.6 zu bewerten /17.14/ /17.28/.
- Nachweis der zulässigen Feldstärke der Sendeanlagen
  Bei maximaler Leistung der Sendeanlagen ist auf jedem Erstobjekt einer Schiffsserie die elektromagnetische Feldstärke auf dem Peildeck zu messen. Der für den Menschen gefährliche Raum ist abzusperren.
- Nachweis der Funktionsfähigkeit der elektronischen Anlagen
  Die Prüfung ist während des kritischen Betriebszustandes der Störer durchzuführen. Stromrichterantriebe müssen mit kleinster Drehzahl und maximaler Belastung betrieben werden.
- Nachweis des unkritischen Einflusses niederer Harmonischer
  Für Bordnetze der Gruppe 3 (s. Tafel 17.2) ist während der Probefahrt eine maximale Belastung der Generatoren und ausgewählter Motoren zu realisieren. Es empfiehlt sich, Temperaturkontrollen durchzuführen.

18. Besonderheiten in Umspannwerken mit mikroelektronischer Sekundärtechnik

18.1. Übersicht

Umspannwerke sind wichtige Knotenpunkte im 380/220-kV-Elektroenergie-Übertragungsnetz oder im 110-kV-Verteilungsnetz eines Landes. Ausgehend von den Schnittstellen an den Wandlern und Schaltgeräten, umfaßt die Sekundärtechnik die gesamten Einrichtungen zur Realisierung der Funktionen Messung, Meldung, Registrierung, Steuerung, Regelung und Automatisierung einschließlich des Netzschutzes /18.1/. In zentralen Umspannwerken sind die mikroelektronischen Komponenten dieser Prozeßleittechnik an bis zu 100 verschiedenen Stellen innerhalb der Primäranlage angeordnet, die sich über eine Fläche von einigen 10 000 m² erstreckt. Alle Komponenten sind über zahlreiche Schnittstellen mit den Primärgeräten sowie untereinander über Informations- und Hilfsenergieleitungen verbunden (Bilder 18.1 und 18.2).

An die Zuverlässigkeit und Verfügbarkeit, insbesondere hinsichtlich der Funktionen Steuerung und Schutz, werden höchste Anforderungen gestellt, da Fehler oder Ausfälle zu Gefährdungen, zu kostenintensiven Betriebsmittelschäden sowie zu Versorgungsausfällen in Industrie, Verkehr und Wohngebieten des betreffenden Territoriums führen können.

Darüber hinaus werden an die Sekundärtechnik hohe Echtzeitanforderungen gestellt. Für die zeitliche Auflösung der Meldungen werden 10 ms gefordert, und jeweils während dieser Zeit können mehrere Momentanwertabtastungen einschließlich Meßwertverarbeitung des größten Teiles der mehr als hundert Meßwerte für die Funktion Schutz mit Auslösezeiten von wenigen 10 ms erforderlich sein.

Der Umfang der Störerscheinungen (Bild 18.3) reicht von 50-Hz-Beeinflussungen durch Potentialunterschiede bis zu $220 \cdot 1{,}4$ kV über Fehlerströme bis $i_F = 100$ kA bis hin zu vielfältigen Störungen im höherfrequenten Bereich (Abschn. 3). Einen speziellen Schwerpunkt bilden Wanderwellen, die sich mit Spannungssprüngen bis $2 \cdot 220 \cdot 1{,}4$ kV bei Trennerbetätigungen (insbesondere von Erdungstrennern) ausbilden können /18.2/ bis /18.4/.

Insgesamt ergibt sich hieraus das Erfordernis einer Vielzahl von Maßnahmen, die bei der Erzeugnisentwicklung und der Projektierung zu realisieren sind (vgl. Abschn. 2.5 und 14.2), um die elektromagnetische Verträglichkeit unter diesen Bedingungen zu sichern.

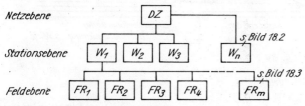

Bild 18.1. Hierarchie der Netzleittechnik
DZ   Dispatcherzentrale mit Netzrechner; FR_1 bis FR_m Feldrechner bzw. Feldelektronik
W_1 bis W_n Warten mit Stationsrechnern

18. Besonderheiten in Umspannwerken mit mikroelektronischer Sekundärtechnik

Im folgenden wird ein 4-Stufen-Programm beschrieben /18.5/, das die erforderlichen Maßnahmen für die mikroelektronische Prozeßleittechnik umfaßt:
- Reduzierung des Eindringens von Störgrößen
- Reduzierung der Wirkungen eingedrungener Störgrößen
- Funktionsüberwachung im Betriebszustand
- Nachweisführung der Wirksamkeit der getroffenen EMV-Maßnahmen.

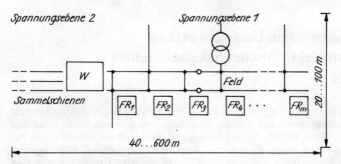

Bild 18.2. Struktur der Umspannwerke
W   Wartengebäude mit Stationsrechner, Batterien, Bedienperipherie und Fernwirktechnik
FR_1 bis FR_m Feldrechner bzw. Feldelektronik in der Anlage
                Varianten infolge unterschiedlicher Anzahl der Spannungsebenen und Schaltfelder sowie der räumlichen Ausdehnung (SF_6- oder Freiluftanlage)

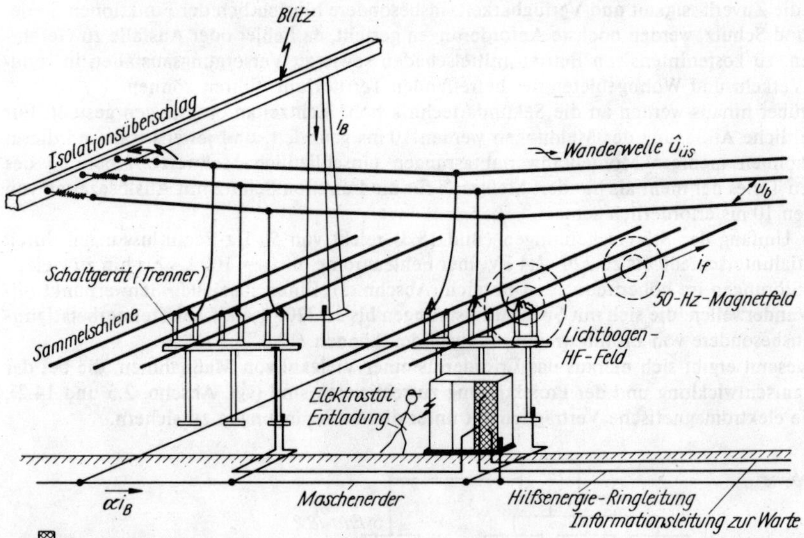

Bild 18.3. Beeinflussung im Schaltfeld
$\alpha < 1$ dimensionsloser Faktor
i_B Blitzstrom (bis 100 kA in 1 µs)
i_f Fehlerstrom, Kurzschlußstrom (bis 80 kA in 5 ms)
u_b Betriebsspannung (bis 400 kV mit 50 Hz)
$\hat{u}_{üs}$ Blitzüberspannung (bis 1 000 kV in 1 µs)

18.2. Maßnahmen zur Reduzierung des Eindringens von Störgrößen

18.2.1. Einsatz von Lichtwellenleitern

Störbeeinflussungen auf Leitungen zur Übertragung von Meßwerten, Meldungen und Steuerbefehlen wurden bei konventioneller Sekundärtechnik durch die Wahl der Nutzsignalparameter beherrscht, z.B. durch Spannungen von 100 bzw. 220 V und durch die Mindestsignaldauer von 5 bis 20 ms.

Durch den Einsatz mikroelektronischer Lösungen ist die Empfindlichkeit gegenüber Störbeeinflussungen um jeweils etwa zwei Zehnerpotenzen erhöht. Demzufolge bewirken auch bei abgeschirmten Kabelverbindungen Einkopplungsimpedanzen bei Mantelströmen, kapazi-

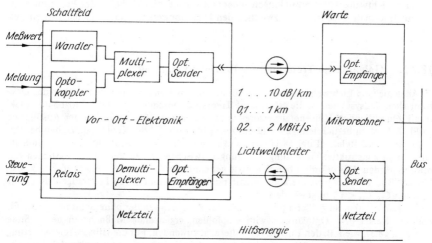

Bild 18.4. Beispiel des Einsatzes von Lichtwellenleitern in Umspannwerken /18.5/

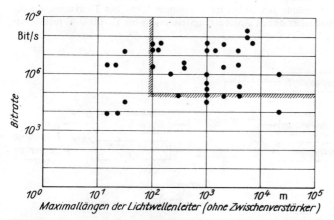

Bild 18.5. Zusammenstellung von Systemlösungen für Lichtwellenleiterübertragungen mit Anforderungsschwellen beim Einsatz in Umspannwerken /18.7/

tive Kopplungsimpedanzen bei Parallelleitungen oder Durchscheinimpedanzen bei Kabelexzentrizitäten Störungen, wenn sie Werte von wenigen 10^{-3} Ω/m überschreiten /4.14/.

Um hohe Aufwendungen für spezielle Trassierungen durch Bereiche mit hoher Störbeeinflussung, für mehrfache Schirmungen, für Trennübertrager und für hochwertige Symmetrierungen zu vermeiden, ist der Einsatz von Lichtwellenleitern zu empfehlen /4.14/. An diese Lichtwellenleiter-Übertragungstechnik in Umspannwerken werden hinsichtlich Dämpfung und Übertragungsrate nur durchschnittliche Anforderungen gestellt (Bild 18.4), so daß kostengünstige Set-Lösungen einschließlich der Servicetechnik vieler Hersteller verwendbar sind (Bild 18.5). Bei der Auswahl ist die temperaturabhängige Senderleistung und Dämpfung (bis 1 %/K) zu berücksichtigen /18.8/.

Höhere Anforderungen hinsichtlich Dämpfung und mechanischer Festigkeit sind an zukünftige Lichtwellenleiterverbindungen innerhalb von Leistungskabeln oder Freileitungsseilen zur Informationsübertragung zwischen den Umspannwerken und Netzleitstellen zu stellen.

18.2.2. Galvanische Trennung der Prozeßankopplung

In Analogie zum Lichtwellenleitereinsatz für die Informationsübertragung zwischen den elektronischen Teilsystemen ist die galvanische Trennung konsequent zwischen Prozeß und Elektronik einschließlich Hilfsenergieversorgung zu realisieren (Bild 18.6). Bei der Ausführung (Bild 18.7) ist zu berücksichtigen, daß die geringen Werte für die Koppelkapazitäten bei Optokopplern und Relais (Tafel 18.1) nur dann zu erreichen sind, wenn durch konzeptionelle Arbeit und konstruktive Gestaltung Näherungen zwischen den zu trennenden Systemen vermieden werden. Das erfordert beispielsweise getrennte, senkrecht zueinander geführte Kabelbäume (Bild 18.7 e,f) bzw. die konsequente räumliche Trennung von Leiterzügen (Bild 18.7 c,d), um C_{12}, $C_{15} < C_0$ zu gewährleisten.

Für Kapazitätswerte größer 5 pF und somit für Zwischenwandler ohne Schirmung oder für mehrere Relais bzw. Optokoppler wird empfohlen, ergänzende Maßnahmen der 2. Stufe (Abschn. 18.3), wie z.B. den Einsatz von Filtern, anzuwenden. Für die Hilfsenergieversorgung werden grundsätzlich Netzfilter erforderlich sein. Für Zwischenwandler lassen sich bei sinnvoller Einbeziehung in die Abschirmkonzeption (Mehrfachschirme zwischen den Wicklungen) noch günstigere Werte erreichen.

Bei hohen Echtzeitanforderungen (Verzögerungszeiten kleiner 5 ms) sind für Meldung und Steuerung Optokoppler zu empfehlen, wobei im Zusammenwirken mit Thyristoren die für Hochspannungsleistungsschalter hohen Ansteuerungsleistungen bis zu 1 000 W realisierbar sind.

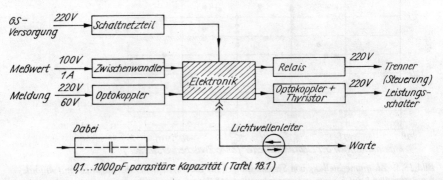

Bild 18.6. Grundprinzip der galvanischen Trennung

18.2. Maßnahmen zur Reduzierung des Eindringens von Störgrößen

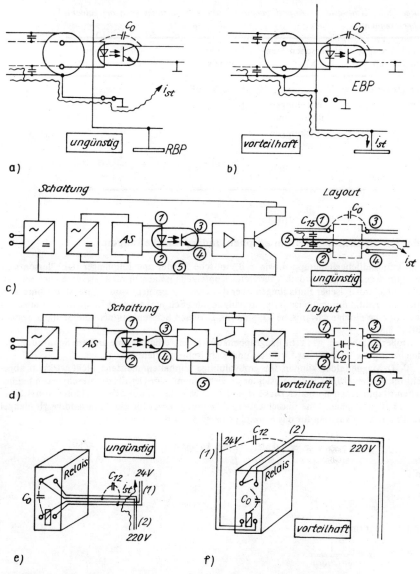

Bild 18.7. Ausführungsbeispiele von galvanischer Trennung mit Optokoppler und Relais
a) Optokoppler, durch Verbindung des Kabelschirmes mit dem Elektronikbezugspotential überbrückt
b) Störströme i_{st} werden über die Schirmung von Kabel und Baugruppe abgeleitet
c) Optokoppler, durch ungünstige Leiterzugführung kapazitiv überbrückt (Schaltung und Layout)
d) räumliche Trennung auf der Leiterkarte vermeidet zusätzliche parasitäre Kapazitäten (Schaltung und Layout)
e) kapazitive Überbrückung des Relais durch gemeinsamen Kabelbaum
f) räumlich getrennte, senkrecht zueinander geführte Kabelbaumverlegung

AS Ansteuerschaltung; *EBP* Elektronik-Bezugspotential; *RBP* Schwenkrahmen-Bezugspotentialschiene

Tafel 18.1. Richtwerte für Koppelkapazitäten und Verzögerungszeiten bei galvanischer Trennung

Realisierung der galvanischen Trennung durch:		Parasitäre Koppelkapazität	Verzögerungszeit
Schaltnetzteil		bis 1 000 pF	–
Zwischenwandler	Wicklungen übereinander	bis 100 pF	–
	Wicklungen nebeneinander	bis 10 pF	–
Relais		bis 5 pF	2 ... 20 ms
Optokoppler		bis 1 pF	0,1 ... 1 ms

18.2.3. Schirmung von Baugruppen und kurzen Leitungen

Sehr empfindliche Baugruppen, wie z. B. optische Sender und Empfänger (OE), lassen sich wirksam durch ein „wasserdicht" verlötetes Kupfergehäuse abschirmen, wodurch auch ein Abfließen elektrostatischer Entladungen über das Gehäuse erreicht wird. Diese Maßnahme wird noch unterstützt durch die isolierte Aufhängung des Schwenkrahmens im Schrankgehäuse, so daß nur eine einzige galvanische Verbindung zwischen Schwenkrahmen und Schrank besteht (Bild 18.8).

Größere Einheiten, wie z. B. Baugruppenaufnahmen, erhalten eine gröbere Schirmung, die gleichzeitig als Bezugsleiter für Filter und Kabelschirme dient.

50-Hz-Magnetfelder können für großvolumige Einheiten meistens nicht wirksam abgeschirmt werden /18.9/. So lassen sich beispielsweise mit Vor-Ort-Elektronikschränken bei üblichen Stahlblechen normaler Dicke d und Permeabilität μ_r nur Schirmfaktoren von 1,5 bis 2,4 /18.10/ erreichen. Eine überschlägliche Rechnung liefert für die dünnwandige Hohlkugel (Radius r) als Näherung für das Schrankgehäuse Schirmfaktoren

$$S = \left| \cosh(\underline{k}d) + \frac{1}{3}\left(\underline{k}\frac{r}{\mu_r} + \frac{1}{\underline{k}}\frac{2\mu_r}{r}\right)\sinh(\underline{k}d) \right|$$

mit

$$\underline{k} = \frac{1}{\delta}(1 + j)$$

und der Eindringtiefe

$$\delta = \frac{1}{\sqrt{\pi f \mu_0 \mu_r \gamma}}$$

in dieser Größenordnung /7.17/, wenn $r \approx 0,4$ m, $d = 2$ mm, $\gamma = 7,7$ Sm/mm² und $\mu_r = 50$ bis 200 angenommen werden.

Dabei sind in unmittelbarer Nähe der Stahlbleche höhere Störbeeinflussungen nicht auszuschließen, da das Stahlblech bei hoher Erregung bis in den Sättigungsbereich als Oberschwingungsgenerator für den magnetischen Fluß wirkt /18.9/. Schirme kurzer Kabelverbindungen, z. B. zwischen Schaltnetzteil und Filter, reduzieren die Störströme innerer Störquellen, indem ihre relativ großen Leiter-Mantel-Kapazitäten die hochfrequenten Störimpulse parallel zur parasitären Koppelkapazität ableiten (Bild 18.9b).

18.2. Maßnahmen zur Reduzierung des Eindringens von Störgrößen 333

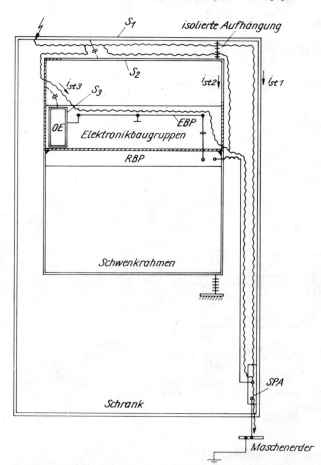

Bild 18.8. Wirkung des Schrankes als Schirm und der Elektronikbaugruppenabschirmung gegen elektrostatische Entladungen

OE optischer Empfänger
EBP Elektronik-Bezugspotential
RBP Schwenkrahmen-Bezugspotentialschiene
SPA Schrank-Potentialausgleichschiene (z. B. Bodenplatte oder verschweißte Gerüstkonstruktion des Schrankes)
Störströme: $i_{st\,3} \ll i_{st\,2} \ll i_{st\,1}$
S_1 Stahlblechschrankwand
S_2 Stahlblechabschirmung der Elektronikbaugruppen
S_3 verlötetes Abschirmgehäuse einer Elektronikbaugruppe

334   18. Besonderheiten in Umspannwerken mit mikroelektronischer Sekundärtechnik

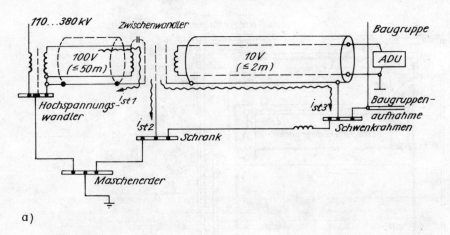

a)

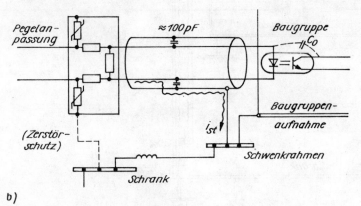

b)

Bild 18.9. Einsatz von Schirmungen bei Messung und Meldung
a) Schirme von Zwischenwandlern und Kabeln für die Meßwerterfassung
b) Kabelschirmung zwischen Pegelanpassung und optischer Digitaleingabe
ADU Analog-Digital-Umsetzer

Eine große Wirksamkeit bei analogen Schaltungen läßt sich erreichen, wenn Wandler mit drei isolierten Schirmen, beispielsweise als Zwischenwandler 100 V/10 V, genutzt werden (Bild 18.9 a). Bei starken Störquellen ist zu empfehlen, diese Schirmung durch einen zusätzlichen Zwischenkreis mit Symmetrierwandlern zu ergänzen /4.14/.

Bei galvanisch getrennten Zwischeninterfaces muß berücksichtigt werden, daß durch ungünstige Erdung oder Verbindung von Schirmen eine Verschlechterung der EMV eintreten kann (Bild 18.10).

Falls für Steuerausgänge keine geschirmten Relais (Bild 18.11 a) zur Verfügung stehen, lassen sich gute Ergebnisse durch Verwendung freier Relaiskontakte als Hilfsschirme dann erzielen, wenn bereits HF-Filter eingesetzt werden (Bild 18.11 b, vgl. auch Abschn. 18.3.2).

18.2. Maßnahmen zur Reduzierung des Eindringens von Störgrößen 335

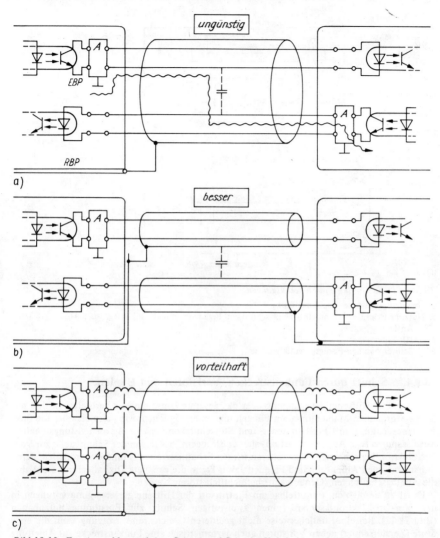

Bild 18.10. Zur Auswahl von aktiver Seite A und Seite der Kabelschirmerdung bei galvanisch getrennten Kabelverbindungen zwischen Elektronikbaugruppen
a) Aufhebung der galvanischen Trennung zwischen den Baugruppen
b) Reduzierung der Beeinflussung durch getrennte Kabelverlegung
c) gleichseitige Speisung und Schirmerdung ermöglichen gemeinsames Kabel

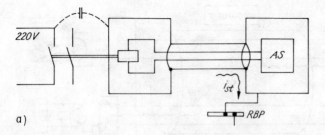

a)

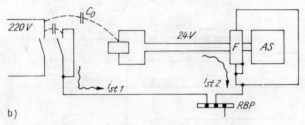

b)

Bild 18.11. Schirmung von Steuerausgängen
a) komplett geschirmte Relaisausführung
b) Nutzung freier Relaiskontakte als Hilfsschirm und Ergänzung mit HF-Filter (vgl. auch Abschn. 18.3.2)
AS   Ansteuerschaltung
F   HF-Filter
RBP Schwenkrahmen-Bezugspotentialschiene

18.2.4. Schutz durch Funkenstrecken, Varistoren und Dioden

Da die 220-V-Hilfsenergieversorgung über das gesamte Umspannwerk verbreitet ist und nur einige Störquellen Maßnahmen am Entstehungsort ermöglichen, wie beispielsweise die Störschutzbeschaltung mit Freilaufdioden und Störschutzkondensatoren von Leistungsschalter-Auslösespulen (vgl. Abschn. 9), ist mit starker Störbeeinflussung an der Schnittstelle zur Vor-Ort-Elektronik zu rechnen. Des weiteren wirken Schaltnetzteile als innere Störquellen, deren Störströme nach Amplitude und Frequenz zwar kaum die versorgte Digitaltechnik, wohl aber die Analogschaltungen (Genauigkeit) beträchtlich stören können.

Es ist zu empfehlen, unmittelbar am Eintrittsort der Hilfsenergieversorgungsleitungen in den Vor-Ort-Elektronikschrank einen zweistufigen Schutz zur Entstörung aufzubauen (Bild 18.12). Bei einer üblicherweise nicht geerdeten Gleichstromversorgung kann die erste Stufe (Zerstörschutz) neben Varistoren auch asymmetrisch eine Funkenstrecke zur Ableitung sehr energiereicher Störbeeinflussungen enthalten. Infolge der isolierten Netzbetriebsweise führt das Ansprechen der Funkenstrecke nicht zum Abschmelzen der Sicherung.

Für Metalloxid-Varistoren (VZD bzw. VZE /9.8/) wird bei Verzicht auf die Funkenstrecke eine Koordinierung zwischen Varistor-Scheibendurchmesser und vorgeordneter Sicherung empfohlen /9.8/ (vgl. Abschn. 18.3.2).

Als zweite Stufe (Störschutz) werden handelsübliche Netzfilter *NFI* empfohlen, deren Wirkung sich auf die inneren Störquellen erstreckt.

Für Meldungseingänge können vor der Pegelanpassung ebenfalls Varistoren als Zerstörschutz angeordnet werden, um Längsspannungsbegrenzungen der Optokoppler zu erreichen (Bild 18.9 b). Bei Strom-Spannungs-Zwischenwandlern ist eine grobe Begrenzung auf etwa 15 V, kombiniert mit einer feineren Schutzbeschaltung für 10 V auf der Baugruppe zur Analog-Digital-Umsetzung, zu empfehlen.

18.2. Maßnahmen zur Reduzierung des Eindringens von Störgrößen 337

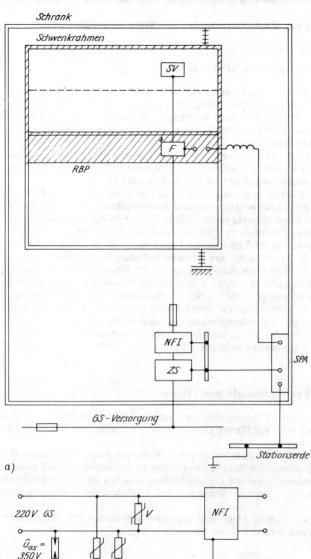

Bild 18.12. Varistoren und Funkenstrecken als Zerstörschutz unmittelbar an der Schrankeinführung der Gleichstromversorgung

a) GS-Versorgung der Vor-Ort-Elektronik
b) Zerstörschutz
NFI Netzfilter
SPA Schrank-Potentialausgleichschiene
SV   Stromversorgungsmodul

V   Varisator (z. B. VZE 250/10−30, TGL 36920)
$\hat{u}_{as}$ Ansprechblitzspannung
ZS   Zerstörschutz
RBP Schwenkrahmen-Bezugspotentialschiene
F   Filter

18.3. Maßnahmen zur Reduzierung der Wirkung eingedrungener Störgrößen

18.3.1. Erdung und Bezugspotentialbildung

Der Stahlblechschrank und der Schwenkrahmen für die Vor-Ort-Elektronik sind aus berührungsschutztechnischen Gründen mit dem Schutzerdungssystem (Maschenerder des Umspannwerkes) zu verbinden (Bild 18.13). Diese Verbindung soll kurz sein (induktivitätsarm), und es ist zu empfehlen, am Maschenerder die Nähe von Erderanschlußleitungen der Erdungstrenner und Überspannungsableiter zu meiden.

Die Erdungsanschlüsse des Zerstörschutzes ZS (z. B. Varistoren) ankommender Leitungen für Messung, Meldung und Hilfsenergie und mittlere Zwischenwandlerschirme werden unmittelbar zur Schrank-Potentialausgleichschiene SPA geführt (Bild 18.13).

Der Schwenkrahmen wird isoliert aufgehängt, so daß nur eine galvanische Verbindung zwischen den Bezugspotentialen des Schwenkrahmens und des Schrankes besteht, wobei die Bezugspotentialschiene des Schwenkrahmens gleichzeitig als Träger von Filterbausteinen dient. Vorhandene Kabelschirme sind ebenfalls an dieser Potentialschiene geerdet.

Das Elektronik-Bezugspotential EBP ist zumindest hochohmig mit der Schwenkrahmen-Bezugspotentialschiene RBP zu verbinden, um statische Aufladungen zu verhindern. Auch gegen äußere Störquellen ist diese Maßnahme wirkungsvoll. Da jedoch, verursacht durch innere Störquellen (z. B. Schaltnetzteile), geringe mittelfrequente Störströme über den Analogteil der Elektronik fließen können (z. B. infolge Netzfilterkapazitäten), ist durch Messungen zu prüfen, ob ein kapazitiver Nebenschluß für diese Störströme ausreicht. Anderenfalls ist das Elektronik-Bezugspotential mit der Schwenkrahmen-Bezugspotentialschiene galvanisch zu verbinden (Bild 18.14). Zuvor sollte jedoch geprüft werden, ob bereits ausreichende Maßnahmen bezüglich der inneren Störquellen vorliegen /18.13/.

18.3.2. Einsatz von Entstördrosseln und Filtern

Ausgehend von der galvanischen Trennung aller Prozeßschnittstellen ist zu prüfen, wie groß die parasitären Kapazitäten sind. Bei Werten $C_0 < 5$ pF sind im allgemeinen keine weiteren Maßnahmen erforderlich.

Jedoch bereits bei wenigen, störschutztechnisch parallelwirkenden Relaisausgängen ist eine zusätzliche Verdrosselung erforderlich (Bild 18.15 a). Dabei ist vorauszusetzen, daß zusätzliche Kapazitäten durch maximal getrennte Leitungsführung zwischen Relaisspulenzuleitungen und kontaktgeschalteten Leitungsabführungen auf Mindestwerte reduziert werden (Bild 18.7 f).

Bei vielen Relais erweist sich diese Maßnahme gegenüber sehr steilen Impulsen als nicht ausreichend, da die wirksame parasitäre Kapazität mit

$$C_{ges} = n \cdot C$$

wächst, hingegen die wirksame Induktivität auf

$$L_{ges} = \frac{L}{n}$$

reduziert wird. In diesen Fällen wird die Ergänzung der Drosseln durch HF-Filter empfohlen (Bild 18.15 b).

Bei Zwischenwandlern und Schaltnetzteilen ohne zusätzliche Schirmung ist infolge großer Koppelkapazitäten (Tafel 18.1) mit dem Eindringen auch niederfrequenter Störanteile zu rechnen. Deshalb werden die Meß- und Netzzuleitungen über NF-Filter geführt. Dabei ist zu beachten, daß die Filterkapazitäten einen Nebenschluß zur gewählten Elektronik-Bezugspo-

18.3. Maßnahmen zur Reduzierung der Wirkung eingedrungener Störgrößen

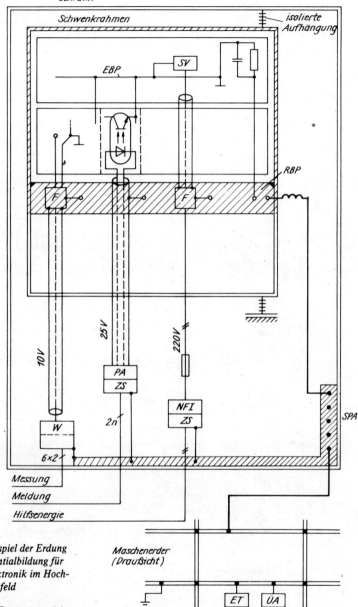

Bild 18.13. Beispiel der Erdung und Bezugspotentialbildung für die Vor-Ort-Elektronik im Hochspannungsschaltfeld

EBP Elektronik-Bezugspotential
ET Erdungstrenner des Schaltfeldes
F Filter (HF- oder NF-Filter)
NFI Netzfilter
PA Pegelanpassung
RBP Schwenkrahmen-Bezugspotentialschiene
SPA Schrank-Potentialausgleichschiene
SV Stromversorgungsmodul
ÜA Überspannungsableiter des Schaltfeldes
W Zwischenwandler
ZS Zerstörschutz

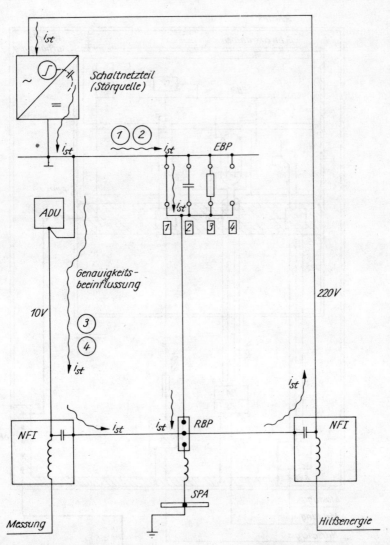

Bild 18.14. Zur Erdung des Elektronik-Bezugspotentials und ihre Auswirkung auf Störstromwege für innere Störquellen

- ☐ Maßnahme
- ○ Wirkung auf Störstromweg
- i_{st} Störstrom
- *ADU* Analog-Digital-Umsetzer
- *EBP* Elektronik-Bezugspotential
- *NFI* Netzfilter, NF-Filter
- *RBP* Schwenkrahmen-Bezugspotentialschiene
- *SPA* Schrank-Potentialausgleichschiene

18.3. Maßnahmen zur Reduzierung der Wirkung eingedrungener Störgrößen

tentialerdung ergeben (Abschn. 18.3.1), über den Störströme von inneren Störquellen fließen können. Deshalb ist es zweckmäßig, unmittelbar an inneren Störquellen (z. B. in Schaltnetzteilen) ausreichende Störschutzmaßnahmen mit Hilfe von Drosseln und Filtern vorzunehmen /18.13/.

Die Begrenzung des Einschaltstroms bei mehreren parallelen Schaltnetzteilen, beispielsweise durch zweistufiges Zuschalten mit Vorwiderstand, reduziert Spannungseinbrüche der Gleichstrom-Hilfsenergieversorgung.

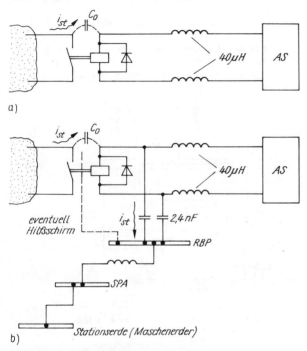

Bild 18.15. Ergänzende Maßnahmen zur galvanischen Trennung bei Steuerausgängen
a) Verdrosselung bei wenigen Relaisausgängen
b) HF-Filtereinsatz bei mehreren Relaisausgängen (vgl. Abschn. 18.2.3: Nutzung eines Hilfsschirmes)
AS Ansteuerschaltung
C_O parasitäre Koppelkapazität (vgl. Tafel 18,1)
i_{st} Störstrom
RBP Schwenkrahmen-Bezugspotentialschiene
SPA Schrank-Potentialausgleichschiene

18.3.3. Inselversorgung ausgewählter Baugruppen

Eine galvanische Trennung zwischen elektronischen Baugruppen ist wie die galvanische Trennung an den Schnittstellen zum Prozeß (Abschn. 18.2.2) eine Maßnahme, die konzeptionell vorzubereiten ist, da sie die durchgängige Trennung bei der elektrischen und mechanischen Konstruktion einschließlich der Leitungsführung berücksichtigen muß. Ein nachträglicher Einbau kann die Störbeeinflussung auch vergrößern /18.6/.

Stehen für eine Meßwerterfassungsbaugruppe keine geschirmten Zwischenwandler zur Verfügung, ist mit Störbeeinflussungen der gesamten Elektronik infolge der applikationsbedingten Verbindung von Analog- und Digitalbezugspotential am Analog-Digital-Umsetzer zu rechnen (Bild 18.16a).

Eine nachträgliche galvanische Trennung zwischen Analogbaugruppe und übriger Elektronik (Bild 18.16b) zwecks Reduzierung der Störbeeinflussung der Steuerbaugruppen kann das Gegenteil bewirken. Ursache hierfür sind oft kapazitive Durchkopplungen sehr steiler Störspannungen von der Analogbaugruppe als Ganzes auf einige an der Rückverdrahtung entlangführende Signalleitungen der Steuerbaugruppe.

Eine Lösung mittels Inselversorgung erfordert stets auch eine konsequente räumliche Trennung (Bild 18.16c).

Konsequenter und somit oft besser ist die elektromagnetische Verträglichkeit dadurch zu erreichen, daß die Störgrößen, falls sie schon nicht durch Schirmung am Eindringen in die gesamte Vor-Ort-Elektronik gehindert werden, so doch zumindest mit Hilfe von Filterkapazitäten von der Elektronik abgeleitet werden (Bild 18.16d).

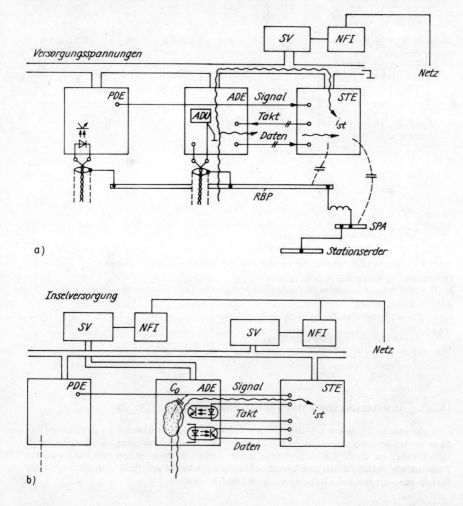

18.3. Maßnahmen zur Reduzierung der Wirkung eingedrungener Störgrößen

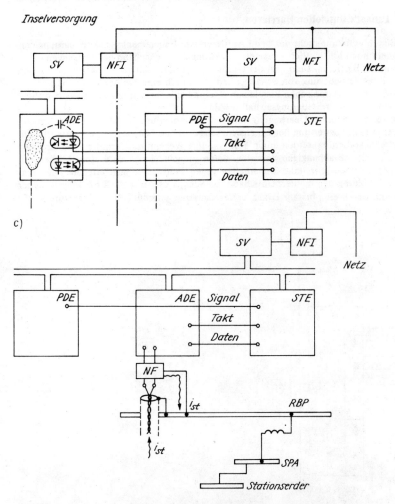

Bild 18.16. Reduzierung der Störbeeinflussung durch Inselversorgung einer Analogbaugruppe
a) Störbeeinflussung der STE über ADE durch Masseverbindung am ADU
b) größere Störbeeinflussung der STE über ADE trotz Inselversorgung der ADE möglich
c) wirksame Reduzierung der Störbeeinflussung der STE durch Inselversorgung der ADE und durch konsequente räumliche Trennung
d) äquivalente Reduzierung der Störbeeinflussung der STE durch Einsatz von NF-Filtern am ADE-Eingang

ADE	Baugruppe zur Analog-Digital-Umsetzung	NFI	Netzfilter
ADU	Schaltkreis zur Analog-Digital-Umsetzung	NF	NF-Filter
C_o	parasitäre Koppelkapazität zwischen ADE	PDE	Baugruppe zur digitalen Prozeßeingabe
	und der auf der Rückverdrahtung vorbeiführenden	RBP	Schwenkrahmen-Bezugspotentialschiene
	Signalleitung von der PDE zur STE	SPA	Schrank-Potentialausgleichsschiene
i_{st}	Störstrom	STE	Baugruppe zur Steuerung von Schaltgeräten

18.3.4. Einsatz logischer Barrieren

Eine wichtige Maßnahme nicht nur beim Auftreten von Bauelemente- oder Baugruppenausfällen, sondern auch hinsichtlich transienter elektromagnetischer Störbeeinflussungen ist der Einbau logischer Barrieren. Dem liegt der Gedanke zugrunde, daß bei wichtigen Funktionen, wie z. B. bei der Ansteuerung von Schaltgeräten, die durch eine Störbeeinflussung bedingte Fehlfunktion eines elektronischen Bauelements keine Fehlerauswirkung auf die Gesamtfunktion (Fehlsteuerung oder Steuerungsausfall) ergibt.

Beispielsweise werden bei Übertragung von Steuerbefehlen über Lichtwellenleiter Empfängerstörungen durch Auswertung der Datensicherungsmaßnahmen erkannt. Störbeeinflussungen der Adreßdekodierung werden durch eine ständige Wegeprüfung ermittelt. Mit drei voneinander nur schwach abhängigen Barrieren, deren Freigabe erst nach entsprechenden Prüfungen erfolgt, werden sehr hohe Sicherheiten gegen Fehlschaltungen erreicht. Die damit verbundene Erhöhung der Wahrscheinlichkeit für Schaltversager wird durch Mehrfachübertragungen und durch eine bis zur Hilfsenergieversorgung getrennte Redundanz zurückgepegelt (Bild 18.17).

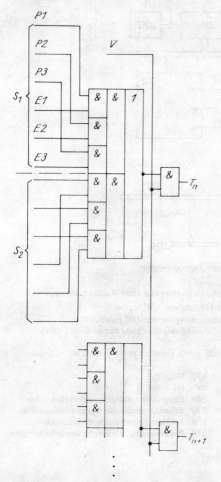

Bild 18.17. Logische Wirkung der Barrieren zur Trennersteuerung

E1	Schaltgeräteadresse
E2	Ein-/Aus-Selektor
E3	24-V-Zuschaltung
P1	Datensicherung
P2	Sperrschalter
P3	Adressenprüfung
S_1; S_2	System 1; System 2 (Redundanz)
T_n; T_{n+1}	zur Ein- oder Aus-Spule von Trenner n bzw. $n+1$
V	Verriegelungsspannung (konventionell)

18.4. Software zur Störungs- und Fehlerbehandlung[1]

18.4.1. Störungsidentifikation

Die EMV-gerechte Gestaltung und Dimensionierung der Anlagen in Umspannwerken, Schaltstationen und Kraftwerken ist auch ein Problem der stochastischen Dimensionierung. Nicht jedes Ereignis muß unbedingt störungsfrei beherrscht werden. Zwischen dem Aufwand zur Vermeidung der Störung oder Zerstörung, der Wahrscheinlichkeit für das Eintreten des störenden Ereignisses und den Auswirkungen des gestörten Betriebsfalles ist abzuwägen. Beispielsweise akzeptiert man die Störung einer elektronischen Einrichtung im Schaltfeld einer Freiluftanlage beim Direkteinschlag eines Blitzes in der Entfernung weniger Meter. Erfahrungsgemäß ist ein solches Ereignis so unwahrscheinlich, daß spezielle Maßnahmen zur Beherrschung dieses Falles nicht getroffen werden. Vom Sekundärsystem ist zu fordern, daß Störungen begrenzt, Auswirkungen auf das Gesamtsystem vermieden und Folgeschäden durch Fehlsteuerung des Primärsystems verhindert werden. Die Software entscheidet weitgehend über die prozeßbezogenen Folgen.

Störungen im peripheren Bereich der Sekundäranlage werden mit den Mitteln der Rechentechnik besser beherrscht als in konventionellen Anlagen. Das gilt auch, wenn differentialdiagnostische Hilfsmittel nicht vorgesehen sind. Hierzu wurden Programme entwickelt, die aus den verfügbaren Redundanzen der Prozeßsignale einerseits zeitweilig oder dauernd gestörte Signale identifizieren und andererseits Ausgleichswerte für weitere Berechnungen bereitstellen. Die aus Plausibilitätstests, Wiederholung der Berechnung, Mittelwertbildung und Auswertung logischer Funktionen zwischen redundanten Eingabewerten (state estimation) gewonnenen Werte erlauben einen weiteren Betrieb des Systems ohne erhöhtes Risiko. Dagegen wird im Bereich der Anlagensteuerung nach Identifikation eines Fehlers (etwa aus der logischen Verknüpfung redundanter Meldungen) Leistungsschalter EIN und nicht AUS sowie deren Zeitüberwachung, meist die Ansteuerung unterbunden. Es gibt keine allgemein akzeptierten Auffassungen zur automatischen Wiederholung erfolgloser Steuerbefehle oder das Rückgreifen von Schutzkommandos auf alle Einspeisungen. In Ausnahmefällen ist eine Umweisung auf logische Reservegeräte möglich. Beispielsweise sind Auslösespulen für AUS-Kommandos der Leistungsschalter doppelt für Steuerung und Schutz ausgeführt, so daß eine Umweisung auf den funktionsfähigen Reservekreis erfolgen kann.

Die Zuverlässigkeitskoordinierung zwischen den zentralen Rechnerkomponenten und den Primärgeräten erfolgt gegenwärtig so, daß einem Primärgerät zwei unabhängig arbeitsfähige Steuereinheiten zugeordnet werden. Die Software zur Störungsidentifikation muß für den zentralen Bereich der Sekundäranlage obligatorischer Bestandteil des Systemkerns sein und eine Unterscheidung über den temporären (etwa beeinflussungsbedingten) oder permanenten Charakter der Störung beinhalten. Betrachten wir die Beeinflussung des Systembusses über seinen Störabstand hinaus. Dabei beziehen wir uns auf den Bus des Systems K 1520/Ursadat 5000. Grundsätzlich ist das Verhalten dem anderer Systeme vergleichbar. Der Ablauf hängt empfindlich vom Zeitverlauf des Störpegels auf der (oder den) gestörten Leitung(en) relativ zum Programmablauf ab. Der Pegel der Daten- und Adreßleitungen ist nur während weniger Mikrosekunden am Ende des Taktes 2 bzw. im Takt 3 eines Maschinenzyklus relevant. Liegt im Zeitbereich eine den Störabstand des Busses übersteigende Beeinflussung vor, ist eine Störung im Programmablauf wahrscheinlich, die differenziert zu bewerten ist. Relativ harmlos ist die Störung der Daten- oder Adreßleitungen während Takt 3 eines Input- oder Speicher-Lese-Schreib-Befehls. Gleiche Wirkung hat die Beeinflussung der Eingabeleitungen für Analog- oder Binärsignale. Nach den oben erfolgten Feststellungen ist maximal mit der softwaregesteuerten Blockierung eines (kleinen) Teilsystems zu rechnen. Erfahrungen zeigen aber, daß viele umspannwerkstypische Programme, wie Spannungsregelung, Energiezählung, selbst auch Meldungserfassung und Protokollierung von sich aus resistent sind. Selbst beim digita-

[1] siehe auch Abschnitt 13.3

len Schutz werden stets Wiederholungen der Berechnungen der Anregungsbedingungen gefordert, bevor die Auslösekommandos abgegeben werden. Die Anregung selbst erfordert dagegen kein Programm zur digitalen Filterung, da sie nur Meldungen und Verriegelungen bewirkt. Zählwerte der Anregung digitaler Schutzgeräte lassen vielmehr Ergebnisse zur Beurteilung der EMV des Systems im Dauerbetrieb erwarten.

Erfolgt die Beeinflussung im Zeitbereich des Taktes 3 eines Output-Befehls oder im peripheren Bereich der Steuerung, so kann es im Fall des nichtredundanten Systems zu Fehlsteuerungen kommen. Mit entsprechendem Aufwand – der Ausgabe von Doppelbefehlen, Einbau von logischen Barrieren oder redundanter Kodierung der Kommandos – kann die Wahrscheinlichkeit dafür aber beliebig gesenkt werden.

Für das System selbst ist als kritischster Fall anzusehen, wenn die Beeinflussung im Zeitfenster am Ende von Takt 2 im Befehlsholezyklus (PCI, M1) erfolgt. Die Störung einer Adreß- oder Datenleitung bewirkt die Bearbeitung mindestens eines falschen Befehls, führt aber dabei auch mit einer Wahrscheinlichkeit von einigen Prozent zum Systemabsturz. Dieser ist als schwerwiegendes Ereignis anzusehen, da die betroffene CPU zunächst funktionsunfähig ist, häufig der Inhalt des RAM verfälscht ist und das System über die Tastatur nicht mehr bedient werden kann. Solange die betroffene CPU keinen HALT-Befehl dekodiert, läuft sie in Schleifen. Neben dem Datenverlust im RAM ist, allerdings mit sehr viel kleinerer Wahrscheinlichkeit, mit der Ausgabe falscher Steuerbefehle zu rechnen. Die Seltenheit solcher Ereignisse entsteht, weil als Voraussetzung wenige spezielle Kombinationen aus 16 bis 24 bit erfüllt werden den müssen. Die oben erwähnte Möglichkeit der redundanten Befehlsausgabe verbessert auch in diesem Fall die Statistik beliebig.

Wegen dieser kritischen Situation bei Beeinflussung im PCI-Zyklus sind doppelte Maßnahmen erforderlich: EMV-Maßnahmen müssen für alle statistisch relevanten Betriebsereignisse im Umspannwerk Beeinflussungen des Busses verhindern. Ferner ist eine Identifikation des Absturzes in kürzester Zeit erforderlich, mit einem nachfolgenden Fehlerbehandlungsprogramm zur Überführung in einen definierten Programmablauf und ein Speichertestprogramm. Das Speichertestprogramm ist nicht nur wegen des möglichen Datenverlustes im RAM nötig, sondern vor allem, da Fehler im Programmspeicher (etwa Kontaktfehler der Steckverbinder oder PROM-Steckfassungen) zum gleichen Fehlerbild führen.

Eine besonders schnelle Methode der Fehleridentifikation wird anhand der folgenden Tafeln diskutiert. Tafel 18.2 zeigt einen Programmausschnitt, der in Tafel 18.3 durch Beeinflussung einer Datenleitung im Statement 333 von der CPU anders interpretiert wird. Im weiteren Ablauf nach Statement 336 ist mit dem Absturz über Stackbefehle zu rechnen. Der Stackpointer ist um eine halbe Adresse verstellt. Das Beispiel ist nicht typisch bei Verfälschung nur eines Befehls. Wegen des Vorherrschens von 1-byte-Befehlen fängt sich vielmehr die CPU meist ohne Absturz. Bei wiederholten Störungen oder Verfälschung mehrerer Befehle ist der Absturz über den Stack oder indizierte und indirekt adressierte Sprünge typisch. Tafel 18.4 erklärt die Fehleridentifikationsmethode. An möglichst vielen Stellen im Programm, die im normalen Ablauf nicht erreicht werden, etwa nach RET- oder JMP-Befehlen, ist eine Befehlsfolge zur Einstellung des PC auf eine Fehlerbehandlungsroutine eingefügt. Besonders effektiv sind hierfür 1-byte-Rufbefehle. In den Tafeln 18.4 und 18.5 werden vier Befehle RST 38H eingefügt, die einen Eintritt in die Fehlerbehandlung ab Adresse 38H auch im ungünstigsten Fall einer Störung des 3. Bytes im Statement 334 und Dekodierung als Befehlskode eines 4-byte-Befehls erzwingen. Die Methode versagt, wenn die CPU beim Absturz in eine Schleife ohne Fangroutine gelangt. Eine zusätzliche Zeitüberwachung des Programmablaufs ist deshalb vorteilhaft. In Mehrprozessorsystemen bestehen sehr gute Voraussetzungen zur gegenseitigen zeitzyklischen Kontrolle des ordnungsgemäßen Programmablaufs. Die Zykluszeit entscheidet über den Zeitbereich der Fehlererkennung. Die Frist bis zur Fehleridentifikation ist normalerweise sehr viel größer als mit der Fangroutine.

18.4. Software zur Störungs- und Fehlerbehandlung

Tafel 18.2. Programmausschnitt mit Speicherinhalt (hexadezimal) (Spalte 1), Befehlsnummer (Spalte 2) und Befehlskode in Assemblernotation (Spalte 3)

1	2	3
Object Code	Statement	Source Code
F3	332	DI
31	333	LD SP, nn
DD		
36		
C3	334	JMP nn
40		
16		
3E	335	LD A, nn
F1		

Tafel 18.3. Programmausschnitt wie in Tafel 18.2, jedoch mit Beeinflussung der Datenleitung 1 am Ende von Takt 2 des Statements 333

1	2	3
Object Code	Statement	Source Code
F3	332	DI
33	333	INC SP; gestörtes Byte
DD	334	LD (IX+d), n
36		
C3		
40		
16	335	LD D, n
3E		
F1	336	POP AF

Tafel 18.4. Programmausschnitt wie in Tafel 18.2 mit Fangroutine

1	2	3
Object Code	Statement	Source Code
F3	332	DI
31	333	LD SP, nn
DD		
36		
C3	334	JMP nn
40		
16		
FF	335	RST 38H
FF	336	RST 38H
FF	337	RST 38H
FF	338	RST 38H
3E	339	LD A, n
F1		

Tafel 18.5. Wirkung der Fangroutine bei Beeinflussung entsprechend Tafel 18.3

1	2	3
Object Code	Statement	Source Code
F3	332	DI
33	333	INC SP; gestörtes Byte
DD	334	LD (IX+d), n
36		
C3		
40		
16	335	LD D, n
FF		
FF	336	RST 38H
Austritt in das Fehlerbehandlungsprogramm		
FF	337	
FF	338	
3E	339	LD A, n
F1		

18.4.2. Störungs- und Fehlerbehandlung

Nach der Identifizierung eines Fehlers müssen Fehlerbehandlungsprogramme aktiviert werden. Da sich weltweit eine automatische Betriebsführung in der Stationsebene abzeichnet, ist eine differenzierte Fehlerbehandlung erforderlich. Neben differenzierten Fehlerausschriften auf einem Protokollgerät, die die Störungsanalyse und eventuell notwendige Instandsetzungsarbeiten wirksam unterstützen, sind spezielle Entscheidungen zu fällen, wie Abschalten der Einheit, Eintritt in ein Systemanlaufprogramm oder in spezielle Testroutinen, Weiterbetrieb mit eingeschränktem Funktionsumfang, zeitweilige oder ständige Aktivierung heißer Redundanzen. Die Fehlerbehandlung ist naturgemäß sofort zielgerichtet, wenn sie aus einer Interruptserviceroutine heraus gestartet wird, die fehlerartspezifisch ist, etwa seitens der Baugruppe UEW im System Ursadat 5000 bei der Toleranzüberwachung von Bussignalen (RDY, WAIT) und von allen Feinspannungen. Unterschreitet eine interne Betriebsspannung einen auf der Überwachungsbaugruppe (1580) eingestellten Teil des Nennwertes (0.95), werden alle anderen Feinspannungen abgeschaltet (Folgeschäden nach Ausfall einer Spannung sind möglich!), und das Bussignal RESET verhindert die weitere Programmbearbeitung. Ist ein zeitweiliger Ausfall oder eine Beeinflussung der Speisespannung die Ursache, ist eine differenzierte Behandlung möglich. Unterschreitet die Speisespannung über eine halbe Periode der Netzfrequenz einen auf dem Netzausfallanalysator (1581) eingestellten Wert ($\sqrt{2} \cdot 185$ V), wird über die UEW das Signal NMI aktiv. Die Programmbearbeitung wird nichtmaskiert unterbrochen und in die Interruptserviceroutine eingetreten. In ihr können ausgewählte Systemzellen gerettet, Fehlermeldungen abgesetzt und eine Zeitschleife bearbeitet werden. Bleibt hierbei das Signal RESET aus, wird der Ursprungszustand regeneriert und die Programmbearbeitung fortgesetzt. Die Rückkehr zur Bearbeitung von Applikationsprogrammen nach dem (verzögerten) Inaktivieren von RESET nach einem zeitweiligen Netzausfall muß – in Unkenntnis über dessen Dauer – über ein umfangreicheres Anlaufprogramm erfolgen. Die differenzierte Behandlung kurzzeitiger Toleranzunterschreitungen oder Beeinflussungen der Netzspannung ist vorteilhaft, da (überflüssige) Systemanläufe bei verschiedenen zeitkritischen und zyklischen Programmen Komplikationen bewirken. Voraussetzung für die Realisierung ist ein statischer RAM-Bereich mit (Batterie-)Stützung bei Netzausfall (CMOS-RAM), in den alle wichtigen Informationen abgelegt oder bei Eintritt einer Netzstörung transferiert werden. Die vorstehende Diskussion mag überspitzt erscheinen, wenn man die „ausfallsichere" Stromversorgung von integrierten Schutz- und Steuersystemen über zwei unabhängige Batteriesysteme in Umspannwerken und damit die Seltenheit der Ereignisse betrachtet. Man muß jedoch berücksichtigen, daß der Störabstand eine Funktion der Toleranzabweichungen aller sonstigen für den momentanen Zustand wichtigen dynamischen Signale ist, im einfachsten Fall der Betriebsspannungen. Man muß damit rechnen, daß im Umspannwerk "latent" stets vorhandene Störfelder, die die EMV-gerechten Sekundäranlagen im normalen Betriebszustand nicht stören können, mit viel größerer Wahrscheinlichkeit in den dargestellten Übergangszuständen zu Beeinflussungen führen. Nach der Identifizierung gestörter Rechnerzustände ist deshalb auch die Einstellung „harter, durchgreifender" Bussignale zu empfehlen. Neben dem Signal RESET eignen sich Signale IODI und MEMDI oder WAIT, die über die UEW vom Programm aktiviert werden können. Nicht ausreichend ist die Befehlsfolge DI, HALT, die bereits von einem nachfolgenden NMI verlassen wird.

Abschließend sei auf den Nutzen von Speichertestprogrammen hingewiesen. Im Umfang der Autodiagnose sind gegenwärtig folgende Tests eingeführt:
– Test der Invarianz des Programmspeichers (möglichst als ROM realisiert)
– Schreib-Lese-Test des RAM
– Test der Invarianz ausgewählter RAM-Adreßbereiche zwischen Schreibbefehlen.

Der Invarianztest ist notwendig, wenn man bedenkt, daß Programmspeicher und Bereiche mit speziellen Einstellparametern (Regelprogramme, Schutzprogramme, Systemzustandszellen) über Jahrzehnte gültig bleiben müssen. Die Speichertestprogramme werden bei jedem Systemanlauf vor dem Eintritt in Applikationsprogramme bearbeitet. Zusätzlich eignen sie sich zur differenzierten Fehlerbehandlung aus der Fangroutine (Abschn. 18.4.1) heraus. Ergibt der Speichertest keinen Fehler, ist eine Beeinflussung als Ursache des Absturzes wahrscheinlich und ein automatischer Systemanlauf („Software-RESET") vertretbar. Eine Schleifenüberwachung der Eintrittsfrequenz in den Anlauf ist dabei zur Identifizierung intermittierender Speicherfehler vorteilhaft. Schließlich können die Speichertestroutinen stets (als Task geringster Priorität) bearbeitet werden, wenn keine Anforderungen (etwa aus dem Prozeß) an die

ZVE vorliegen. Hierdurch können Speicherfehler selten adressierter Zellen zuverlässig identifiziert werden. Dagegen ist die Wahrscheinlichkeit, Fehler in zyklisch oft adressierten Zellen zu finden – Zykluszeiten im Millisekundenbereich treten in einigen Programmen auf –, sehr gering. Der Eintritt in die Fangroutine ist wegen der langen Laufzeit der Speichertestprogramme in diesen Fällen wahrscheinlicher.

18.5. Nachweis der Wirksamkeit von EMV-Maßnahmen

18.5.1. Zielstellung

Die EMV-Konzeption muß, ebenso wie das Zuverlässigkeitskonzept, integrierter Bestandteil der Systemkonzeption für die zu entwickelnde Prozeßleittechnik sein (Abschn. 2.5). Demzufolge sind bereits in frühen Entwicklungsstadien Störfestigkeitsuntersuchungen an Baugruppen und Teilsystemen durchzuführen.

Bei Baugruppen sollte studiert werden, welche Wirkungen (Fehlsteuerung, Meßungenauigkeit) sich bei Störbeeinflussungen an den Interfaceverbindungen ergeben und wie wirksam die realisierten Maßnahmen (Barrieren, Prüfschaltungen) zur Fehlertoleranz sind.

An Teilsystemen (z.B. Vor-Ort-Elektronik) sollte das Studium der Koppelwege und Koppelmechanismen erfolgen und die Wirksamkeit von Maßnahmen, die das Eindringen von Störungen in das System reduzieren, geprüft werden.

Diese Untersuchungen sollten kontinuierlich die gesamte Entwicklungsphase begleiten und das Ziel verfolgen, mit der Typprüfung nur noch den offiziellen Nachweis für die elektromagnetische Verträglichkeit des Gesamtsystems zu erbringen.

Es wird empfohlen, nach der Inbetriebnahme von Pilot- und Referenzanlagen den Dauerbetrieb zu nutzen, um das Durchdringen einzelner Barrieren kontinuierlich zu überwachen. Die Ergebnisse entsprechender Fehlerzähler sind in geeigneter Form (spezielle Druckerprotokolle) einer systematischen Auswertung zuzuführen.

18.5.2. Entwicklungsprüfungen

Ausgehend von der EMV-Konzeption, werden im Rahmen der ersten Entwicklungsprüfungen die Störauswirkungen an Digitalbaugruppen mit den höchsten Sicherheitsanforderungen (z.B. Steuerung der Schaltgeräte in der Hochspannungsschaltanlage) und an Analogbaugruppen mit den höchsten Genauigkeitsanforderungen (z. B. Verrechnungszählung für elektrische Energie) untersucht. Damit können in einem frühen Entwicklungsstadium Schwachstellen der EMV-Konzeption erkannt und Korrekturen mit relativ geringem Aufwand ausgeführt werden.

Bei den Prüfungen müssen alle Schnittstellen zur Umwelt als mögliche Koppelwege berücksichtigt und mit repräsentativen Prüfstörgrößen beaufschlagt werden (Bild 18.18, vgl. auch Abschn. 6). Für Entwicklungsprüfungen sind Prüfimpulse auszuwählen, die in ihrer Gesamtheit ein breites Frequenzspektrum überdecken, um durch vergleichende Gegenüberstellung die Koppelmechanismen der Schnittstellen zu analysieren. Dabei ist stets zu versuchen, die Störbeeinflussung des Systems theoretisch zu durchdringen, um einen bestimmten Koppelmechanismus durch ein Modell beschreiben zu können. Beispielsweise ist es möglich, die Relaisansteuerung (Triebsystem 24 V, Kontaktsystem 220 V) der primären Schaltgeräte (Bild 18.19a) bezüglich sehr steiler Störbeeinflussung als kapazitiven Koppelmechanismus (Bild 18.19b) zu modellieren. Dabei wurden die Kapazitäten der Kabelbäume gegen das Gehäuse nicht explizit, sondern nur einschließlich der Kopplungen zwischen Relaisspule und -kontakten gemessen. Die Modellwerte werden aus den Meßwerten berechnet (Bild 18.19c, d). Der Nachweis für die Richtigkeit des Modells wird mit Hilfe ausgewählter Ereignisregistrie-

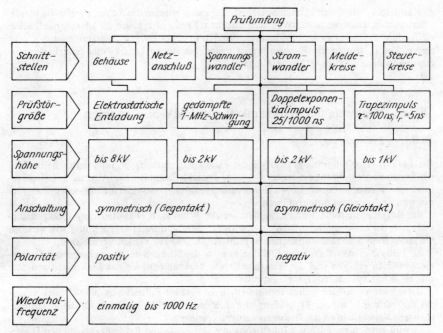

Bild 18.18. *Prüfumfang für Entwicklungsprüfungen der Vor-Ort-Elektronik*

rungen (z. B. Durchdringen einer Barriere) bei möglichst Originalbeanspruchungen (z. B. Schalten von Trennern bzw. Schalten der Betätigungsspulen) geführt.

Wird als Anzahl der registrierten Ereignisse n_F bei N Störbeaufschlagungen für das Modell n_{FM} = 25maliges und für das Original n_{FO} = 19maliges Durchdringen einer Barriere registriert, kann angenommen werden, daß die Durchdringungswahrscheinlichkeit $p_f \approx n_{FO}/N \approx 0{,}2$ beträgt. Demzufolge sind für $N = 100$ Realisierungen bei einer Irrtumswahrscheinlichkeit von 10 % für n_{FM} = 13 ... 27 Barrierendurchdringungen zu erwarten (Tafel 18.6). Mit diesem Modell kann die Wirkung von Filtermaßnahmen bei einer Verdopplung der Schaltgeräteanzahl auf einfache Weise abgeschätzt und experimentell geprüft werden.

Ein Schwerpunkt der Entwicklungsprüfungen ist die mit der Entwicklung der Baugruppen und Teilsysteme zu koordinierende Realisierung geeigneter Anzeigen, z. B. für das Eindringen einer Störung bis zur ersten Barriere bzw. für das Durchdringen einer einzelnen Barriere. Das ist erforderlich, da ein Nachweis der Wirksamkeit von EMV-Maßnahmen am Ausgang der Gesamtfunktion infolge der hohen Zuverlässigkeit (Fehlsteuerungen mit Wahrscheinlichkeiten zwischen 10^{-6} bis 10^{-9}) jeweils eine zu aufwendige Anzahl von Realisierungen erfordern würde.

Bei Prüfungen mit steilen Impulsen muß davon ausgegangen werden, daß die an geeigneten Meßstellen abgegriffenen Informationen nicht drahtgebunden einem Rechner zur Registrierung und Auswertung angeboten werden können. Erstens wirkt dieser Kanal als zusätzlicher Koppelweg auf das zu untersuchende System zurück, und zweitens ist dieser Kanal oft störanfälliger als das zu untersuchende System. In vielen Fällen haben sich eine einfache Anzeige, z. B. mit einer Leuchtdiode unmittelbar auf der Baugruppe, und die visuelle Registrierung als vorteilhaft erwiesen. Diese speziellen Anzeigemöglichkeiten müssen bereits Bestandteil der konzeptionellen Arbeit sein.

18.5. Nachweis der Wirksamkeit von EMV-Maßnahmen

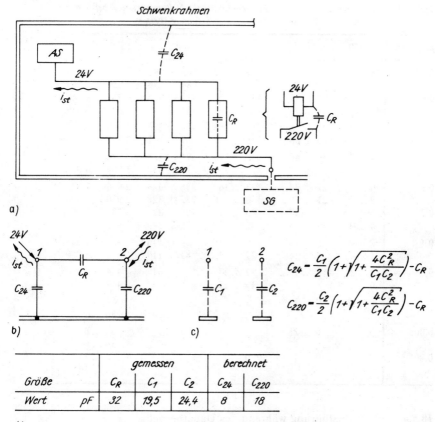

Bild 18.19. Bestimmung einer Modellanordnung und Ermittlung der Modellwerte
a) Originalanordnung c) Meßanordnung und Bestimmungsgleichungen
b) Modellanordnung   d) Beispiel

AS Ansteuerschaltung $\quad i_{st}$ Störstrom
C_R parasitäre Koppelkapazität der parallelwirkenden Relais   SG Schaltgerät

18.5.3. Typprüfungen

Mit Hilfe der Typprüfungen ist der offizielle Nachweis zu führen, daß ein elektromagnetisch verträgliches System entwickelt wurde. Da die Störbeeinflussung der Hochspannungsschaltanlage durch die Sekundärtechnik im allgemeinen vernachlässigbar ist, wird die Einhaltung von Funktionszuverlässigkeit und Genauigkeit der Prozeßleittechnik bei den im Umspannwerk zu erwartenden Störbeeinflussungen /18.14/ nachzuweisen sein.

Zum exakten Nachweis kann der Einbau von Selbsthalteschaltungen, z. B. für die Steuerung, vorteilhaft sein. Gemeinsam mit dem Identitätsnachweis ist ein Prüfprotokoll anzufertigen, aus dem der Nachweis über die bestandenen Prüfungen und die reproduzierbaren Prüfbedingungen hervorgehen (Abschn. 6). Der Prüfumfang ist unter Beachtung der zu erwartenden Beanspruchungen (Abschn. 6 und 18.5.2) sowie der internationalen bzw. nationalen Prüfvorschriften /6.4/ bis /6.10/ /4.14/, Abschn. 10/ zu bestimmen.

Tafel 18.6. Toleranzgrenzen der Versuchsergebnisse n_F für N Realisierungen bei Irrtumswahrscheinlichkeiten von 10 % (obere Werte) und 5 % (untere Werte)

p_f	N = 50	100	500	1 000	10 000
0,99	48 ... 50	97 ... 100	491 ... 499	985 ... 995	9 884 ... 9 916
				984 ... 996	9 880 ... 9 920
0,9	42 ... 48	85 ... 95	439 ... 461	884 ... 916	8 951 ... 9 049
	41 ... 49	84 ... 96	437 ... 463	881 ... 919	8 941 ... 9 059
0,5	19 ... 31	42 ... 58	232 ... 268	474 ... 526	4 918 ... 5 082
	18 ... 32	40 ... 60	228 ... 272	469 ... 531	4 902 ... 5 098
0,4	14 ... 26	32 ... 48	182 ... 218	375 ... 425	3 920 ... 4 080
	13 ... 27	30 ... 50	179 ... 221	370 ... 430	3 904 ... 4 096
0,3	10 ... 20	22 ... 38	133 ... 167	276 ... 324	2 925 ... 3 075
	9 ... 21	21 ... 39	130 ... 170	272 ... 328	2 910 ... 3 090
0,2	5 ... 15	13 ... 27	85 ... 115	179 ... 221	1 935 ... 2 065
	4 ... 16	12 ... 28	82 ... 118	175 ... 225	1 922 ... 2 078
0,1	2 ... 8	5 ... 15	39 ... 61	84 ... 116	951 ... 1 049
	1 ... 9	4 ... 16	37 ... 63	81 ... 119	941 ... 1 059
0,05	0 ... 5	1 ... 9	17 ... 33	39 ... 61	464 ... 536
	0 ... 6		15 ... 35	36 ... 64	457 ... 543
0,01	0 ... 2	0 ... 3	1 ... 9	5 ... 15	84 ... 116
				4 ... 16	80 ... 120
0,005	0 ... 1	0 ... 2	0 ... 5	1 ... 9	38 ... 62
			0 ... 6		36 ... 64
0,001	0	0 ... 1	0 ... 2	0 ... 3	5 ... 15
					4 ... 16

18.5.4. Nachweisführung während des Dauerbetriebs

Eine derartige Nachweisführung ist nur bei Nutzung der im System der Prozeßleittechnik enthaltenen Mikrorechner sinnvoll. In enger Verbindung mit der gesamten Zuverlässigkeitsarbeit sind mit Hilfe zyklischer Prüfprogramme erstens die Zerstörung von Bauelementen und Baugruppen, zweitens transiente Störungen derselben und drittens ihre Parameterverschlechterung zu überwachen. In dieser Reihenfolge wachsen jedoch auch die Schwierigkeiten bei der Erfassung, so daß letztgenannte Überwachung nur in Ausnahmefällen möglich sein wird.

Beispielsweise kann neben einer Verschlechterung der Senderleistung oder an einer Vergrößerung der Kabeldämpfung bei Lichtwellenleiterübertragungen auch die Störbeeinflussung des optischen Empfängers während des Betriebs indirekt durch Bitfehlerregistrierungen nachgewiesen werden. Ausgehend von Bitfehleraufzeichnungen (Bild 18.20a) wird die Summenhäufigkeitsverteilung (Bild 18.20b) bestimmt. Eine signifikante Verschiebung der Verteilungsfunktion zu kleineren Bitfehlerabständen weist auf die genannten Ursachen hin. Große

Bild 18.20 Zur Registrierung und Auswertung von Fehlerereignissen während des Dauerbetriebs ▶
a) Bitfehlerregistrierung
b) Summenhäufigkeitsverteilung des Bitfehlerabstandes
 ──── gemessene Werte mit
 Erwartungswert $E(T)$ = 57 min 41 s
 Standardabweichung $\sqrt{D^2(T)}$ = 29 min 46 s
 ---- Approximation durch

$$p = P(T \leq t) = \begin{cases} 0 & \text{für } t \leq 1\,675 \text{ s} \\ 1 - \exp\left\{\dfrac{t - 1\,657 \text{ s}}{1\,786 \text{ s}}\right\} & \\ & \text{für } t > 1\,675 \text{ s} \end{cases}$$

18.5. Nachweis der Wirksamkeit von EMV-Maßnahmen

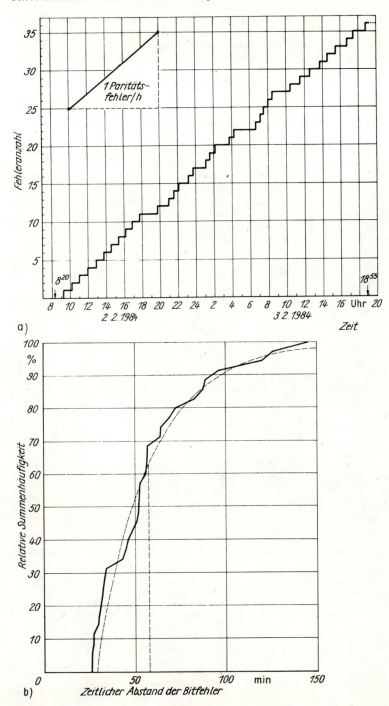

Bedeutung hat die Barrierenüberwachung und -prüfung bei jedem betriebsmäßigen Ereignis (z. B. Steuerung) bzw. mit Hilfe spezieller Prüfroutinen. Festgestellte Fehler werden im Rechner sofort ausgewertet und können auch gezielte Funktionseinschränkungen zur Folge haben, wenn der zu erwartende Schaden bei Fehlfunktion größer als bei Funktionsausfall ist. Besonders derartige Ereignisse sind automatisch zu protokollieren, und es ist anzuraten, die Weitergabe der Information an die Entwicklungsabteilung über einen speziellen Protokollausdruck zu organisieren.

18.6. Realisierungsbeispiele EMV-gerechter Systemlösungen

In den Bildern 18.21 und 18.22 sind integrierte mikroelektronische Sekundärsysteme dargestellt, die an verschiedene Primäranlagen angepaßt sind.

Das im Bild 18.21 skizzierte Beispiel wurde aus Baugruppen des Automatisierungssystems ursadat 5000 zusammengestellt. Für eine vereinfachte 110-kV-Schaltanlage mit 2 Transformatoren 110 kV-MS und den zugehörigen Sternpunkt- und Mittelspannungsanlagen sind alle Funktionen der Feldrechner und des Stationsrechners (ausgenommen der Hauptschutz) in die Grundeinheiten *2* und *4* im Bild 18.21 impliziert, wobei die wichtigen Funktionen in den Einheiten *2* und *3* gedoppelt wurden /18.12/. In diesen Grundeinheiten sind in einem

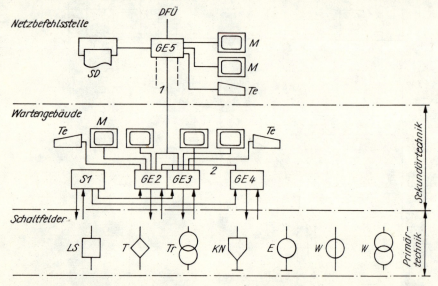

Bild 18.21. Leitsystem auf der Basis ursadat 5000 für Umspannwerke vom Typ VUW 110 kV-MS

1 Ferninterfaceverbindung zwischen Netzbefehlsstelle und Umspannwerk (1 200 bit/s oder frequenzmultiplex 200 bit/s bitseriell)
2 Zwischenblockinterface (symmetrische Zweidrahtleitung oder 2 Lichtwellenleiter 500 kbit/s bitseriell)
DFÜ Datenfernübertragung
E Erdschlußspule
GE2, GE3 Grundeinheiten und Prozeßkopplung für wichtige redundant ausgelegte Funktionen (einschließl. Reserveschutz)

GE4 Grundeinheit und Prozeßkopplung ohne Redundanz
GE5 Fernsteuerterminal
KN Gerät zur kurzzeitigen niederohmigen Sternpunkterdung (KNOSPE)
LS Leistungsschalter
M Monitor, Bildschirmeinheit
S1 konventioneller Hauptschutz
SD Seriendrucker
T Trenner; *Te* Tastatur
Tr Transformator; *W* Wandler

18.6. Realisierungsbeispiele EMV-gerechter Systemlösungen

Gefäß bis zu 7 CPU durch einen gemeinsamen Bus verbunden und wirken aufgabenteilig zusammen. Der kompakte Aufbau mit Kopplung über gemeinsame Speicherbereiche ist günstig für die EMV. Die Grundeinheiten sind untereinander mit einer schnellen bitseriellen Schnittstelle potentialfrei verbunden (500 kbit/s Lichtwellenleiter oder symmetrische Zweidrahtleitung), wobei eine effektive Fehlererkennung mittels zyklischen redundanten Kodes (CRC 16) wirksam ist.

Das Bild 18.22 zeigt ein Realisierungsbeispiel für ausgedehnte Anlagen (Schaltanlagen-Informations-System Hochspannung, SIS-HS) /18.11/. Alle Feldrechner im Wartengebäude sind über Lichtwellenleiter (bitseriell 500 kbit/s) mit der jeweils zugeordneten, im Schaltfeld lokalisierten Feldelektronik verbunden. Alle Feldrechner sind byteseriell mit dem übergeordneten Leitrechner verbunden. Die Stationsebene wird durch einen Bedienrechner (IFSS – Schnittstelle zum Leitrechner) ergänzt. Das System ist redundant ausgeführt und kann alle Automatisierungsaufgaben (vgl. Abschn. 18.1) – zunächst ohne Schutz – realisieren. Im Bereich zwischen Feldrechner und Feld wurden Barrieren zur wirksamen Erkennung von Verfälschungen der Steuerbefehle eingefügt.

Die skizzierten Beispiele zeigen, daß Überlegungen zur Sicherung der Zuverlässigkeit und der EMV bestimmend für die Gestaltung der aktuellen Sekundärsysteme sind.

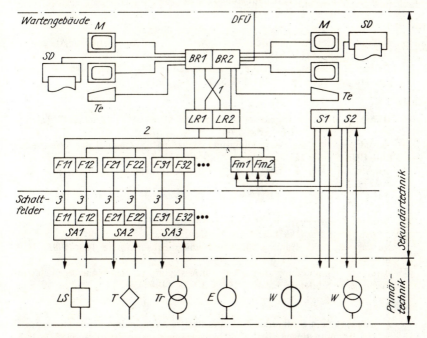

Bild 18.22. Prozeßleittechnik SIS/HS (Schaltanlagen-Informations-System) für ein zentrales Umspannwerk

1 bitserielle Verbindung (1 200 bit/s)
2 byteserieller Bus (15 kbyte/s)
3 bitserielle Lichtwellenleiterverbindung (500 kbit/s)
BR1, BR2 Bedienrechner in der Warte (redundant)
LR1, LR2 Leitrechner in der Warte (redundant)
S1, S2 konventionelle Schutzeinrichtungen (Haupt- und Reserveschutz)
F11, F12 ... Fm1, Fm2 Feldrechner in der Warte (redundant)
E11, E12 ... Feldelektronik (redundant)
SA1 ... Signalanpassung an die Primärgeräte
übrige Bezeichnungen wie im Bild 18.21

19. Literaturverzeichnis

Bedeutung von Abkürzungen

msr	messen, steuern, regeln
rfe	radio, fernsehen, elektronik
etz	elektrotechnische zeitschrift
ZFT EAB	Zentrum für Forschung und Technologie des VEB Elektroprojekt und Anlagenbau Berlin (ehemals Institut für Elektro-Anlagen, Berlin – IEA)
KAAB	VEB Kombinat Automatisierungsanlagenbau

Abschnitt 1

/1.1/ *Habiger, E.:* Elektromagnetische Verträglichkeit in der Automatisierungstechnik – eine Übersicht. msr 27 (1984) H. 6, S. 242–246

/1.2/ *Habiger, E.:* Elektromagnetische Verträglichkeit (EMV) – Kenngrößen, Sicherung und Prüfung. Elektrie 38 (1984) H. 5, S. 187 u. 188

Abschnitt 2

/2.1/ *Wilhelm, J.,* u. a.: Elektromagnetische Verträglichkeit (EMV). Grafenau/Württ.: expert verlag; Berlin: VDE-Verlag 1981

/2.2/ Verordnung über die Entwicklung und Sicherung der Qualität der Erzeugnisse. GBl. I Nr. 37 vom 28. Dezember 1983, S. 405

/2.3/ *Schindler, H.; Vau, G.:* EMV-Planung bei Baumaßnahmen. etz 100 (1979) H. 5 S. 229–231

/2.4/ *Rašek, W.:* Planung der Elektromagnetischen Verträglichkeit. etz 100 (1979) H. 5, S. 221–225

/2.5/ *Kohling, A.; Steinmeyer, G.:* Planung der elektromagnetischen Verträglichkeit von Systemen. etz 106 (1985) H. 9, S. 424–426

/2.6/ *Kohling, A.:* EMV-Planung für Krankenhausneubauten. etz 106 (1985) H. 9, S. 428–430

/2.7/ *Niyazi, A.:* Computerprogrammsystem zur Auslegung der Schirmung gegen elektromagnetische Störfelder. etz 106 (1985) H. 9, S. 440–443

Abschnitt 3

/3.1/ *Rodewald, A.:* Ein Strukturkonzept zum besseren Verständnis der elektromagnetischen Beeinflussungen bei Einschaltvorgängen. etz-Archiv 4 (1982) H. 8, S. 253–258

/3.2/ *Fleck, K.,* u. a.: Schutz elektronischer Systeme gegen äußere Beeinflussungen. Berlin (West): VDE-Verlag GmbH 1981

/3.3/ *Fleck, K.,* u. a.: Elektromagnetische Verträglichkeit (EMV) in der Praxis. Berlin (West): VDE-Verlag GmbH 1982

/3.4/ *Hasse, P.:* Schutz von Niederspannungsanlagen mit elektronischen Geräten vor Überspannungen. In /3.2/

/3.5/ *Hasse, P.:* Schutz von Niederspannungsanlagen mit elektronischen Geräten vor Überspannungen – Schutzmaßnahmen und Schutzgeräte. In /3.3/

19. Literaturverzeichnis

/3.6/ Naumann, W., u. a.: Überspannungsschutz in Niederspannungsanlagen. VEM-Projektierungsvorschrift, Ordnungs-Nr. 1.15/12.84. Hrsg.: ZFT EAB Berlin 1984

/3.7/ Macek, O.: Elektrostatische Aufladung – Gefahr für Halbleiter. Elektronik 32 (1983) H. 3, S. 65–68

/3.8/ Menge, H.-D.: Ergebnisse von Messungen transienter Überspannungen in Freiluft-Schaltanlagen. etz-Archiv 97 (1976) H. 1, S. 15–17

/3.9/ Keiser, B.: Principles of Electromagnetic Compatibility. 3rd edition. Dedham, Massachusetts: ARTECH HOUSE, INC. 1987

/3.10/ Dvořak, T. J.: Elektromagnetische Verträglichkeit: Eine Wachstumsgrenze der Funktechnik? Bull. SEV/VSE 73 (1982) H. 17, S. 928–933

/3.11/ Ricketts, I. W.; Bridges; J. E.; Miletta, J.: EMP Radiation and Protective Techniques. New York, London, Sydney, Toronto: John Wiley & Sons 1976

/3.12/ Meppelink, J.: Elektromagnetische Verträglichkeit elektrischer Einrichtungen. Elektronik 32 (1983) H. 10, S. 78–83

/3.13/ Ruedy, T., u. a.: Entstehung und Wirkung des NEMP. Bull. SEV 71 (1980) H. 17, S. 906–910

/3.14/ Ziebell, G.: Der lautlose Atomschlag aus dem All. wissenschaft und fortschritt 33 (1983) H. 5, S. 171–174

/3.15/ Tangermann, W. P.: EMP kontra Elektronik. Funkschau (1982) H. 26, S. 71–74

/3.16/ Kukan, A.: EMP, der elektromagnetische Superblitz. Funktechnik 38 (1983) H. 6, S. 235–237

/3.17/ Schlicke, H. M.: Electromagnetic Compossibility. New York and Basel: Marcel Dekker Inc. 1982

/3.18/ DIN 57847 Teil 1. Meßverfahren zur Beurteilung der elektromagnetischen Verträglichkeit; Messen leitungsgeführter Störgrößen. November 1981

/3.19/ Rehder, H.: Störspannungen in Niederspannungsnetzen. etz-Archiv 100 (1979) H. 5, S. 216–220

/3.20/ Bittner, G.: Störspannungen und Störströme auf Leitungen, Meßverfahren und Meßergebnisse (Vorträge des 23. PTB-Seminars). Braunschweig: Physikalisch Technische Bundesanstalt 1980

/3.21/ IEC-Entwurf. Guide on methods of measurement of transients on low power and signal lines. 77 (Secretariat) 51, Marc 1981

/3.22/ Keun, S.: Meßverfahren und Meßeinrichtungen zur Erfassung und Beurteilung der Elektromagnetischen Verträglichkeit. In /3.20/

/3.23/ Störungsfreie Störspannungsmessung. Funktechnik 38 (1983) H. 1, S. 15, 16

/3.24/ Audone, B.; Franzini-Tibaldeo, G.: Broad-Band and Narrow-Band Measurements. IEEE Transactions on Electromagnetic Compatibility. Vol. EMC-15, No 2, May 1973, p. 66–71

/3.25/ Oberjatzas, G.: Erfassung, Analyse und Synthese von Signalen mittels Transientenrecorder. Elektronik 32 (1983) H. 23, S. 73 u. 74

/3.26/ Oehme, F.; Popp, H.: Transientenrecorder in der Signalanalyse. Elektronik 32 (1983) H. 15, S. 67–72

/3.27/ Plontke, J.: Verfahren zur Störsignalmessung in automatisierten Anlagen. Elektrie 34 (1980) H. 5, S. 243–247

/3.28/ Koch, K.: Netzoberschwingungsanalysator mit Schalter-Kondensator-Filter. Elektronik 32 (1983) H. 18, S. 99–102

/3.29/ Blechschmidt, H. H.; Karmatschek, B.: Merkmale der elektrischen Versorgungsspannung für Niederspannungsverbraucher. Elektrizitätswirtschaft 81 (1982) H. 6, S. 185–188

/3.30/ Meissen, W.: Überspannungen in Niederspannungsnetzen. etz 104 (1983) H. 7/8, S. 343–346

/3.31/ Schmidt, K.; Richter, W.: Ergebnisse aus Störspannungsmessungen an Signalleitungen der BMSR-Technik. msr 18 (1975) H. 8, S. 298–300, und H. 11, S. 395–399

/3.32/ **Andrä, W.; Feist, K.-H.:** Vermeidung unzulässiger elektromagnetischer Beeinflussung bei Netzleitsystemen. etz 104 (1983) H. 7/8, S. 347–351
/3.33/ **Franke, H.; Quäck, L.:** Beeinflussung von Steuerkabeln bei Schaltvorgängen in 220-kV-Umspannwerken. msr 19 (1976) H. 10, S. 350–355
/3.34/ **Bittner, G.:** Störspannungen und Störströme auf Leitungen, Meßverfahren und Meßergebnisse. PTB-Bericht E-15. Braunschweig, August 1980
/3.35/ **Tetreault, M.; Martzloff, F. D.:** Characterization of Disturbing Transient Waveforms on Computer Data Communication Lines. Proceedings of the 6th Symposium on EMC, Zürich 1985

Abschnitt 4

/4.1/ **Philippow, E.:** Taschenbuch Elektrotechnik, Bd. 1. Berlin: VEB Verlag Technik 1986; München: Carl Hanser 1986
/4.2/ **Stoll, D., u. a.:** EMC Elektromagnetische Verträglichkeit. Berlin (West): Elitera-Verlag 1976
/4.3/ **Scheyrer, P.:** Metallbeschichtung von Kunststoffgehäusen. Elektronik 32 (1983) H. 10, S. 93–96
/4.4/ Mit Schirm und Schutzring. Maßnahmen gegen elektrische und magnetische Störeinkopplung. Funkschau (1984), H. 1, S. 62–64
/4.5/ **Friedel, R.:** Einsatz der Lichtleiterkurzstreckenübertragung in Elektroenergieanlagen. Wiss.-techn. Mitt. des IPH (1983), H. 24, S. 20–24
/4.6/ **Fuchs, H.; Göpel, K.:** Lichtleitertechnik in der Automatisierungstechnik. Berlin: VEB Verlag Technik 1984
/4.7/ **Cordes, H. F.:** Kleine Pegel – große Probleme. Elektronik 33 (1984) H. 3, S. 77–79
/4.8/ **Cordes, H. F.:** Störungsfreie Meßwertübertragung durch eingeprägten Strom. Elektronik 32 (1983) H. 3, S. 74–76
/4.9/ **Borek, L.:** Magnetische Kabelabschirmung mit amorphen Metallen. Elektronik 31 (1982) H. 4, S. 43–46
/4.10/ **Höring, H. C.:** Elektromagnetische Schirmung. In: *C. Rint:* Handbuch für Hochfrequenz- und Elektrotechniker. Bd. 2. München, Heidelberg: Verlag Hüthig und Pflaum 1978
/4.11/ **Boll, R.; Keller, H.:** Magnetische Abschirmschläuche. etz-b 28 (1976) H. 2, S. 42–44
/4.12/ **Boll, R.; Borek, R.:** Elektromagnetische Schirmung, NTG-Fachberichte. Berlin: VDE-Verlag 76 (1980) S. 187–204
/4.13/ **Hilberg, W.:** Elementare Behandlung der Überkopplung von Impulsen und Sinuswellen zwischen parallelen Leitungen. NTZ 22 (1969) H. 6, S. 368–373
/4.14/ **Martin, R. E.:** Maßnahmen gegen elektrische Beeinflussungen elektronischer Systeme in Hochspannungsanlagen. Wien: Verband der Elektrizitätswerke Österreichs 1979

Abschnitt 5

/5.1/ **Lange, F.:** Störfestigkeit in der Nachrichten- und Meßtechnik. Berlin: VEB Verlag Technik 1983
/5.2/ **Staniczek, D.:** Auswirkungen der technologischen Fortentwicklung auf speicherprogrammierbare Steuerungssysteme. VDI-Bericht Nr. 327 (1978) S. 9–13
/5.3/ **Chowdhuri, P.; Zobrist, D. W.:** Susceptibility of Electrical Control Systems to Electromagnetic Disturbances. IEEE Transactions on Industry Applications. Vol. IA-9, Sept./Oct. 1973, pp. 570–576
/5.4/ **Bühn, U.:** Netzstörsicherheit digitaler elektronischer Geräte. rfe 30 (1981) H. 7, S. 429–431

Abschnitt 6

/6.1/ *Sanetra, E.:* Umweltprüflabor zur Erprobung von Bauelementen, Komponenten und Anlagen. Techn. Mitt. AEG-Telefunken 70 (1980) H. 2/3, S. 148–156

/6.2/ *Kärger, R.:* Prüftechnik für elektronische Erzeugnisse. Berlin: VEB Verlag Technik 1985

/6.3/ TGL 36172 Interface zwischen numerischen Steuerungen und Be- und Verarbeitungsmaschinen. Okt. 1979

/6.4/ ST RGW 4702-84 Universelles internationales System zur automatischen Überwachung, Regelung und Steuerung (URS). ERZEUGNISSE DES URS. Allgemeine Prüfverfahren für die Beständigkeit gegenüber elektromagnetischen Störungen

/6.5/ IEC-Publikation 255-4 (1976). Single input energizing quantity measuring relays with dependent specified time

/6.6/ IEC-Publikation 801-1 (1984). Electromagnetic compatibility for industrial-process measurement and control equipment. Part 1. General introduction

/6.7/ IEC-Publikation 801-2 (1984). Electromagnetic compatibility for industrial-process measurement and control equipment. Part 2. Electrostatic discharge requirements.

/6.8/ IEC-Publikation 801-3 (1984). Electromagnetic compatibility for industrial-process measurement and control equipment. Part 3. Radiated electromagnetic field requirements

/6.9/ IEC-Entwurf 65 (Secr.) 96, Jan. 1985. Electromagnetic compatibility for industrial-process measurement and control equipment. Part 4. Electrical fast transients requirements.

/6.10/ IEC-Entwurf 65 (Secr.) 99, Jan. 1985. Electromagnetic compatibility for industrial-process measurement and control equipment. Part 5. Surge voltage immunity requirements.

/6.11/ EG-Richtlinie. Richtlinien für elektronische Einrichtungen als Bestand- oder Zubehörteil von Meßgeräten (COM [78] 766 final). Amtsblatt der EG Nr. C42 vom 15. 2. 1979

/6.12/ *Sanetra, E.:* Experimentelle Demonstration von Störungen und von Abhilfemaßnahmen. In /3.3/

/6.13/ Netz-Störsimulatoren, Hochspannungsprüfgeräte. Prospektmaterial der Firma Schaffner

/6.14/ Testgeräte, Geräte für Aufgaben in der Spannungsversorgung und Entstörtechnik. Prospektmaterial der Firma manger electronic

/6.15/ *Melzer, F.:* Probleme der externen Beeinflussung informationsverarbeitender Einrichtungen der Leistungselektronik. Diss. A TU Dresden 1975

/6.16/ *Wetzel, W.:* Simulation transienter Störungen auf Netzleitungen. Diplomarbeit TU Dresden, Sektion Elektrotechnik, 1983

/6.17/ *Syhre, J.*, u. a.: Störfestigkeit elektronischer Steuerungen – Simulation. Forschungsbericht TU Dresden, Sektion Elektrotechnik, 1983

/6.18/ *Baumann, M.:* Prüfgeneratoren zur Simulation von breitbandigen Störgrößen. Bull. SEV/VSE 75 (1984) H. 7, S. 2–8

/6.19/ High Voltage Test Systems. Prospektmaterial der Firma Haefely

/6.20/ *Kunz, J.:* Weiterentwicklung der Störsimulationstechnik. Diplomarbeit TU Dresden, Sektion Elektrotechnik, 1984

/6.21/ Elektronische Meßgeräte und Meßsysteme. Katalogmaterial der Firma Rohde & Schwarz

/6.22/ *Grocholeske, K.-D.; Jenensch, B.; Krause, J.:* Mikrorechnergesteuerter Simulator für Netzspannungsstörungen. Elektrie 39 (1985) H. 7, S. 248–251

/6.23/ *Ruhnau, K.:* Elektromagnetische Verträglichkeit – Mikrorechnergesteuerter Simulator für Netzstörungen. Diplomarbeit TU Dresden, Sektion Elektrotechnik, 1985

/6.24/ *Bronough, E. L.; Sikora, P. A.:* Automated EMC Measurements: an overview. In: 6th

	Symposium and Technical Exhibition on EMC, Zürich, 5.–7. März 1985, Tagungsmaterial
/6.25/	Automated Immunity Measurements. In: 6th Symposium and Technical Exhibition on EMC, Zürich, 5.–7. März 1985, Tagungsmaterial
/6.26/	*van Essen, J. C.:* Instrumentation of an automated EMC test facility for spacecraft. In: 6th Symposium and Technical Exhibition on EMC, Zürich, 5.–7. März 1985, Tagungsmaterial

Abschnitt 7

/7.1/	*Rajewski, B.,* u. a.: Ergebnisse der biophysikalischen Forschung in Einzeldarstellungen. Bd. I, Leipzig: Thieme 1938
/7.2/	Zusammenfassender Bericht über die Tätigkeit der Arbeitsgemeinschaft „HF-Arbeitsschutz" in den Jahren 1965–1968. Freiberg/Sa.: VEB Spurenmetalle Muldenhütten 1968
/7.3/	*Zaret, M. M.:* Blindness, Deafness and Vestibular Disfunction in a Microwave Worker. The Eye, Ear, Nose & Throat Monthly (1975)
/7.4/	*König H.,* u. a.: Biologic Effects of Environmental Electromagnetism. New York, Heidelberg, Berlin: Springer-Verlag 1981
/7.5/	Expositions- und Kennzahlenkatalog für Arbeitsplätze mit Hochfrequenz- und Mikrowellenexposition in der DDR. Zentralinstitut für Arbeitsmedizin der DDR, Berlin 1977
/7.6/	Environmental Health Criteria 16: Radiofrequency and Microwaves. World Health Organization Genf 1981
/7.7/	Environmental Health Criteria 35: Extremly Low Frequency (ELF) Fields. World Health Organization Genf 1984
/7.8/	*Wever, R.:* Einfluß schwacher elektromagnetischer Felder auf die circadiane Periodik des Menschen. Die Naturwissenschaften 55 (1968), S. 29–32
/7.9/	*Anderwald, Ch.; Gaube, W.; Gränz, A.; Fischer, G.;* Zur Anwendung von künstlich erzeugten 10-Hz-Impulsfeldern – umwelthygienisch-bioklimatische Grundlagen und erste praktisch-medizinische Erfahrungen. Zbl. Arbeitsmed. 35 (1985) H. 4, S. 98–105
/7.10/	*Eggert, S.; Kupfer, J.:* Hochfrequenz und Mikrowellen. In: Arbeitshygienische Normen und MAK-Werte. Berlin: Verlag Tribüne 1984
/7.11/	TGL 32602/01 Arbeitshygiene; Elektrische, magnetische und elektromagnetische Felder und Wellen; Mikrowellen- und Hochfrequenzbereich; Begriffe, zulässige Werte der Leistungsdichte, Feldstärke, Meßmethode
/7.12/	UdSSR-Standard GOST 12.1.006-76 „Elektromagnitniâ Polâ Radiočastot". Obšie Trebowaniâ Besopasnosti (Elektromagnetische Felder und Radiofrequenz) 1982
/7.13/	American Conference of Governmental Industrial Hygienists 1984: TLVs – Threshold Limited Values for Chemical Substances and Physical Agents in the Workroom Environment
/7.14/	Arbeitsschutzanordnung ASAO 5 – Arbeitsschutz für Frauen und Jugendliche – GBl. I Nr. 44, S. 465, vom 9. 8. 1973
/7.15/	TGL 37816 Landeskultur und Umweltschutz; Schutz vor elektromagnetischen Feldern von 60 kHz bis 300 GHz
/7.16/	*Eggert, S.; Goltz, S.:* NFM-1 – ein aperiodisches Nahfeldstärkemeßgerät für Messungen an Hochfrequenzarbeitsplätzen. rfe 25 (1976) H. 15, S. 488–490
/7.17/	*Kaden, H.:* Wirbelströme und Schirmung in der Nachrichtentechnik. Berlin, Heidelberg, New York: Springer-Verlag 1959
/7.18/	*Goltz, S.:* Schutzmaßnahmen bei der industriellen Anwendung von Hochfrequenzfeldern. Der Elektro-Praktiker 39 (1980) H. 6, S. 207–211
/7.19/	*Eggert, S.; Goltz, S.; Issel, I.:* Elektromagnetische Felder als Arbeitsumweltfaktor auf Hochsee- und Binnenschiffen. Die Seewirtschaft 17 (1985), H. 10, S. 480–483

/7.20/ Smith, A. A.: Attenuation of Electric and Magnetic Fields by Buildings. IEEE EMC Vol. 20 No. 3 (1978)
/7.21/ Georgi, E.: Bautechnische Schirmung. RFZ-Bericht 1967

Abschnitt 8

/8.1/ Maier, W.: Die Verarbeitung von elektrostatisch empfindlichen Bauelementen. Elektronik 28 (1979) H. 22, S. 57–60
/8.2/ Rauchfuß, S.; Sack, R.: Elektrostatische Aufladungen – erkennen, vermeiden, beseitigen. Berlin: Verlag Tribüne 1976
/8.3/ Lenzlinger, M.: Gate Protections of MIS-Devices. IEEE Transactions on Electron Devices Vol. ED-18 (1971) H. 4, S. 249–257
/8.4/ Osburn, C. M.: Dielectric Breakdown in Silicon Dioxide. Journal of Electrochemical Society Vol. 119 (1972) H. 5, S. 591–603
/8.5/ Balbach, G.: Meßmethoden zur Bestimmung der elektrostatischen Aufladungen von Kunststoffen. Kunststoffe (München) 67 (1977) H. 8, S. 435–437
/8.6/ Hinz, W.; Freyer, P.: Möglichkeiten zur Beseitigung statischer Aufladungen. Technik 32 (1977) H. 4, S. 217–221
/8.7/ Kunz, H. A.: Elektrostatische Aufladungen und Simulation des Entladevorganges. Elektronik 30 (1981) H. 14, S. 43–48
/8.8/ Tetzner, H.: Elektrostatische Aufladungen aus der Sicht des Arbeitsschutzes und Brandschutzes. Schriftenreihe Arbeitsschutz, Heft 13. Berlin: Verlag Tribüne 1965
/8.9/ Junghans, W.: Schutz vor elektrostatischen Effekten. Funkschau 55 (1983) H. 17/18, S. 75-77 u. 95
/8.10/ Burggraaf, P. S.: Control of Static electricity in semiconductor Manufacturing. Semiconductor international (1981) H. 9, S. 39–56
/8.11/ Berndt, H.: Gefährdung elektronischer Bauelemente durch elektrostatische Entladungen. 11. Mikroelektronik-Bauelemente-Symposium, Frankfurt (Oder) 1985
/8.12/ Arbeitsplatzsicherung – 3 M Systeme gegen Elektrostatik. Firma 3 M Deutschland GmbH Neuss
/8.13/ HEF-Katalog – CMOS-Baureihe. VALVO-Handbuch 1976
/8.14/ Elektrisch leitfähige Kunststoff-Systeme. Hemmingen: Firma CANESPA tronic
/8.15/ Fertigungsprogramm MOS-Schaltkreise. VEB Mikroelektronik „Karl Marx" Erfurt 1981
/8.16/ CONSTAT – leitfähige Produkte. Chemiefaser Lenzing AG Linz
/8.17/ Bahlburg, B.: Anleitung für die Handhabung elektrostatisch empfindlicher Bauelemente. Technische Information VALVO
/8.18/ Static problems? Firma SEMTRONICS CORP. Martinsville
/8.19/ Kühn, E.; Schmied, H.: Handbuch Integrierte Schaltkreise. Berlin: VEB Verlag Technik 1978
/8.20/ Holle, E.; Nöchel, J.: Die COS/MOS-Technik. Elektronik 20 (1971) H. 4, S. 111–116
/8.21/ TGL 22061 Elektrostatische Aufladungen. Oktober 1968
/8.22/ TGL 22061/02 Messung des elektrischen Widerstandes an Proben von Fußbodenbelägen und an verlegten Fußböden. Oktober 1968
/8.23/ TGL 39323 Bestimmung des elektrischen Widerstandes bei Gleichspannung. Mai 1986
/8.24/ DIN 53482/VDE 0303/Teil 3. Bestimmung für elektrische Prüfungen von Isolierstoffen. März 1979
/8.25/ DIN 53486/VDE 0303/Teil 8. VDE-Bestimmung für elektrische Prüfungen von Isolierstoffen/Beurteilung des elektrostatischen Verhaltens. April 1974
/8.26/ SN 429 001 Elektrische Aufladungen – Klassifizierung und Ausstattung von Räumen. April 1984

/8.27/ MSC 16642 Anti-static-Specification-NASA
Safe Handling Practices for Electrostatic Sensitive Devices. Oktober 1978

Abschnitt 9

/9.1/ Howell, E. K.: How Switches Produce Electrical Noise. IEEE Transactions on Electromagnetic Compatibility. Vol. EMC-21 (1979) No. 3, p. 162–170
/9.2/ Hahnemann, H.: Die Spulenkapazität und ihre Messung. rfe 18 (1969) H. 9, S. 287
/9.3/ Röver, O.: Diodenklemmen für vielseitige Schaltungsaufgaben. Siemens-Energietechnik Produktinformation 4 (1984) H. 3, S. 13–15
/9.4/ Bösterling, W.; Honnef, H.: Freilaufdioden zum Schutz vor Halbleitergleichrichtern oder Schaltkontakten gegen Überspannungen. etz-a 87 (1966) H. 4, S. 144
/9.5/ Bottke, E.: Dämpfung von induktiven Spannungsspitzen durch Anwendung von Dioden. rfe 12 (1963) H. 12, S. 366
/9.6/ Dietl, F. W.: Überbeanspruchung von Schalttransistoren durch das Trägheitsverhalten von Löschdioden. Int. Elektronische Rundschau 22 (1968) H. 8, S. 201
/9.7/ Berthold, R.: Diodenlöschelement Typ XXD 412 für Leistungsschalterspulen. BBC-Mitt. 58 (1971) H. 5, S. 315
/9.8/ Metalloxid-Varistoren. Firmenschrift des VEB Keramische Werke Hermsdorf 1983
/9.9/ Bühling, D., u. a.: Zinkoxid-Varistoren, Eigenschaften und Anwendungen. Hermsdorfer Techn. Mitt. 22 (1982) H. 59, S. 1 863
/9.10/ Wetzel, P.: Metalloxid-Varistoren, Dimensionierung und Einsatz. elektro-anzeiger 32 (1979) H. 7, S. 44–47
/9.11/ Brogl, P.: Überspannungsschutz mit Metalloxidvaristoren. Elektronik 31 (1982) H. 18, S. 99–102
/9.12/ Mickel, L.: Überspannungsbedämpfung bei Schützen 3TH8 und 3TB40-43 mit Varistoren. Siemens-Energietechnik Produktinformation 4 (1984) H. 3, S. 12–13
/9.13/ TGL 36918 Metalloxid-Varistoren; Allgemeine technische Bedingungen. November 1980
/9.14/ TGL 36919 Metalloxid-Varistoren; Typgruppe Zinkoxid-Varistoren mit Drahtanschluß; Technische Bedingungen. November 1980
/9.15/ TGL 36920 Metalloxid-Varistoren; Typgruppe Zinkoxid-Varistoren mit Schraubanschluß; Technische Bedingungen. November 1980
/9.16/ Fellmann, K.-H.; Völker, P.: Überspannungsschutzelemente bei Impulsspannungsbeanspruchung. Elektronik 29 (1980) H. 26, S. 51–55
/9.17/ Habiger, E.: Störschutzbeschaltungen für gleichstrom- und wechselstrombetätigte Geräte. Der Elektro-Praktiker 35 (1981) H. 4, S. 134–139
/9.18/ Habiger, E.: Der Einsatz von Zenerdioden zur Begrenzung induktiver Abschaltspannungen in Werkzeugmaschinensteuerungen. Maschinenbautechnik 17 (1968) H. 4, S. 181
/9.19/ Acosta, O. N.: Zener-Diode – A Protecting Device Against Voltage Transients. IEEE Transactions on Ind. and Gen. Appl. (1969) H. 4, S. 481
/9.20/ Klein, D.: Die Dämpfung der Abschaltspannung von Relais. Elektronik-Anzeiger 1 (1969) H. 10, S. 181
/9.21/ VEM-Handbuch Elektrische Störbeeinflussung in Automatisierungs- und Datenverarbeitungsanlagen. Berlin: VEB Verlag Technik 1973
/9.22/ Klar, H. D.; Zöllner, H. H.: Selen-Überspannungsbegrenzer (U-Dioden). Techn. Mitt. AEG-Telefunken 59 (1969) H. 6, S. 364–367
/9.23/ Eggert, H.: Selen-Überspannungsbegrenzer, ein Bauelement zum Schutz spannungsempfindlicher Bauteile. Siemens-Zeitschrift 44 (1970) H. 10, S. 609
/9.24/ Bährens, G.: Einsatz von Selen-Überspannungsbegrenzern. Energie und Technik 23 (1971) H. 9, S. 322
/9.25/ Kubeil, H.: Siemens-Selendioden zum Schutz gegen Überspannungen. Siemens-Bauteile-Information (1970) H. 8, S. 74

19. Literaturverzeichnis

/9.26/   Koch, G.: Zum dynamischen Verhalten des Selen-Überspannungsbegrenzers. Elektrie 26 (1972) H. 5, S. 126

/9.27/   Koch, G.: Entladung eines Überspannungsschutzkondensators mit Varistor. Impuls 11 (1971) H. 1, S. 47

/9.28/   Schottes, E.: Überspannungsschutz mit TAZ-Dioden. Elektronik Industrie (1978) H. 7/8, S. 11-14

/9.29/   Berger, Th.: Schutzmaßnahmen gegen Schaltüberspannungen in Thyristoranlagen. Elektrie 21 (1967) H. 6, S. 207-210

/9.30/   Stammberger, A.: Die Anwendung von Ersatzschaltbildern bei der Projektierung einer RC-Beschaltung in der Leistungselektronik. Elektroniker 18 (1979) H. 9, S. EL 20, und H. 10, S. EL 22-23

/9.31/   Stammberger, A.: Die Projektierung einer RC-Beschaltung beim Wechsel- und Drehstromsteller. Elektroniker 18 (1979) H. 12, S. EL 24-27

/9.32/   Stammberger, A.: Die Projektierung einer RC-Beschaltung beim selbstgeführten Stromrichter. Elektroniker 18 (1979) H. 14, S. EL 29-31

/9.33/   Koch, G.: Schaltgerätebeanspruchung beim Ausschalten von Leuchtstofflampenlast. Elektrie 36 (1982) H. 8, S. 431-433

/9.34/   Hilpmann, H.: Störschutzbeschaltung für Niederspannungs-Leuchtstofflampen. Elektro-Praktiker 37 (1983) H. 5, S. 156-157

Abschnitt 10

/10.1/   Lehmann, G.; Naumann, W.: Schäden an Niederspannungsanlagen durch Gewitterüberspannungen. Bulletin SEV 60 (1969) H. 4, S. 137-141

/10.2/   Firmenschrift. Blitzschutz ist Besitzschutz. Lambertz, Krefeld 1983

/10.3/   Naumann, W.: Gewitterentstehung. Elektrie 35 (1981) H. 8, S. 395-398

/10.4/   Berger, K.: Resultate der Gewittermessungen. Bulletin SEV 27 (1936) H. 6, S. 145-163

/10.5/   Neuhaus, H.: Die Berücksichtigung elektrischer Anlagen im Gebäudeblitzschutz. Bericht zur 13. Internationalen Blitzschutzkonferenz in Venedig 1976, R - 3.3.

/10.6/   Bauer, H., u. a.: Zur Störbeeinflussung durch Magnetfelder bei Kurzschluß auf einer nahen Elektroenergieleitung. Elektrie 34 (1980) H. 10, S. 534-540

/10.7/   VDI/VDE 3551. Empfehlung zur Störsicherheit der Signalübertragung beim Einsatz von Prozeßrechnern. Oktober 1976

/10.8/   DIN 57160; VDE 0160, Teil 2. Bestimmungen für die Ausrüstung von Starkstromanlagen mit elektronischen Betriebsmitteln. Oktober 1975

/10.9/   Henschel, R.; Fiebig, R.: Begrenzung von Überspannungen beim Schalten von Hochspannungsmotoren mit Vakuumschützen. Elektrie 39 (1985) H. 6, S. 212-215

/10.10/   Focke, P.: Überspannungen in Niederspannungsnetzen und deren Bedämpfung in leistungselektronischen Geräten. Elektrie 30 (1976) H. 7, S. 370-373

/10.11/   Habinger, A.: Thyristordioden für den transienten Überspannungsschutz von elektronischen Systemen. Bericht 4.5. zur 17. Internationalen Blitzschutzkonferenz in Den Haag 1983

/10.12/   Remde, H.: Herabsetzung transienter Überspannungen auf Sekundärleitungen in Schaltanlagen. Elektrizitätswirtschaft 74 (1975) 22, S. 822-826

/10.13/   Vogl, W.: The susceptibility of computer systems to noise transient. Electra, Paris (1982), Nr. 83 S. 91-102

/10.14/   Firmenschrift. Blitzschutz, Erdung, Überspannungsschutz. Hauptkatalog Firma Dehn & Söhne Neumarkt, Ausgabe 1984, 1985

/10.15/   TGL 200-1726 Elektronische Heimgeräte; Überspannungsableiter. Oktober 1975

/10.16/   TGL 9287 Elektrische Nachrichtentechnik, Hochleistungs-Feinspannungsableiter, Hauptkennwerte. Juni 1961

/10.17/	Brumm, G.; Meister, H.: Edelgasableiter als Überspannungsschutz in Fernmeldeanlagen. Bulletin SEV 56 (1965) H. 20, S. 885–891
/10.18/	Bohrisch, S., u. a.: KWH-Ableiter schützen zuverlässig elektrische Anlagen. Hermsdorfer Technische Mitteilungen 22 (1982) 60, S. 1 899–1 920
/10.19/	Kretzschmar, J., u. a.: Überspannungsschutz in der Leistungselektronik und Metalloxidvaristoren. Teil 1. Elektro-Praktiker 38 (1984) H. 11, S. 380–383; Teil 2. Elektro-Praktiker 38 (1984) H. 12, S. 423–424
/10.20/	Firmenschrift. Edelgasgefüllte Überspannungsableiter, Metalloxidvaristoren. Siemens-Datenbuch Ausgaben 1978 bis 1984
/10.21/	Rous, Z.: Kennwerte von Zener-Dioden als Überspannungsschutzbauelement. Elektrie 34 (1980) H. 10, S. 546–548
/10.22/	Firmenschrift. Dioden. Siemens-Datenbuch. Ausgabe 1980
/10.23/	TGL 20445/03 Elektrotechnik, Isolationskoordination; Betriebsmittel und Anlagen bis 1 000 V. Febr. 1986
/10.24/	IEC-Publ. 664. Insulation co-ordination within lowvoltage systems including clearences and creepage distances for equipment. 1. Ausgabe 1980
/10.25/	Bossard, W.; Keller, P.: Überspannungsableiter unter NEMP-Bedingungen. Bulletin SEV 74 (1983) H. 19, S. 1 132–1 135
/10.26/	Nimptsch, K.-G.; Schulze, J.: Sicherheitsbestimmungen bei der Errichtung von Antennenanlagen. Teil 1 rfe 32 (1983) H. 4, S. 248–252; Teil 2 rfe 32 (1983) H. 5, S. 314–318
/10.27/	TGL 200-0616/02 Blitzschutzmaßnahmen; Technische Bedingungen. Okt. 1985
/10.28/	VDE 0185, DIN 57185. Blitzschutzanlage. Teil 1. Allgemeines für das Errichten, Nov. 1982 Teil 2. Errichten besonderer Anlagen, Nov. 1982
/10.29/	TGL 30042 Gesundheits- und Arbeitsschutz, Brandschutz. Verhütung von Bränden und Explosionen; Allgemeine Festlegungen für Arbeitsstätten. Juni 1977
/10.30/	TGL 30044 Gesundheits- und Arbeitsschutz, Brandschutz. Blitzschutz, Begriffe; Allgemeine Festlegungen. Juli 1977
/10.31/	TGL 33373/01 bis /03 Bautechnische Maßnahmen für Erdung, Potentialausgleich und Blitzschutz. Feb. 1981
/10.32/	TGL 200-0602/03 Schutzmaßnahmen in elektrotechnischen Anlagen; Schutz beim Berühren betriebsmäßig nicht unter Spannung stehender Teile. Sept. 1982
/10.33/	VDE 0190. Bestimmungen für das Einbeziehen von Rohrleitungen in Schutzmaßnahmen von Starkstromanlagen mit Nennspannungen bis 1 000 V
/10.34/	Kolárik, J.; Wenzel, G.: Störungsfreie Auskopplung von Informationen aus dem Elektroenergiesystem. Elektro-Praktiker 39 (1985) H. 4, S. 134–137
/10.35/	Küttner, H.; Naumann, W.: Maßnahmen des inneren Blitzschutzes. etz 104 (1983) H. 10, S. 473–477

Abschnitt 11

/11.1/	VEM-Handbuch Leistungselektronik. Herausgeber: ZFT EAB. 4. Aufl. Berlin: VEB Verlag Technik 1986
/11.2/	Schönfeld, R.; Habiger, E.: Automatisierte Elektroantriebe. 2. Aufl. Berlin: VEB Verlag Technik 1983; Heidelberg: Dr. Alfred Hüthig Verlag 1987
/11.3/	Zach, F.: Leistungselektronik. Wien: Springer-Verlag 1979
/11.4/	Lappe, R.; Conrad, H.; Kronberg, M.: Leistungselektronik. Berlin: VEB Verlag Technik 1987
/11.5/	Möltgen, G.: Stromrichtertechnik, Einführung in Wirkungsweise und Theorie. Berlin (West) und München: Siemens AG 1983
/11.6/	Kloss, A.: Stromrichter-Netzrückwirkungen in Theorie und Praxis – EMC der Leistungselektronik. Aarau und Stuttgart: Verlag Aarauer Tageblatt 1981

19. Literaturverzeichnis

/11.7/ *Büchner, P.:* Stromrichter-Netzrückwirkungen und ihre Beherrschung. Leipzig: VEB Deutscher Verlag für Grundstoffindustrie 1982

/11.8/ *Wolf, H.:* Beeinflussungsmöglichkeiten in elektrotechnischen Anlagen durch Stromrichter-Netzrückwirkungen. Wiss.-Techn. Informationen KAAB und KEAB 19 (1983) H. 4, S. 185–187

/11.9/ Vorläufige Richtlinie „Elektroenergiequalität". Institut für Energieversorgung Dresden 1981

/11.10/ TGL 43624 Elektroenergiequalität; 01 Termini und Definitionen, 02 Qualitätsfaktoren. Entwurf 1986

/11.11/ *Drechsler, R.:* Měření, hodnocení a kvalita odběru elektrickí energie v provozu tyristorových zařízení (Messung, Bewertung und Abnehmerqualität elektrischer Energie beim Betrieb von Thyristorgeräten). Praha: SNTL 1982

/11.12/ *Harms, G.:* Blindleistung im Energieeinsatz. Elektrotechnik (Würzburg) 61 (1979) H. 21, S. 14–23, und H. 23, S. 10–17

/11.13/ *Büchner, P.:* Analogsimulation der Netzrückwirkungen von Stromrichterantrieben. Elektrie 31 (1977) H. 3, S. 139–141

/11.14/ *Schönfeld, R.:* Grundlagen der automatischen Steuerung. Berlin: VEB Verlag Technik 1986; Heidelberg: Dr. Alfred Hüthig Verlag 1984

/11.15/ *Büchner, P.:* Zustandsbeschreibung und Ortszeigerdarstellung für Drehstrom-Stromrichtersysteme. Elektrie 36 (1982) H. 2, S. 68–71

/11.16/ *Scheil, K.:* Digitales Rechenverfahren zur Bestimmung der Wechselwirkung von Drehstromnetz und gesteuertem Gleichrichter. Elektrie 36 (1982) H. 12, S. 633–636

/11.17/ *Büchner, P.:* Auslegung von Stromrichter-Anschlußstrukturen unter Nutzung eines Bürocomputers. Der Elektro-Praktiker 39 (1985) H. 5, S. 173–176

/11.18/ *Büchner, P.:* Kabelschwingungen bei Stromrichtereinsatz. Elektrie 36 (1982) H. 1, S. 13–16

/11.19/ *Büchner, P.:* Netzrückwirkungen von Drehstromantrieben mit Stromrichterstellgliedern. Elektrie 39 (1985) H. 11, S. 424–426

/11.20/ *Winkler, G.:* Elektroenergiequalität. Der Elektro-Praktiker 35 (1981) H. 1, S. 4–6

/11.21/ KAAB-Projektierungsrichtlinie. Beherrschung von Stromrichter-Netzrückwirkungen, zweite Fassung. VEB Elektroprojekt und Anlagenbau Berlin 1984

/11.22/ KAAB-Projektierungsrichtlinie. Auswahl- und Informationsrichtlinie zur Erstellung von Anlagen zur Blindleistungs- und Oberwellenkompensation auf Tagebaugeräten. VEB Starkstrom-Anlagenbau Cottbus 1980

/11.23/ SER-Projektierungsrichtlinie. Elektromagnetische Verträglichkeit an Bord von Schiffen. VEB Schiffselektronik Rostock 1983

/11.24/ *Büchner, P.:* Probleme der Stromrichter-Netzrückwirkungen in der Standardisierung. Der VEM-Elektro-Anlagenbau 15 (1979) H. 2, S. 72–74

/11.25/ GOST 13 109-67. Električeskaâ ènergiâ – normy kačestva èlektričeskoj ènergii i eë priëmnikov, prisoedinennyh k èlektričeskim setâm obŝego naznačeniâ (Elektroenergie – Qualitätskennziffern der Elektroenergie bei an öffentlichen Netzen angeschlossenen Abnehmern). Ausgabe 1979

/11.26/ DIN 57 160/VDE 0160 11.81 Teil 2. VDE-Bestimmung für Starkstromanlagen mit elektronischen Betriebsmitteln, Einrichtungen mit Betriebsmitteln der Leistungselektronik in Starkstromanlagen (BLE)

/11.27/ British Electricity Council: Limits for Harmonics in the UK-Electricity Supply System (Grenzwerte für Harmonische in britischen Energieverteilungsnetzen). Eng. Rec. G.5/3, London 1976

/11.28/ IEC-TC 77 (Secr.) 47. Draft-Guide to Electromagnetic Compatibility, part 1. Power Convertors (Anwendungsführer zur elektromagnetischen Verträglichkeit, Teil 1. Stromrichter). Genf. October 1981

/11.29/ IEC-Publ. 725. Considerations on reference impedances for use in determing the disturbance characteristics of household appliances and similar electrical equipment (Angaben der Bezugsimpedanzen für den Gebrauch zur Bestimmung der Verzerrungseigenschaften von Haushaltgeräten und ähnlichen elektrischen Abnehmern). Genf. IEC 1981

/11.30/ IEC-Publ. 555. Disturbances in supply systems caused by household appliances and similar electrical equipment (Verzerrungen im Speisesystem, hervorgerufen durch Haushaltgeräte und ähnliche elektrische Abnehmer). Genf. IEC 1982

/11.31/ EN 50.006/VDE 0838/10.16. Begrenzung von Rückwirkungen in Stromversorgungsnetzen, die durch Elektrogeräte für den Hausgebrauch und ähnliche Zwecke mit elektrischen Steuerungen verursacht werden.

/11.32./ *Löber, Ch.; Will, G.:* Mikrorechner in der Meßtechnik. Berlin: VEB Verlag Technik 1983

/11.33/ *Lawrenz, R.:* Messung von Oberschwingungen in Energieversorgungsnetzen. Der Elektro-Praktiker 35 (1981) H. 8, S. 283–285

/11.34/ *Jannsen, R.:* Rechner zur schnellen Ermittlung von Oberschwingungen für Stromrichterregler. rtp 23 (1981) H. 7, S. 245–250

/11.35/ *Handel, H.:* Intelligentes Meßgerät für die Netzoberschwingungsanalyse. Elektrizitätswirtschaft 80 (1981) H. 3, S. 90–93

/11.36/ *Drechsler, U.; Winkler, G.; Hertel, H.:* Gerätesystem zur Messung und Überwachung der Harmonischen in Verteilungsnetzen. 28. IWK Ilmenau (1983) H. A1/A2, S. 273–276

/11.37/ *Mierke, W.:* Probleme des Einflusses von Einsatzbedingungen, insbesondere von elektrischen und magnetischen Störbeeinflussungen auf die Funktion informationsverarbeitender Einrichtungen. Diss. B Technische Universität Dresden 1975

/11.38/ *Melzer, F.:* Probleme der Störbeeinflussung informationsverarbeitender Einrichtungen durch externe Störungen und die Simulation dieser Störungen als Voraussetzung für eine Klassifizierung. Diss. A Technische Universität Dresden 1975

/11.39/ *Hänsch, Chr.:* Beitrag zur Erhöhung der Zuverlässigkeit von Informationsverarbeitungseinrichtungen für Stromrichterantriebe. Diss. A Technische Universität Dresden 1976

/11.40/ *Kronberg, M.:* Beitrag zur Gestaltung von Ansteuergeräten für netzgelöschte Stromrichter unter Beachtung des Einflusses der Mikroelektronik. Diss. B Technische Hochschule Karl-Marx-Stadt 1977

/11.41/ *Siebert, G.:* Beitrag zur Beschreibung netzseitiger Einsatzbedingungen von Stromrichterantrieben. Diss. A Technische Universität Dresden 1980

/11.42/ *Siebert, G.:* Probleme bei der Parallelarbeit mehrerer Stromrichterantriebe an einem Anschlußpunkt. Wiss. Zeitschrift der TU Dresden 29 (1980) H. 2, S. 533–542

/11.43/ TGL 200-0608 Stromrichteranlagen, -geräte und Stromrichter. April 1977

/11.44/ IEC-TC22B (Secr.) 56. Revision of IEC Publ. 146. Semiconductor Convertors, part 1. General Requirements and Line-Commutated Convertors (Überarbeitung der IEC-Publ. 146. Halbleiter-Stromrichter, Teil 1. Allgemeine Anforderungen und netzgelöschte Stromrichter). Genf: IEC Juni 1983

/11.45/ *Büchner, P.:* Zur Elektromagnetischen Verträglichkeit von Stromrichterstellgliedern. mrs 28 (1985) H. 12, S. 551–554

/11.46/ *Büchner, P.:* Kompensationseinrichtungen in Industrienetzen. Der Elektro-Praktiker 35 (1981) H. 9, S. 315–317

/11.47/ *Büchner, P.:* Kompensation schnell veränderlicher Blindleistungen mit Mitteln der Leistungselektronik. Elektrie 33 (1979) H. 5, S. 244–247

/11.48/ *Hugel, J.*, u. a.: Blindleistungskompensation mit Stromrichtern. Sonderdruck AEG-Telefunken, Reihe Leistungselektronik Nr. A52 V1.8.49/0482 (1982)

/11.49/ *Büchner, P.:* Dynamische Kompensation mit induktivem Blindstromrichter. Wiss.-Techn. Inf. KAAB 18 (1982) H. 6, S. 270–272

19. Literaturverzeichnis

/11.50/ *Wolf, H.:* Dynamische Blindleistungskompensation mit netzgelöschten Stromrichtern. Der Elektro-Praktiker 38 (1984) H. 10, S. 350–353

/11.51/ *Büchner, P.; Rothe, E.:* Pressenantrieb mit THYRESCH-Stromrichtern und verminderten Netzrückwirkungen. Techn. Inform. Automatisierungsanlagen, Elektroenergieanlagen 20 (1984) H. 2, S. 44–47

/11.52/ *Zach, F.:* A New Pulse Width Modulating Control for Line Commutated Convertors Minimizing the Mains Harmonics (Eine neue PWM-Steuerung für netzkommutierte Stromrichter zur Minimierung von Netzstromharmonischen).
5th Symposium on EMC, Zürich, March 1985, 99 Q3 pp. 545–550

/11.53/ *Büchner, P.:* Gleichstromantrieb mit verminderten Netzrückwirkungen. 28. IWK Ilmenau (1983) H. A, S. 263–266

/11.54/ *Depenbrock, M.:* Einphasen-Stromrichter mit sinusförmigem Netzstrom und gut geglätteten Gleichgrößen. etz-a 94 (1973) H. 11, S. 466–471

/11.55/ *Pfeiffer, E.:* Untersuchung eines Verfahrens zur netzrückwirkungsfreien Leistungssteuerung. Diss. Technische Universität Berlin (West) 1977

/11.56/ VEM-Projektierungsvorschrift. Vorschrift für die Projektierung von Innenraum-Schaltanlagen, Teil 8. Typ ISA 2000-SS Saugkreisfelder, Ordn.-Nr. 5.2/2.82. ZFT EAB, Berlin 1982

/11.57/ *Büchner, P.:* Entwurf einer Kompensationsanlage unter Beachtung von Stromrichter-Netzrückwirkungen (rechnerische Übung/Lösungen). Der Elektro-Praktiker 37 (1983) H. 2, S. 66–68, und H. 3, S. 100 u. 101

Abschnitt 12

/12.1/ Gesetzblatt der DDR, Teil I, Nr. 9, 24. März 1986 Anordnung zum Schutz des Funkempfangs und der Funktion elektrischer und elektronischer Anlagen vor hochfrequenten elektromagnetischen Beeinträchtigungen – Funk-Entstörungs-Anordnung

/12.2/ TGL 20885/01 Funk-Entstörung; Begriffe. März 1980

/12.3/ TGL 20885/02 Funk-Entstörung; Technische Forderungen und Prüfverfahren für Funkstörmeßgeräte. August 1981

/12.4/ TGL 20885/06 Funk-Entstörung; Allgemeine Prüfverfahren für Funkstörquellen im Frequenzbereich 10 kHz bis 1 000 MHz. Februar 1979

/12.5/ TGL 20885/08 Funk-Entstörung; Einrichtungen mit Verbrennungsmotoren, Meßverfahren, Grenzwerte. August 1978

/12.6/ TGL 20885/09 Funk-Entstörung; Meßverfahren und Grenzwerte für Leuchten mit Leuchtstofflampen. Dezember 1980

/12.7/ TGL 20885/10 Funk-Entstörung; Meßverfahren und Grenzwerte für Starkstromfreileitungen, Umspannwerke, Schaltwerke und Stationen. Februar 1979

/12.8/ TGL 20885/11 Funk-Entstörung; Meßverfahren und Grenzwerte für UKW-Hör-Rundfunkempfänger und Fernsehrundfunkempfänger. Mai 1984

/12.9/ TGL 20885/12 Funk-Entstörung; Meßverfahren und Grenzwerte für elektrotechnische Geräte in Wohnhäusern. Dezember 1979

/12.10/ TGL 20885/13 Funk-Entstörung; Meßverfahren und Grenzwerte für elektrotechnische Geräte außerhalb von Wohnhäusern. Oktober 1981

/12.11/ TGL 20885/14 Funk-Entstörung; Meßverfahren und Grenzwerte für elektrisch betriebene Transportmittel, deren Sicherungsanlagen, Unterwerke und Fahrleitungsnetze. Mai 1980

/12.12/ TGL 20885/15 Funk-Entstörung; Meßverfahren und Grenzwerte für HF-Anlagen. Dezember 1979

/12.13/ TGL 20885/16 Funk-Entstörung; Meßverfahren und Grenzwerte für Drahtfernmeldeanlagen. Oktober 1981

/12.14/ TGL 20885/17 Funk-Entstörung; Meßverfahren und Grenzwerte für Kurz-Funkstörungen. April 1982

/12.15/ TGL 20885/18 Funk-Entstörung; Meßverfahren und Grenzwerte für AM-Hörrundfunkempfänger. April 1982
/12.16/ TGL 20885/19 Funk-Entstörung; Meßverfahren und Grenzwerte von Betrieben und Objekten auf begrenztem Territorium. Oktober 1983
/12.17/ Vorschriften für die Klassifikation und den Bau von Seeschiffen, DSRK, Teil XI. Elektrotechnische Ausrüstung. Ausgabe 1986
/12.18/ ST RGW 502-84 Industrielle Funkstörungen; Funkstörmeßgeräte; Technische Forderungen, Prüfverfahren
/12.19/ ST RGW 784-77 Industrielle Funkstörungen; Funkstörquellen, allgemeine Prüfverfahren
/12.20/ ST RGW 1116-78 Industrielle Funk-Entstörung; Begriffe und Definitionen
/12.21/ ST RGW 1617-79 Industrielle Funkstörungen von Leuchten mit Leuchtstofflampen, Normen, Meßverfahren, Prüfung
/12.22/ CISPR-Publikation 7 (1969). Empfehlungen der CISPR und Ergänzungen 7A (1973), 7B (1975)
/12.23/ CISPR-Publikation 16 (1977). Funkstörungs-Meßeinrichtungen und Meßverfahren; Ergänzungen: Nr. 1 (1980), Nr. 2 (1983)
/12.24/ CISPR-Publikation 14 (1985). Grenzwerte und Meßverfahren der Funkstörungscharakteristiken von elektrischen Haushaltgeräten, tragbaren Werkzeugen und ähnlichen elektrischen Geräten
/12.25/ CISPR-Publikation 11 (1975). Grenzwerte und Meßverfahren der Funkstörcharakteristiken von industriellen, wissenschaftlichen und medizinischen Hochfrequenzanlagen; Ergänzung 1 (1976)
/12.26/ CISPR-Publikation 12 (1978). Grenzwerte und Meßverfahren der Funkstörungscharakteristiken von Fahrzeugen, Motorbooten und funkengezündeten motorgetriebenen Maschinen; Ergänzung Nr. 11A (1986)
/12.27/ CISPR-Publikation 13 (1975). Grenzwerte und Meßverfahren der Funkstörungscharakteristiken von Rundfunk- und Fernsehempfängern; Ergänzung Nr. 1 (1983)
/12.28/ CISPR-Publikation 15 (1985). Grenzwerte und Meßverfahren der Funkstörungscharakteristika von Fluoreszenzlampen und Leuchten
/12.29/ DIN 57 871/VDE 0871/06.78. Funk-Entstörung von Hochfrequenzgeräten für industrielle, wissenschaftliche, medizinische (ISM) und ähnliche Zwecke
/12.30/ DIN 57 872/VDE 0872/02.83, Teil 1. Funk-Entstörung von Ton- und Fernsehrundfunkempfängern. Aktives Störvermögen (VDE-Bestimmung)
/12.31/ DIN 57 873/VDE 0873/05.82. Maßnahmen gegen Funkstörungen durch Anlagen der Elektrizitätsversorgung und elektrische Bahnen, Teil 1. Funkstörungen durch Anlagen ab 10 kV Nennspannung (VDE-Richtlinie), Teil 2. Funkstörungen durch Anlagen unter 10 kV Nennspannung und durch elektrische Bahnen (VDE-Bestimmung)
/12.32/ DIN 57 874/VDE 0874/10.73. VDE-Leitsätze für Maßnahmen zur Funk-Entstörung
/12.33/ DIN 57 875/VDE 0875/11.84. VDE-Bestimmung für die Funk-Entstörung von elektrischen Betriebsmitteln und Anlagen; Teil 1. Funk-Entstörung von elektrischen Geräten für den Hausgebrauch und ähnliche Zwecke (VDE-Bestimmung), Teil 2. Funk-Entstörung von Leuchten und Entladungslampen (VDE-Bestimmung)
/12.34/ DIN 57 876/VDE 0876/09.78. Geräte zur Messung von Funkstörungen, Teil 1. Funkstörmeßempfänger mit bewertender Anzeige und Zubehör (VDE-Bestimmung), Teil 2. Analysator zur automatischen Erfassung von Knackstörungen (VDE-Bestimmung)
/12.35/ DIN 57 877/VDE 0877/11.81. Messen von Funkstörungen, Teil 1. Messen von Funkstörspannungen (VDE-Bestimmung), Teil 2. Messen von Funkstörfeldstärken, Teil 3. Das Messen von Funkstörleistungen auf Leitungen (VDE-Bestimmung)
/12.36/ DIN 57 879/VDE 0879/06.79. Funk-Entstörung von Fahrzeugen, von Fahrzeug-

ausrüstungen und von Verbrennungsmotoren, Teil 1. Fern-Entstörung von Fahrzeugen, Fern-Entstörung von Aggregaten mit Verbrennungsmotoren (VDE-Bestimmung), Teil 2. Richtlinien für die Nah-Entstörung, Teil 3. Eigen-Entstörung, Messung an Fahrzeugausrüstungen (VDE-Bestimmung)
/12.37/ *Schunk, H.; Engel, E.:* Grundlagen der Impulstechnik. 2. Aufl. Heidelberg: Dr. Alfred Hüthig Verlag 1983
/12.38/ *Warner, A.:* Taschenbuch der Funk-Entstörung. Berlin (West): VDE-Verlag GmbH 1965
/12.39/ siehe /2.1/
/12.40/ *Grossklags, G.:* Funkstörmeßgeräte von 10 kHz...1 000 MHz. rfe 34 (1985) H. 3, S. 158 u. 159
/12.41/ *Wittmann, J.:* Die Absorptionsmeßzange AMZ 1. Impuls 1/74
/12.42/ TGL 200-8263 Festkondensatoren; Funk-Entstörkondensatoren. Begriffe; Allgemeine technische Forderungen, Prüfungen und Lieferung. Juli 1967
/12.43/ TGL 200-8402/01 Funk-Entstörelemente; Funk-Entstördrosseln; Begriffe; Allgemeine technische Forderungen, Prüfung und Lieferung. Dezember 1965
/12.44/ Siemens, Funk-Entstörbauelemente, Lieferprogramm 1981/82
/12.45/ DIN 57 565/VDE 0565. Funk-Entstörmittel, Teil 1/12.79. Funk-Entstörkondensatoren, Teil 2/9.78. Funk-Entstördrosseln bis 16A und Schutzleiterdrosseln 16 bis 36A, Teil 3/9.81. Funk-Entstörfilter bis 16A
/12.46/ siehe /4.2/
/12.47/ TGL 20886 Funk-Entstörung; Sicherheitsbestimmungen für die Anwendung von Funk-Entstörmitteln. März 1980
/12.48/ *Kowalski, H.-J.:* Periodische Schwingungspaketsteuerung mit Triacs. rfe 29 (1980) H. 7, S. 453–456
/12.49/ ST RGW 3894-82 Funkstörungen; Rundfunk- und Fernsehempfänger, zulässige Störpegel, Prüfverfahren
/12.50/ ST RGW 4925-84 Industrielle Funkstörungen; HF-Anlagen
/12.51/ CISPR-Publikation 18. Charakteristiken der Hochspannungsleitungen und Geräte in bezug auf Funkstörungen. Teil 1 (1982): Beschreibung der Vorgänge; Teil 2 (1986): Meßmethoden und Verfahren zur Festlegung von Grenzwerten; Teil 3 (1986): Praktische Vorschläge zur Verringerung der Funkstörungen
/12.52/ CISPR-Publikation 19 (1983). Messung von Funkstörungen von Mikrowellenherden für Frequenzen oberhalb 1 GHz
/12.53/ CISPR-Publikation 22 (1985). Grenzwerte und Methoden zur Messung der Eigenschaften von Geräten zur Informationsbearbeitung gegenüber Funkstörungen

Abschnitt 13
/13.1/ Anordnung über die Nomenklatur der Arbeitsstufen und Leistungen der Aufgaben des Planes Wissenschaft und Technik. GBl. Teil 1, Nr. 23 vom 28. 5. 1975, S. 426–428
/13.2/ *Ströman, F.:* EMV-gerechte Entwicklung und Gestaltung von Automatisierungsgeräten. Diplomarbeit Nr. 730/84F. TU Dresden, Sektion Elektrotechnik, 1985
/13.3/ Pflichtenheftverordnung. GBl. Teil 1, Nr. 1 vom 14. 1. 1982
/13.4// *Bühn, W.:* Verbesserung der Störsicherheit elektronischer Geräte. rfe 32 (1983) H. 4, S. 207–211
/13.5/ *Graichen, G.:* Schutzschaltungen für Operationsverstärker. rfe 33 (1984) H. 11, S. 718
/13.6/ *Dernaschek, R.,* u. a.: Gesteuerte Clampingschaltung zur Unterdrückung von Störspannungen. rfe 30 (1981) H. 7, S. 470
/13.7/ *Seifart, M.:* Digitale Schaltungen. Berlin: VEB Verlag Technik 1986; Heidelberg: Dr. Alfred Hüthig Verlag 1986
/13.8/ *Kühn, E.:* Handbuch TTL- und CMOS-Schaltkreise. 2. Aufl. Berlin: VEB Verlag Technik 1986

/13.9/ **Immesberger, B.:** Netzstörungen und Schutzmaßnahmen. Elektronik 31 (1982) H. 5, S. 91–94
/13.10/ **Ogroske, E.:** Die störungsfreie Stromversorgung moderner Elektronik. Elektronik 33 (1984) H. 2, S. 66–77
/13.11/ Netzfilter und ihre richtige Auswahl. Elektronik-Arbeitsblatt Nr. 95. Elektronik 25 (1976) H. 4, S. 79 u. 80
/13.12/ **Graf von Peter, F. W.:** Ableitstrom als wichtiger Parameter bei der Auswahl von Netzentstörfiltern. Elektronik 31 (1982) H. 10, S. 91 u. 92
/13.13/ **Philippow, E.:** Taschenbuch Elektrotechnik, Bd. 2. Berlin: VEB Verlag Technik 1977
/13.14/ Störschutztransformatoren. Elektronik 32 (1983) H. 4, S. 113
/13.15/ Spitzenkiller. Elektronik 32 (1983) H. 5, S. 19
/13.16/ **Kampe, H.:** Betrachtungen zur Störsignalunterdrückung durch ein Integrationsglied in Steuerleitungen. rfe 22 (1973) H. 22, S. 721–724
/13.17/ **Beyer, D.:** Schutzschaltungen mit Optokopplern. Fernmeldetechnik 20 (1980) H. 5, S. 193 u. 194
/13.18/ **Mierke, W.:** Vorrichtung zur potentialfreien Messung von Gleichspannungen. DDR-WP Nr. 72028, Kl. 21a, 33/22 v. 5. 4. 1970
/13.19/ **Büchner, P.,** u. a.: Ein schnelles potentialtrennendes Meßglied für Ströme und Spannungen. Der Elektro-Praktiker 31 (1977) H. 2, S. 69–71
/13.20/ **Hodapp, M.:** Optical isolators yield benefit in many linear circuits. Electronics 49 (1976) H. 5, S. 105–110
/13.21/ **Witt, D.:** Optokoppler in Analogschaltungen. Elektronik 23 (1974) H. 8, S. 304–305
/13.22/ **Leitl, F.,** u. a.: Einpreßtechnik löst Hochfrequenzprobleme bei Rückplatten. Bull. SEV/VSE 75 (1984) H. 11, S. 625–627
/13.23/ Leitfähiger Kunststoff. Elektronik 32 (1983) H. 10, S. 7
/13.24/ **Williamson, T.:** Digitalelektronik – optimal entstört. 2. Teil. Elektronik 31 (1982) H. 20, S. 57–60

Abschnitt 14

/14.1/ Richtlinie. Gestaltung der elektrotechnischen Anlagen der TGA in Bauwerken des Fernsprech- und Fernschreibwesens der Deutschen Post. Institut für Post- und Fernmeldewesen
/14.2/ **Habiger, E.:** Elektromagnetische Verträglichkeit. Störbeeinflussungen in Automatisierungsgeräten und -anlagen. Berlin: VEB Verlag Technik 1984
/14.3/ TGL 200-0602 Schutzmaßnahmen in elektrotechnischen Anlagen. September 1982
/14.4/ TGL 200-0616 Blitzschutzmaßnahmen. Oktober 1985
/14.5/ **Hannig, R.:** Die Erdung von Fernmeldeeinrichtungen im Bereich von Starkstrom- und Blitzschutz-Erdungsanlagen. Der Ingenieur der Deutschen Bundespost 18 (1969) H. 4, S. 146–154
/14.6/ **Trommer, W.:** Prüfplätze im Fertigungsprozeß von elektronischen Erzeugnissen. Der Elektro-Praktiker 39 (1985) H. 2, S. 62–65
/14.7/ **Hasse, P.:** Schutz von Niederspannungsverbraucheranlagen vor Gewitterüberspannungen. elektrische energie-technik 24 (1979) H. 6, S. 279–286
/14.8/ VDP 48501. Schutzmaßnahmen in elektrotechnischen Anlagen der Deutschen Post. Dezember 1983
/14.9/ TGL 200-0603 Erdung in elektrotechnischen Anlagen. Mai 1974
/14.10/ TGl 33373 Bautechnische Maßnahmen für Erdung, Potentialausgleich und Blitzschutz. Februar 1981
/14.11/ DIN 57185 Teil 1 und Teil 2. Blitzschutzanlagen. November 1982
/14.12/ **Hasse, P.; Wiesinger, J.:** Handbuch für Blitzschutz und Erdung. München: R. Pflaum Verlag 1982
/14.13/ **Sanetra, E.:** EMV-Untersuchungen an einem Prozeßrechner – Versuchsaufbau. etz 100 (1979) H. 5, S. 232–235

/14.14/ *Trommer, W.:* Verringerung der Störbeeinflussung einer Automatisierungsanlage. Der Elektro-Praktiker 37 (1983) H. 9, S. 313–317

Abschnitt 15

/15.1/ TGL 55037 (entspricht ST RGW 3141–81) Explosionsgeschützte elektrotechnische Betriebsmittel; Allgemeine technische Forderungen, TGL 55040 (entspricht ST RGW 3143-81) Explosionsgeschützte elektrotechnische Betriebsmittel; Schutzart „Eigensicherer Stromkreis"; Technische Forderungen, Prüfung

/15.2/ TGL 200-0621 Elektrotechnische Anlagen in explosionsgefährdeten Arbeitsstätten. Januar 1978. Blatt 01 Begriffe. Blatt 02 Allgemeine sicherheitstechnische Forderungen. Blatt 05 Sicherheitstechnische Forderungen an eigensichere Anlagen

/15.3/ EN 50014 Elektrische Betriebsmittel für explosionsgefährdete Bereiche; Allgemeine Bestimmungen (VDE 0170/0171 Teil 1). EN 50020 Elektrische Betriebsmittel für explosionsgefährdete Bereiche; Eigensicherheit „i" (VDE 0170/0171 Teil 7). EN 50039 Elektrische Betriebsmittel für explosionsgefährdete Bereiche; Eigensicherheit „i"-Systeme. IEC-Publikation 79-0. Electrical apparatus for explosive gas atmospheres. 1971 Part 0. General introduction. 1983 Part 0. General requirements. IEC-Publikation 79-8. Electrical apparatus for explosive gas atmospheres. 1969 Part 8: Classification of maximum surface temperatures. IEC-Publikation 79-9. Electrical apparatus for explosive atmospheres. 1970 Part 9. Marking. IEC-Publikation 79-11. Electrical apparatus for explosive gas atmospheres. 1976 Part 11. Construction and test of intrinsically safe and associated apparatus. IEC-Publikation 79-12. Electrical apparatus for explosive gas atmospheres. 1978 Part 12. Classification of mixtures of gases or vapours with air according to their maximum experimental safe gaps and minimum igniting currents

/15.4/ DIN 57165. Errichtung elektrischer Anlagen in explosionsgefährdeten Betriebsstätten (VDE 0165)

Abschnitt 16

/16.1/ *Keller, P.:* Aufbau und Schaltungstechnik von statischen Wechselrichtern. Bulletin des Schweizerischen Elektrotechnischen Vereins Bd. 63 (1972) Nr. 21, S. 1 234–1 243

/16.2/ *Derighetti, R.:* Redundante Synchronisation von statischen Stromversorgungsanlagen. Firmenschrift der AG für industrielle Elektronik Losone-Locarno (Schweiz) Nr. 536, Juli 1975

/16.3/ TGL 200-0602 Schutzmaßnahmen in elektrotechnischen Anlagen

/16.4/ *Tornau, F.:* Handbuch Elektrische Störbeeinflussung in Automatisierungs- und Datenverarbeitungsanlagen. Berlin: VEB Verlag Technik 1973

/16.5/ TGL 200-1765 Trenntransformatoren

/16.6/ TGL 200-0619/08 Betreiben elektrotechnischer Anlagen; Instandhalten. Dezember 1984

/16.7/ TGL 30513 Datenverarbeitungseinrichtungen mit elektronischen Datenverarbeitungsanlagen

Abschnitt 17

/17.1/ *Seidel, U.; Ehrich, R.:* Stromversorgung für Automatikeinheiten auf Schiffen. Seewirtschaft 12 (1980) H. 1, S. 34–36

/17.2/ *Cossé, D.:* Reflections on the study of electromagnetic interferences, application to dataprocessing equipments on board ships. Bulletin Technique du Bureau Veritas, December 1972, S. 2–15

/17.3/ Vorschriften für die Klassifikation und den Bau von Seeschiffen, DSRK, Teil XI. Elektrotechnische Ausrüstung. Ausgabe 1986, Zeuthen bei Berlin

/17.4/ Germanischer Lloyd. Vorschriften für Klassifikation und Bau von stählernen Seeschiffen. Kapitel 4. Elektrische Anlagen. Ausgabe 1984, Hamburg

/17.5/ Vorschriften für die Ausrüstung von Seeschiffen nach internationalen Konventionen, DSRK, Teil IV. Funkausrüstung. Ausgabe 1986 Zeuthen bei Berlin

/17.6/ Internationaler Schiffssicherheitsvertrag 1974, DSRK, Ausgabe 1975, Zeuthen bei Berlin; sowie Änderungen zur Internationalen Konvention zum Schutz des menschlichen Lebens auf See 1974. Resolution MSC. 1 (XLV), angenommen am 20. November 1981

/17.7/ *Rint, C.:* Handbuch für Hochfrequenz- und Elektro-Techniker, III. Bd. Berlin-Borsigwalde: Verlag für Radio-Foto-Kinotechnik GmbH 1957

/17.8/ Funk-, Navigations- und Fernmeldeanlagen auf Schiffen. Fertigungsvorschrift Montage: Geräteerdung. VEB Schiffselektronik Rostock SER-V 7300.26, Juni 1978

/17.9/ *Templin, H.:* Elektromagnetische Verträglichkeit. Ein wichtiger Parameter für elektronische Geräte. Schiff und Hafen, Hamburg 34 (1982) H. 5, S. 72−77

/17.10/ *Harms, P.; van der Linden, P.:* Sicherstellung der elektromagnetischen Verträglichkeit (EMV) in einem Schiffsnetz mit großen Stromrichterverbrauchern. Schiff und Hafen, Hamburg 35 (1983) H. 11, S. 55−57

/17.11/ Projektierungsrichtlinie. Elektromagnetische Verträglichkeit an Bord von Schiffen. VEB Schiffselektronik Rostock 1983

/17.12/ *Ließ, W.:* Qualitätsparameter EMV. rfe 33 (1984) H. 4, S. 207−212, H. 5, S. 321−326

/17.13/ *Weser, L.:* Berechnung der Netzspannungsverzerrung und der Störspannung höherer Frequenz beim Betrieb eines Stromrichters am Bordnetz. Schiffbauforschung. VEB Kombinat Schiffbau Rostock. 18 (1979) H. 3/4, S. 121−128

/17.14/ TGL 20885/02 Funk-Entstörung; Technische Forderungen und Prüfverfahren für Funkstörmeßgeräte. August 1981

/17.15/ *Fagiewicz, K.:* Einfluß der Thyristorschaltung auf die Größe der Funkstörspannung im Bordnetz, Budownictwo Okretowe, ROK XVII (1972) H. 7, S. 236−238

/17.16/ TGL 29928 Schiffselektrotechnik; Schutzerdung von elektrotechnischen Betriebsmitteln. Dezember 1982

/17.17/ *Rint, C.:* Handbuch für Hochfrequenz- und Elektrotechniker. I. Bd. Berlin-Borsigwalde: Verlag für Radio-Foto-Kinotechnik GmbH 1964

/17.18/ TGL 36308 Schiffselektrotechnik; Erdungslaschen. September 1978

/17.19/ TGL 20886 Funk-Entstörung; Sicherheitsbestimmungen für die Anwendung von Funk-Entstörmitteln. März 1980

/17.20/ TGL 200-0602 Schutzmaßnahmen in elektrotechnischen Anlagen. September 1982

/17.21/ Germanischer Lloyd: Tätigkeitsbericht 1982. Hamburg. S. 30−33

/17.22/ Firmenschrift Phoenix. Überspannungs-Feinschutz-Barrieren UFB, der wirkungsvolle Schutz gegen Störspannungen in MSR- und Datenanlagen. Phoenix Contact Blomberg

/17.23/ TGL 42782 Schiffselektrotechnik; Elektromagnetische Verträglichkeit (in Bearbeitung)

/17.24/ *Weser, L.:* Grenzbelastung der Bordnetzgeneratoren durch Stromrichter infolge zulässiger Spannungsverzerrung. Seewirtschaft, Berlin 10 (1978) H. 12, S. 601−603

/17.25/ IEC-Publikation 533. Elektromagnetische Verträglichkeit elektrischer und elektronischer Anlagen an Bord von Schiffen. Genf 1977, 1. Ausgabe

/17.26/ Germanischer Lloyd: Richtlinien über die Durchführung von Baumusterprüfungen. Hamburg, Ausgabe 1980

/17.27/ Register der UdSSR. Handbuch für die technische Aufsicht beim Bau von Schiffen und bei der Herstellung von Werkstoffen und Erzeugnissen. Aufsicht bei der Herstellung von Erzeugnissen für Schiffe. 5.12. Automatisierungseinrichtungen. Leningrad 1980. Herausgabe der deutschen Übersetzung: DSRK 1984

/17.28/ TGL 20885/06 Funk-Entstörung; Allgemeine Prüfverfahren für Funkstörquellen im Frequenzbereich 10 kHz bis 1 000 MHz. Februar 1979

19. Literaturverzeichnis 373

/17.29/ Germanischer Lloyd: Richtlinien über die Elektromagnetische Verträglichkeit elektrischer Betriebsmittel auf Seeschiffen. Hamburg, Ausgabe 1980
/17.30/ Det Norske Veritas: Instrumentierung und Automatisierung. Rechnergestützte Systeme. Mitteilungen der Klassifikationsgesellschaft, Nr. 14/April 1982, Norwegen
/17.31/ Fährschiff Deutschland. Jahrbuch der Schiffbautechnischen Gesellschaft, Bd. 69, 1975. Berlin, Heidelberg, New York: Springer-Verlag 1976, S. 266
/17.32/ *Müller, u. a.:* Forschungsschiff „Poseidon". Forschungstechnische Einrichtungen. Hansa 114 (1977) H. 17, S. 1 521–1 525
/17.33/ *Gleß, B.; Thamm, S.:* Schiffselektrotechnik. Berlin: VEB Verlag Technik 1985
/17.34/ Lloyd's Register of Shipping: Environmental test requirements for the type approval of control and electrical equipment. 1985 draft requirements. London

Abschnitt 18

/18.1/ VEM-Handbuch Elektroenergieanlagen – Anlagentechnik. 1. Aufl. 1981 u. – Anlagenteile. 3. Aufl. 1984. Berlin: VEB Verlag Technik
/18.2/ *Remde, H.:* Herabsetzung transienter Überspannungen auf Sekundärleitungen in Schaltanlagen. Elektrizitätswirtschaft 74 (1975) H. 22, S. 822–826
/18.3/ *Mahnert, H.; Thämelt, G.; Kreuzer, E.:* Feldversuche zum Einsatz von Mikrorechnern in Umspannwerken. Elektrie 37 (1983) H. 12, S. 640–643
/18.4/ *Kreuzer, E.; Mahnert, H.; Thämelt, G.:* Niedrigpegelige Informationsübertragung im Umspannwerk. Energietechnik 33 (1983) H. 5, S. 193–196
/18.5/ *Bauer, H.; Dreßler, D.; Czybik, H.-P.; Ambrosch, H.:* Betriebsführung von Schaltanlagen bei Nutzung von Mikrorechnern und Lichtwellenleitern. Konferenz „Automatisierung und Steuerung der Verteilungsnetze II", Tabor, ČSSR (12.–14. 6. 1984), Bd. I, S. 71–80
/18.6/ *Bauer, H.; Langer, G.:* Zur elektromagnetischen Verträglichkeit von Baugruppen einer modernen Prozeßleittechnik beim Einsatz in Hochspannungsschaltanlagen. 5. Fachtagung „Starkstrombeeinflussung", Berlin (10./11. 12. 1985)
/18.7/ *Langhans, D.; Röhl, D.:* Lichtwellenleitersysteme. Elektronik Applikation 15 (1983) H. 8/9, S. 19–24
/18.8/ *Tischer, K.:* Beeinflussung von Lichtwellenleiterstrecken in Energieanlagen. Elektrie 39 (1985) H. 4, S. 129–131
/18.9/ *Bauer, H., u. a.:* Zur Störbeeinflussung durch Magnetfelder bei Kurzschluß auf einer nahen Elektroenergieleitung. Elektrie 34 (1980) H. 10, S. 534–540
/18.10/ *Schuy, St.:* Theoretische und experimentelle Methoden zur Dimensionierung von Raumabschirmungen gegen 50-Hz-Magnetfelder. Elektrotechnik und Maschinenbau 101 (1984) H. 5, S. 237–242
/18.11/ *Dreßler, D.:* Mikrorechnergestützte Prozeßführung in Umspannwerken – Das Schaltanlageninformationssystem Hochspannung. Wiss.-techn. Inf. des VEB KAAB/KEA, 19 (1983) H. 4, S. 176–180
/18.12/ *Buchholz, B.; Mahnert, H.; Thämelt, G.:* Automatisierte Betriebsführung vereinfachter 110-kV-Umspannwerke auf der Basis von Mikrorechnersystemen. Elektrie 39 (1985) H. 7, S. 245–248
/18.13/ *Süsse, H.:* Funkentstörung von Schaltnetzteilen. Elektronik 33 (1984) H. 23, S. 101–106
/18.14/ *Feser, K.:* Transiente Störgrößen in Energieversorgungsanlagen. Internationale Tagung der Schiedsstelle für Beeinflussungsfragen, Bremen (12.–14. 6. 1985)
/18.15/ *Horn, T.:* Mikroprozessoren und Störsicherheit. Elektronik 33 (1984) H. 23, S. 118–122

20. Sachwörterverzeichnis

Ableiter 175
Abschaltüberspannungen 124ff., 135, 142
Abschirmung 68, 98
Absorptionsdämpfung 75f.
Amplitudenspektrum 46, 217
Ankoppelnetzwerk 95ff.
Ansprechblitzspannung 162, 170
Antistatika 123
Antistatikarmbänder 257, 273
Aufladungen, elektrostatische 108, 114f., 123, 254, 257, 272
Ausführungsklasse 20

Barrierenüberwachung 354
Bausteinverdrahtung 63
Beeinflussungen
–, elektromagnetische 80
–, galvanische 57f.
–, induktive 69ff., 76, 145
–, kapazitive 61, 68, 76
Beeinflussungsmatrix 28, 226
Beeinflussungsmodell 22, 66, 72, 124f.
Begrenzer 169f.
Berührungsschutz 295, 298, 303
Bezugserde 303
Bezugsleiter 55, 61, 63, 66, 71, 236, 258, 296, 321, 332
–, isoliert 319
Bezugsleitersystem 230, 235, 303
Bezugspotential 63, 65, 81, 251, 253
Bezugspotentialschiene 331, 333, 337ff., 343
Blindleistungskompensation 199
Blindstromkompensationsanlage 290
Blitzableiter 68
Blitzduktor 232, 261f.
Blitzeinschlag 70, 306
Blitzentladung(en) 33, 35, 43, 61, 68f., 105, 144, 170
Blitzgefährdungsgrad 171, 260
Blitzkanal 36, 68, 70, 144f.
Blitzschutz 259, 288
–, äußerer 170f., 258
–, innerer 170, 172, 259
Blitzschutzanlage 35, 171, 173, 249, 252, 258, 265
Blitzschutzmaßnahmen 170, 258, 270
Blitzschutzpotentialausgleich 170
Blitzströme 254, 257
Blitzüberspannung 36, 231, 328
Bodenbeläge, leitfähige 257
Bogenentladungen 127
Bordnetzgestaltung 324
Breitbandkondensatoren 224

Bürocomputer 301
Bursterscheinungen 127

CAT-Systeme 102
Comptoneffekt 41

Datenerfassungssysteme 301
Datensicherungsmaßnahmen 344
Dauer-Funkstörschwingung 218
Dimensionierung, stochast. 345
Diodenbeschaltung 129
Drossel, bifilare 316

EEQ 196, 198
EEQ-Faktoren 195
EEQ-Grenzwerte 192, 208
EEQ-Meßsystem 193
EEQ-Protokoll 193
EEQ-Vorschriften 189
Eigensicherheit 274, 278, 283, 285
Eigenstörfestigkeit 20, 85, 87, 194, 197, 229, 239
Eindringtiefe 332
Einfügungsdämpfung 223f.
Eingangsfilter 237
Einkopplungen, kapazitive 71
Einsatzbedingungen, netzseitige 207, 211
Einsatzklasse 20, 88
Einzelentstörung 222
Elektronik-Bezugspotential 331, 333
EMP 41
EMV-Aktivitäten 27, 226, 242
EMV-Applikationsvorschriften 229
EMV-Arbeit 177, 194, 246, 286
–, Schwerpunktbereiche 230
EMV-Arbeitsprogramm 28
EMV-Aufwendungen 26f., 226
EMV-Bordnetzgruppen 323
EMV-Dokumentation 29
EMV-Einsatzbedingungen 27, 226
EMV-Erzeugnisbetreuung 229
EMV-Fachmann 245, 249, 268
EMV-Handwaremaßnahmen 241, 247
EMV-Klima 29, 247
EMV-Kontrolle 29, 246
EMV-Maßnahmen 87, 144, 229, 242, 245, 247, 270
–, baurelevante 247
–, organisatorische 245, 267
–, technische 245, 247, 267
EMV-Parameter 226, 228
EMV-Planung 244f., 323
EMV-Programm 226, 228
EMV-Projektierungsrichtlinien 226
EMV-Prüfbeanspruchungen 47

EMV-Prüfklasse 226
EMV-Prüfkonzeption 227
EMV-Prüfung 228, 246, 323
EMV-Qualitätsnachweis 87
EMV-Qualitätsparameter 227
EMV-Schwachstellen 88
EMV-Standardisierung 30
EMV-Standards 227
EMV-Umweltbedingungen 312
EMV-Zonen 247
Entkopplung, galvanische 58
Entladungen, elektrostatische 98f., 155, 239, 242, 288, 332f.
Entstörfilter 223
Entstörglied 134
Entstörkondensatoren 232, 235
Entstörmaßnahmen 194, 221, 244
Erdanschlußpunkt 68
Erdausbreitungswiderstand 68
Erder
–, künstliche 249
–, natürliche 249
Erdleitungen 314
Erdpotential 253
Erdpotentialfläche 94, 99
Erdung 98, 270, 285, 295, 298, 300, 306, 314, 318, 325, 338
Erdung, HF-gerechte 112
Erdungsanlagen
–, Errichtungsgrundsätze 249
–, künstliche 267
Erdungsbezugsleiter 314
Erdungskonzeption 296
Erdungsleitungen 250, 254
Erdungsnetz 303
Erdungswiderstand 259

Faradayscher Käfig 257, 265
Fehlerbehandlung 345, 347
Fehlertoleranz 349
Feinspannungsableiter 146, 158, 170
Felder, elektromagnetische 70
Feldquellen
–, künstliche 106
–, natürliche 105
Feldstärke
–, elektrische 73
–, magnetische 73
Feldstärkemessung 221
Fernfeldbedingungen 74f.
Fernfeldbeeinflussung 124
Festkompensation, SR-NRW. 200f., 204
Filter 222
Flächenerdung 252, 254, 257, 259, 265
Freilaufdioden 336
Fremdbeeinflussungen 88
Fremdspannung 283, 285
Fremdstörfestigkeit 20, 85, 87f., 101, 194, 197f.
Frequenzspektren 40f, 43
Fundamenterder 249, 251, 256ff.

20. Sachwörterverzeichnis

Funkenentladungen 33, 127, 218
Funkenstrecke 169f., 336
Funk-Entstördrosseln 222
Funk-Entstörkondensatoren 222, 224, 308, 317
Funk-Entstörung 213, 215, 316
Funkstörfeldstärke 214, 217
Funkstörgrad 20
Funkstörgrenzwert 20, 214f.
Funkstörgrößen 229
Funkstörmessungen 228
Funkstörprüfung 216
Funkstörquellen 213, 217
Funkstörspannung(en) 214, 216f., 219, 231, 314
–, symmetrische 218
–, unsymmetrische 218
Funkstörstrom 214, 219
Funkstörungen 30, 101, 213, 217, 225, 306
Funkstörung(en) 21, 23, 35, 80, 82, 98, 115, 290
Funktionszuverlässigkeit 244, 248f., 267

Gebäudeblitzschutz 249, 269
Gegeninduktivität 70f., 124, 151, 154
Gegentaktspannungen 295
Gegentaktstörspannungen 45f., 53, 68, 96
Gegentaktstörstrom 223
Gegentaktstörungen 86, 218
Geomagnetische Stürme 105
Gerät
–, eigensicheres 275
–, teilweise eigensicheres 275
Gesamtschirmdämpfung 75
Gewitterelektrizität 105
Gleichtaktspannung 68, 305
Gleichtaktstörspannungen 45f., 53, 96
Gleichtaktstörströme 223
Gleichtaktstörungen 85, 218, 301, 316
Glimmentladungen 127

Havarieschutz 304
HF-Abstrahlung 124, 230
HF-Filter 334, 338
HF-Störungen 127
Hochfrequenzexposition 113
Hochspannungsschutzerdungswiderstand 153
Hohlraumresonator 77

Impedanznachbildung 49
Induktivitätsbelag 57, 77
Influenz 116f.
Influenzladungen 144
Inselversorgung 341f.
Investitionsvorbereitung 245
Isolationskoordination 162
Isolationsüberwachung 308

Kabelführung 306
Kabelschirme 306, 318

Kabelschirmerdung 335
Kapazitäten, parasitäre 66, 124, 236, 331, 338
Kapazitätsbelag 63, 77
Kardeelenerdung 318
Kleinrechneranlagen 301
Klirrfaktor 203, 323
Kompensationsanlagen 325
Kompensationseinrichtungen (SR-NRW) 200, 203
Kontaktschutzbeschaltungen 128
Kontrollschaltungen 293
Koordinierungsgrundplan 249, 266, 269
Koppelkapazität 62, 66, 69, 318
–, Richtwerte 332
Koppelmechanismus 23
Kopplungen
–, induktive 124
–, kapazitive 250
–, transformatorische 69
Koronaentladung 218
Körperentladung, elektrostatische 38, 70, 88, 117
Korrosionsschutz, katodischer 259
Kostenoptimum 28
Kunststoffgehäuse 71
–, metallbeschichtet 63
Kunststoff-Metallfaser-Verbundmaterialien 77, 240
Kurz-Funkstörungen 215, 220f.

Längsspannung 145, 151
Leistungsmessung 221
Leiter-Erde-Kapazität 67, 88
Leitlacke 76
Leitungen
–, abgeschirmte 63
–, verdrillte 71
Leitungskapazität, spezif. 63
Leitungslänge, kritische 73, 79
Leitungsresonanz 321
Leuchtstofflampen 143, 215
Lichtwellenleiter 237, 265, 329, 303, 344
Lichtwellenleiter-Übertragungstechnik 330
Logik-Bezugsleitersystem 295, 301

Maschenerder 333, 338
Maßnahmen
–, elektrische 281, 284
–, konstruktive 224, 281, 284, 286
–, organisatorische 121, 282, 286, 290
–, schaltungstechnische 120, 220
–, technologische 120
Massung 98
Mehrrechnersysteme 299
Meßempfänger 49
Metalle, amorphe 71

Metalloxid-Varistoren 132, 137, 140, 143, 158, 167, 231, 235, 336
Mikrophonieeffekte 34
Mikrorechnersysteme 301
Mikrowellen 110

Nahblitzeinschläge 146
Nahfeldbedingungen 74f.
Nebenwirkungen 19
NEMP 34, 41f., 154, 306, 308
Nennstehblitzspannung 162, 174
Netzausfallanalysator 348
Netzfilter 97, 219, 232, 336
Netzimpedanz 220
Netznachbildungen 220
Netzrückwirkungen 225, 229f.
–, energetische 180
–, Kompensation 200
–, typische 185, 187
Netzstörspannungen 48
Netzstörungen 288
Neutralleiter 251, 254, 267, 304
Noise protection transformers 232
Nuklearexplosion 43
Nulleiter 258, 300
Nullung 258, 295
–, stromlose 258, 262, 267

Oberflächenwiderstand 76
Optokoppler 58, 68, 238, 303, 330f., 336

Phasenanschnittsteuerung 224
Phasenüberwachung 294
Plausibilitätskontrollen 230
Plausibilitätstest 345
Potentialanhebung 145, 151
Potentialausgleich 121, 144, 172, 248, 254, 259, 265, 270, 301
–, Maßnahmen 255
–, örtlicher 250, 271
–, zentraler 250, 257
Potentialausgleichsschiene 151, 173, 257, 333, 337ff., 343
Potentialausgleichsleitungen, Mindestnennquerschnitte 257
Potentialausgleichssystem 267
Potentialtrennung 58, 237ff., 263, 300, 303
Prellerscheinungen 126
Prozeßleittechnik, mikroelektronische 328
Prozeßrechnersysteme 303
Prozeßsimulator 97
Prüfbedingungen 88
Prüfen, rechnergestütztes 102
Prüfklasse 94, 96, 98, 101
Prüfprogramme, zyklische 352
Prüfprotokoll 102
Prüfstörgrößen 88ff., 92, 94f., 101, 228, 349

Prüfstörgrößen-
generatoren 88, 99
—, mikrorechnergesteuerte 103
Prüfverfahren 275
Prüfvorschriften 351

Qualitätsfaktoren, EEQ 179
Qualitätssicherungssystem 26
Quasispitzenwertmessung 220
Quellenmechanismen 33
Querspannung 145, 151

Radaranlagen 305
RCD-Glieder 135
RC-Glieder 135, 141
Reflexionserscheinungen 34, 53, 77
Resonanzeffekte 77
Resonanzspannung 65
Revisionen 249, 304
Rückverdrahtungsleiterplatte 58

Sammelschienenerdung 299
Saugkreise 203
Schaltnetzteile 292, 316, 332, 336
Schaltüberspannungen 124, 265
Schirme
—, ferromagnetische 71f.
—, unmagnetische 71f.
Schirmgehäuse 63f.
Schirmimpedanz 63
Schirmleiter 65, 145, 173
Schirmleiteranschlüsse 240
Schirmung 77, 112, 144, 158, 171, 174, 226, 250, 259, 265, 332
Schirmwände 63, 71, 74f., 240, 265
Schirmwicklung 232
Schmalbandsysteme 47
Schutzerdungssystem 236, 338
Schutzfunkenstrecken 146, 158f.
Schutzkaskaden 237
Schutzkennlinien, Ablei-
ter 163
Schutzleiter 145, 151, 250, 258, 267, 295, 301, 303f.
Schutzleiteranschluß 298
Schutzleitersystem 236
Schutzmaßnahme(n) 20, 111, 115, 119, 254, 258, 267
Schutzschaltungen 120f.
Schutztrennung 271
Sekundärtechnik
—, konventionelle 329
—, mikroelektronische 327
Selenüberspannungsbegren-
zer 140
Signallaufzeit 72
Signalreflexionen 230f.
Signalübertragung
—, erdsymmetrische 68
—, optische 238
Siliziumkarbid-Varistor 132

Skineffekt 56, 314
Software zur Störungs- und Fehlerbehandlung 345
Spannungen, elektrostatische 37
Spannungsquellen, elektrostatische 117
Spannungsreihe, elektrostatische 116
Speichertestprogramm 346
Speisespannungsfilterung 317
Spulenabschaltüberspan-
nung 134
Stabkerndrosseln 223
Sternerdung 250f., 258, 267
Störabstand 82, 88, 267
Störbeeinflussungen 22, 67, 230, 237, 248, 265, 267
Störemissionsgrad 20, 49
Störenergie 84, 127, 221
Störfestigkeit 23, 49, 80, 84, 87, 95, 98, 100, 102, 177, 188, 197, 211, 230
—, dynamische 84
—, statische 82f.
—, von Stromrichtern 197
Störfestigkeitsgrenzen 87
Störfestigkeitsklassen 30, 198
Störfestigkeitsparameter 323
Störfestigkeitsprüfplätze, rechnerautomatisierte 103
Störfestigkeitsprüfung(en) 198, 321
Störgröße(n) 23, 39, 43, 49f., 53f., 72, 88, 213, 229
—, externe 88
—, leitungsgebundene 88
—, feldgebundene 88
Störgrößenfrequenz 73
Störgrößengenerator 88, 95f., 98, 102
Störgrößenparameter 45, 49, 323
Störgrößensimulatoren 47, 88, 94f.
Störklima 29, 33, 117, 213, 244
Störleistungsmessung 221
Störpegel 216
Störquelle(n) 23, 73, 220, 223, 244
—, externe 35, 250
—, innere 340
—, interne 34
—, systemfremde 295
Störschutzbeschaltun-
gen 128ff., 136, 138, 265
Störschutzkondensatoren 336
Störschwelle 23
Störsenke 23, 223
Störspannungen 55, 61, 65, 68, 70, 74, 220, 231, 233, 249
—, symmetrische 46
—, unsymmetrische 46
Störspannungsgrenzwerte 215
Störspannungsspektren 309
Störspannungsverlauf 216
Störstrom 63, 65, 250, 254, 306
Störungsidentifikation 345

Störungsstatistik 25
Störungsunterdrückung 321
Stoßdurchschlagspannun-
gen 81
Stoßüberschlagspannungen 81
Strahlungsbeeinflussungen 54, 73, 231
Streifenleitungen 100
Stromrichter-
Netzrückwirkungen 177, 199
Stromversorgungsanlagen
—, rotierende 290
—, statische 291
—, unterbrechungsfreie 291
Stützzeit 292
Suppressordioden 140, 158, 160, 231

TAZ-Dioden 135, 139, 142, 161
Thermospannung 34
Thyristordioden 161
Tiefpaßfilter 222
Trennfunkenstrecken 146, 158, 259
Trennkondensator 220
Trennung,
galvanische 261, 330, 341
TSE-Beschaltungen 224
Typprüfung 198, 216, 282, 351

Überspannungen 25, 36, 39
Überspannungsableiter 36, 158, 231, 235, 338
Überspannungsbegrenzer 158
Überspannungsschutzeinrich-
tungen 36, 158f., 162, 164, 169, 174, 257, 263, 269
Überspannungsschutz-
maßnahmen 87, 170, 269
Umformer, rotierende 325
Umspannwerke 327
USV 290f., 303

Varistoren 132f., 137, 155, 336
Ventilableiter 146, 158, 160
Versorgungszuverlässig-
keit 289
Verträglichkeit,
energetische 206, 210
Verzerrungskompensation 199f.

Wanderwellen 145, 327
Wellenbeeinflussung 54, 72
Wellenstörbeeinflussung 73
Wellenwiderstand 79, 97, 145, 151, 153, 235, 237, 240
Wirbelströme 71
Wirbelstromverluste 126
Wirkung, biologische 107

Z-Dioden 134, 140, 142, 158, 160
Zerstörfestigkeit 23, 80f., 127
Zerstörschutz 336f., 339
Zinkoxyd-Varistoren 132, 137
Zündwahrscheinlichkeit 275